全国普通高校电子信息与电气学科基础规划教材

电工电子学

江蜀华　高德欣　王超红　姜学勤　徐啟蕾　王逸隆　编

清华大学出版社
北京

内 容 简 介

全书共分13章，内容包括电工技术和电子技术两部分。电工技术主要有电阻电路分析，单相电路和三相交流电路的分析，一阶电路分析，变压器、电动机及其控制；电子技术主要有基本器件，分立元件的放大电路，集成运放电路，直流稳压电源，门电路与组合逻辑电路，触发器与时序逻辑电路。

本书的特色是注重物理与电工电子学的链接；注重数学工具与电工知识的链接；注重理论知识与现实生活的链接。全书采用授课式语言进行讲述，便于读者自学。

本书可作为普通高等院校工科非电类专业的教材，以及各大专院校的教材，也可作为相关工程技术人员的参考书。

图书在版编目(CIP)数据

电工电子学/江蜀华等编.--北京：清华大学出版社，2016（2022.8重印）
全国普通高校电子信息与电气学科基础规划教材
ISBN 978-7-302-41296-0

Ⅰ.①电… Ⅱ.①江… Ⅲ.①电工学－高等学校－教材 ②电子学－高等学校－教材 Ⅳ.①TM1 ②TN01

中国版本图书馆CIP数据核字(2015)第204578号

责任编辑：曾 珊
封面设计：傅瑞学
责任校对：李建庄
责任印制：刘海龙

出版发行：清华大学出版社
网 址：http://www.tup.com.cn，http://www.wqbook.com
地 址：北京清华大学学研大厦A座 邮 编：100084
社 总 机：010-83470000 邮 购：010-62786544
投稿与读者服务：010-62776969，c-service@tup.tsinghua.edu.cn
质量反馈：010-62772015，zhiliang@tup.tsinghua.edu.cn
课件下载：http://www.tup.com.cn，010-62795954
印 装 者：三河市铭诚印务有限公司
经 销：全国新华书店
开 本：185mm×260mm 印 张：19 字 数：477千字
版 次：2016年1月第1版 印 次：2022年8月第8次印刷
定 价：59.00元

产品编号：059816-02

前 言

“电工电子学”是一门非电专业的基础课程，包括电工技术和电子技术两部分内容。课程的主要任务是为工科各专业学生了解一些相关的理论和知识，并受到必要的基本技能训练。为此，编者在本书中对基本理论、基本定律、基本概念及基本分析方法都做了详尽的阐述，并通过实例、例题和习题来说明理论的实际应用，以此来加深学生对理论的掌握和理解，并了解电工和电子技术与生产发展之间的密切关系。

近年来，随着科学技术的迅猛发展，新知识也急剧膨胀，高校的教学观念也作出了相应调整。学习者要由被动学习转化为主动学习，教学者要做学习过程的引导者、促进者、支持者。为了适应这个变革和满足在校生以及校外自学者的需要，本书特对传统内容进行了精选，保证了必需的常用知识，删去了一些不常用的和陈旧的知识。全书共13章，主要包括：电工技术主要有电阻电路分析，单相和三相交流电路的分析，一阶电路分析，变压器、电动机及其控制；电子技术主要有基本器件，分立元件的放大电路，集成运放电路，直流稳压电源，门电路与组合逻辑电路，触发器与时序逻辑电路。

随着科学技术的飞速发展，大量新知识正源源不断地补充进“电工电子学”课程中，与此同时，课程的学时却不断压缩，许多新的课程不断出现，对传统课程都有一种挤压效应。

为此我们着重以下几方面的工作：

(1) 保证课程之间合理连接。比如电阻串、并联和闭合电路欧姆定律是中学物理的基本知识，但是许多同学掌握得并不好，相关公式也不会使用，但它们是学习电工电子学课程的基础。我们并没有像中学物理一样，直接搬出相关公式，而是在基尔霍夫定律和元件电压电流关系的基础上得出相关的公式，并且可以借助于基尔霍夫定律来判断复杂一点的电阻串、并联，且判断依据简明、直观。

(2) 强调学习方法。比如，正弦交流电路(稳态)是课程的难点和重点，但是同学们掌握得不好，但从数学方程的角度，只需将对应的变量替换，电阻电路和正弦交流电路(稳态)的方程就完全一样，所得到的公式也完全相同，阻抗串、并联和电阻串、并联的公式完全一样，只需要理解相量与正弦量关系，会复数运算，这就是类比的方法。

(3) 用程序化的思路讲解，对各种方法都给出了详细步骤，每一步如何做，降低思维难度。教学是教与学两方面的工作，我们应当竭尽全力，帮助有学习愿望的同学用较少的课时学到他们应当掌握的知识。

“电工电子学”是众多专业的公共基础课。为配合青岛科技大学建设山东省基础应用型人才特色名校的目的，强调基础、成熟和适用知识，突出对基本知识的掌握和灵活应用，重视实践环节等方面的要求编写本教材。

本书由江蜀华和高德欣担任主编，王超红和姜学勤担任副主编，徐敁蕾和王逸隆参编。其中高德欣编写第7、9、10章，王超红编写第1、3章，姜学勤编写第2、5章，江蜀华编写其余6章，并得到徐敁蕾和王逸隆的大力支持，教研室的其他老师也提出宝贵意见，在此表示感谢。

由于编者能力有限，本书难免存在不足和疏漏之处，希望读者，特别是使用本书的教师和同学积极提出批评和改进意见，以便今后修订提高。

编　者

2015年9月

目　录

第1章　电路的基本概念和基本定律 …… 1
1.1　电路的基本概念 …… 1
1.1.1　电路的组成及其电路模型 …… 1
1.1.2　电流、电压的参考方向 …… 2
1.1.3　功率和能量 …… 4
1.2　电器的额定值与实际值 …… 4
1.3　电路的基本元件 …… 5
1.3.1　无源元件 …… 5
1.3.2　独立电源(元件) …… 8
1.4　基尔霍夫定律及其应用 …… 10
1.4.1　基尔霍夫电流定律 …… 11
1.4.2　基尔霍夫电压定律 …… 12
1.4.3　电路分析的基本思路 …… 13
1.5　简单电路的分析 …… 15
1.5.1　电阻的串、并联分析 …… 15
1.5.2　闭合电路的欧姆定律 …… 18
1.5.3　功率守恒 …… 20
本章小结 …… 22
习题 …… 22

第2章　电路的分析方法 …… 25
2.1　支路电流法 …… 25
2.2　结点电压法 …… 27
2.3　电源的两种模型及其等效变换 …… 28
2.3.1　等效变换的概念 …… 28
2.3.2　实际电压源 …… 29
2.3.3　实际电流源 …… 29
2.3.4　电源两种模型之间的等效变换 …… 30
2.4　叠加定理 …… 33
2.5　戴维宁定理与诺顿定理 …… 35
2.5.1　戴维宁定理 …… 36
2.5.2　诺顿定理 …… 38
本章小结 …… 40

习题 …… 41

第 3 章　一阶电路的暂态分析 …… 43
3.1　换路定则及其应用 …… 43
3.1.1　换路定则 …… 43
3.1.2　初始值的确定 …… 44
3.2　RC 电路的暂态响应 …… 46
3.2.1　RC 电路的零输入响应 …… 46
3.2.2　RC 电路的零状态响应 …… 48
3.2.3　RC 电路的全响应 …… 50
3.3　RL 电路的暂态响应 …… 50
3.4　一阶线性电路暂态分析的三要素法 …… 52
本章小结 …… 55
习题 …… 55

第 4 章　正弦稳态电路分析 …… 58
4.1　正弦交流电的基本概念 …… 58
4.1.1　复数 …… 58
4.1.2　正弦量的三要素 …… 59
4.1.3　正弦量的相量表示 …… 61
4.2　单一元件的交流电路 …… 62
4.2.1　电阻元件的交流电路 …… 63
4.2.2　电感元件的交流电路 …… 64
4.2.3　电容元件的交流电路 …… 65
4.3　正弦稳态电路分析 …… 68
4.3.1　阻抗 …… 68
4.3.2　基尔霍夫定律的相量形式 …… 68
4.3.3　二组关系式的类比 …… 68
4.4　功率与功率因数的提高 …… 76
4.4.1　功率 …… 76
4.4.2　功率的测量 …… 77
4.4.3　功率因数的提高 …… 79
4.5　谐振电路 …… 81
4.5.1　串联谐振 …… 81
4.5.2　并联谐振 …… 83
本章小结 …… 85
习题 …… 85

第5章 三相电路 …… 90

5.1 三相电压 …… 90

5.2 负载星形连接的三相电路 …… 92

5.3 负载三角形连接的三相电路 …… 96

5.4 三相功率 …… 98

本章小结 …… 99

习题 …… 99

第6章 变压器与三相异步电动机 …… 102

6.1 磁路的分析方法 …… 102

6.2 变压器 …… 104

6.2.1 变压器的工作原理 …… 104

6.2.2 变压器的运行特性 …… 107

6.2.3 特殊变压器 …… 108

6.3 三相异步电动机 …… 109

6.3.1 三相异步电动机的构造 …… 110

6.3.2 三相异步电动机的工作原理 …… 111

6.3.3 三相异步电动机的机械特性 …… 114

6.3.4 三相异步电动机的运行特性 …… 116

6.3.5 三相异步电动机的使用 …… 120

本章小结 …… 123

习题 …… 123

第7章 继电接触器控制系统 …… 125

7.1 常用低压电器 …… 125

7.1.1 闸刀开关、转换开关和熔断器 …… 125

7.1.2 自动开关 …… 127

7.1.3 交流接触器 …… 128

7.1.4 热继电器和时间继电器 …… 129

7.1.5 按钮和行程开关 …… 131

7.2 电气系统的基本控制环节 …… 132

7.2.1 点动和单向连续运动 …… 132

7.2.2 电动机的正反转控制 …… 134

7.2.3 时间控制 …… 135

7.3 应用举例 …… 137

7.3.1 笼型电动机能耗制动的控制线路 …… 137

7.3.2 加热炉自动上料控制线路 …… 137

本章小结 …… 138

习题 …… 138

第 8 章 二极管、晶体管和场效应晶体管 …… 141
8.1 半导体的导电特性 …… 141
8.1.1 本征半导体 …… 141
8.1.2 N 型半导体和 P 型半导体 …… 142
8.2 PN 结及其单向导电性 …… 142
8.3 二极管 …… 143
8.3.1 基本结构 …… 143
8.3.2 伏安特性 …… 144
8.3.3 理想伏安特性 …… 144
8.3.4 主要参数 …… 144
8.4 稳压二极管 …… 146
8.5 晶体管 …… 149
8.5.1 基本结构 …… 149
8.5.2 晶体管的工作原理 …… 150
8.5.3 特性曲线 …… 151
8.5.4 主要参数 …… 152
8.6 光电器件 …… 154
8.6.1 发光二极管 …… 154
8.6.2 光电二极管 …… 154
8.6.3 光电晶体管 …… 155
8.7 场效应晶体管 …… 156
8.7.1 增强型绝缘栅场效应晶体管 …… 156
8.7.2 耗尽型绝缘栅场效应晶体管 …… 158
8.7.3 场效应晶体管的特性曲线与主要参数 …… 158
本章小结 …… 159
习题 …… 159

第 9 章 分立元件组成的基本放大电路 …… 162
9.1 共发射极放大电路 …… 162
9.1.1 基本放大电路的组成 …… 162
9.1.2 放大电路的静态分析 …… 163
9.1.3 放大电路的动态分析 …… 164
9.1.4 分压式放大电路 …… 169
9.2 共集电极放大电路 …… 174
9.2.1 共集电极放大电路的基本组成 …… 174
9.2.2 共集电极放大电路的工作原理 …… 174

9.2.3 射极输出器的主要特点 …… 176
9.3 场效应晶体管放大电路 …… 177
9.3.1 静态分析 …… 177
9.3.2 动态分析 …… 178
9.4 多级放大电路 …… 179
本章小结 …… 184
习题 …… 184

第10章 集成运算放大器 …… 186
10.1 集成运算放大器概述 …… 186
10.1.1 集成运算放大器的基本组成 …… 186
10.1.2 差分放大电路 …… 187
10.1.3 运算放大器的特点分析 …… 189
10.2 集成运放中的负反馈 …… 191
10.2.1 反馈的基本概念 …… 191
10.2.2 负反馈的类型 …… 192
10.2.3 负反馈对放大电路性能的影响 …… 195
10.3 运算放大器的应用 …… 196
10.3.1 比例运算电路 …… 196
10.3.2 加、减运算电路 …… 198
10.3.3 积分、微分运算电路 …… 201
10.3.4 电压比较器 …… 204
10.4 正弦波振荡电路 …… 207
10.4.1 正弦波振荡电路的基本原理 …… 207
10.4.2 RC正弦波振荡电路 …… 208
10.4.3 LC正弦波振荡电路 …… 210
10.5 集成运算放大器的选择和使用 …… 212
10.5.1 选用元器件 …… 212
10.5.2 消振 …… 212
10.5.3 调零 …… 212
10.5.4 保护 …… 213
本章小结 …… 213
习题 …… 213

第11章 直流稳压电源 …… 218
11.1 单相桥式整流电路 …… 218
11.2 电容滤波器 …… 220
11.3 串联型稳压电路 …… 222

11.3.1 串联型稳压电路概述 …… 222
11.3.2 集成稳压芯片的应用 …… 222
本章小结 …… 225
习题 …… 225

第12章 门电路与组合逻辑电路 …… 227
12.1 脉冲信号 …… 227
12.2 逻辑代数与逻辑函数 …… 228
12.2.1 逻辑代数的基本运算 …… 228
12.2.2 逻辑函数的表示方法 …… 229
12.2.3 逻辑表达式的化简 …… 231
12.2.4 逻辑表达式的变换 …… 231
12.3 逻辑门电路 …… 232
12.3.1 分立元件的门电路 …… 232
12.3.2 集成逻辑门电路 …… 232
12.4 组合逻辑电路的分析与设计 …… 234
12.4.1 组合逻辑电路的分析 …… 234
12.4.2 组合逻辑电路的设计 …… 235
12.5 常用的组合逻辑模块 …… 238
12.5.1 全加器 …… 238
12.5.2 编码器 …… 238
12.5.3 译码器和数字显示 …… 241
本章小结 …… 246
习题 …… 246

第13章 触发器与时序逻辑电路 …… 249
13.1 双稳态触发器 …… 249
13.1.1 RS触发器 …… 249
13.1.2 JK触发器 …… 251
13.1.3 维持阻塞型D触发器 …… 252
13.2 寄存器 …… 254
13.2.1 数码寄存器 …… 254
13.2.2 移位寄存器 …… 254
13.3 计数器 …… 257
13.3.1 二进制计数器 …… 257
13.3.2 十进制计数器 …… 261
13.3.3 任意进制计数器 …… 263
13.4 555定时器及其应用 …… 264

13.4.1　555定时器 …… 264
13.4.2　由555定时器组成的单稳态触发器 …… 265
13.4.3　用555定时器组成的多谐振荡器 …… 267
本章小结 …… 270
习题 …… 270

附录A　半导体分立器件型号命名方法 …… 274

附录B　常用半导体分立器件的参数 …… 275

附录C　半导体集成器件型号命名方法 …… 278

附录D　常用半导体集成电路的参数和符号 …… 279

附录E　电阻器标称阻值系列 …… 280

附录F　常见术语中英对照 …… 281

附录G　部分习题答案 …… 286

参考文献 …… 292

第1章　电路的基本概念和基本定律

电路是电工学乃至电工电子学的基础。本章讨论了电路的基本概念、基本定律及其应用。参考方向是基本概念，规定参考方向是电路分析的第一步；而理想电路元件的电压电流关系（VCR）和基尔霍夫定律（KCL、KVL）是列写电路方程的基本依据。中学物理中讲的电阻串、并联和闭合电路欧姆定律等内容都是VCR、KCL和KVL在简单电路中的应用。

1.1　电路的基本概念

1.1.1　电路的组成及其电路模型

1. 电路的组成

电路（实际电路的简称）是电流的通路，它是根据不同需要由某些电工设备或元件按一定方式组合而成的。电路通常由电源或信号源、中间环节和负载组成。

如图1.1.1(a)所示的电力系统，发电机是电源，三相交流电经过升压、高压输电、降压后给电灯、电动机等负载，将电能转换成其他形式的能量。

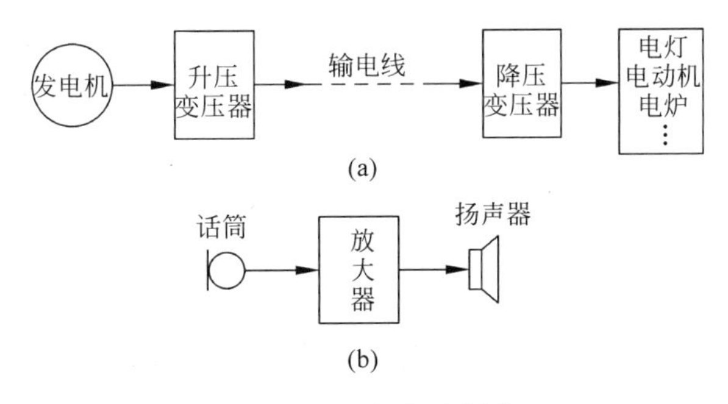

图1.1.1　电路示意图

如图1.1.1(b)所示的扩音系统，话筒将语音信号转换成电信号，在放大电路中，将电压和功率较小的信号放大，扬声器再将电信号转换为语音信号，而这都需要电池，因为由它提供电能支持。

电压和电流是在电源的作用下产生的，是电路中的响应；电源又称为激励源，也称输入。在电路中激励是原因，响应是结果。

用电设备称为负载。如电灯、电炉、电动机和电磁铁等能够取用电能，并将其转换成光能、热能、机械能和磁场能等。

2. 电路的作用

电路的构成形式多种多样，其作用可归纳为两大类。

(1) 电能的传输和转换，如图1.1.1(a)所示的电力系统。

(2) 信号的传递和处理，如图1.1.1(b)所示的扩音系统。

3. 电路模型

电路理论讨论的是电路模型，而不是前面提到的实际电路，尽管两者有时都简称电路。

为了便于对实际电路进行分析和用数学描述，将实际电路元件理想化(或称模型化)，用理想电路元件(电阻、电感、电容等)及其组合替代实际电路中的器件，则由理想电路元件组成的电路即为实际电路的电路模型。在电路模型中各理想元件的端子是用“理想导线”(其电阻为零)连接起来的。

用理想电路元件及其组合来模拟实际器件即为建模。电路模型就是要把给定工作条件下的主要物理现象及功能反映出来。例如，当电炉丝流过电流时，主要具有消耗电能(转换成热能和光能)的性质(即电阻性)；另外线圈还会储存磁场能量，即也具有电感性。所以，电炉丝的简单模型是电阻元件，进一步模型是电阻和电感的串联。

一个简单的手电筒电路的实际电路元件有干电池、电珠、开关和筒体，电路模型如图 1.1.2 所示。干电池是电源元件，用电动势 E 和内电阻(简称内阻)R_0 的串联来表示；电珠是电阻元件，用参数 R 表示；筒体和开关是中间环节，用来连接干电池与电珠，开关闭合时其电阻忽略不计，认为是一电阻为零的理想导体。

模型选取得恰当，电路的分析计算结果就与实际情况接近；反之，误差会很大，甚至出现矛盾的结论。本书一般不讨论建模问题，今后本书所说的电路一般均指实际电路的电路模型，电路元件也是理想电路元件的简称，该类理想元件都是通过两个端头与电路连接的，称为二端元件，如图 1.1.3 所示。

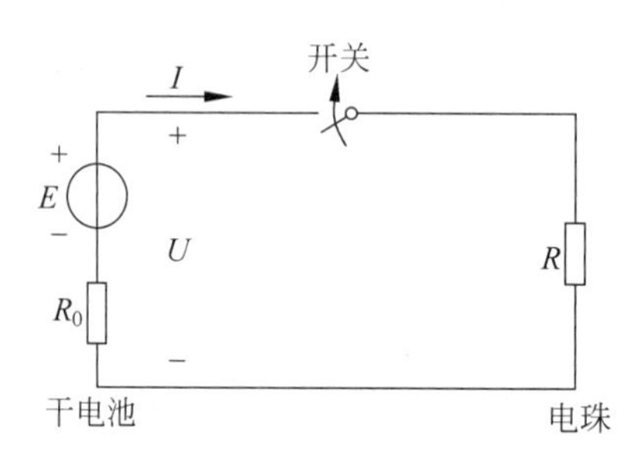

图 1.1.2 实际电路与电路模型示例

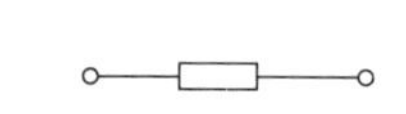

图 1.1.3 二端元件

1.1.2 电流、电压的参考方向

电路中的物理量主要有电流 $i(I)$、电压 $u(U)$、电动势 $e(E)$、电功率 $p(P)$、电能量 $w(W)$、电荷 $q(Q)$、磁通 Φ 和磁链 Ψ。在分析电路时，要用电压或电流的正方向导出电路方程，但电流或电压的实际方向可能是未知的，也可能是随时间变动的，故需要指定其参考方向。

1. 电流及其参考方向

电流是电荷有规则地定向运动形成的。在数值上，电流等于单位时间内通过导体横截面的电荷量，即

$$i = \frac{\mathrm{d}q}{\mathrm{d}t} \tag{1.1.1}$$

若电流不随时间而变化，则称为直流电流，常用大写字母 I 表示。物理上规定正电荷运动的方向为电流的实际方向，但在电路分析时，需要先任意规定(假定)某一方向为电流的正方向，这一方向即为电流的参考方向。

参考方向：人为规定电压、电流等代数量取正的方向。

凡是电路方程中涉及的物理量都要规定参考方向，相当于数学中列方程时的设变量，否则无法判断方程的正误。规定电流参考方向后，电流就变成代数量。如果 $i>0$，表示电流的参考方向与其实际方向相同；如果 $i<0$，表示电流的参考方向与其实际方向相反。电流的参考方向一般用以下两种方式来表示。

(1) 用箭头表示，如图 1.1.4(a)所示。

(2) 用双下标表示，如图 1.1.4(b)所示，按所选电流参考方向可写为 i_{ab}，对同一段电路，$i_{ab}=-i_{ba}$。以后，一般情况下所说的"方向"都指参考方向。

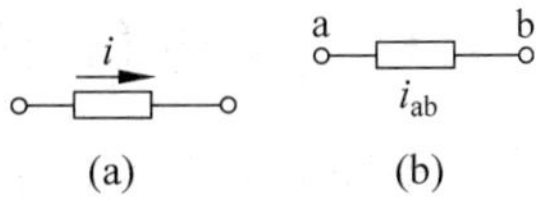

图 1.1.4　电流的参考方向及其符号表示

在国际单位制中，电流的基本单位是安[培](A)，计量微小电流时也用毫安(mA)或微安(μA)做单位，其换算关系为 $1\text{mA}=10^{-3}\text{A}$，$1\mu\text{A}=10^{-6}\text{A}$。

2. **电压和电动势的参考方向**

电压是描述电场力对电荷做功的物理量，定义为

$$u=\frac{\mathrm{d}W}{\mathrm{d}q} \tag{1.1.2}$$

式中，$\mathrm{d}q$ 为由电路中的一点移到另一点的电荷量；$\mathrm{d}W$ 为转移过程中电荷 $\mathrm{d}q$ 所获得或失去的能量；u_{ab}就是 a、b 两点间电位差，$u_{ab}=V_a-V_b$。它在数值上等于电场力驱使单位正电荷从 a 点移到 b 点所做的功。为方便分析计算，物理中规定电压的实际方向为由高电位端指向低电位端，即电位降低的方向。

电源电动势(以后"电源"二字常略去)体现电源将其他形式能转化为电能的本领，数值上等于非静电力将单位正电荷从电源的负极通过电源内部移到正极所做的功，用 e 表示任意形式的电动势，E 表示直流电动势。电动势的实际方向规定为由电源低电位端(负极性端)指向其高电位端(正极性端)，即电位升高的方向。

与电流一样，也要规定电压的参考方向。电压的参考方向用以下三种方式来表示。

(1) 用"+"和"−"表示，如图 1.1.5(a)所示。

(2) 用箭头表示，如图 1.1.5(b)所示。

(3) 用双下标表示，如图 1.1.5(c)所示。

有时为方便起见，也规定电动势的参考方向，如图 1.1.6 所示，它也用"+"和"−"表示，只是电动势的参考方向从"−"指向"+"；而电压的参考方向从"+"指向"−"。对理想电压源而言，如果用同一套符号既表示电压的参考方向，又表示电动势的参考方向，则 $U_s=E$。电压和电动势的国际单位是伏特(V)，其次还可用千伏(kV)、毫伏(mV)或微伏(μV)做单位。

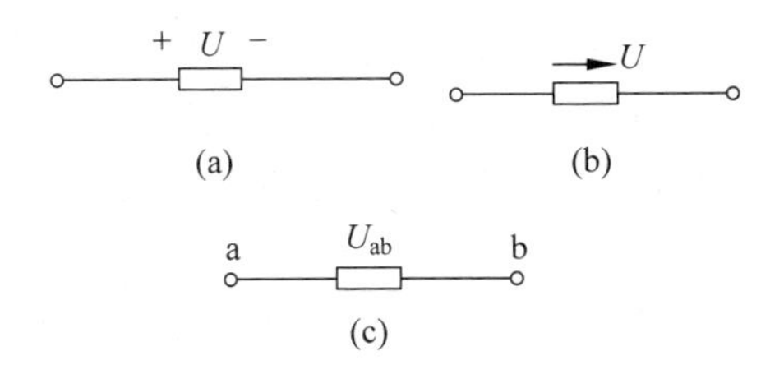

图 1.1.5　电压的参考方向

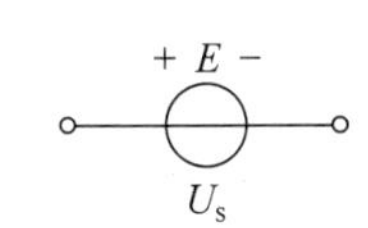

图 1.1.6　电动势的参考方向

通过一个元件的电流和其两端电压的参考方向可以随意规定。当两者参考方向一致时，称为关联参考方向；否则称为非关联参考方向。通常，默认电阻元件、电感元件和电容元件采用关联参考方向，就可以只规定电流的参考方向。如果是理想电压源和电流源，无论是否关联，两者的参考方向都要规定。

1.1.3 功率和能量

功率和能量也是电路分析中的常用复合物理量。如果二端元件（二端网络）的电压和电流为 u 和 i，则功率为

$$p = ui \tag{1.1.3}$$

在关联参考方向时

$$\begin{cases} p > 0, & \text{消耗电功率} \\ p < 0, & \text{发出电功率} \end{cases}$$

消耗电功率表示将电功率转化为其他形式的功率；而发出电功率则表示将其他形式的功率转化电功率。

同理，在非关联参考方向时，结论正好相反。

在时间 t_1 到 t_2 期间，二端元件（二端网络）消耗或发出电能为

$$W = \int_{t_1}^{t_2} ui\,\mathrm{d}t \tag{1.1.4}$$

单位为焦（耳）(J)、常用千瓦时(kW·h)、1kW·h=1000W·h=3.6×10^6J。

1.2 电器的额定值与实际值

各种电器设备的电压、电流及功率等都有一个额定值。例如，一盏白炽灯标有电压220V，功率60W，这就是它的额定值。额定电流、额定电压和额定功率分别用 I_N、U_N 和 P_N 表示。

额定值是在全面考虑使用的经济性、可靠性、安全性及寿命，特别是工作温度允许值等因素，使产品能在给定的工作条件下正常运行而对产品规定的正常允许值。使用时应遵循而不允许偏离过多。大多数电气设备，如电机、变压器等，其寿命与绝缘材料的耐热性能及绝缘强度有关。当电流超过额定值过多时，绝缘材料将因发热过甚而遭损坏；当所加电压超过额定值时，绝缘材料可能被击穿。反之，若所加电压和电流低于其额定值，不仅不能充分利用设备的能力，而且有的设备还不能正常合理地工作。例如，线圈额定电压为380V的电磁铁，若接上220V的电压，则电磁铁将不能正常吸引衔铁或工件；但如果是一台直流发电机，标有额定值10kW、230V，实际使用时一般不允许所接负载功率超过10kW，实际供出的功率值可能低于10kW。使用时，电压一般是额定电压，但功率可以小于或等于额定功率，电源输出的功率和电流决定于负载的大小，就是负载需要多少电源就供多少，电源通常不一定工作在额定工作状态，即功率低于额定值是正常的。

考虑客观因素，使用时，允许某些电气设备或元件的实际电压、电流和功率等在其额定值上下有一定幅度的波动，例如±1%、±5%、±10%或短时过载。

【例 1.2.1】 有一额定值为5W、500Ω的电阻器。问其额定电流和额定电压各为多少？

解
$$P_N=U_NI_N=I_N^2R$$
故
$$I_N=\sqrt{\frac{P_N}{R}}=\sqrt{\frac{5}{500}}\text{A}=0.1\text{A}$$
使用时电压不得超过
$$U_N=RI_N=500\times0.1\text{V}=50\text{V}$$
当电阻器低于功率额定值时,就低于电压和电流的额定值,是可以正常使用的,留下更大的安全裕度。

【例 1.2.2】 有一额定值为 40W、220V 的白炽灯,加在 110V 的电源上如何?

解 如果将白炽灯看成线性电阻,则实际功率为 10W,不能正常发光。

练习与思考

1.2.1 一个电热器从 220V 的电源取用的功率是 1000W,如将它接到 110V 的电源上,它取用的功率是多少?

1.2.2 一台直流发电机,其铭牌上标有 P_N、U_N 和 I_N。试问发电机的空载运行、轻载运行、满载运行和过载运行各指什么情况?负载的大小一般又指什么而言?

1.3 电路的基本元件

1.3.1 无源元件

理想电路元件是电路最基本的组成单元,可分为无源元件和有源元件,以及线性元件和非线性元件等。在本书中讨论的电阻元件、电感元件、电容元件是线性时不变二端无源元件、理想电压源和电流源是二端有源元件。

理想元件就是突出元件的主要电磁性质,而忽略次要因素。电阻元件具有消耗电能的性质(电阻性),其他电磁性质均可忽略不计;电感元件突出其中通过电流产生磁场而储存磁场能量的性质(电感性);对电容元件,突出其加上电压要产生电场而储存电场能量的性质(电容性)。电阻元件是耗能元件,后两者为储能元件。分析理想电路元件,主要讨论物理定义和元件符号、元件的电压电流关系(VCR)和伏安特性、功率和能量的情况。

1. 电阻元件

电功率耗散性元件,表示将电功率不可逆转换为其他形式功率。

电阻元件的符号如图 1.3.1(a)所示,在关联参考方向下
$$u=Ri \tag{1.3.1}$$
如果参考方向不关联,则
$$u=-Ri$$
参考方向决定 VCR 的正负号,这要求列写方程前一定要先规定参考方向,并养成良好的习惯。由式(1.3.1) 决定的伏安特性曲线是一个过原点的直线,如图 1.3.1(b)所示。

开路(断开)和短路是电路中常见的工作状态,而且与电阻元件有一定的关系,可以与二端元件一样类似地定义其 VCR。

开路:不论 u 为任何值(有限值),$i\equiv0$,可认为电阻阻值 $R=\infty$,相当于理想开关断开,

如图 1.3.2(a)所示。

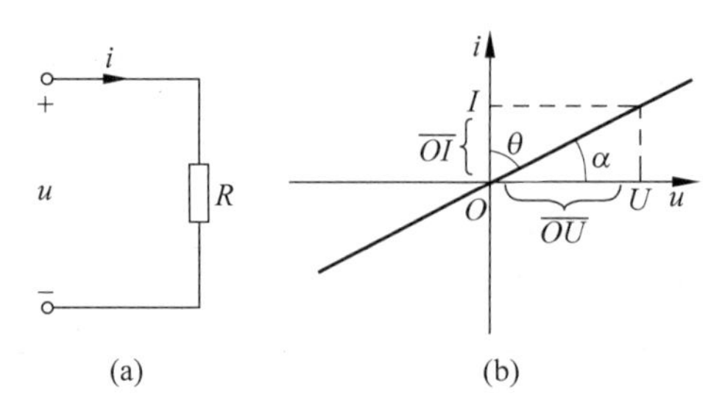

(a)　　(b)

图 1.3.1　电阻元件及其伏安特性曲线

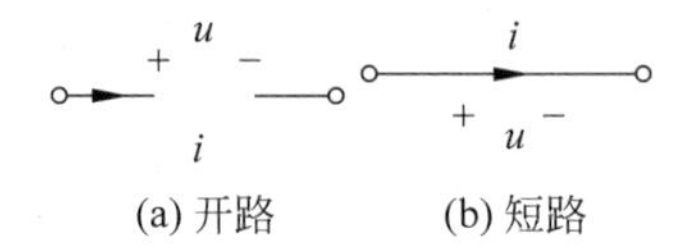

(a) 开路　　(b) 短路

图 1.3.2　开路与短路

短路：不论 i 为任何值(有限值)，$u\equiv 0$，可认为电阻阻值 $R=0$，相当于理想开关闭合，如图 1.3.2(b)所示。

当然，开路和短路也可以与其他元件的特定状态相对应。

通常 R 为正实数，所以

$$p = ui = Ri^2 \geqslant 0 \tag{1.3.2}$$

上式表示电阻元件在关联参考方向下消耗电功率，将其转换为其他形式的功率，与元件的定义相吻合。

不满足以上伏安特性的电阻就是非线性电阻元件。二极管就是一个典型的非线性电阻元件。由于电阻器的制作材料的电阻率与温度有关，(实际)电阻器通过电流后因发热会使温度改变，因此严格地说，电阻器带有非线性因素。

但是在一定条件下，许多实际部件(如金属膜电阻器、线绕电阻器)的伏安特性近似为一条直线，所以可用线性电阻元件作为它们的理想模型。

2. 电感元件

如图 1.3.3(a)所示的单匝和密绕 N 匝线圈中，当通过它的电流 i 变化时，i 所产生的磁通也发生变化，则在线圈两端就要产生感应电动势 e_{L}。当 e_{L} 与 Φ 的参考方向符合右螺旋法则(关系)时有

$$e_{\mathrm{L}} = -N\frac{\mathrm{d}\Phi}{\mathrm{d}t} = -\frac{\mathrm{d}\Psi}{\mathrm{d}t} \tag{1.3.3}$$

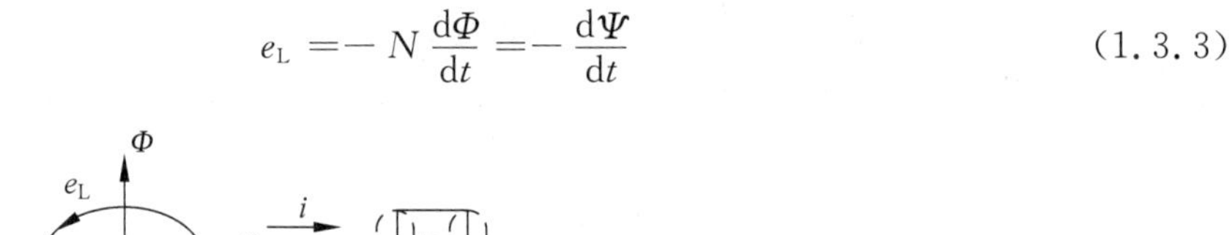

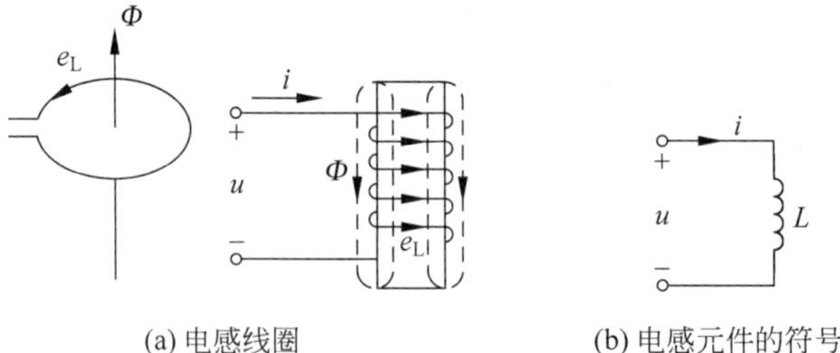

(a) 电感线圈　　(b) 电感元件的符号

图 1.3.3　电感线圈和电感元件

式中，e_{L} 的单位为伏(V)；时间的单位是秒(s)；磁通的单位是伏秒(Vs)；通常称为韦伯(Wb)。

$\Psi=N\Phi$ 称为磁链。当线圈中没有铁磁物质(称为线性电感)时，Ψ(或 Φ)与 i 成正比关系，即

$$\Psi = N\Phi = Li$$

$$L = \frac{\Psi}{i} = \frac{N\Phi}{i}$$

式中，L 称为线圈的电感，也称自感，是电感元件的参数。当线圈无铁磁物质时，L 为常数，单位是亨利(H)或毫亨(mH)。将 $\Psi=Li$ 代入 $e_L=-\frac{d\Psi}{dt}$，则得

$$e_L = -L\frac{di}{dt} \tag{1.3.4}$$

当线圈中的电流为恒定直流时，磁通 $\frac{d\Phi}{dt}=0$，$\frac{di}{dt}=0$，$u_L=0$，电感线圈可视为短路。

当电感电压 u 与 e_L 参考方向相同时，如图 1.3.3(a)所示，根据 KVL 可得

$$u = -e_L = L\frac{di}{dt} \tag{1.3.5}$$

此即电感元件上的电压与通过的电流的导数关系式，是分析电感元件的常用形式，由上式便可得出电感元件上的电压、电流的积分关系

$$i = \frac{1}{L}\int_{-\infty}^{t} u dt = \frac{1}{L}\int_{-\infty}^{0} u dt + \frac{1}{L}\int_{0}^{t} u dt = i_0 + \frac{1}{L}\int_{0}^{t} u dt \tag{1.3.6}$$

式中，i_0 是 $t=0$ 时电感元件中通过的电流。

将式(1.3.5)两边乘上 i 并积分，并设 $i_L(-\infty)=0$，则得电感元件的储能公式

$$w_L(t) = \int_{-\infty}^{t} ui\,dt = \frac{1}{2}Li_L^2(t) \tag{1.3.7}$$

当电流的绝对值增大时，电感元件储存的磁场能量增大，此时，电能转化为磁能，即电感元件从电源吸收能量；当电感中的电流绝对值减小时，磁场能量减小，磁能转换为电能，即电感元件向电路放出能量。

3. 电容元件

图 1.3.4 是电容器示意图。电容器极板(由绝缘材料隔开的两金属导体)上所储集的电量 q 与其上的电压 u 成正比，即

$$c = \frac{q}{u} \tag{1.3.8}$$

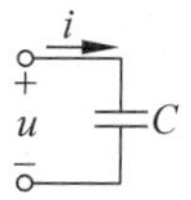

图 1.3.4　电容元件

式中 C 称为电容，是电容元件的参数。电容的单位为法[拉](F)。当电容器充上 1V 的电压时，极板上若储集了 1C 的电荷(量)，则该电容器的电容就是 1F。由于法(拉)单位太大，工程上多采用微法(μF)或皮法(pF)，$1\mu F=10^{-6}F$，$1pF=10^{-12}F$。

电容器的电容量与极板的尺寸及其间介质的介电常数有关。若其极板面积为 $S(m^2)$，极板间距离为 d(m)，其间介质的介电常数为 $\varepsilon\left(\frac{F}{M}\right)$，则其无穷大平行金属板电容 C 为

$$C = \frac{\varepsilon S}{d}$$

当电容加上电压时，上下极板储集的是等量的正负电荷。线性电容元件的电容 C 是常数。当极板上的电荷量 q 或电压 u 发生变化时，在电路中就要引起电流(位移电流)

$$i = \frac{dq}{dt} = C\frac{du}{dt} \tag{1.3.9}$$

上式是在 u、i 关联参考方向相同的情况下得出的，否则要加一负号。它是电容元件的电压、电流导数关系式，是分析电容元件的常用形式。

当电容元件两端加恒定的直流电压时，则 $i=0$，电容元件可视为开路。电容元件有隔直(流)通交(流)的作用。

由式(1.3.9)可得出电容元件电压与电流的另一种关系式，即

$$u=\frac{1}{C}\int_{-\infty}^{t}i\mathrm{d}t=\frac{1}{C}\int_{-\infty}^{0}i\mathrm{d}t+\frac{1}{C}\int_{0}^{t}i\mathrm{d}t=u_0+\frac{1}{C}\int_{0}^{t}i\mathrm{d}t \tag{1.3.10}$$

式中，u_0 是 $t=0$ 时电容元件上的电压。如将式(1.3.9)两边乘以 u 并积分，并设 $u_C(-\infty)=0$，则得电容元件的储能公式为

$$w_C(t)=\int_{-\infty}^{t}ui\mathrm{d}t=\frac{1}{2}Cu_C^2(t) \tag{1.3.11}$$

当电容元件上的电压绝对值增高时，电场能量增大，此时电容元件从电源吸收能量(充电)；电压绝对值降低时，电场能量减小，即电容元件向电路放出能量(放电)。

为便于比较，今将电阻元件、电感元件和电容元件的几个特征列在表 1.3.1 中。

表 1.3.1　电阻元件、电感元件和电容元件的特征

特征＼元件	电阻元件	电感元件	电容元件
电压电流关系式	$u=iR$	$u=L\dfrac{\mathrm{d}i}{\mathrm{d}t}$	$i=C\dfrac{\mathrm{d}u}{\mathrm{d}t}$
参数意义	$R=\dfrac{u}{i}$	$L=\dfrac{N\Phi}{i}$	$C=\dfrac{q}{u}$
能量	$\int_0^t Ri^2\mathrm{d}t$	$\dfrac{1}{2}Li^2$	$\dfrac{1}{2}Cu^2$

注意：(1) 表中所列 u 和 i 的关系式是采用关联参考方向的情况下得出的；否则，式中有一负号。

(2) 电阻、电感、电容都是线性元件。R、L 和 C 都是常数，即相应的 u 和 i、Φ 和 i 及 q 和 u 之间都是线性关系。

1.3.2　独立电源(元件)

能向电路独立地提供电压、电流的器件或装置称为独立电源，如化学电池、太阳能电池、发电机、稳压电源、稳流电源等。下面先介绍两个理想电源元件——电压源和电流源。它们是从实际电源抽象得到的理想电路模型，是二端有源元件。

1. 理想电压源

理想电压源是一个理想的电路元件，它的端电压 $u_S(t)$ 为

$$\begin{cases} u_S=f(t) & \text{给定时间函数} \\ i & \text{由电路的 KCL 方程决定} \end{cases} \tag{1.3.12}$$

式中，$u_S(t)$ 是电路中的激励，与通过理想电压源元件的电流无关，总保持为这一给定时间函数。

理想电压源的图形符号如图 1.3.5(a)所示，当 $u_S(t)$ 为恒定的直流电压时，这种理想电压源称为恒定电压源或直流理想电压源，电压用 U_S 表示，如图 1.3.5(b)所示，其中长划表示理想电压源的正极性端，短划表示理想电压源的负极性端。

图 1.3.6 为理想电压源在 t_1 时刻的伏安特性，它是一条不通过原点且与电流轴平行的直线，换了 t_2 时刻，就会有另一条伏安特性，当 $u_S(t)$ 随时间改变时，这条平行于电流轴的直线也将随之平行移动，表明理想电压源的电压与电流无关，取决于电源本身。

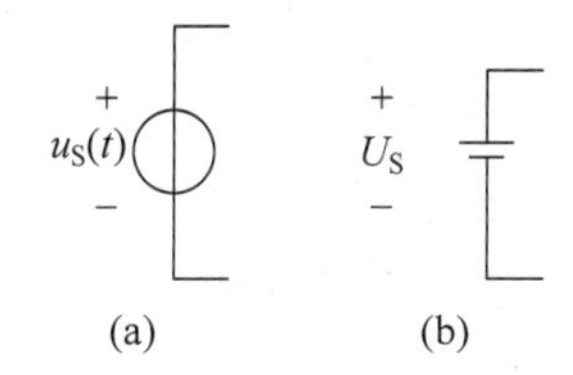

图 1.3.5　理想电压源的图形符号

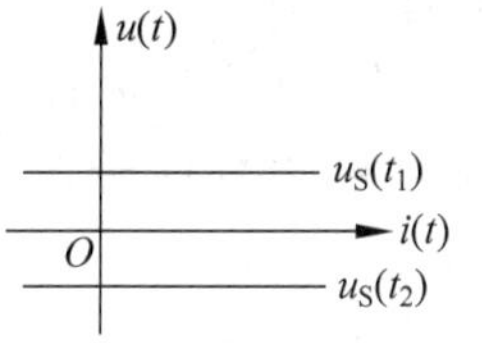

图 1.3.6　理想电压源的伏安特性曲线

当理想电压源不作用时，其激励为零，相当于短路，可以用理想导线代替。

通常理想电压源的电压与电流是非关联参考方向的，其功率为

$$p(t)=u(t)i(t)$$

当 $p(t)>0$ 时，理想电压源发出功率；而 $p(t)<0$ 时，理想电压源消耗功率。不要误以为是理想电压源就一定发出功率。

2. 理想电流源

理想电流源也是一个理想电路元件。理想电流源发出的电流 i_S 为

$$\begin{cases} i_S = f(t) & \text{给定时间函数} \\ u & \text{由电路的 KVL 方程决定} \end{cases} \tag{1.3.13}$$

式中，$i_S(t)$ 也是电路中的激励，与理想电流源元件的端电压无关，并总保持为给定的时间函数。切不要漏掉端电压 u，由于 KVL 方程是代数和的形式，在该式中，漏掉谁就默认其等于零。理想电流源的图形符号如图 1.3.7(a)所示，一定不要漏掉箭头，它是电流 $i_S(t)$ 参考方向的符号表示，图 1.3.7(b)为理想电流源在 t_1 时刻的伏安特性，它是一条不通过原点且与电压轴平行的直线。当 $i_S(t)$ 随时间改变时，这条平行于电压轴的直线将随之而改变位置。

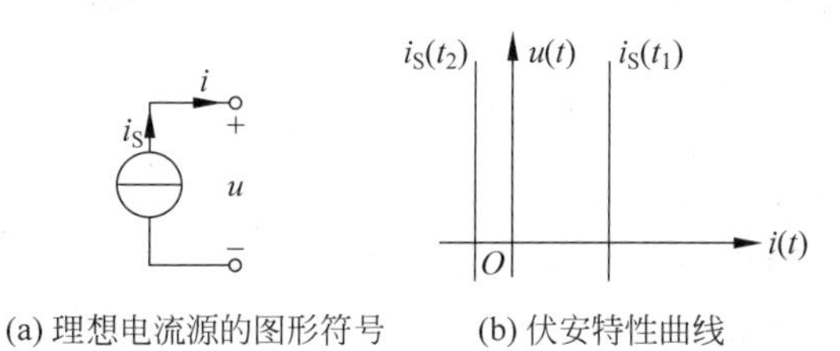

(a) 理想电流源的图形符号　(b) 伏安特性曲线

图 1.3.7　理想电流源及其伏安特性曲线

当理想电流不作用时，其激励为零，相当于开路，可以用断开代替。当理想电流源的电流不随时间变化时，称为恒流源。

由图 1.3.7(a)可得理想电流源的功率为

$$p(t)=u(t)\cdot i_S(t)$$

此时理想电流源也是非关联参考方向，要用功率的定义式来判断发出功率或消耗功率，也不

要误以为理想电流源就一定发出功率。

常见实际电源(如发电机、蓄电池等)的工作机理比较接近理想电压源,其电路模型是理想电压源与电阻的串联组合。像光电池一类器件,工作时的特性比较接近理想电流源,其电路模型是理想电流源与电阻的并联组合。

上述理想电压源和理想电流源常常被称为“独立”电源,“独立”二字是相对于“受控”电源来说的,受控电源在本书中只在放大电路中用到,其他地方都不涉及。

练习与思考

1.3.1 如果一个电感元件两端的电压为零,其储能是否也一定等于零?如果一个电容元件中的电流为零,其储能是否也一定等于零?

1.3.2 如果已知 $i_L(1)=1A, L=0.5H, u_L(1)$ 能求出吗?同理电容 $u_C(2)=2V, C=10^{-6}F$, $i_C(2)$ 能求出吗?

1.3.3 各元件的电流、电压参考方向如图 1.3.8 所示,写出各元件的 VCR。

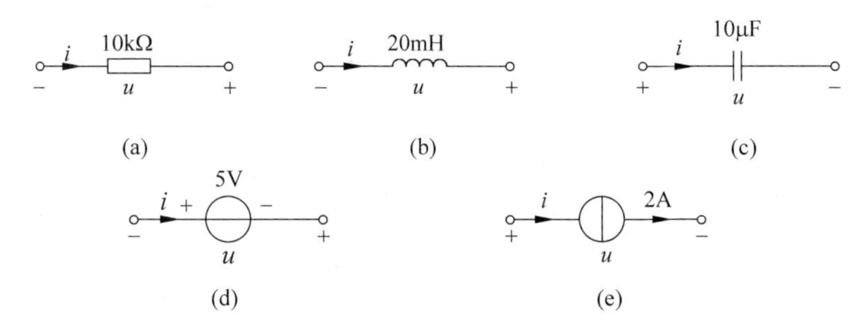

图 1.3.8 练习与思考 1.3.3 的图

1.4 基尔霍夫定律及其应用

基尔霍夫电流定律和电压定律(即 KCL 和 KVL),是分析与计算电路时应用十分广泛而且非常重要的基本定律。

在电路中,每一分支称为支路,一条支路通过一个电流称为支路电流。

电路中支路的连接点(一般为三条或三条以上支路相连接的点)称为结点。由一条或多条支路构成的闭合路径称为回路。

以上概念是讨论基尔霍夫定律的基础。

在图 1.4.1 所示电路中,E_1 和 R_1 串联、E_2 和 R_2 串联、R_3 三条支路,两个结点 a 和 b,用结点标号表示出 abca、adba 和 adbca 三个回路。

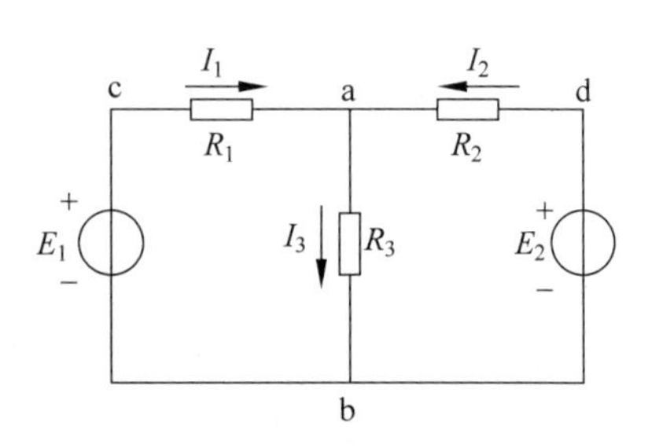

图 1.4.1 电路示例

电路中的电流和电压受到两类约束:一类是元件的 VCR 约束;另一类是元件的相互连接给支路电流和支路电压之间带来的约束,这类约束由基尔霍夫定律体现。所以图 1.4.1 中的电阻和电压源可以换成一般的二端元件,并不影响其 KCL 和 KVL 方程。

1.4.1　基尔霍夫电流定律

基尔霍夫电流定律(KCL)应用于结点，用来确定连在同一结点上的各支路电流间的关系。在任一瞬时，流入某一结点的电流之和等于流出该结点的电流之和。这是因为电流具有连续性，电路中任何一点包括结点均不能堆积或产生电荷。需要强调，所谓的“流入”或“流出”，仍然是对参考方向而言。确切地应该称为“指向”或“背离”某结点。

以图 1.4.1 所示电路为例，对结点 a(见图 1.4.2)可以写出

$$I_1 + I_2 = I_3$$

或

$$I_1 + I_2 - I_3 = 0$$

即

$$\sum I = 0 \tag{1.4.1}$$

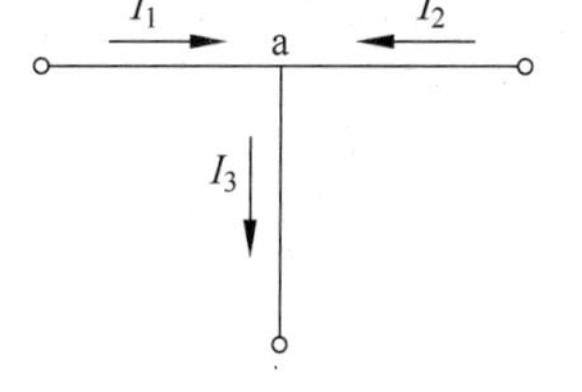

图 1.4.2　结点上电流

说明：在任一瞬时，任一结点上电流的代数和恒等于零。如果规定流入结点的电流取正号，则流出结点的电流取负号。

这就是基尔霍夫电流定律，式(1.4.1)是其基本的表达式。

基尔霍夫电流定律可推广应用于包围部分电路的闭合面(“大结点”)，即在任一瞬时，通过任一闭合面的电流的代数和也恒等于零。注意，此时写的支路电流必须与闭合面相交，且每条支路只与闭合面相交一次。

如图 1.4.3 所示电路，闭合面包围的是一个三极管，取流入闭合面的电流为正，可得

$$I_B + I_C - I_E = 0$$

对闭合面写 KCL，需要更全面地考虑问题。

【例 1.4.1】　在如图 1.4.4 所示的部分电路中，已知 I_A 和 I_B，求 I_C。

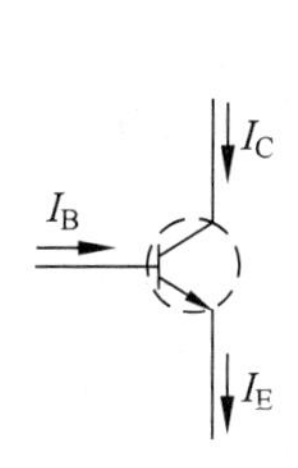

图 1.4.3　三极管的电流

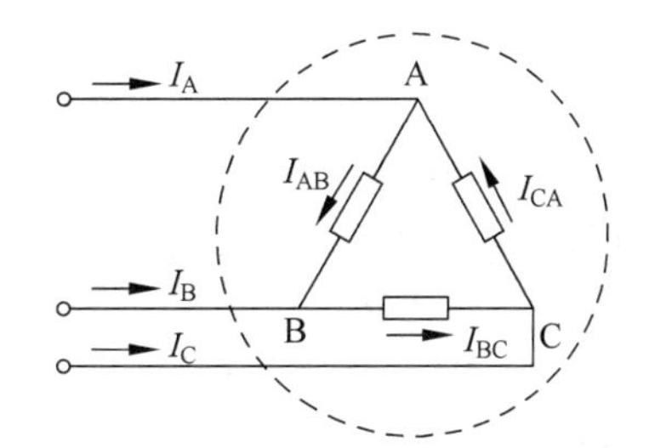

图 1.4.4　例 1.4.1 的电路

解　电路中的 I_A、I_B 和 I_C 分别与三个结点有关。首先规定其他电流的参考方向，切不可以为没有规定参考方向的支路就没有电流，然后分别对 A、B、C 三结点列出 KCL 方程为

$$I_A - I_{AB} + I_{CA} = 0$$

$$I_B - I_{BC} + I_{AB} = 0$$

$$I_C - I_{CA} + I_{BC} = 0$$

得

$$I_A + I_B + I_C = 0$$

与闭合面列写的 KCL 方程完全相同，只是对闭合面写方程更方便。

1.4.2 基尔霍夫电压定律

基尔霍夫电压定律(KVL)应用于回路,用来确定回路中各段电压间的关系。

基尔霍夫电压定律的内容为:从回路中的任意一点出发,以顺时针或逆时针方向沿回路循行一周,则在这个方向上,回路中所有电位降的和等于所有电位升的和。

那么,什么是电位降?什么是电位升?它们与$U(u)$和$E(e)$有关,还与回路的绕行方向有关,如图1.4.5所示,图中虚线表示循环方向。

以图1.4.6所示的电路为例,各电源电动势、电压和电流的参考方向均已给出,按虚线所示方向循行一周,其中U_2和U_3是电位升,而U_1和U_4是电位降,如果U_2换成E_2,U_1换成E_1,方程相同。

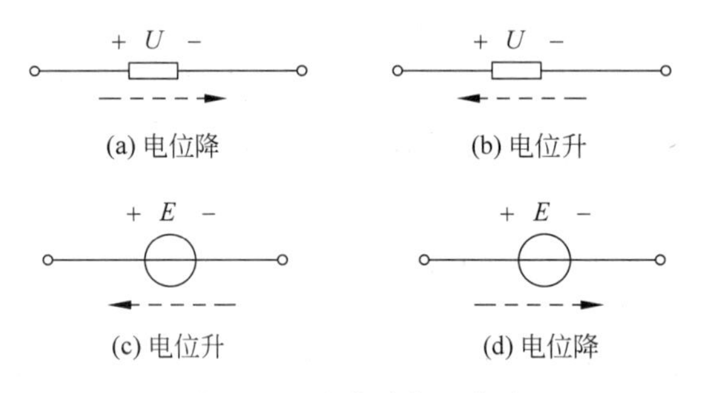

图1.4.5 电位降与电位升

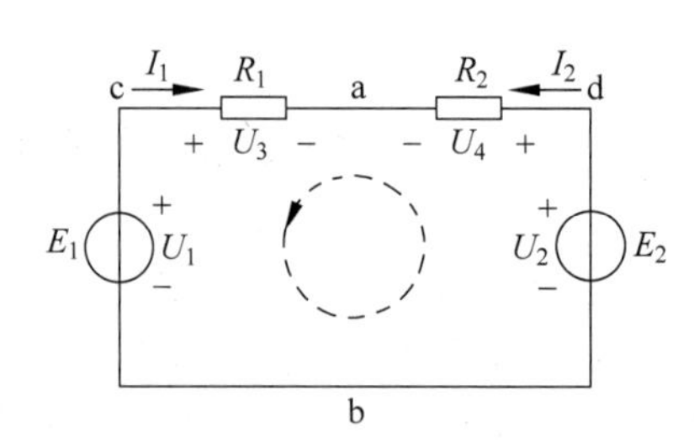

图1.4.6 回路

$$U_1(E_1)+U_4=U_2(E_2)+U_3$$

将上式改写为

$$U_1-U_2-U_3+U_4=0$$

即

$$\sum U=0 \tag{1.4.2}$$

说明:在任何时刻,沿回路某一方向(顺时针或逆时针)循行一周,则在这一方向上各段电压的代数和恒等于零,并规定电位降取正,电位升取负。

可以认为,不论是回路中出现的是U或E,只要循行方向与从“+”到“−”方向相同,就是电位降,取正号;否则,就是电位升,取负号。

KVL也可以推广到“开口”回路,因为电压是两点间的电压,只要所写电压的双下标能够闭合,就可以对这些电压写KVL方程,而不论电路如何组成,是否闭合。例如U_{AB}、U_{BC}、U_{CD}、U_{DE}、U_{EA}等电压的双下标能够闭合,就一定有$U_{AB}+U_{BC}+U_{CD}+U_{DE}+U_{EA}=0$,因为KVL方程的实质为电场是保守场,电压与路径无关,只与起点和终点位置有关。

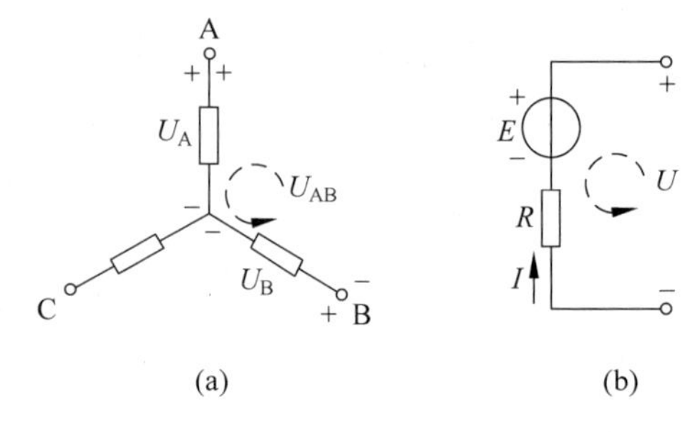

图1.4.7 “开口”电路与“假想”回路

对于图1.4.7(a)可列出

$$U_A-U_B-U_{AB}=0$$

即

$$U_{AB}=U_A-U_B$$

对于图1.4.7(b),结合电阻元件的欧姆定律

可列出

$$-RI+E-U=0$$
$$U=E-RI$$

KCL 对同一结点上的支路电流施加线性约束关系；而 KVL 则对组成某回路的支路电压施加线性约束关系。这两个定律仅与元件的相互连接有关，而与元件的性质无关。不论元件是线性的还是非线性的，时变的还是时不变的，KCL 和 KVL 总是成立的。

在列写线性方程组时，有多少个变量，就应该有多少个独立方程。无论写 KCL 或 KVL 方程，都必须写独立方程。

可以证明，在 b 条支路、n 个结点的电路中，有 $(n-1)$ 个独立的 KCL 方程，而且是对任意 $(n-1)$ 个结点列写 KCL 方程；同时，也有 $b-(n-1)$ 个独立的 KVL 方程，但它不是对任意回路的组合都可以写独立方程的。可以从以下两个方面来把握：

(1) 找网孔。网孔就是电路中最小的回路，在电路图中一目了然。

(2) 保证每一个回路都有一条独有支路。由于每一个回路中都有一个独有变量(独有支路的支路电压)，所以任何一个方程都不能由别的方程推导出来，方程组就是独立的，但是该方法的操作性较差。

1.4.3　电路分析的基本思路

利用元件的 VCR、KCL 和 KVL 分析电路时，其基本的思路如下：

(1) 除了电阻、电感、电容的电流，其余电流只能用 KCL 来求，例如理想电压源(理想导线)电流。

(2) 除了电阻、电感、电容电压外，其余电压只能用 KVL 来求，例如理想电流源(或开路)电压。

(3) 如果已知电阻、电感、电容的参数，可以通过电流求电压，也可通过电压求电流，当然电感和电容元件要知道电压或电流的函数表达式。

(4) 理想电压源的电压已知，电流未知。

(5) 理想电流源的电流已知，电压未知。

【例 1.4.2】　点 1、2、3、4 表示某一个电路中的四个结点，现已知 $U_{12}=5\text{V}$，$U_{23}=8\text{V}$，$U_{34}=-9\text{V}$，尽可能多地确定其他两点间的电压。

解　尽管没有看到具体的电路，只要所写电压的双下标能够闭合，就可以对这些电压写 KVL 方程，而不论电路如何组成，是否闭合。

由结点 1、2、3、4 组成的电压共有 12 个，但 $U_{mn}=-U_{mn}$，这样就只有 6 个。现在已知其中 3 个，剩余的 3 个可以画出图 1.4.8(a)、(b)、(c)得到，每个 KVL 方程都是一元一次方程，只有一个未知量，其他都是已知量，在图中已知量用实线表示，未知量用虚线表示。

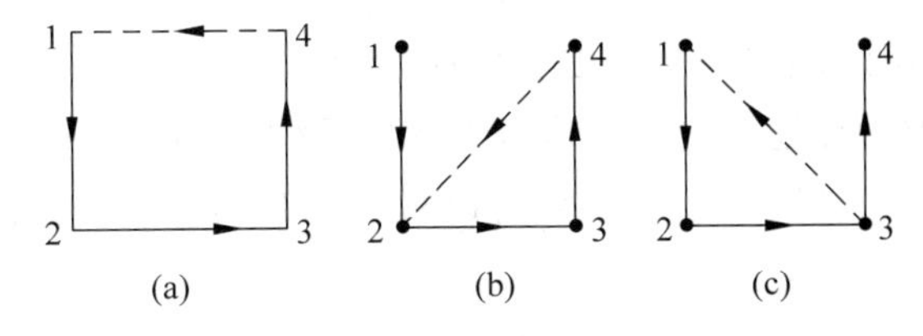

图 1.4.8　例 1.4.2 的图

由图 1.4.8(a)有

$$U_{12}+U_{23}+U_{34}+U_{41}=0 \quad U_{41}=-(U_{12}+U_{23}+U_{34})=-4\text{V} \quad U_{14}=-U_{41}=4\text{V}$$

由图 1.4.8(b)有

$$U_{23}+U_{34}+U_{42}=0 \quad U_{42}=-(U_{23}+U_{34})=1\text{V} \quad U_{24}=-U_{42}=-1\text{V}$$

由图 1.4.8(c)有

$$U_{12}+U_{23}+U_{31}=0 \quad U_{31}=-(U_{12}+U_{23})=-13\text{V} \quad U_{13}=-U_{31}=13\text{V}$$

读者要善于发现复杂问题中的简单方程。

【例 1.4.3】 电路如图 1.4.9 所示，求电流 I。

解 尽管电路图元件较多，但可以发现，6V 和 12V 的理想电压源和 2Ω 电阻构成一个回路，KVL 结合电阻的 VCR 列写一元一次方程如下

$$2I+12-6=0$$

$$I=\frac{6-12}{2}\text{A}=-3\text{A}$$

貌似复杂的问题只写了一个一元一次方程就解决了。

【例 1.4.4】 求如图 1.4.10 所示电路中的 I。

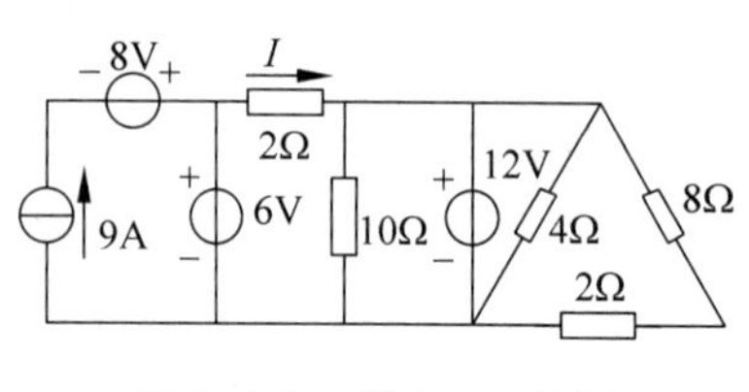

图 1.4.9 例 1.4.3 的图

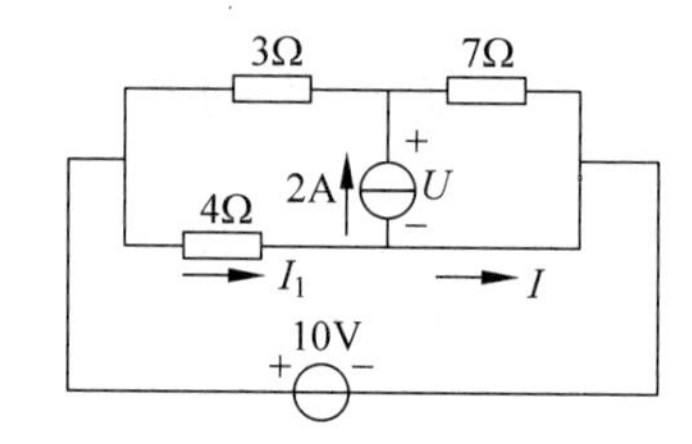

图 1.4.10 例 1.4.4 的图

解 由基本的分析思路知，导线上的电流只能用 KCL 来求。I、I_1 和 2A 电流与同一结点相连，而电阻电流 I_1 可以利用导线电压为零，用 KVL 来求，即

$$4I_1-10=0$$

$$I_1=2.5\text{A}$$

$$I=I_1-2=0.5\text{A}$$

【例 1.4.5】 求如图 1.4.11 所示电路中的 U_{ab}。

解 由基本的分析思路知，理想电流源的(或开路)电压只能用 KVL 来求，4Ω 电阻、10V 理想电压源和 U_{ab} 构成开口回路，而 4Ω 电阻的电流就是 2A，仍是一元一次方程的思路，所以

$$4\times 2+U_{ab}-10=0$$

$$U_{ab}=2\text{V}$$

【例 1.4.6】 求如图 1.4.12 所示电路中 I_1、I_2、U_{ab}。

解 不是所有电路都能通过一元一次方程求解，这时只能考虑更多的变量了。I_1、I_2 和 4A 电流可以写一个 KCL，$4I_1$、$4I_2$ 与 16V 可以写一个 KVL，两个变量两个独立方程，即

$$-I_1-I_2-4=0$$

$$4I_1+16-4I_2=0$$

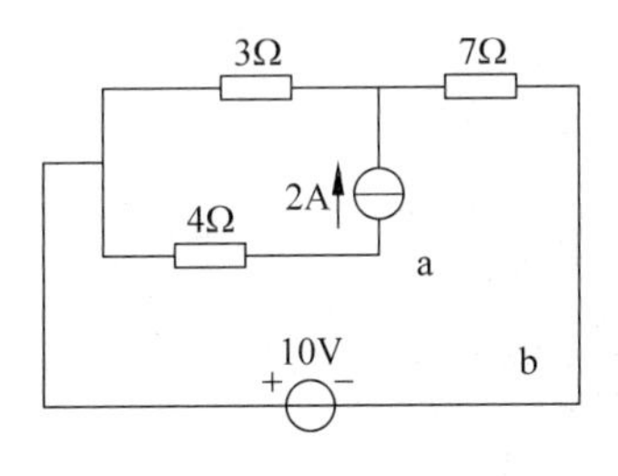

图 1.4.11　例 1.4.5 的图

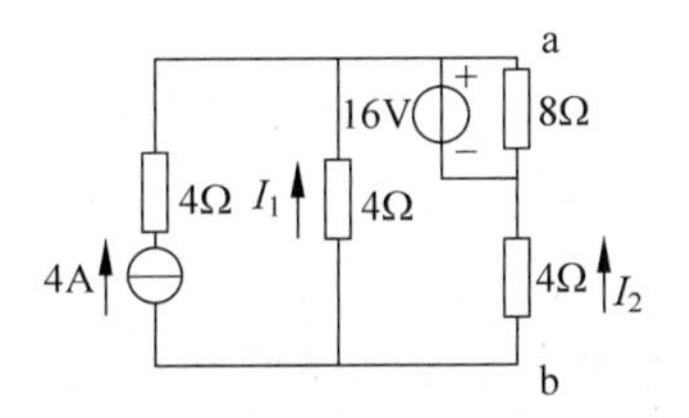

图 1.4.12　例 1.4.6 的图

得

$$I_1 = -4\text{A} \quad I_2 = 0\text{A}$$

选择开口回路，由 $4I_1$ 和 U_{ab}组成，即

$$4I_1 + U_{ab} = 0$$

$$U_{ab} = 16\text{V}$$

思路：如果不能通过一元一次方程求解时，就要考虑二元一次方程了。一般写一个与理想电流源有关的 KCL 和一个与理想电压源有关的 KVL。

练习与思考

1.4.1　在如图 1.4.13 所示电路中，已知 $I_1=1\text{A}$，$I_2=10\text{A}$，$I_3=2\text{A}$，求 I_4。

1.4.2　电路中各量参考方向如图 1.4.14 所示。选 ABCDA 为回路循行方向，结合欧姆定律，列写回路的 KVL 方程，并写出 U_{AC}的表达式。

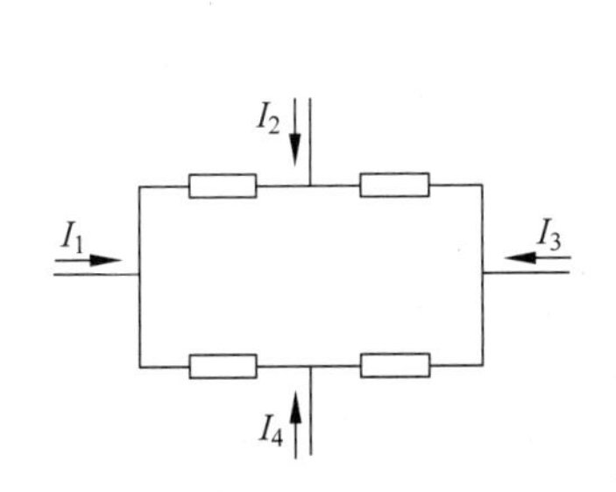

图 1.4.13　练习与思考 1.4.1 的图

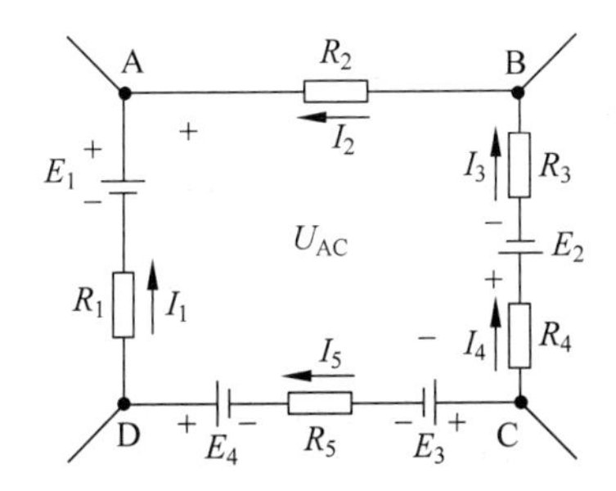

图 1.4.14　练习与思考 1.4.2 的图

1.5　简单电路的分析

在中学物理中，读者已经学习了电阻串、并联和闭合电路欧姆定律。一般而言，可以套用相关公式求解的是简单电路，而复杂电路的分析就需要列写方程。但不论是简单的或是复杂的电路，KCL、KVL 和元件 VCR 是分析它们的共同基础。本节就利用 KCL、KVL 和 VCR 来分析简单电路，强化对基础知识的掌握。

1.5.1　电阻的串、并联分析

1. 无源二端网络等效电阻的定义

对仅由电阻元件组成的无源二端网络，可以定义其等效电阻 R_{eq}，即

$$R_{eq}=\frac{u}{i}=\frac{u_s}{i}=\frac{u}{i_s} \tag{1.5.1}$$

求等效电阻时，可以将图 1.5.1(a)和(b)、(a)和(c)结合来求，并注意 u_S 和 i、u 和 i_S 参考方向的配合，要注意以下两点：

(1) 明确无源二端网络的两个端点，即从何处看进去的等效电阻。

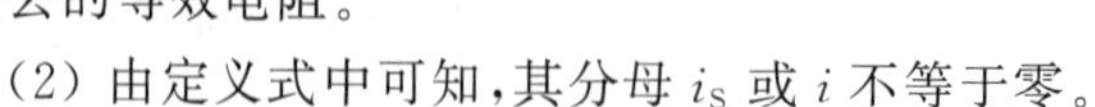

(2) 由定义式中可知，其分母 i_S 或 i 不等于零。

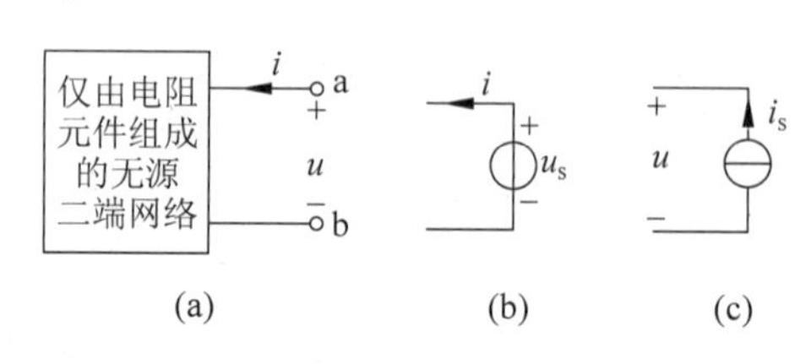

图 1.5.1　无源二端网络的等效电阻

2. **电阻串、并联的定义**

如若电阻 R_m 和 R_n 上的电流分别为 i_m 和 i_n，如果电流相同，则两电阻串联，可写成

$$|i_m|=|i_n| \tag{1.5.2}$$

如若电阻 R_m 和 R_n 上的电压分别为 u_m 和 u_n，如果电压相同，则两电阻并联，可写成

$$|u_m|=|u_n|\neq 0 \tag{1.5.3}$$

之所以要加绝对值，就是考虑参考方向的任意性。电阻的串联相对容易判断；如果发现有回路只由两个电阻组成，且任何一个电阻不被短路，则两个电阻一定并联。确定两个或多个电阻串联或并联后，合并为一个，再进一步判断与其他电阻的串、并联关系。

【例 1.5.1】 分析如图 1.5.2(a)所示电路中，电阻 R_1、R_2、R_3、R_4、R_5 的串并联关系。

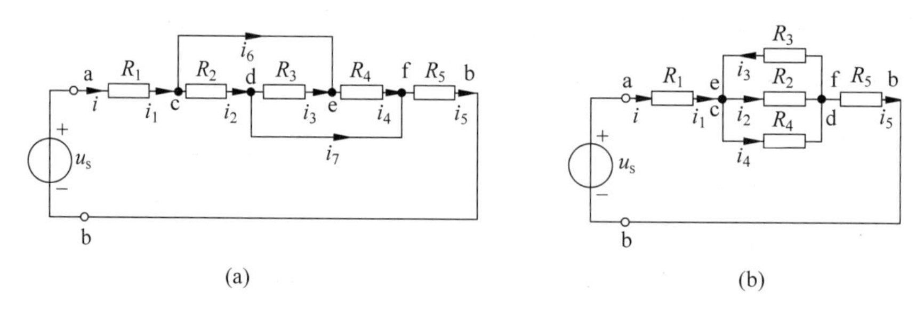

图 1.5.2　例 1.5.1 的图

解　为分析方便，按图 1.5.1(b)的要求，在原图上加上电压源 u_S 得到图 1.5.2(a)，由于 $i_1=i_5=i$，所以 R_1、R_5 串联。电阻元件采用关联参考方向，由 KVL 有 $u_2+u_3=0$，$u_3+u_4=0$，即电阻 R_2、R_3、R_4 并联。直观判断，电阻 R_2 和 R_3 组成回路并联，电阻 R_3、R_4 也组成回路并联，所以电阻 R_2、R_3、R_4 并联。不要想当然以为理想导线上的电流为零。由 KCL 有 $i_1=i_2+i_6$，$i_2=i_3+i_7$，所以电阻 R_1、R_2、R_3 不满足串联关系。将理想导线的两个端点合并是分析电阻串并联的有效方法。合并结点 c、e 以及 d、f 后可得图 1.5.2(b)，并注意图 1.5.2(a)和(b)两电路中的电流参考方向，在图 1.5.2(a)中，i_3 从 d 点到 e，箭头从左到右，在图 1.5.2(b)中，仍然是从 d 点到 e 点，但箭头就从右向左了。在图 1.5.2(a)中有 i_6 和 i_7，但在图 1.5.2(b)中，导线电流 i_6 和 i_7 就没有了。

3. **电阻串、并联的相关公式**

以图 1.5.3 所示的两电阻串联电路为例，写出相关方程为

$$u-u_1-u_2=0$$

$$i=i_1=i_2$$

$$u_1 - R_1 i_1 = 0$$
$$u_2 - R_2 i_2 = 0$$
$$u = R_{eq} i$$

如果参数 R_1、R_2 和电源电压 u 已知，将 R_{eq}、$i(=i_1=i_2)$、u_1、u_2 看成变量，可得到如下公式

$$\begin{cases} R_{eq} = R_1 + R_2 \\ i = \dfrac{u}{R_{eq}} \\ u_1 = \dfrac{R_1}{R_1 + R_2} u \\ u_2 = \dfrac{R_2}{R_1 + R_2} u \end{cases} \tag{1.5.4}$$

套用后三个公式时，要注意如图 1.5.3 所示电路对参考方向的要求。列写电路方程，可以随意规定参考方向；但套用公式时，就要遵守相关规定，否则就会出现正负号的错误。

同样对图 1.5.4 的两电阻并联电路为例，也可得到相关公式为

$$\begin{cases} R_{eq} = \dfrac{R_1 R_2}{R_1 + R_2} \\ i = \dfrac{u}{R_{eq}} \\ i_1 = \dfrac{R_2}{R_1 + R_2} i \\ i_2 = \dfrac{R_1}{R_1 + R_2} i \end{cases} \tag{1.5.5}$$

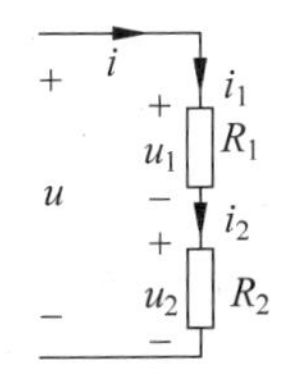

图 1.5.3　两电阻的串联电路

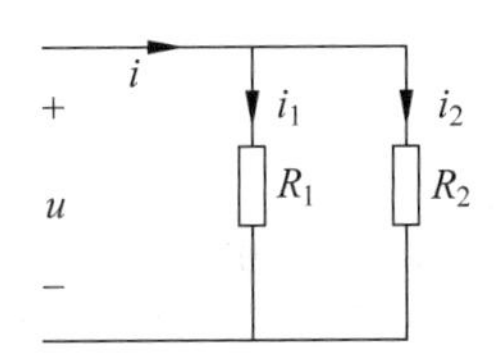

图 1.5.4　两电阻的并联电路

一般可用 $R_1 \parallel R_2$ 表示并联时 R_{eq}。尽管只给出两个电阻的串并联公式，若多于两个电阻时，也可以灵活运用上述公式。

【例 1.5.2】　对于如图 1.5.2 所示的电路，$U_{ab}=10\text{V}$，$R_1=1\Omega$，$R_2=2\Omega$，$R_3=3\Omega$，$R_4=6\Omega$，$R_5=3\Omega$，求电流 i_6 和 i_7。

解　i_6 和 i_7 是理想导线上的电流，只能用 KCL 来求(在图 1.5.2(a)中)

$$R_{ab} = R_1 + R_2 \parallel R_3 \parallel R_4 + R_5 = 5\Omega$$

$$i = i_1 = \frac{U_{ab}}{R_{ab}} = 2\text{A}$$

注意 i_2、i_3 和 i_4 在图 1.5.2(a)和图 1.5.2(b)中的对应关系，并灵活运用两电阻并联的分流公式，即

$$i_2 = \frac{R_3 \parallel R_4}{R_2 + R_3 \parallel R_4} i = \frac{2}{2+2} \times 2\text{A} = 1\text{A}$$

$$i_6 = i_1 - i_2 = 1\text{A}$$

因为与要求的参考方向不同，所以下面的公式就要加负号，即

$$i_3 = \frac{-R_2 \parallel R_4}{R_3 + R_2 \parallel R_4} i = -\frac{2}{3}\text{A}$$

由 KCL 得

$$i_7 = i_2 - i_3 = \frac{5}{3}\text{A}$$

注意：基本公式和使用条件要熟练掌握，不要杜撰公式。例如电阻 R_1、R_2、R_3 三个并联等效电阻 $R_{eq} \neq \frac{R_1 R_2 R_3}{R_1 + R_2 + R_3}$。

1.5.2 闭合电路的欧姆定律

对于如图 1.5.5 所示的单一回路，列写 KVL 并结合电阻元件的欧姆定律有

$$(R_0 + R)I = E$$

$$I = \frac{E}{R + R_0} \tag{1.5.6}$$

同样也要注意公式中 E 和 I 参考方向的规定。更一般情况下，在如图 1.5.6 所示的一般闭合电路的欧姆定律外电路的电阻 R 是一个无源二端网络的等效电阻，此时二端网络的两个端点即为实际电压源的两外接端点。

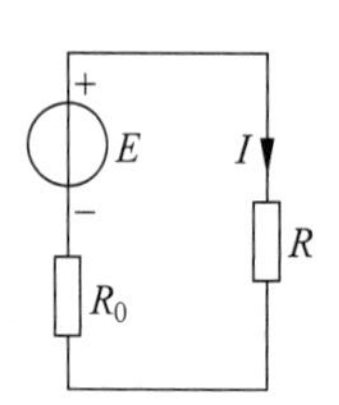

图 1.5.5 闭合电路的欧姆定律

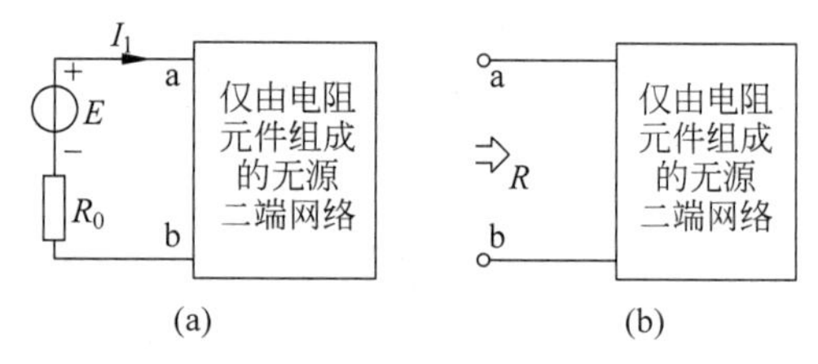

图 1.5.6 一般闭合电路的欧姆定律

【例 1.5.3】 对于如图 1.5.7(a) 所示的电路，已知 $E=9\text{V}$，$R_1=3\Omega$，$R_2=6\Omega$，$R_3=4\Omega$，$R_4=3\Omega$，$R_5=1\Omega$。求 I_3 和 I_4。

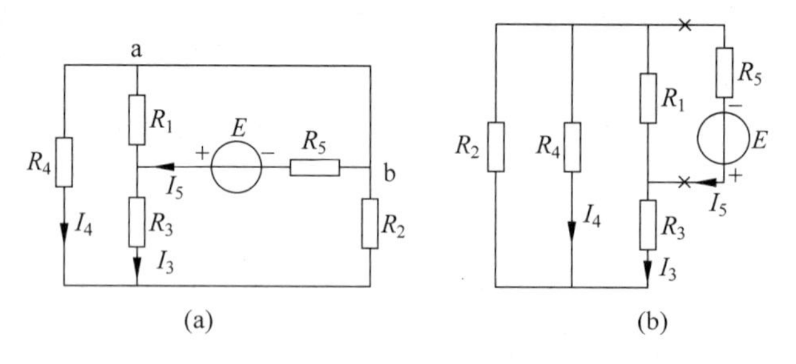

图 1.5.7 例 1.5.3 的电路

解 合并 a、b 结点，并将电路图改画成如图 1.5.6(a)所示的要求，得图 1.5.7(b)，即

$$R_{eq} = (R_2 \parallel R_4 + R_3) \parallel R_1 = 2\Omega$$

$$I_5=\frac{E}{R_5+R_{eq}}=3\text{A}$$

$$I_3=\frac{R_1}{R_1+R_3+\dfrac{R_2R_4}{R_2+R_4}}I_5=1\text{A}$$

$$I_4=-\frac{R_2}{R_2+R_4}I_3=-\frac{2}{3}\text{A}$$

【例 1.5.4】 求如图 1.5.8 所示电路中的开路电压(即电流 $i=0$ 时的电压)U_{OC}(见图 1.5.8(a))、短路电流 i_{SC}(见图 1.5.8(b))、等效电阻 R_{eq}(见图 1.5.8(c))。其中,$R_1=1\Omega$,$R_2=2\Omega$,$R_3=3\Omega$,$R_4=4\Omega$,$E=12\text{V}$。

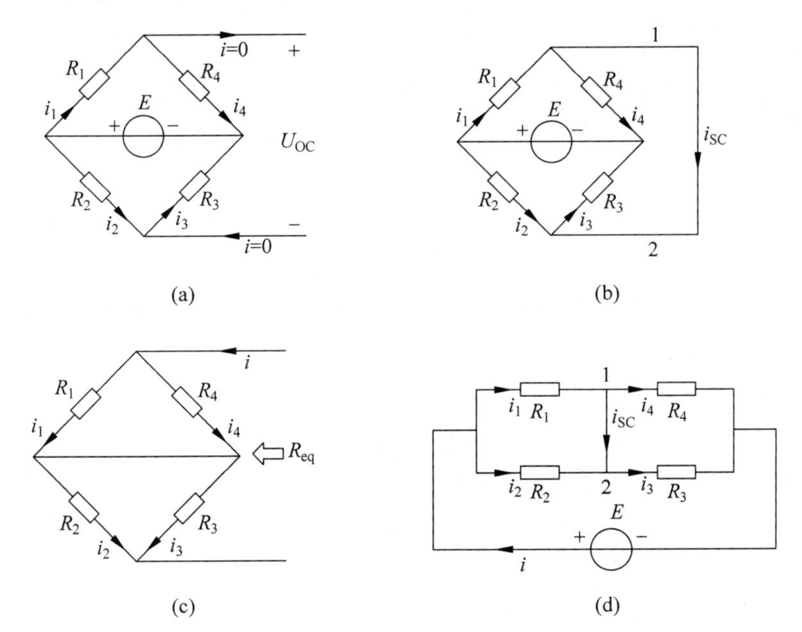

图 1.5.8 例 1.5.4 的电路

解 (1) 在如图 1.5.8(a)所示电路中,由于 $i=0$,所以 $i_1=i_4$,$i_2=i_3$,电阻 R_1、R_2 串联后和 E 组成的回路列写 KVL,结合 VCR 有

$$i_1=i_4=\frac{E}{R_1+R_4}$$

同理

$$i_2=i_3=\frac{E}{R_2+R_3}$$

对开口回路,列写 KVL,有

$$U_{OC}+R_3i_3-R_4i_4=0$$
$$U_{OC}=R_4i_4-R_3i_3=2.4\text{V}$$

或

$$U_{OC}=R_2i_2-R_1i_1=2.4\text{V}$$

一般而言,开路(开口)电压只能通过开口形式的 KVL 求解。

(2) 在如图 1.5.8(b)所示的电路中，由 KVL 有 $U_1=U_2$ 和 $U_3=U_4$(默认电阻元件电压和电流是关联参考方向)，所以 R_1 和 R_2 并联，R_3 和 R_4 并联，经过改画后得如图 1.5.8(d)所示的电路。

所以

$$i=\frac{E}{R_1 \parallel R_2+R_3 \parallel R_4}=5.04\text{A}$$

$$i_1=\frac{R_2}{R_1+R_2}i=3.36\text{A}$$

$$i_4=\frac{R_3}{R_3+R_4}i=2.16\text{A}$$

$$i_{\text{SC}}=i_1-i_4=1.2\text{A}$$

一般而言，理想导线上的电流只能通过 KCL 来求。在利用 KVL 求 U_{OC} 和利用 KCL 求 i_{SC} 的过程中，都要优先考虑一元一次方程，然后再考虑多元一次方程。

(3) 求如图 1.5.8(c)所示无源二端网络的输入电阻时，注意 $i\neq 0$，且有 $U_1=U_4$ 和 $U_2=U_3$，所以 R_1 和 R_4 并联，R_2 和 R_3 并联，并联后再串联，即

$$R_{\text{eq}}=R_1 \parallel R_4+R_2 \parallel R_3=2\Omega$$

通过对以上相关电路的分析，望读者可以深刻领会电阻串并联和闭合电路欧姆定律分析电路的要领，很好地掌握简单电路套公式这个最基本的方法。

【例 1.5.5】 求如图 1.5.9 所示电路中的 I_4 和 U。

解 在图 1.5.9 中，理想电流源与电阻 R_1 串联并给 R_2、R_3、R_4 并联电阻提供电流，由并联分流公式得

$$I_4=\frac{\dfrac{R_2R_3}{R_2+R_3}}{\dfrac{R_2R_3}{R_2+R_3}+R_4}I_{\text{S}}$$

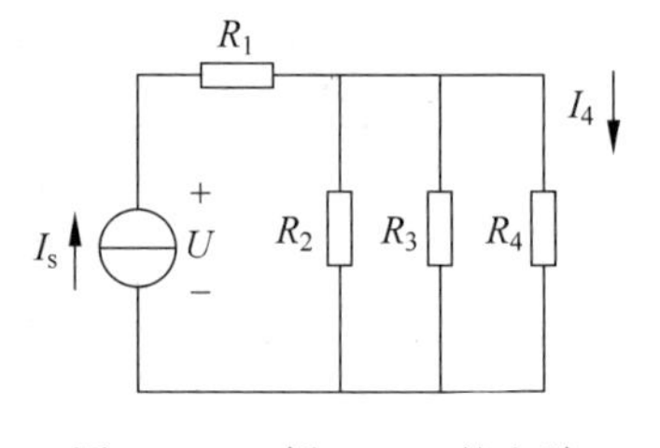

图 1.5.9 例 1.5.5 的电路

U 是理想电流源的端电压，由 KVL 结合 VCR 有

$$U=(R_2 \parallel R_3 \parallel R_4+R_1)I_{\text{S}}=R_1I_{\text{S}}+R_4I_4$$

1.5.3 功率守恒

对于如图 1.5.5 所示的闭合欧姆定律的电路，有

$$E=RI+R_0I$$

表达式两边同乘 I 得

$$EI=RI^2+R_0I^2$$

该式的左边代表理想电压源发出的功率，右边两项分别代表其内电阻 R_0 和负载电阻 R 消耗的功率。即在一个完整的电路中，任一瞬时发出的电功率等于消耗的电功率之和。将这一结论推广到一般电路，可得电路功率守恒的结论。

功率守恒：在任一完整电路中，任一瞬时发出的功率之和等于消耗的功率之和。

可写成以下两种表达式，即

$$\sum|p_{\text{发}}|=\sum|p_{\text{消}}| \tag{1.5.7}$$

根据功率的定义，关联参考方向下，$p>0$ 为消耗，$p<0$ 为发出；非关联时结论正好相反。所以，首先要判断元件是发出还是消耗功率，然后发出的绝对值之和等于消耗的绝对值之和。

$$\sum p = 0 \tag{1.5.8}$$

该表达式中，要求所有元件均采用关联或非关联参考方向。这样 p 的正负就和发出还是消耗功率对应起来。

【例 1.5.6】 求如图 1.5.10 所示电路中的 U，并验证功率平衡。

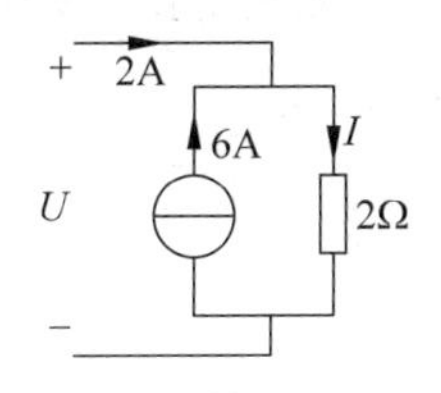

图 1.5.10　例 1.5.6 的电路

解　此电路为一部分电路，不能直接用式(1.5.7)或式(1.5.8)，但可以分析二端网络与二端网络内部元件功率的关系

$$\text{KCL}\quad I = (2+6)\text{A} = 8\text{A}$$

$$\text{KVL}\quad U = 2I = 16\text{V}$$

二端网络的功率

$$p_1 = 2U = 32\text{W}(\text{消耗})\quad(\text{关联参考方向})$$

理想电流源的功率

$$p_2 = 6U = 96\text{W}(\text{发出})\quad(\text{非关联参考方向})$$

电阻元件消耗的功率

$$p_3 = RI^2 = (2\times 8^2)\text{W} = 128\text{W}(\text{消耗})\quad(\text{关联参考方向})$$

电阻消耗功率是 128W，其中理想电流源提供 96W，还差 32W 就由外电路来提供，就是二端网络消耗的功率。二端网络的功率就是其所有内部元件的功率和。

练习与思考

1.5.1　计算如图 1.5.11 所示两电路中 a、b 间的等效电阻 R_{ab}。

1.5.2　在图 1.5.12 中，$R_1=R_2=R_3=R_4=300\Omega$，$R_5=600\Omega$，试求开关 S 断开和闭合时 a 和 b 之间的等效电阻。

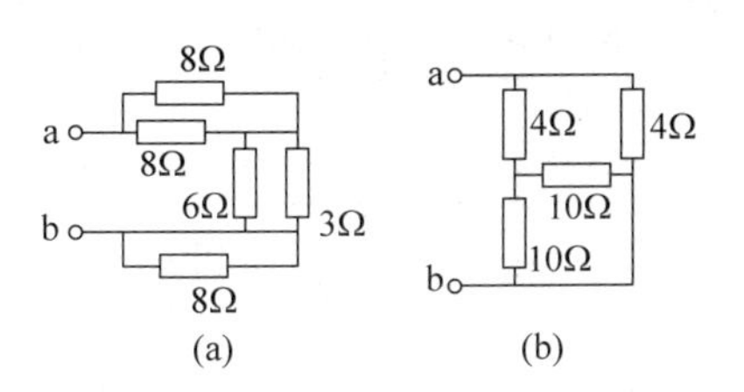

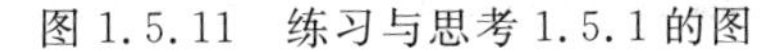

图 1.5.11　练习与思考 1.5.1 的图

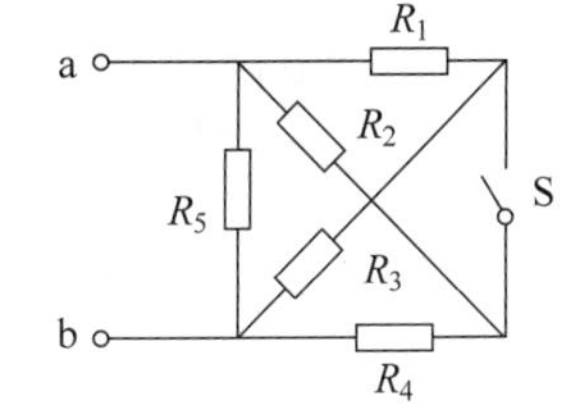

图 1.5.12　练习与思考 1.5.2 的图

1.5.3　如图 1.5.13 所示的是直流电动机的一种调速电阻，它由 4 个固定电阻串联而成。利用几个开关的闭合和断开，可以得到多种电阻值。设 4 个电阻都是 1Ω，试求在下列三种情况下 a、b 两点间的电阻值：

(1) S_1 和 S_5 闭合，其他断开。

(2) S_2、S_3 和 S_5 闭合，其他断开。

(3) S_1、S_3 和 S_4 闭合，其他断开。

1.5.4　如图 1.5.14 所示电阻是否存在串并联关系？如果无法串并联分析，试用式(1.5.1)列写电路方程求等效电阻。设 $R_1=1\Omega$，$R_2=2\Omega$，$R_3=3\Omega$，$R_4=6\Omega$，$R_5=4\Omega$。

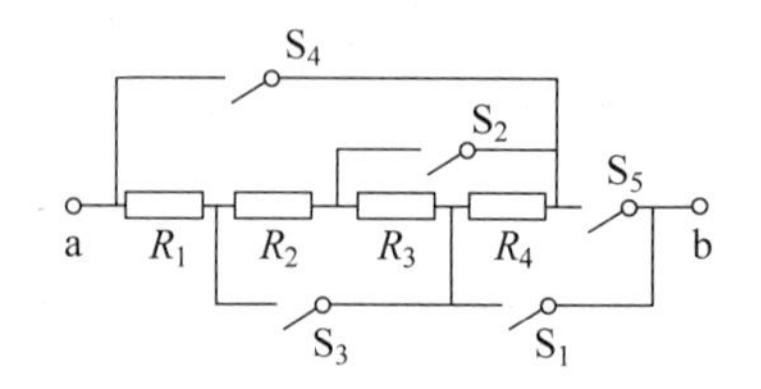

图 1.5.13　练习与思考 1.5.3 的图

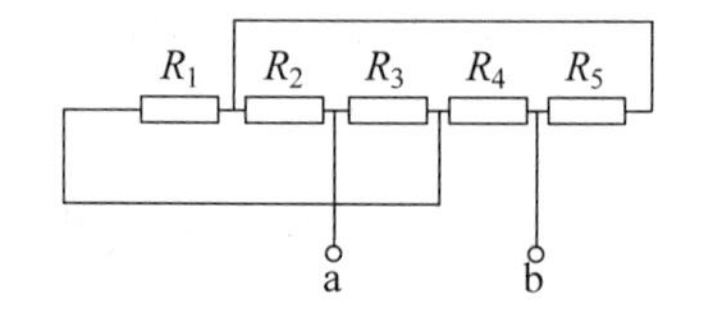

图 1.5.14　练习与思考 1.5.4 的图

本 章 小 结

本章主要介绍了参考方向的概念和作用，理想电路元件的电压电流关系和基尔霍夫两定律。给出了利用 VCR、KCL 和 KVL 列写电路方程的基本思路；更加明确了电阻串、并联和闭合电路欧姆定律分析电路的要点，对简单电路一定要熟练地套用公式，将中学物理知识和电工学知识有机地结合起来。它们都是整个电工电子学的基础，务必很好地掌握。

习　　题

1.1　如图 1.1 所示为用变阻器 R 调节直流电机励磁电流 I_f 的电路。已知电机励磁绕组的电阻为 315Ω，其额定电压为 220V。若要求励磁电流在 0.35～0.7A 的范围内变动，试在下列三个变阻器中选用一个合适的：①1000Ω，0.5A；②200Ω，1A；③350Ω，1A。

1.2　计算图 1.2 所示电路中所有元件的功率，并校核整个电路功率是否守恒？

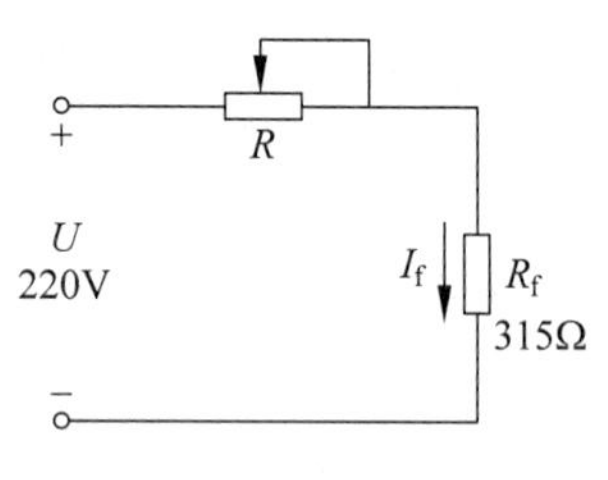

图 1.1　习题 1.1 的图

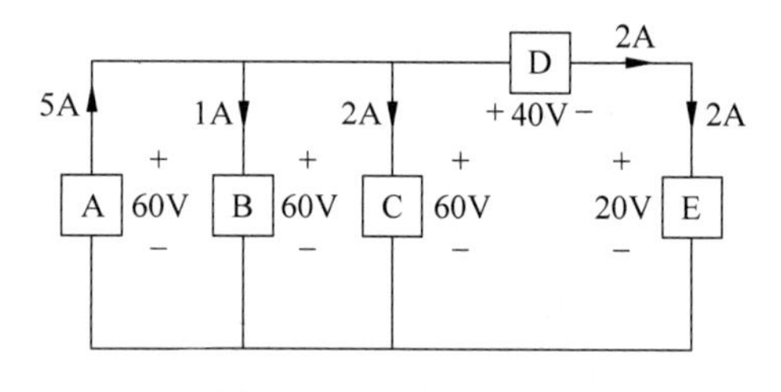

图 1.2　习题 1.2 的图

1.3　试求图 1.3 所示电路中各理想电压源、理想电流源、电阻的功率（说明是发出还是吸收功率）。

1.4　讨论图 1.4 所示电路中的 U_1 与 U_2 以及 I_1 与 I_2 的关系。

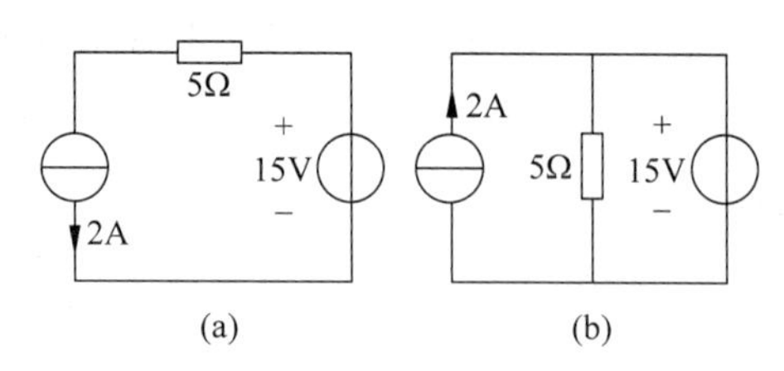

图 1.3　习题 1.3 的图

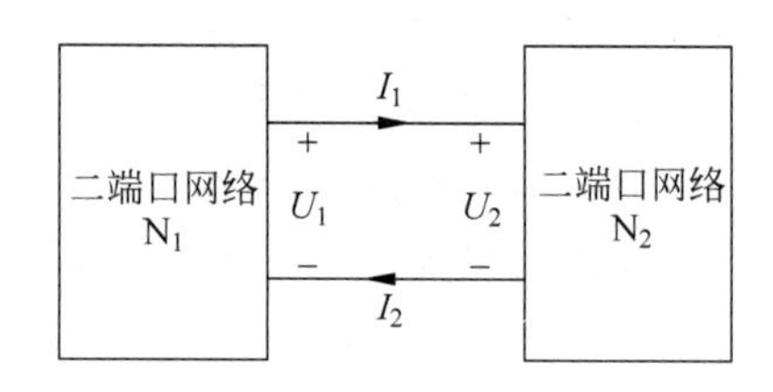

图 1.4　习题 1.4 的图

1.5 有两只电阻，其额定值分别为 40Ω、10W 和 200Ω、40W，若将两者并联起来，其允许流入的最高电流和允许加的最高电压为多少？

1.6 求图 1.5 所示电路中 A 点的电位 V_A（即 A 点对参考点的电压）。

1.7 求图 1.6 所示电路的 I 和 U。

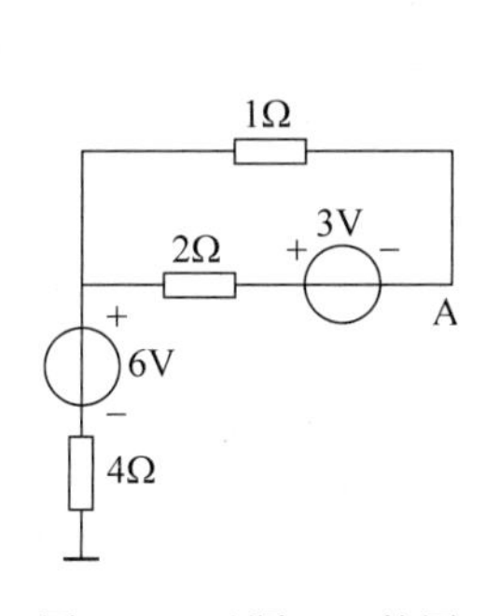

图 1.5 习题 1.6 的图

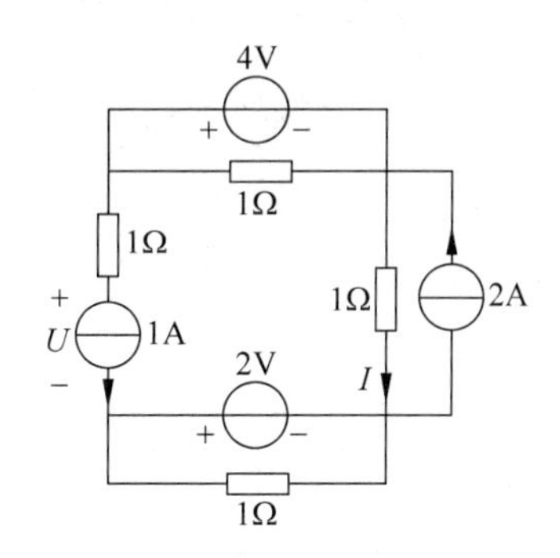

图 1.6 习题 1.7 的图

1.8 求图 1.7 所示电路（a、b 两点开路）中的 U 和 I。

1.9 在图 1.8 所示电路中，已知 $R_1=4\Omega, R_2=2\Omega, R_3=1\Omega, R_4=4\Omega, R_5=11\Omega, I_S=6A$。求 I_3 和 I_4。

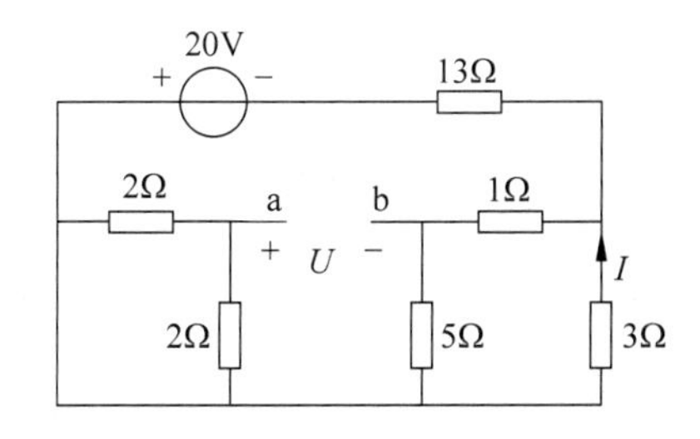

图 1.7 习题 1.8 的图

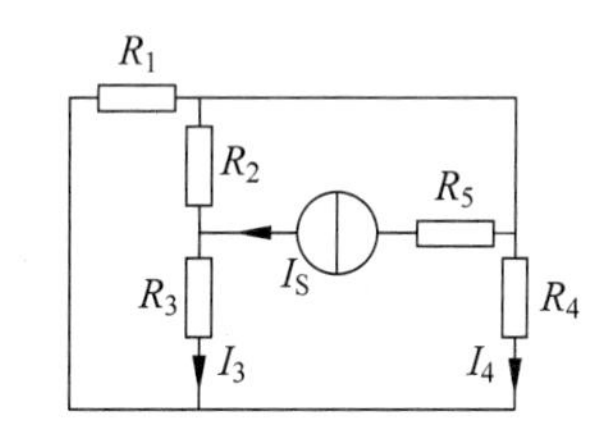

图 1.8 习题 1.9 的图

1.10 求：(1)图 1.9(a)所示电路中的 U_3'、I_4'；(2)图 1.9(b)所示电路中的 U_3''、I_4''，其中 $E_1=12V, I_{S3}=2A, R_1=1\Omega, R_2=5\Omega, R_3=10\Omega, R_4=1\Omega$。

1.11 求图 1.10 所示电路中的 i、i_{SC}。已知 $U_S=16V, I_S=4A, R_1=R_3=6\Omega, R_2=R_4=3\Omega$。

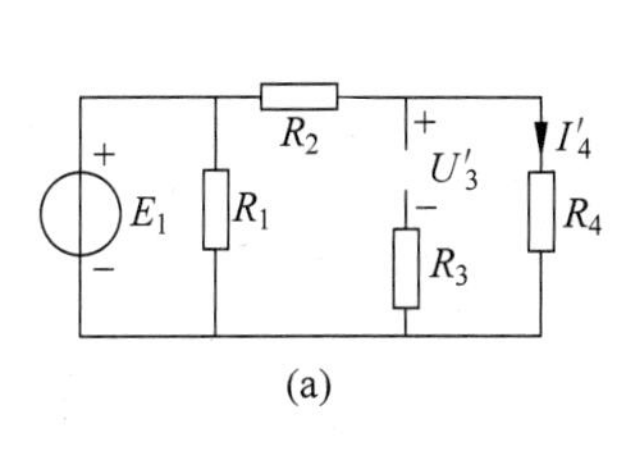

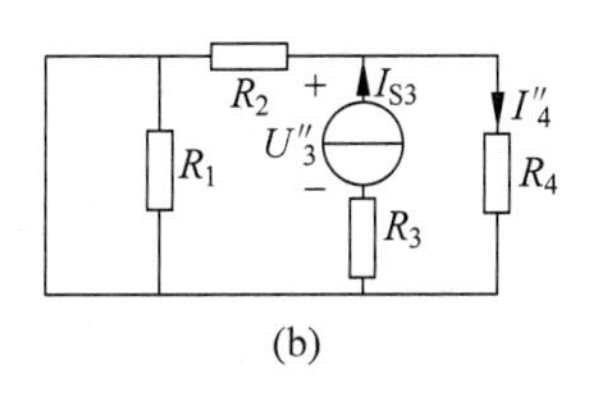

图 1.9 习题 1.10 的图

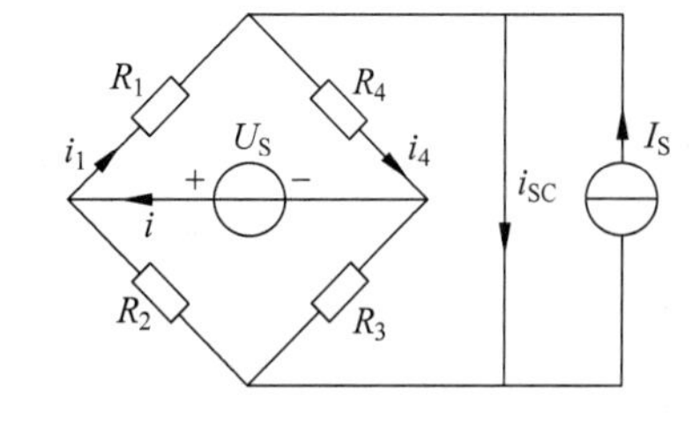

图 1.10 习题 1.11 的图

1.12 求：(1)图 1.11(a)所示电路中的 U'、I'；(2)图 1.11(b)所示电路中的 U''、I''。

1.13 求图 1.12 所示电路中 I_1、I_2、I。

1.14 求图 1.13 所示电路中的 U_{ab}（a、b 两点开路）。

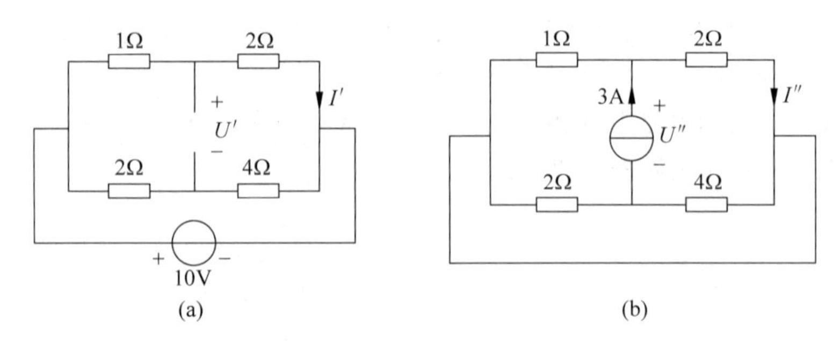

图 1.11　习题 1.12 的图

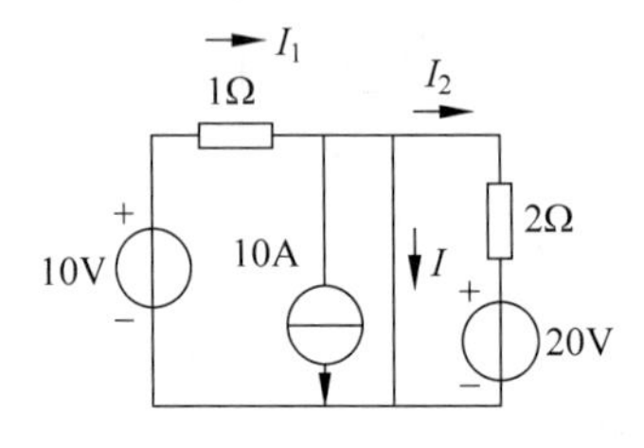

图 1.12　习题 1.13 的图

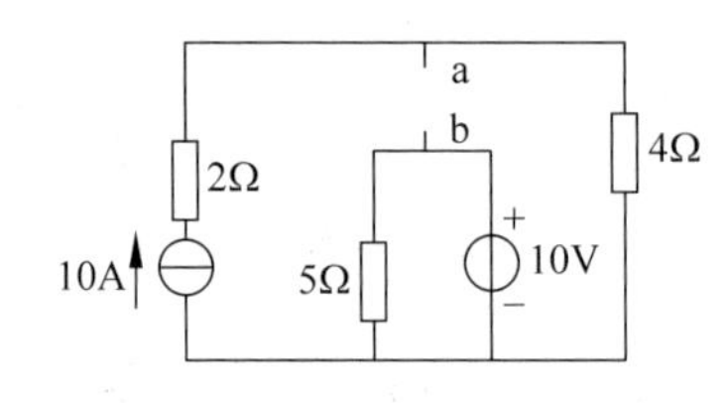

图 1.13　习题 1.14 的图

第 2 章　电路的分析方法

电路分析的基本任务就是在已知电路模型、参数和激励的情况下，求电路响应、计算功率和能量等。

电路的分析方法可以分为三类：一是以支路电流法和结点电压法为代表的电路方程法；二是以电阻串、并联和电源互换为代表的等效变换法；三是以叠加定理、戴维宁定理和诺顿定理为代表的运用定理法。电阻串、并联第 1 章已介绍过了，本章将按以上分类介绍其他内容。

2.1　支路电流法

第 1 章详细介绍了如何用电阻串、并联和全电路欧姆定律来求解电路（公式法），但对更复杂的电路而言，该方法已经不适用了。因为电路中要么有多个电源，或尽管只有一个电源，但电路中的电阻却无法用串、并联等效来化简。所以就需要列写电路方程来求解电路。可以这样说，简单电路用公式法求解，而复杂电路则用列方程来求解。列方程求解电路较其他两类方法更具有普遍性。在本课程中又以支路电流法最具代表性。

支路电流法，就是用支路电流和电流源的电压作为列写方程的变量，应用 KCL、KVL 和 VCR 列写所需要的方程。

对于具有 n 个结点和 b 条支路的电路而言，可列写 $n-1$ 个独立的 KCL 方程，而且是对任意 $n-1$ 个结点；可列写 $b-(n-1)$ 个独立的 KVL 方程，通常取单孔回路（或称网孔）。由于 KCL 方程和 KVL 方程之间彼此独立，所以共有 $(n-1)+b-(n-1)=b$ 个独立方程，而 b 条支路有 b 个支路变量，且每条支路有一个变量。

用支路电流法的解题步骤如下：

(1) 确定电路的结点数 n 和支路数 b。

(2) 如果支路中有理想电流源，则规定理想电流源电压的参考方向；其他支路都规定电流的参考方向。

(3) 对任意 $n-1$ 个结点列写 KCL 方程，方程中的变量就是支路电流和已知的理想电流源电流。

(4) 对 $b-(n-1)$ 个网孔列写 KVL 方程并结合 VCR。电阻元件采用关联参考方向时 $U=RI$，电阻电压用支路电流表示；理想电压源的电压 U_S 是已知量；理想电流源的电压就是方程的变量，但所在支路的电流 I_S 已知，即减少了一个支路电流变量。

(5) 用求出的支路电流和理想电流源电压，再求其余的电路响应，计算功率和能量。

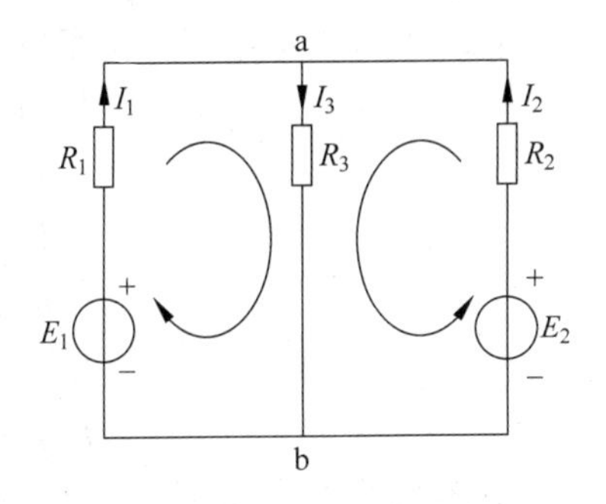

图 2.1.1　例 2.1.1 的图

【例 2.1.1】　在如图 2.1.1 所示的电路中，设 $E_1=10V$，$E_2=15V$，$R_1=1\Omega$，$R_2=2\Omega$，$R_3=1\Omega$，试求各支路电

流并计算理想电压源发出的功率。

解 此电路是两个(实际)电压源给一个负载供电的电路,无法用全电路欧姆定律来求解。该电路有两个结点和3条支路,I_1、I_2、I_3 的参考方向如图2.1.1所示,列方程如下

$$I_1 + I_2 - I_3 = 0$$
$$R_1 I_1 + R_3 I_3 - E_1 = 0$$
$$R_2 I_2 + R_3 I_3 - E_2 = 0$$

解得

$$I_1 = 3\text{A}, I_2 = 4\text{A}, I_3 = 7\text{A}$$
$$P_{E1} = E_1 I_1 = 10 \times 3\text{W} = 30\text{W}$$
$$P_{E2} = E_2 I_2 = 15 \times 4\text{W} = 60\text{W}$$

由于两理想电压源是非关联参考方向,且大于零,因此是发出功率。

【例 2.1.2】 如图2.1.2所示的电路中,$R_1 = 1\Omega$,$R_2 = 2\Omega$,$R_3 = 2\Omega$,$R_4 = 4\Omega$,$R_5 = 3\Omega$,$I_{S1} = 1\text{A}$,$E_5 = 6\text{V}$,求:

(1) I_3 和 I_4;

(2) 验证电路的功率守恒。

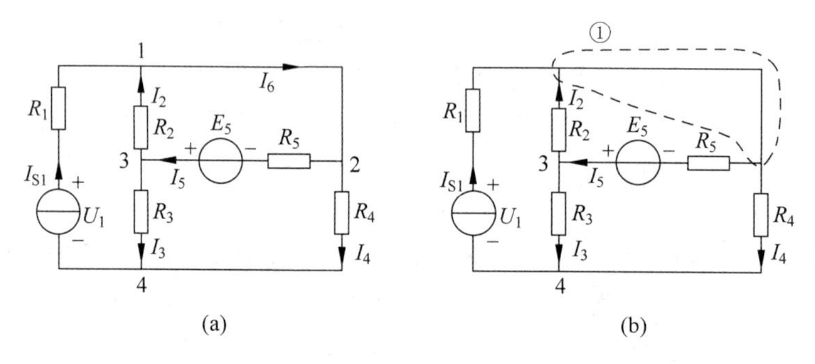

图 2.1.2 例 2.1.2 的图

解 一般而言,导线上有电流,如果需要求导线上的电流,就可以将其看作一条支路,其两端的端点都是结点,如图2.1.2(a)所示的电路中,共有6条支路,4个结点,其方程的变量分别为 U_1、I_2、I_3、I_4、I_5 和 I_6;如果不求导线上的电流,就可以不看作一条支路,找一个闭合面将其包围,形成一个广义结点,如图2.1.2(b)所示,此时共有5条支路,3个结点,少一个独立KCL方程,但也少一个变量 I_6,独立KVL方程数量不变。

对图2.1.2(a)电路用支路电流法列写方程如下

$$\left.\begin{aligned}
&I_{S1} + I_2 - I_6 = 0 \\
&-I_4 - I_5 + I_6 = 0 \\
&-I_2 - I_3 + I_5 = 0 \\
&-R_2 I_2 + R_3 I_3 - U_1 + R_1 I_{S1} = 0 \\
&R_5 I_5 - E_5 + R_2 I_2 = 0 \\
&R_4 I_4 - R_3 I_3 + E_5 - R_5 I_5 = 0
\end{aligned}\right\} \quad (1)$$

对图2.1.2 (b)电路也可列写方程如下

$$\left.\begin{aligned}&I_{S1}+I_2-I_4-I_5=0\\&-I_2-I_3+I_5=0\\&-R_2I_2+R_3I_3-U_1+R_1I_{S1}=0\\&R_5I_5-E_5+R_2I_2=0\\&R_4I_4-R_3I_3+E_5-R_5I_5=0\end{aligned}\right\}\qquad(2)$$

只需将方程组(1)中的第一个和第二个方程相加，即可得到方程组(2)。

$$U_1=1\frac{4}{9}\text{V},\quad I_2=\frac{2}{3}\text{A},\quad I_3=\frac{8}{9}\text{A},\quad I_4=\frac{1}{9}\text{A},\quad I_5=1\frac{5}{9}\text{A}$$

理想电流源功率 $P_1=U_1I_{S1}=1.45\text{W}$(发出)，理想电压源功率 $P_2=E_5I_5=9.33\text{W}$(发出)。

电阻 R_1、R_2、R_3、R_4、R_5 消耗的功率分别为：$P_3=R_1I_{S1}^2=1\text{W}$，$P_4=R_2I_2^2=0.89\text{W}$，$P_5=R_3I_3^2=1.58\text{W}$，$P_6=R_4I_4^2=0.05\text{W}$，$P_7=R_5I_5^2=7.26\text{W}$。

$$P_1+P_2=P_3+P_4+P_5+P_6+P_7$$

即功率守恒。

【例 2.1.3】 用支路电流法求如图 2.1.3 所示电路中的 U_I 和 I_2。

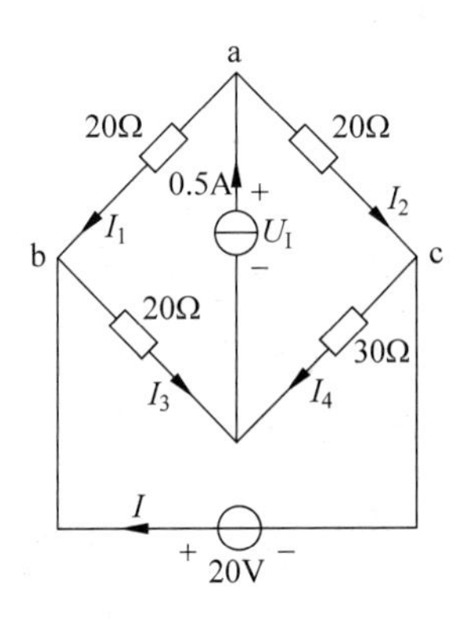

图 2.1.3 例 2.1.3 的图

解 (1) 该电路中有 4 个结点和 6 条支路，规定 I、I_1、I_2、I_3、I_4 和 U_I 的参考方向如图 2.1.2 所示，列方程如下

$$\begin{aligned}&-I_1-I_2+0.5=0\\&I+I_1-I_3=0\\&-I+I_2-I_4=0\\&-20I_1+U_I-20I_3=0\\&20I_2+30I_4-U_I=0\\&20I_3-30I_4-20=0\end{aligned}$$

解得

$$\begin{aligned}&I=0.95\text{A},\quad I_1=-0.25\text{A},\quad I_2=0.75\text{A},\quad I_3=0.7\text{A}\\&I_4=-0.2\text{A},\quad U_I=9\text{V}\end{aligned}$$

练习与思考

2.1.1 对于如图 2.1.1 所示的电路，下列各式是否正确？并说明依据。

$$I_1=\frac{E_1-E_2}{R_1+R_2}\quad I_1=\frac{E_1-U_{ab}}{R_1+R_2}$$

$$I_2=\frac{E_2}{R_2}\quad I_2=\frac{E_2-U_{ab}}{R_2}$$

2.2 结点电压法

对只有两个结点且有多条支路并联的电路，如图 2.2.1 所示，其结点电压 U_{ab} 的公式为

$$U_{ab}=\frac{\sum I_{Sk}+\sum\frac{E_k}{R_k}}{\sum\frac{1}{R_k}}\qquad(2.2.1)$$

式中，I_{Sk}表示理想电流源的电流，如果I_{Sk}流入结点a，则I_{Sk}取正号，否则取负号；E_k是与电阻串联的理想电压源的电动势，当E_k与U_{ab}参考方向相反时，$\frac{E_k}{R_k}$前取正号，否则取负号；分母的各项总取正号，R_k是除理想电流源所在支路外各支路上电阻的阻值。

在应用式(2.2.1)求结点电压时，应首先确定a、b结点。求出U_{ab}后，再应用基尔霍夫定律和元件电压电流关系求出其他电压和电流。

【例2.2.1】 用结点电压法求如图2.2.1所示电路的U_{ab}和I_1、I_2、I_3。

解 现有4条支路，但只有两个结点a和b，结点电压方程为

$$U_{ab}=\frac{I_{S4}+\frac{E_2}{R_2}+\frac{U_{S3}}{R_3}}{\frac{1}{R_1}+\frac{1}{R_2}+\frac{1}{R_3}}=\frac{7+\frac{15}{5}+\frac{90}{6}}{\frac{1}{20}+\frac{1}{5}+\frac{1}{6}}\text{V}=60\text{V}$$

$$I_1=\frac{U_{ab}}{R_1}=\frac{60}{20}\text{A}=3\text{A}$$

$$I_2=\frac{E_2-U_{ab}}{R_2}=\frac{15-60}{5}\text{A}=-9\text{A}$$

$$I_3=\frac{U_{ab}-U_{S3}}{R_3}=\frac{60-90}{6}\text{A}=-5\text{A}$$

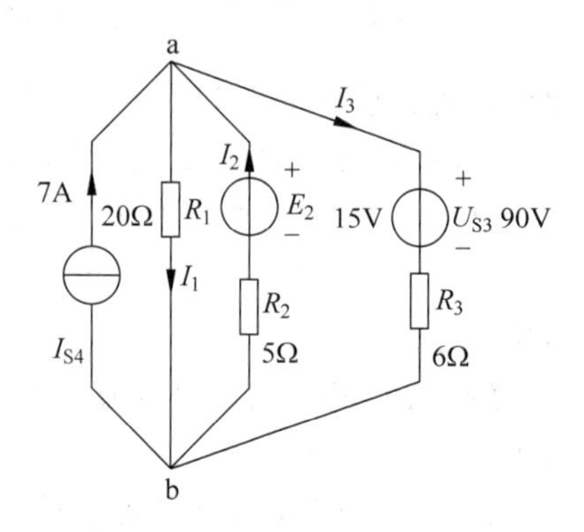

图2.2.1 例2.2.1的电路

结点电压法特别适合于支路多、结点少的电路。但本节的结点电压公式只适合于两结点的电路，使用时受到一定的限制。

2.3 电源的两种模型及其等效变换

用支路电流法列写的线性代数方程组，如果人工的方法解算方程，就需要不断消去变量，直到求出所有变量。与数学中消变量的思路一样，如果用电路的方法转换电路，合并元件，从而减少电路变量，这就是等效变换法。电阻串、并联就是电路等效变换的一种方法。

2.3.1 等效变换的概念

如将一个电路分为N_1(内电路)和N(外电路)两部分，并且N_1和N都是二端网络。N_1占电路中的大部分且无须求解任何响应；N包括需要求解的那部分电路，甚至就是一个支路或一个元件。所以，等效变换适合于所求电压和电流较少且非常集中的电路，并且能按图2.3.1所示进行划分的一种特殊分析方法，对有些电路适用，而对另一些电路就不适用。

等效：对两个二端网络N_1和N_2而言(见图2.3.2)，其端电压U和端电流I的伏安特性$U=f(I)$完全相同，则称为等效。由于它们的端口伏安特性相同，因此对任意外部电路的影响完全相同。

将一个二端网络N_1用一个等效的二端网络N_2代替称为等效变换。等效变换主要是合并同类元件，还有不同类元件的转换，甚至是不同类元件的合并，从而达到简化电路的目的。

本节介绍实际电源的两种电路模型和它们之间的相互等效。

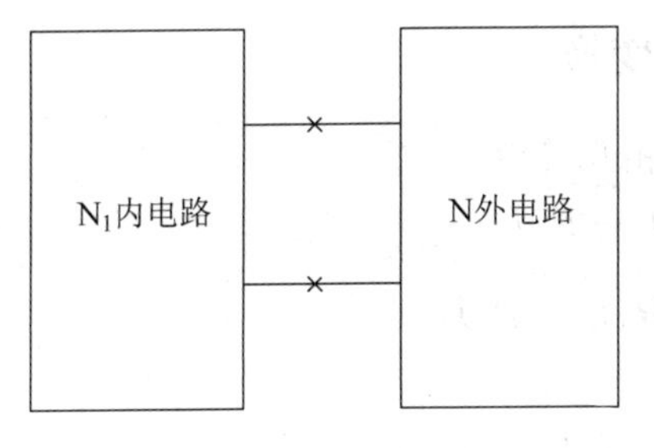

图 2.3.1　电路划分

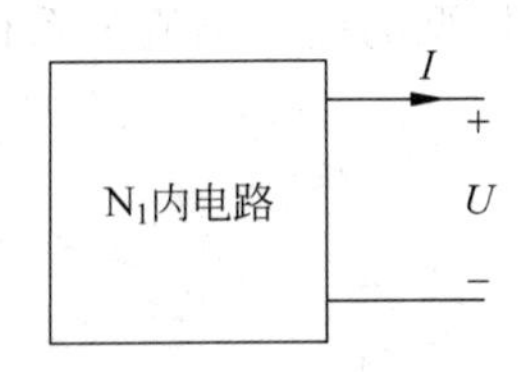

图 2.3.2　二端网络

2.3.2　实际电压源

实际电压源是理想电压源 E 和内电阻 R_0 的串联，其电压电流关系是

$$U = E - R_0 I \tag{2.3.1}$$

在伏安特性曲线图 2.3.3(b)中，当 $I=0$ 时，$U=U_{OC}=E$（开路电压）；当 $U=0$ 时，$I=I_{SC}$（短路电流）$=\dfrac{E}{R_0}$。

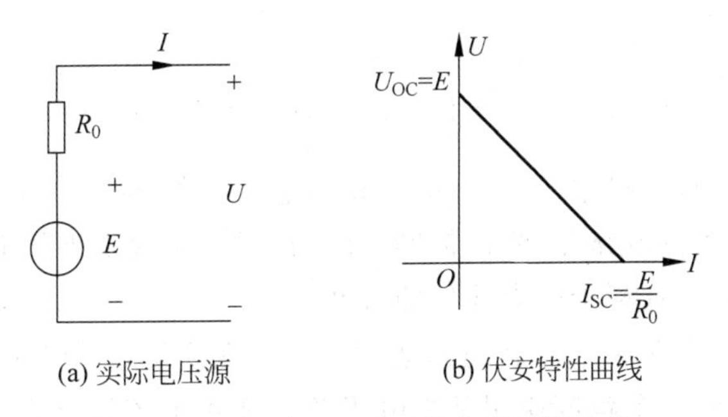

(a) 实际电压源　　(b) 伏安特性曲线

图 2.3.3　实际电压源及其伏安特性曲线

2.3.3　实际电流源

实际电流源是理想电流源 I_S 和内电阻 R_0 的并联，其电压电流关系为

$$I = I_S - \frac{U}{R_0} \tag{2.3.2}$$

其伏安特性曲线如图 2.3.4(b)所示，当 $I=0$ 时，$U_{OC}=R_0 I_S$；当 $U=0$ 时，$I_{SC}=I_S$。

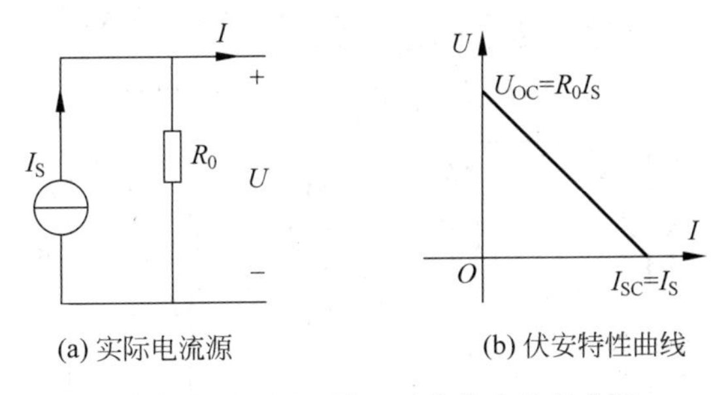

(a) 实际电流源　　(b) 伏安特性曲线

图 2.3.4　电流源模型及其伏安特性曲线

2.3.4 电源两种模型之间的等效变换

当两种模型的电压电流关系相同时，则相互等效

$$\begin{cases} U = E - R_0 I \\ U = R_0 I_S - R_0 I \end{cases}$$

所以

$$E = R_0 I_S$$

一般地可推广为，一个电动势为 E 的理想电压源和电阻 R_0 串联，可以与一个理想电流源 I_S 和电阻 R_0 并联相互等效，如图 2.3.5 所示。条件是

$$E = R_0 I_S \quad 或 \quad I_S = \frac{E}{R_0} \tag{2.3.3}$$

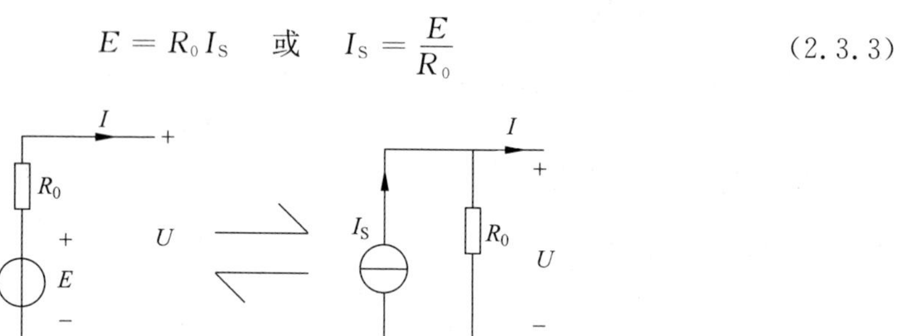

图 2.3.5 实际电压源与实际电流源的相互等效

在相互转换前后，两电路中的端电压 U 和端电流 I 都相等。但仍需注意 E 和 I_S 的参考方向。该等效没有减少电路元件，但借助于电阻元件，实现了理想电压源和理想电流源两类元件的相互转换，从而有利于同类元件的合并。

在实际电压源中，当 $R_0=0$ 时就是理想电压源；在实际电流源中，当 $R_0=\infty$ 时就是理想电流源。这也从另外一个角度说明理想电压源和理想电流源之间不能相互转换，因为其电阻不相同。

【例 2.3.1】 有一直流发电机，$E=230\text{V}$，$R_0=1\Omega$，当负载电阻 $R_L=22\Omega$ 时，用电源的两种模型分别求电压 U_L 和电流 I_L，并计算 R_0 的电压、电流和功率。

解

(1) 计算电压 U_L 和电流 I_L。

在图 2.3.6(a)中

$$I_L = \frac{E}{R_L + R_0} = \frac{230}{22+1}\text{A} = 10\text{A}$$

$$U_L = R_L I_L = 22 \times 10\text{V} = 220\text{V}$$

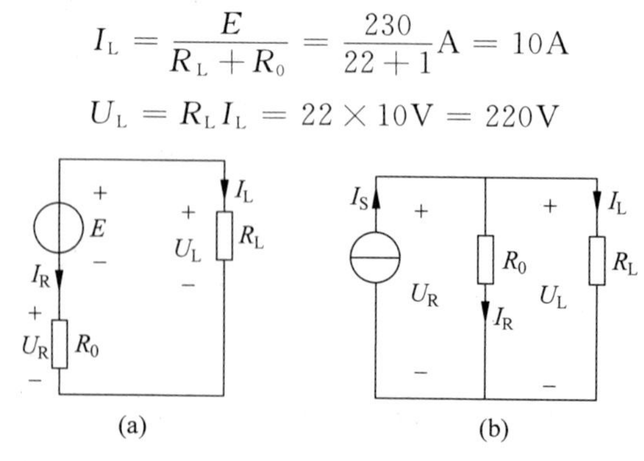

图 2.3.6 例 2.3.1 的图

在图 2.3.6(b)中

$$I_L = \frac{R_0}{R_0 + R_L} I_S = \frac{1}{22+1} \times \frac{230}{1} \text{A} = 10\text{A}$$

$$U_L = R_L I_L = 22 \times 10\text{V} = 220\text{V}$$

(2) R_0 的电压、电流和功率。

在图 2.3.6(a)中

$$I_R = -I_L = -10\text{A}$$

$$U_R = R_0 I_R = -10\text{V}$$

$$P_R = U_R I_R = 100\text{W}$$

在图 2.3.6(b)中

$$I_R = I_S - I_L = \frac{E}{R_0} - I_L = \left(\frac{230}{1} - 10\right)\text{A} = 220\text{A}$$

$$U_R = U_L = 220\text{V}$$

$$P_R = U_R I_R = 48\,400\text{W}$$

示例说明,这时的实际电压源和实际电流源对外电路说是相互等效的,对 U_L 和 I_L 无影响;但是内电路中 R_0 的电压、电流和功率在不同模型中是不相同的,即对内不等效。

【例 2.3.2】 讨论图 2.3.7 中所示理想电压源、理想电流源和电阻两两串联或并联的等效电路。

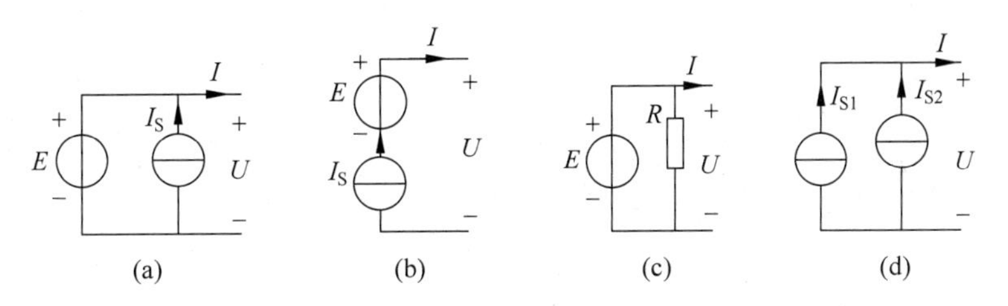

图 2.3.7 例 2.3.2 的电路

解

图 2.3.7(a)和(c)中,端口伏安特性都是 $U=E$,所以等效为一理想电压源 E。

图 2.3.7(b)中,端口伏安特性是 $I=I_S$,所以等效为理想电流源 I_S。

图 2.3.7(d)中,端口伏安特性是 $I=I_{S1}+I_{S2}$,所以也等效为理想电流源。

等效电路分别为图 2.3.8(a)、(b)和(c)。

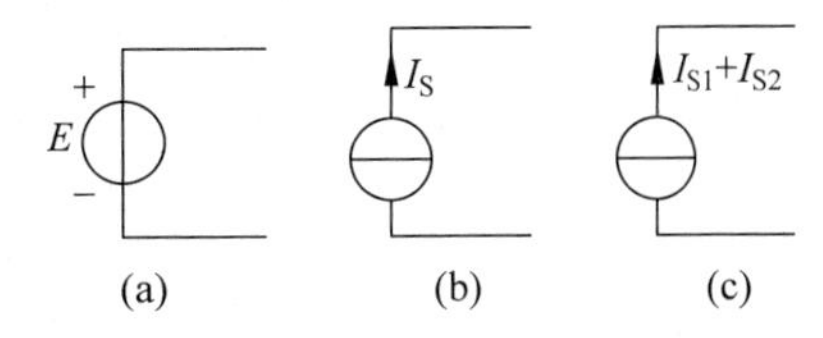

图 2.3.8 例 2.3.2 的等效电路

【例 2.3.3】 试用电压源模型与电流源模型等效变换的方法求图 2.3.9(a)中 1Ω 电阻上的电流。

解 用等效变换法求解电路的步骤如下:

① 首先是划分为内、外电路。

② 化简内电路。

③ 化简后的内电路与外电路联立求解。

其中,第②步是核心。在框图电路中,理想电压源与电阻的串联、理想电流源与电阻的并联算一个整体,用一个方框来表示,如果只有一个电阻也算一个整体。

化简内电路的步骤如下:

① 从被等效的二端网络端点的另一侧开始合并。

② 如果被合并的是两个并联方框，则化成实际电流源；如果要等效的是两个串联结构，则化成实际电压源。其他方框则暂时不动。

现在要化简的等效电路是两个并联方框，得到图 2.3.9(b)电路的框图电路，见图 2.3.9(c)，并将其化成实际电流源，得等效电路，见图 2.3.9(d)。将并联的理想电流源和并联的电阻分别合并，得等效电路如图 2.3.9(e)所示；再画出等效电路图 2.3.9(e)的框图电路(见图 2.3.9(f))，现在要化简的等效电路是两个串联方框，得到图 2.3.9(e)电路的等效电路

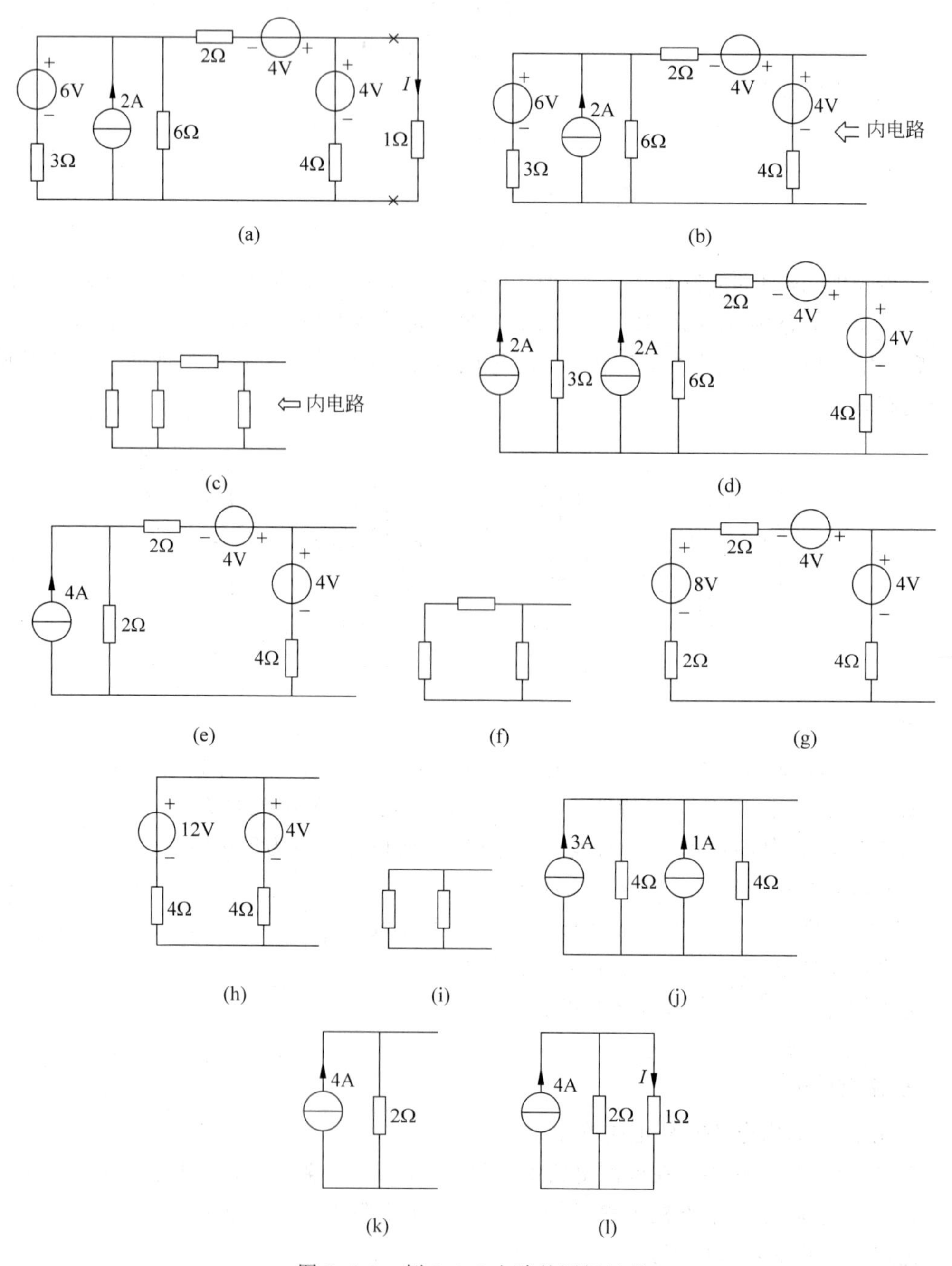

图 2.3.9　例 2.3.3 电路的图解过程

(见图 2.3.9(g)),串联的理想电压源和串联的电阻分别合并,得等效电路(见图 2.3.9(h)),继续画出等效电路(见图 2.3.9(h))的框图电路(见图 2.3.9(i)),现在要化简的等效电路是两个并联方框,得到图 2.3.9(h)电路的等效电路(见图 2.3.9(j)),合并后得到电路如图 2.3.9(k)所示;最后与外电路联立,得到电路如图 2.3.9(l)所示,求得 $I=\frac{2}{1+2}\times 4=2.67\text{A}$。只要按步骤做,没有任何问题。

练习与思考

2.3.1　把图 2.3.10 的电压源模型和电流源模型互相转换。

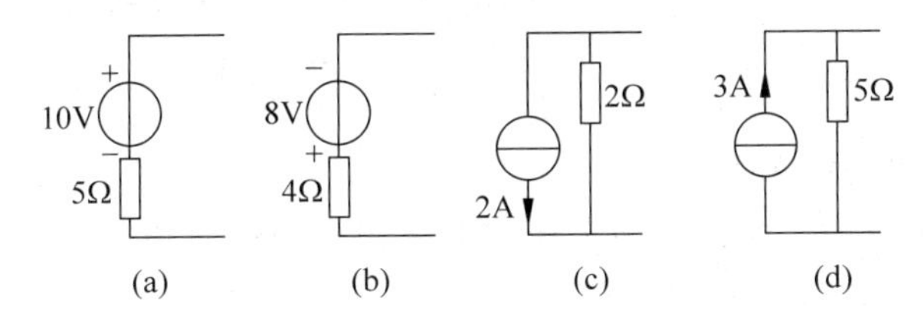

图 2.3.10　练习与思考 2.3.1 的电路

2.3.2　求如图 2.3.11 所示电路中的等效电路。

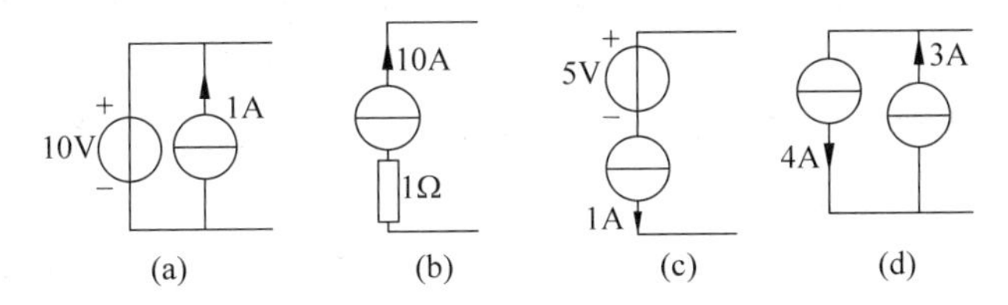

图 2.3.11　练习与思考 2.3.2 的电路

2.4　叠加定理

电路定理是电路基本性质的体现。叠加定理是线性电路可叠加性的体现,并贯穿于线性电路的分析中。

叠加定理可表述为:在线性电路中,任何一条支路中的电流或电压都可以看成是由电路中各独立电源(理想电压源或理想电流源)单独工作时在该支路所产生的电流或电压的代数和。叠加定理的正确性可用下例说明。

以图 2.4.1(a)中的支路电流 I_3 为例,应用结点电压法先求出 U_{ab},再求 I_3。

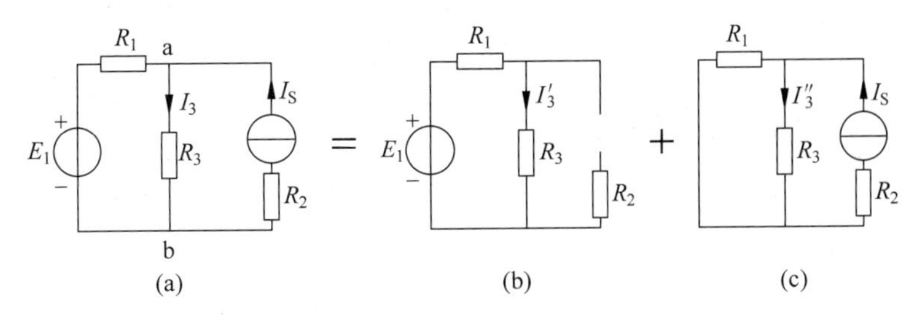

图 2.4.1　叠加定理的例子

$$U_{ab}=\frac{\dfrac{E_1}{R_1}+I_S}{\dfrac{1}{R_1}+\dfrac{1}{R_3}}=\frac{R_3(E_1+R_1I_S)}{R_1+R_3}$$

$$I_3=\frac{U_{ab}}{R_3}=\frac{E_1+R_1I_S}{R_1+R_3}=\frac{E_1}{R_1+R_3}+\frac{R_1}{R_1+R_3}I_S=I_3'+I_3''$$

I_3 可认为是由两个分量 I_3'和 I_3''组成。其中 I_3'是由 E_1 单独工作时产生的(理想电流源 I_S 置零),I_3''是由 I_S 单独工作时产生的(理想电压源 E_1 置零)。

而由图 2.4.1(b)和图 2.4.1(c)可分别求出 E_1 和 I_S 单独工作时所产生的电流 I_3'和 I_3'',即

$$I_3'=\frac{E_1}{R_1+R_3}\quad I_3''=\frac{R_1}{R_1+R_3}I_S$$

这与用结点电压法求出的结果完全一致。

可见,原电路的响应为各电源单独工作时电路响应的代数和。

运用叠加定理求解电路的步骤如下:

(1) 画出原电路和各电源单独工作时的电路图,不工作的理想电压源要短路,不工作的电流源要开路,实际电源的内电阻要保留。

(2) 规定原电路和各电源单独工作时电路图中相关物理量的参考方向,分别求解各电源单独工作时的分量。

(3) 将各分量求代数和。如果某分量的参考方向与原电路的参考方向一致时取正,相反时取负。

注意:叠加定理只适用于线性电路,且只能求电压和电流响应,元件的功率不可采用直接叠加的方法求解。

当然,用叠加定理求解电路时,也可根据电路特点将理想电源分成若干组,分组求解,然后叠加。

【例 2.4.1】 求如图 2.4.2 所示电路中的 I 和 U。

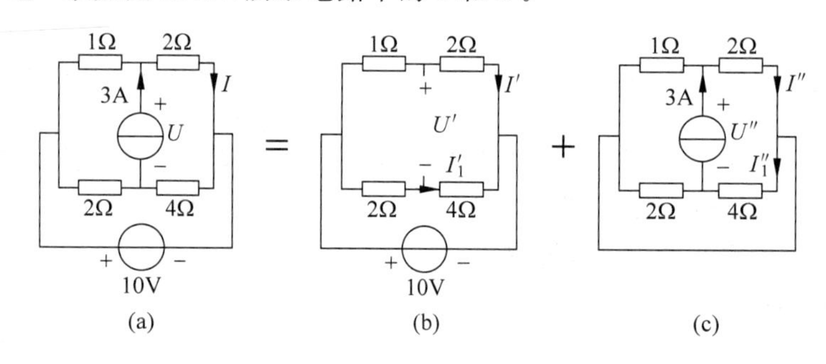

图 2.4.2 例 2.4.1 的电路

解 在图 2.4.2(b)所示电路中

$$I'=\frac{10}{1+2}\text{A}=\frac{10}{3}\text{A}$$

$$I_1'=\frac{10}{2+4}\text{A}=\frac{5}{3}\text{A}$$

$$U'=2I'-4I_1'=\left(2\times\frac{10}{3}-4\times\frac{5}{3}\right)\text{V}=0\text{V}$$

在图 2.4.2(c)所示电路中

$$I'' = \frac{1}{1+2} \times 3\text{A} = 1\text{A}$$

$$I_1'' = \frac{2}{2+4} \times 3\text{A} = 1\text{A}$$

$$U'' = 2I'' + 4I_1'' = 6\text{V}$$

叠加,求代数和

$$I = I' + I'' = \left(\frac{10}{3} + 1\right)\text{A} = 4.33\text{A}$$

$$U = U' + U'' = (0+6)\text{V} = 6\text{V}$$

如果该电路列写支路电流方程,将有 6 个变量(方程),但采用叠加定理求解时,只需用公式法便可求解。

【例 2.4.2】 用叠加定理求如图 2.4.3 所示电路中的 I_4 和 U_3,其中 $E_1=12\text{V}$,$I_{S3}=2\text{A}$,$R_1=1\Omega$,$R_2=5\Omega$,$R_3=10\Omega$,$R_4=1\Omega$。

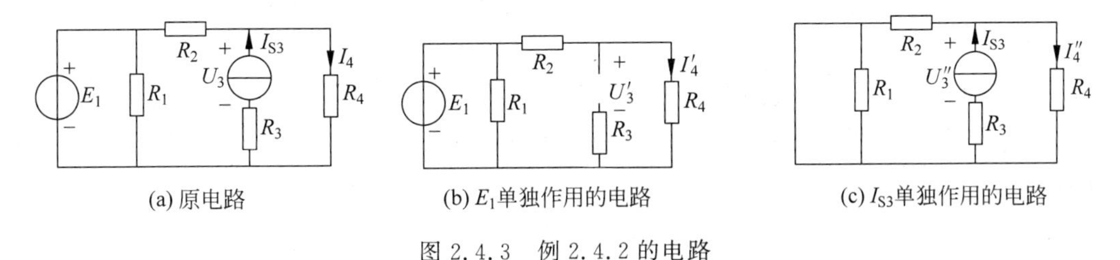

图 2.4.3 例 2.4.2 的电路

解 分别画出各电源单独作用的电路,如图 2.4.3(b)和(c)所示,并根据公式的需要规定参考方向。

在图 2.4.3(b)电路中

$$I_4' = \frac{E_1}{R_2 + R_4}\text{A} = 2\text{A}$$

$$U_3' = \frac{R_4}{R_2 + R_4} \times E = 2\text{V}$$

在图 2.4.3(c)电路中

$$I_4'' = \frac{R_2}{R_2 + R_4} I_{S3} = 1.67\text{A}$$

$$U_3'' = (R_2 \parallel R_4 + R_3) I_{S3} = 21.67\text{V}$$

叠加,求代数和

$$I_4 = I_4' + I_4'' = 3.67\text{A}$$

$$U_3 = U_3' + U_3'' = 23.67\text{V}$$

2.5 戴维宁定理与诺顿定理

对于一个二端网络 N_1,如果 N_1 只由电阻构成,而无理想电压源或理想电流源,则称为无源二端网络,可以等效为电阻;如果 N_1 内有理想电压源或理想电流源,则称为有源二端网络，可以用实际电压源或实际电流源来等效。

2.5.1 戴维宁定理

任何一个有源二端线性网络都可以用一个电动势为 E 的理想电压源和内阻 R_0 串联的实际电压源来等效。理想电压源的电动势等于有源二端网络的开路电压 U_{OC}；电压源模型的内电阻 R_0 等于有源二端网络中所有独立电源均除去(理想电压源短路和理想电流源开路)后所得无源二端网络的等效电阻，这就是戴维宁定理，如图 2.5.1 所示。

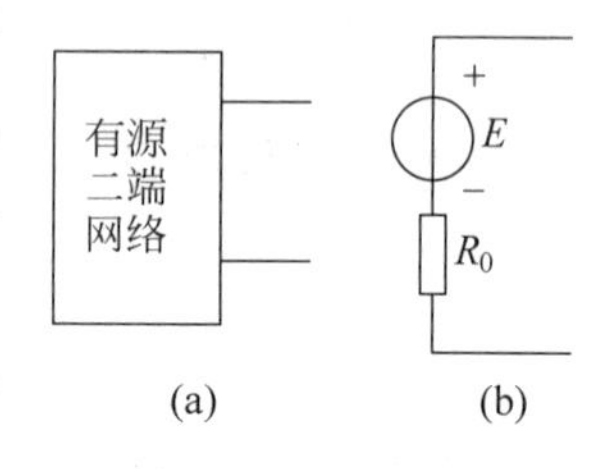

图 2.5.1 戴维宁等效电路

用戴维宁定理化简有源二端网络，称为求戴维宁等效电路。求戴维宁等效电路时，必须求开路电压 U_{OC}。U_{OC}是端电流 $I=0$ 时的端电压，且只能通过 KVL 方程求解。简单地，可以找到这样一个开口回路，该回路中除 U_{OC}外的其余电压都已知，则 U_{OC}便可得出。在选择该开口回路时优先选择有理想电压源的支路、避开有理想电流源的支路，因为理想电流源两端的电压是未知的。若有电阻元件则借助于端电流 $I=0$ 的条件求出该电阻上的电流，从而得到电阻上的电压。

【例 2.5.1】 求下列二端网络的戴维宁等效电路。

解 图 2.5.2(a)所示电路中，$U_{OC}=E$；而当理想电压源短路后，$R_0=0$，就等效为一个电动势 E 的理想电压源，见图 2.5.3(a)。

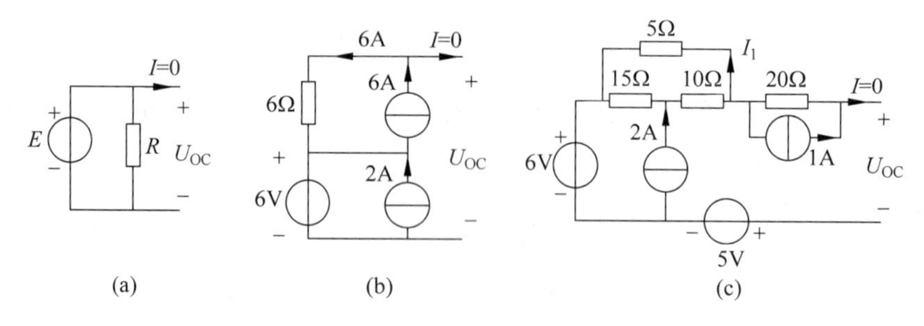

图 2.5.2 例 2.5.1 的电路

图 2.5.2(b)所示电路中，由于 $I=0$，所以 6Ω 电阻的电流为 6A，则 $U_{OC}=(6\times6+6)\text{V}=42\text{V}$；当理想电压源短路和理想电流源开路后，$R_0=6\Omega$，等效电路见图 2.5.3(b)。

图 2.5.2(c)所示电路中，当 $I=0$ 时，20Ω 电阻的电流为 1A，同时 5Ω 与 10Ω 电阻串联后与 15Ω 电阻并联，而并联总电流为 2A，$I_1=\dfrac{15}{15+(10+5)}\times2\text{A}=1\text{A}$，所以 $U_{OC}=(20\times1+5\times1+6-5)\text{V}=26\text{V}$；当理想电压源短路和理想电流源开路时的电路图如图 2.5.3(c)所示，$R_0=[20+5\parallel(10+15)]\Omega=24\dfrac{1}{6}\Omega$。等效电路图如图 2.5.3(d)所示。

以上各题中，等效理想电压源 E 的参考极性与 U_{OC}的参考极性应相同。

求出戴维宁等效电路后，就可用戴维宁定理求解电路。该方法求解电路的步骤如下：

(1) 将整个电路划分为内、外电路，需要求解的部分作为外电路，不需要求解的部分作为内电路。

(2) 求内电路的戴维宁等效电路。

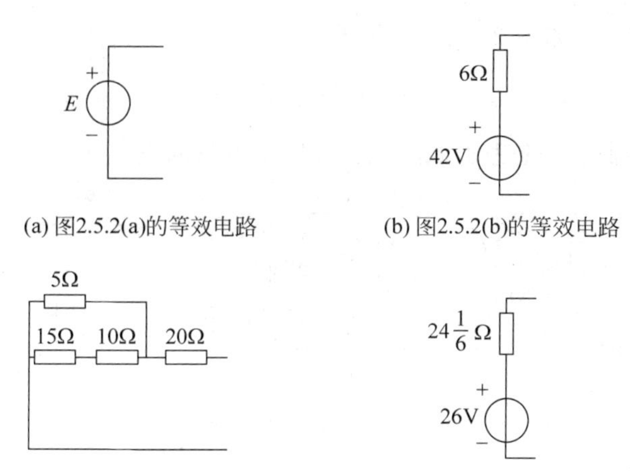

(a) 图2.5.2(a)的等效电路　(b) 图2.5.2(b)的等效电路

(c) 图2.5.2(c)求R_0的电路　(d) 图2.5.2(c)的等效电路

图 2.5.3　例 2.5.1 的等效电路

(3) 将等效后的戴维宁等效电路与外电路联立求解。

【例 2.5.2】 用戴维宁定理求如图 2.5.4 所示电路的电流 I_G。

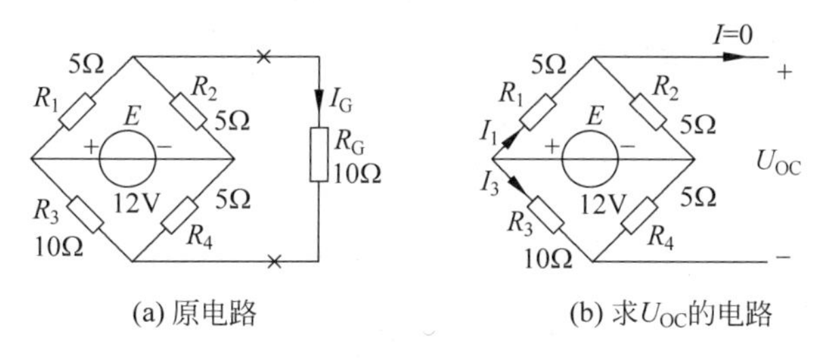

(a) 原电路　(b) 求U_{OC}的电路

图 2.5.4　例 2.5.2 的电路

解　求 U_{OC} 电路如图 2.5.4(b)所示，由于 $I=0$，所以 R_1 和 R_2 串联，R_3 和 R_4 也串联，并且都接在理想电压源 E 上。

$$I_1=\frac{E}{R_1+R_2}=\frac{12}{5+5}\text{A}=1.2\text{A}$$

$$I_3=\frac{E}{R_3+R_4}=\frac{12}{10+5}\text{A}=0.8\text{A}$$

$$E=U_{OC}=-R_1I_1+R_3I_3=(-5\times1.2+10\times0.8)\text{V}=2\text{V}$$

将理想电压源 E 短路，求等效电阻 R_0，如图 2.5.5(a)所示。

$$R_0=R_1\parallel R_2+R_3\parallel R_4=\left[\frac{5\times5}{5+5}+\frac{5\times10}{5+10}\right]\Omega=5.83\Omega$$

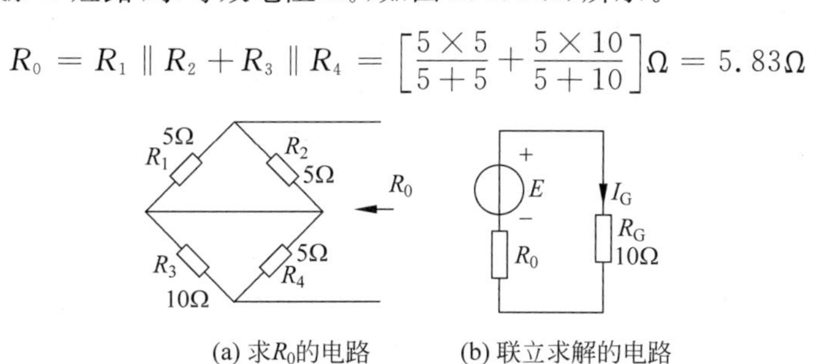

(a) 求R_0的电路　(b) 联立求解的电路

图 2.5.5　例 2.5.2 的等效电路

最后由等效电路求出 I_G，如图 2.5.5(b)所示。

$$I_G = \frac{E}{R_0 + R_G} = \frac{2}{5.83 + 10}\text{A} = 0.126\text{A}$$

【例 2.5.3】 用戴维宁定理求如图 2.5.6 所示电路的电流 I。

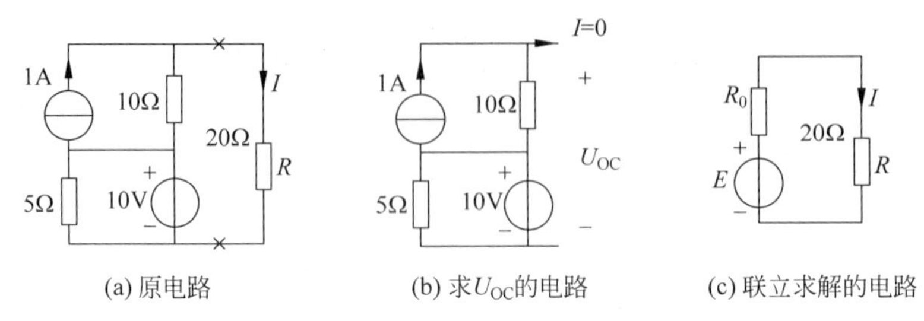

图 2.5.6　例 2.5.3 的电路

解　求 U_{OC} 的电路如图 2.5.6(b)所示，由于 $I=0$，因此

$$E=U_{OC}=(1\times 10+10)\text{V}=20\text{V}$$

将理想电压源短路和理想电流源开路后，得

$$R_0=10\Omega$$

将戴维宁等效电路和外电路联立求解，得

$$I=\frac{E}{R_0+R}=\frac{20}{10+20}\text{A}=\frac{2}{3}\text{A}$$

【例 2.5.4】 用戴维宁定理求如图 2.5.7 所示电路的电流 I。

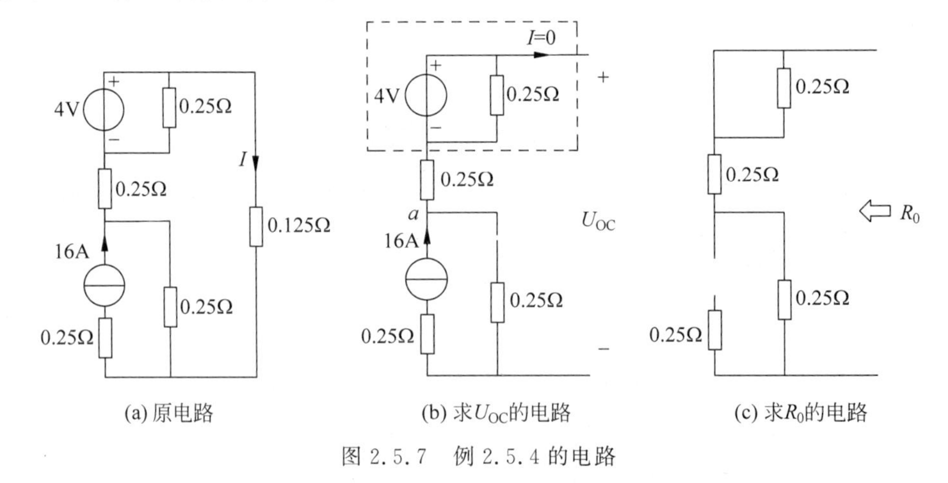

图 2.5.7　例 2.5.4 的电路

解　在图 2.5.7(b)电路中，对闭合面和 a 结点写 KCL 方程，得出相关电阻电流后，则有

$$U_{OC} = (4 + 16 \times 0.25)\text{V} = 8\text{V}$$

$$R_0 = (0.25 + 0.25)\Omega = 0.5\Omega$$

$$I = \frac{U_{OC}}{R + R_0} = \frac{8}{0.125 + 0.5}\text{A} = 12.8\text{A}$$

2.5.2　诺顿定理

任何一个有源二端线性网络都可以用一个电流为 I_S 的理想电流源和电阻 R_0 并联的电流源模型来等效。理想电流源的电流 I_S 就是有源二端网络的短路电流，电流源模型的内电

阻 R_0 等于有源二端网络中所有独立电源均除去后的无源二端网络的等效电阻，这就是诺顿定理。

用诺顿定理化简有源二端网络称为求诺顿等效电路。求诺顿等效电路时，必须求短路电流 I_{SC}。I_{SC}是端电压 $U=0$ 的端电流，且只能通过 KCL 方程求解。简单地，可以找到这样一个端点，与该端点相连的其余支路电流都已知，只有 I_{SC}未知，这样 I_{SC}就求出了。在选择端点时，优先选择与理想电流源连接的端点，避开与理想电压源连接的端点，因为理想电压源的电流是未知的。若有电阻支路，借助于端电压 $U=0$ 的条件，求出该电阻支路的电流。以前讲过的各种方法，特别是支路电流法都可以使用。求等效内电阻 R_0 与求戴维宁等效电阻相同。应注意的是图 2.5.8(a)中 I_{SC}与图 2.5.8(b)中 I_S 的参考方向。

【例 2.5.5】 求下列虚线内部二端网络的诺顿模型。

解　图 2.5.9(a)中，$I_{SC}=I_S$，而 $R_0=\infty$，其等效模型仍是理想电流源 I_S，如图 2.5.10(a)所示。

图 2.5.9(b)中，求 I_{SC}时，$6I+6=0$，$I=-1\text{A}$，所以 $I_{SC}=6-I=(6-(-1))\text{A}=7\text{A}$；而 $R_0=6\Omega$，等效电路如图 2.5.10(b)所示。

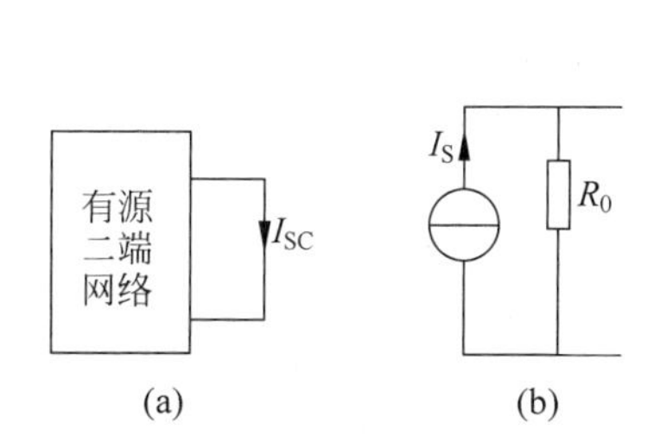

图 2.5.8　诺顿等效电路

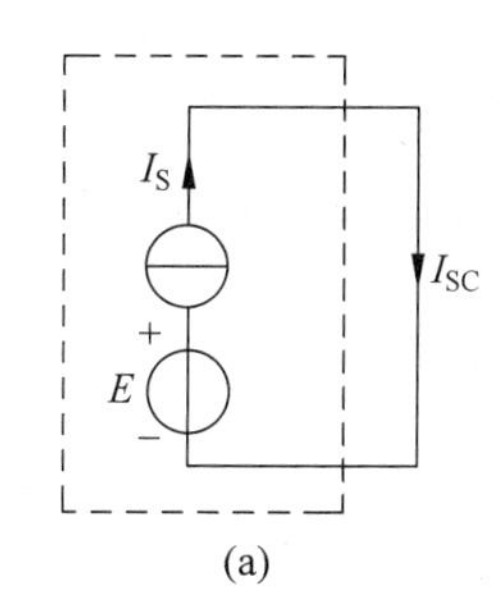

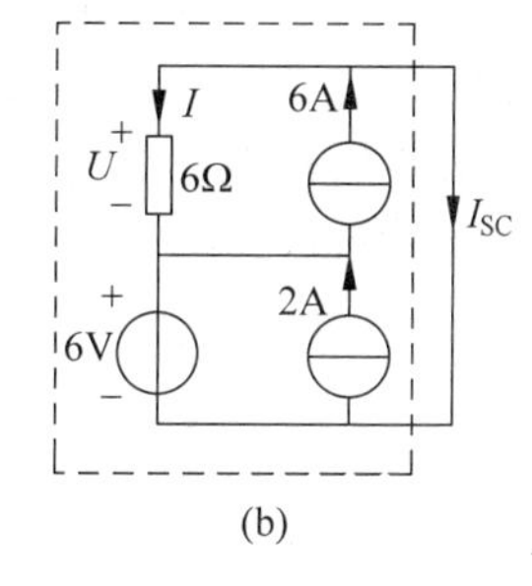

图 2.5.9　例 2.5.5 的电路

求出诺顿等效电路后，就可用等效电路求解原电路。其步骤与戴维宁定理求解电路相似，只需将步骤中戴维宁等效电路改成诺顿等效电路即可。

【例 2.5.6】 用诺顿定理求图 2.5.4 所示电路的 I_G。

解　在图 2.5.11(a)电路中，R_1 与 R_3 并联再串联 R_2 与 R_4 的并联，得 I、I_1、I_2 的公式

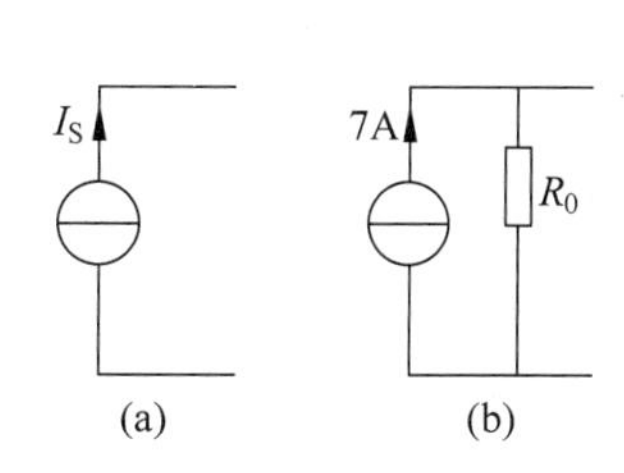

图 2.5.10　例 2.5.5 的等效电路

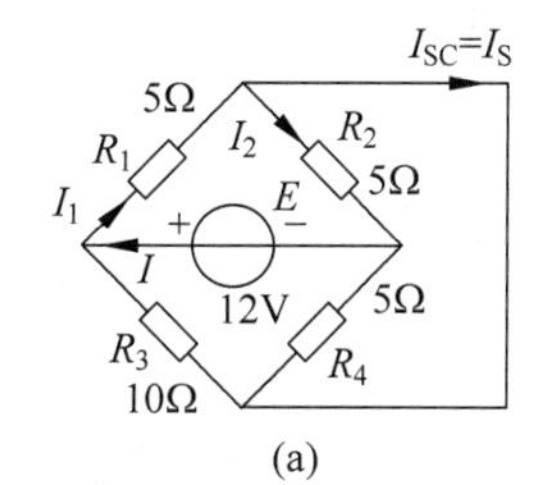

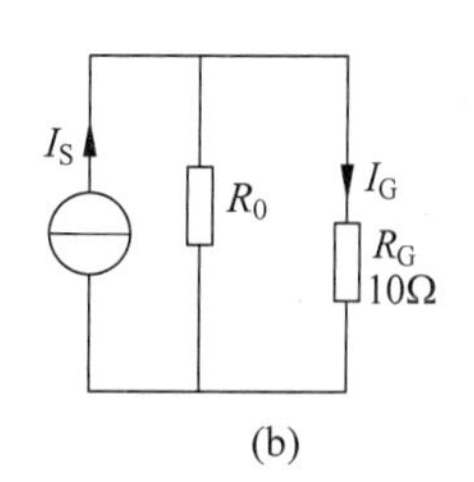

图 2.5.11　例 2.5.6 的电路

$$I=\frac{E}{(R_1\parallel R_3)+(R_2\parallel R_4)}=\frac{12}{5.83}\text{A}=2.06\text{A}$$

$$I_1=\frac{R_3}{R_1+R_3}I=\left(\frac{10}{5+10}\times 2.06\right)\text{A}=1.37\text{A}$$

$$I_2 = \frac{R_4}{R_2 + R_4} I = \left(\frac{5}{5+5} \times 2.06\right) \text{A} = 1.03\text{A}$$

$$I_S = I_{SC} = I_1 - I_2 = 0.34\text{A}$$

R_0 与例 2.5.2 相同，$R_0 = 5.83\Omega$。

最后，由图 2.5.11(b)求出

$$I_G = \frac{R_0}{R_0 + R_G} I_S = \left(\frac{5.83}{5.83+10} \times 0.345\right) \text{A} = 0.126\text{A}$$

一个有源二端网络既有戴维宁等效电路，又有诺顿等效电路。两者是可以相互转换的。如图 2.5.12(a)所示戴维宁电路中的短路电流 $I_{SC} = \frac{E}{R_0}$；同样，图 2.5.12(b)所示诺顿电路的开路电压 $U_{OC} = R_0 I_S$，其等效关系是

$$E = R_0 I_S \quad 或 \quad I_S = \frac{E}{R_0}$$

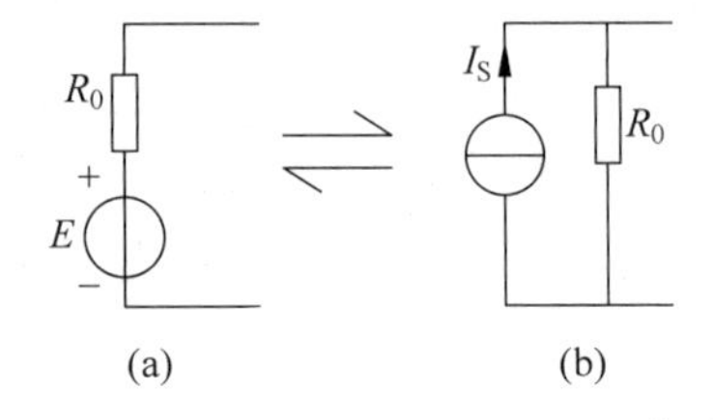

图 2.5.12　两种等效电路的相互等效

通常，只需求出开路电压、短路电流和等效电阻三个中的任意两个，就可求出戴维宁和诺顿两种等效电路。也可以认为戴维宁定理和诺顿定理包含了实际电压源和实际电流源的相互等效，是更一般的等效定理。

本节的重点是戴维宁定理，对诺顿定理可一般掌握。

练习与思考

2.5.1　分别应用戴维宁定理和诺顿定理求图 2.5.13 所示各电路的两种等效模型。

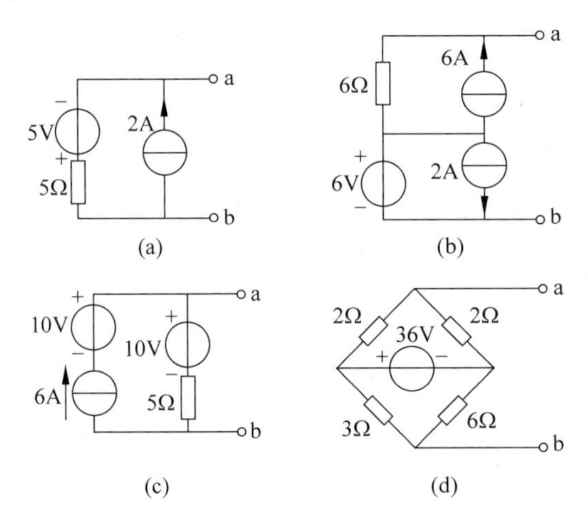

图 2.5.13　练习与思考 2.5.1 的图

本章小结

本章介绍了电路分析的三类方法。在电路方程法中，应重点掌握支路电流法求解电路的步骤，了解两结点的结点电压公式；理解等效的概念，掌握电源变换求解电路的方法；正确理解叠加定理、戴维宁定理和诺顿定理，重点掌握用叠加定理、戴维宁定理分析电路的基本步骤，了解诺顿定理分析电路的步骤。

习 题

2.1 用结点电压法求如图 2.1 所示电路中的理想电流源的端电压、功率及各电阻上所消耗的功率。

2.2 用支路电流法和叠加定理求解如图 2.2 所示电路中的 I、I_1、U_S；判断 20V 理想电压源和 5A 理想电流源是电源还是负载？

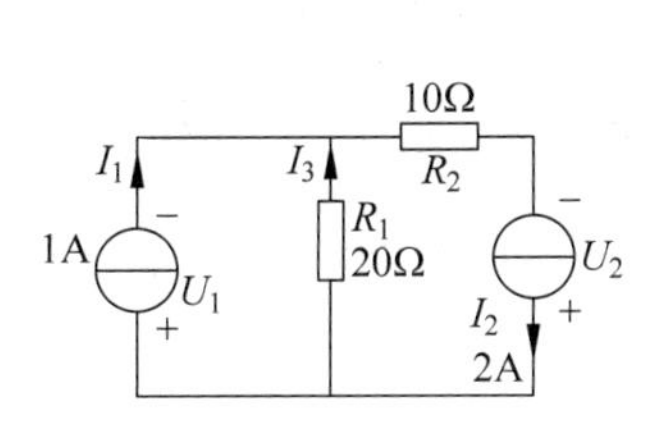

图 2.1 习题 2.1 的图

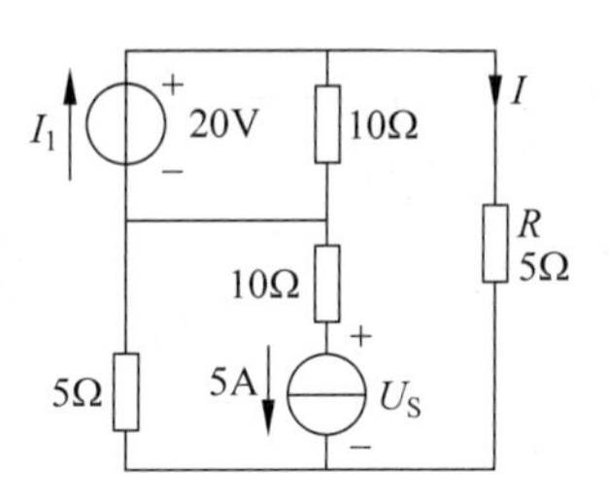

图 2.2 习题 2.2 的图

2.3 试用实际电压源与实际电流源相互等效的方法求如图 2.3 所示电路中的电流 I。

2.4 在图 2.4 所示电路中，已知 $E_1=15\text{V}$，$E_2=13\text{V}$，$E_3=4\text{V}$，$R_1=R_2=R_3=R_4=1\Omega$，$R_5=10\Omega$。用实际电压源与实际电流源相互等效的方法求电流 I_5。

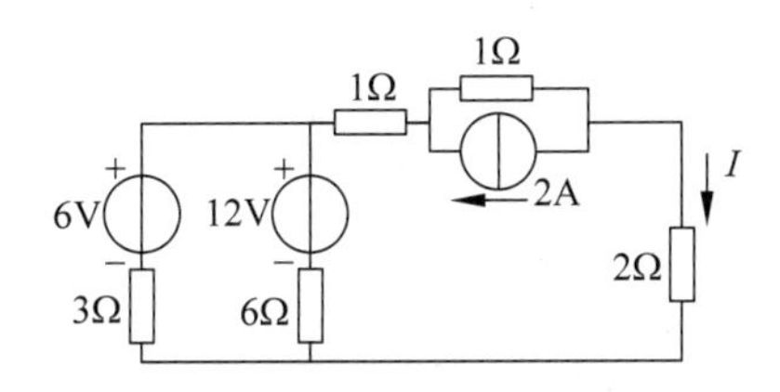

图 2.3 习题 2.3 的图

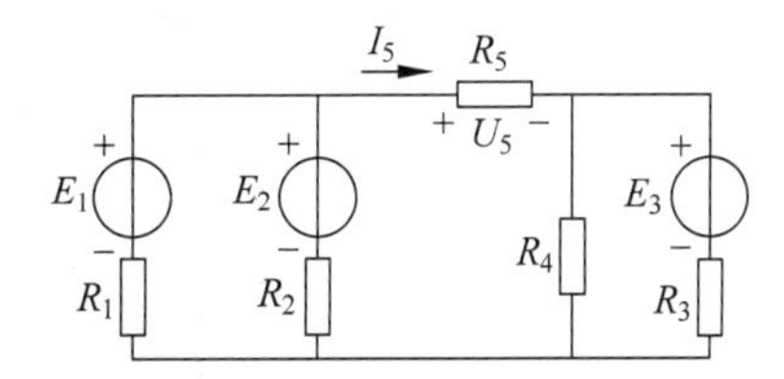

图 2.4 习题 2.4 的图

2.5 在图 2.5 所示的有源二端网络中，如果分别用内阻 $R_V=5\text{k}\Omega$、$50\text{k}\Omega$、$500\text{k}\Omega$ 的三只直流电压表去测量 a、b 两点间的电压，问电压表的读数分别为多少？其中 $R_1=1\text{k}\Omega$，$R_2=2\text{k}\Omega$，$R_3=2\text{k}\Omega$，$R_4=4\text{k}\Omega$，$U_S=16\text{V}$，$I_S=2\text{mA}$。

2.6 用叠加定理和戴维宁定理求图 2.6 所示电路中的 R_4 上的电流 I_4。

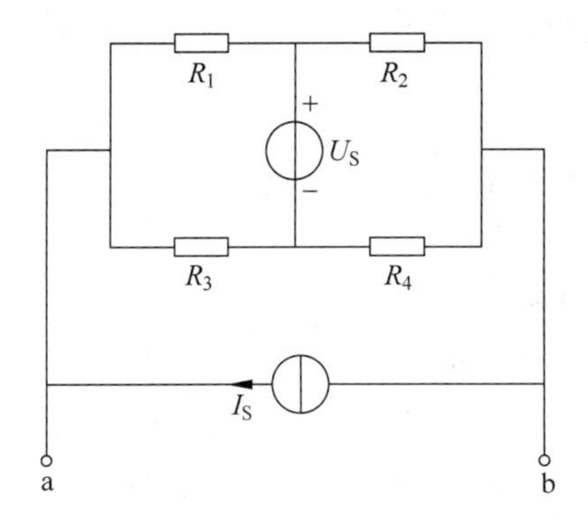

图 2.5 习题 2.5 的图

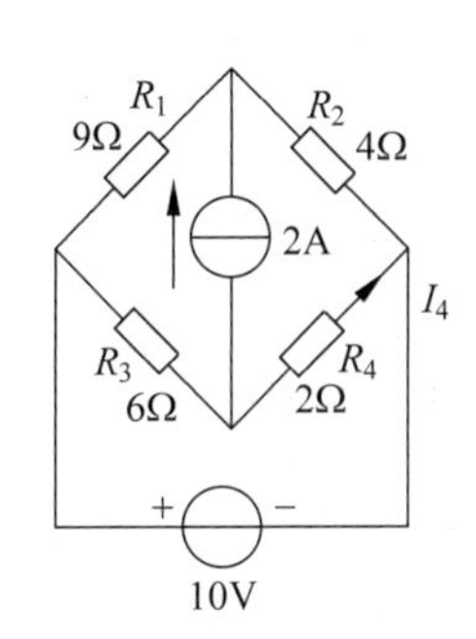

图 2.6 习题 2.6 的图

2.7　用叠加定理和诺顿定理求图 2.7 所示电路中的 R_L 两端的电压 U，并计算理想电流源的功率。

2.8　用支路电流法、叠加定理和戴维宁定理求图 2.8 所示电路中 1Ω 电阻上的电流 I。

2.9　用戴维宁定理和诺顿定理求图 2.9 所示电路中电阻 R_L 上的电流 I_L。

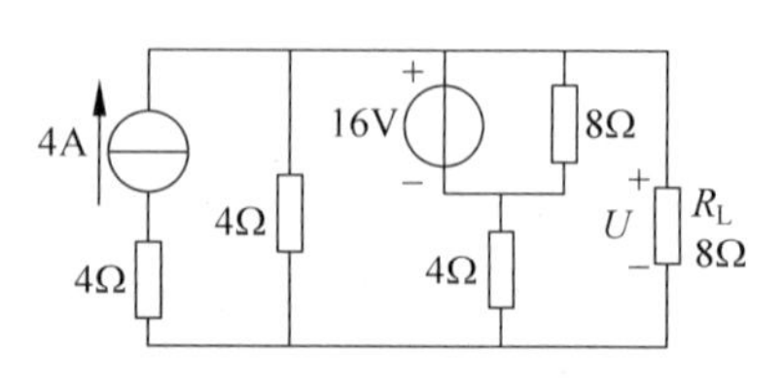

图 2.7　习题 2.7 的图

2.10　在图 2.10 所示的电路中，$I_S=2A$，$U_1=10V$，$U_2=20V$，$R=4\Omega$，试求电流 I。

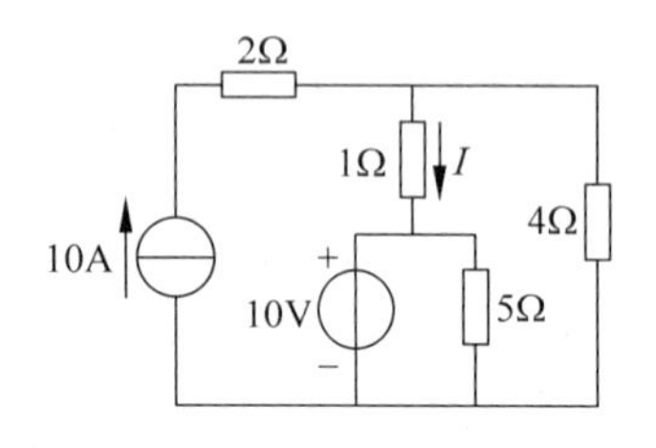

图 2.8　习题 2.8 的图

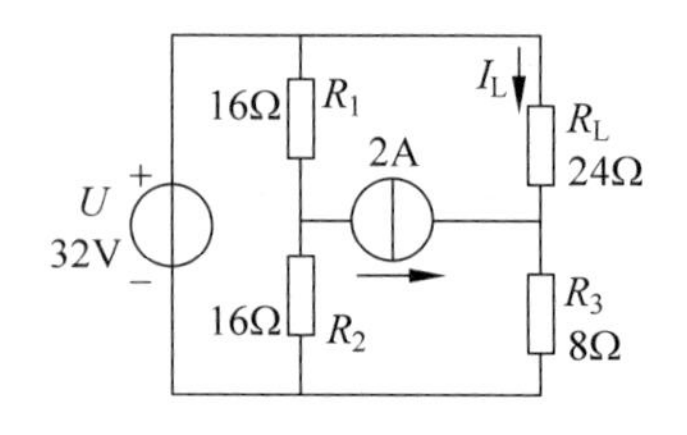

图 2.9　习题 2.9 的图

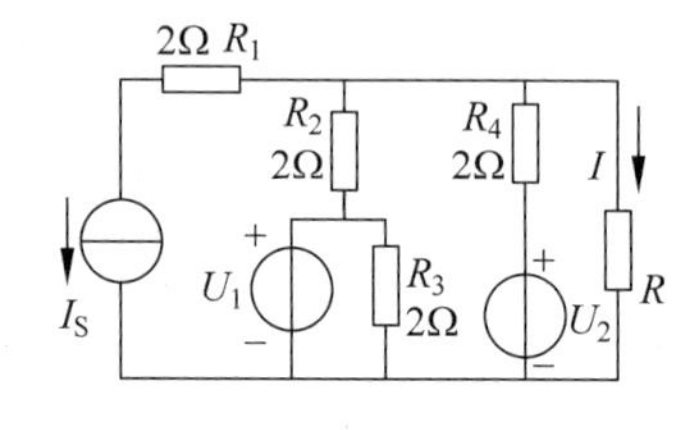

图 2.10　习题 2.10 的图

2.11　在图 2.11(a)所示电路中，$I_S=6A$，$I=2A$，求图 2.11(b)电路中的电流 I。

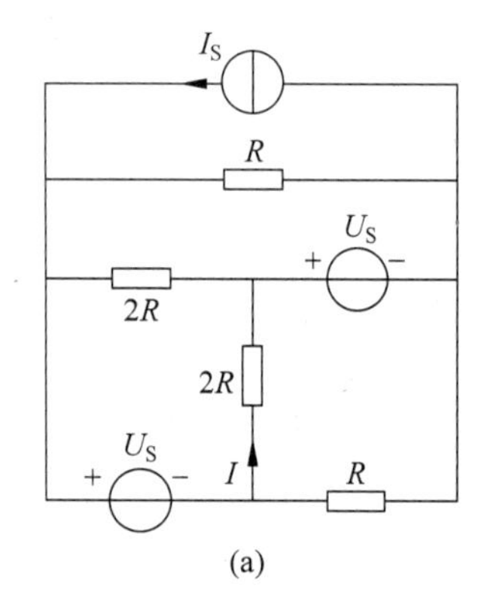

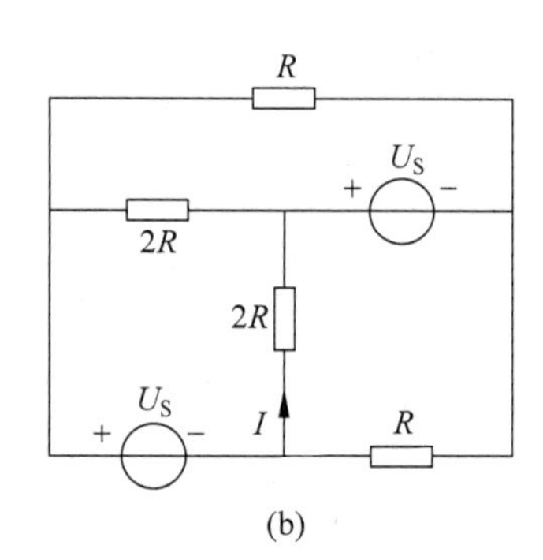

图 2.11　习题 2.11 的图

2.12　在图 2.12 所示电路中，用叠加定理和戴维宁定理分别求解电压 U。

2.13　在图 2.13 所示电路中，当 $R=4\Omega$ 时，$I=2A$。当 $R=8\Omega$ 时，求电流 I。

2.14　选用合适的方法求如图 2.14 所示电路中的电流 I。已知 $U_S=18V$，$I_S=4A$，$R_1=R_3=6\Omega$，$R_2=R_4=3\Omega$，$R=1\Omega$。

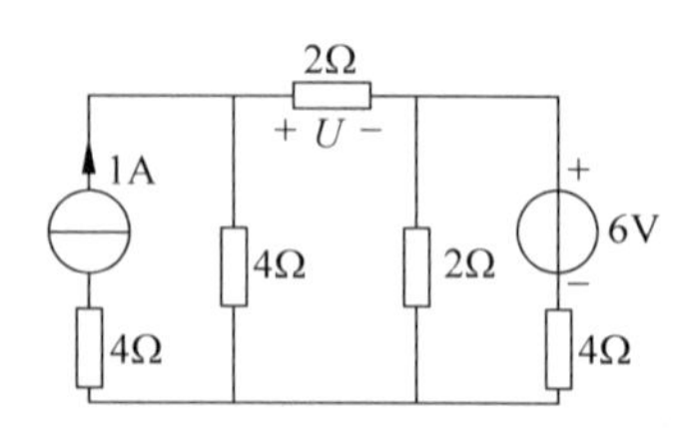

图 2.12　习题 2.12 的图

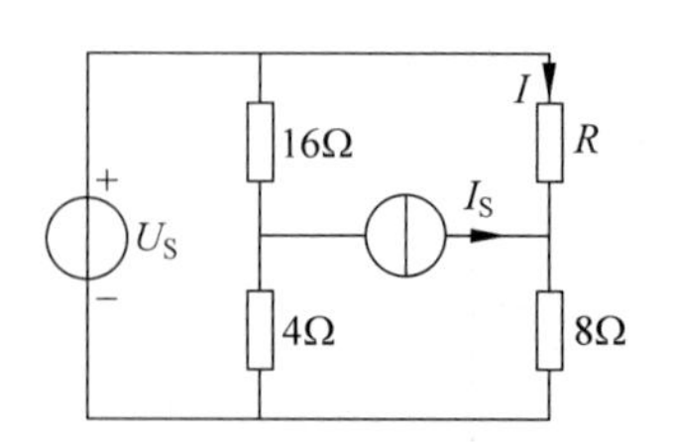

图 2.13　习题 2.13 的图

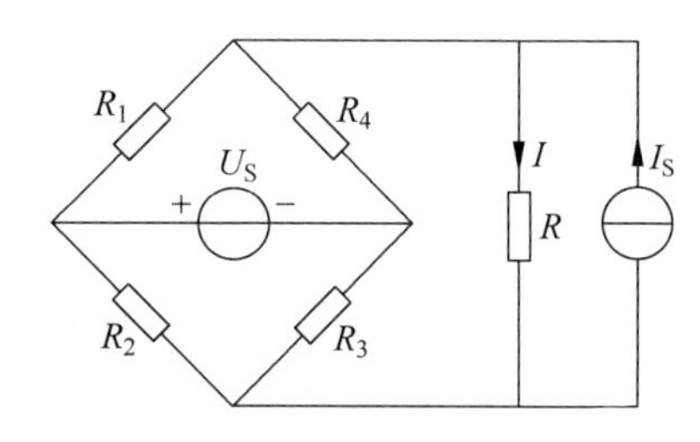

图 2.14　习题 2.14 的图

第3章　一阶电路的暂态分析

在前面所讨论的直流电路中，各处的电压或电流都是数值大小稳定的直流；在第4章将要讨论的正弦稳态电路中，各处的电流电压都是幅值稳定的正弦交流，这样的工作状态称为电路的稳定状态(稳态)。当电路的工作条件发生变化时，电路就要从原来的稳态经历一定时间后达到新的稳态，这一过程称为过渡过程。由于持续的时间短，又称为暂态。它通常由理想开关的接通或断开来实现，简称为换路。例如 RC 串联后接到直流电源上，电容的电压是从零逐渐增长到稳态值，而电容的充电电流从某一数值逐渐衰减到零。

类似地，电动机从静止状态启动时，它的转速从零逐渐上升，最后到达稳定值；当电动机停下来时，它的转速从某一稳态值逐渐下降，最后为零。电路的暂态和物体运动的暂态都服从相同的物理规律，即能量的连续变化原理。

研究暂态过程的目的就是：认识和掌握这种客观存在的规律，以便加以利用，同时也必须防止它可能产生的危害。例如，常利用暂态来改善波形及产生特定的波形；但也要防止某些电路在接通或断开的过程中产生过电压或过电流的现象，损坏电气设备。

3.1　换路定则及其应用

3.1.1　换路定则

自然界的任何物质在一定的稳态下，都具有一定形式的能量。当条件改变时，能量随着改变，但能量的积累或衰减是需要一定时间的，不能跃变，这就是能量的连续变化原理。如电动机的转速不能跃变，这是因为动能连续变化；电动机绕组的温度不能跃变，这是因为它吸取或释放的热能连续变化。能量之所以连续变化，是因为不存在无穷大的功率。

首先见图3.1.1的理想开关，理想开关除了原先具有的理想特性外，还有开关动作的瞬时性。尽管开关动作不需要时间，但需要区分动作前和动作后这两个不同的时刻。若令 $t=0$ 时开关动作，规定 $t=0_-$ 为动作前的最后一瞬间，而规定 $t=0_+$ 为动作后的最初一瞬间。可以认为 0_- 和 0_+ 是 $t=0$ 的左右极限。图3.1.1(a)的开关 $t=0_-$ 开关断开，而 $t=0_+$ 时开关已接通；图3.1.1(b)的情况正好相反。

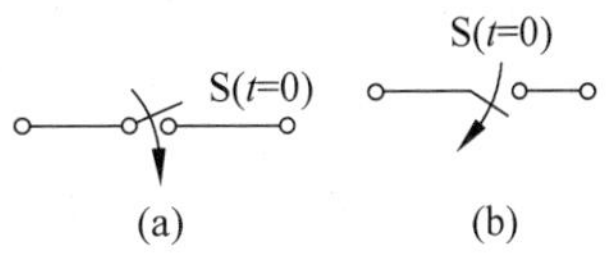

S(t=0)　S(t=0)

(a)　(b)

图3.1.1　理想开关

如果电容元件的储能 $W_C=\frac{1}{2}Cu_C^2$ 或电感的储能 $W_L=\frac{1}{2}Li_L^2$ 发生突变，则要求电源提供的功率 $P=\frac{dw}{dt}$ 达到无穷大，这在实际电路中是不可能的。所以 u_C 和 i_L 只能是连续变化，由此得出确定暂态过程初始值的重要定则——换路定则。

在 $t=0$ 时换路，开关动作前的最后一瞬间($t=0_-$)时的电容电压和电感电流值的与动作后的最初一瞬间($t=0_+$)电容电压和电感电流值是相同的，即 u_C 和 i_L 不发生跃变

$$\begin{cases} u_C(0_+) = u_C(0_-) \\ i_L(0_+) = i_L(0_-) \end{cases} \tag{3.1.1}$$

式中，u_C、i_L 是不能跃变并不是不变，而是在换路前后连续变化。

需要指出的是，由于电阻元件不是储能元件，因而电阻电路不存在暂态过程。由于电容电流和电感电压与元件的储能没有直接关系，所以电容的电流 i_C 和电感的电压 u_L 是可以跃变的（不连续）。

3.1.2 初始值的确定

暂态电路分析是从开关动作后的最初一瞬间开始的，即 $t \geqslant 0_+$，所以电路的初始值是 0_+ 值，而不是 0_- 值。通常电路换路前的 0_- 值是已知的，利用换路定则就可以确定换路后的电容电压和电感电流的 0_+ 值，再确定电路的其他初始值。所以，电容电压和电感电流的初始值被称为独立初始值。由换路定则求暂态过程初始值的步骤如下：

(1) 画出 $t=0_-$ 时的电路图，求出 $u_C(0_-)$ 和 $i_L(0_-)$。通常通过两种情况已知 $t=0_-$ 时的值：①电路在开关动作前已达稳定状态（或开关动作时间已经很长），如果是直流稳态，则电容相当于开路，电感相当于短路，断开处求电容电压 $u_C(0_-)$，短路导线上求电感电流 $i_L(0_-)$；②开关动作前，电路中储能元件未储能，则 $u_C(0_-)=0$，$i_L(0_-)=0$。

(2) 由换路定则即式(3.1.1)确定 $u_C(0_+)$ 和 $i_L(0_+)$。

(3) 画出 $t=0_+$ 时的电路图，并注意此时开关状态已发生变化。根据 KCL、KVL 及元件的 VCR，并以 $u_C(0_+)$ 和 $i_L(0_+)$ 为已知条件，求出其他各电流电压初始值。

提示：一般情况下，其他电压电流 $t=0_+$ 时的值不一定等于 $t=0_-$ 时的值，不要想当然地认为它们相等。

【例 3.1.1】 如图 3.1.2 所示的电路原已达稳定状态。试求开关 S 闭合后瞬间各电容电压和各支路的电流。

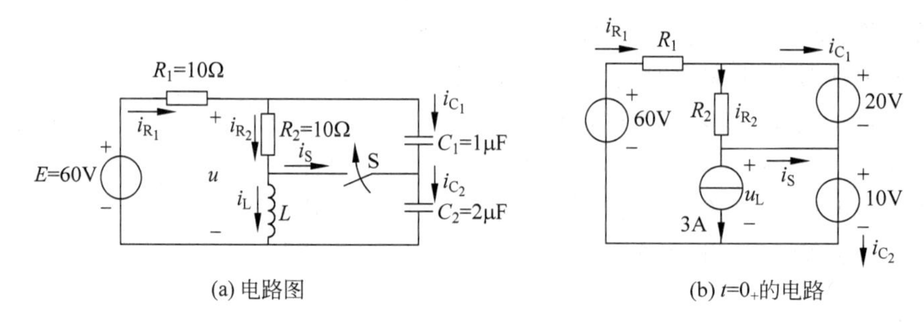

图 3.1.2 例 3.1.1 的电路

解 设电压、电流的参考方向如图 3.1.2(a)所示。S 闭合前电路已稳定，电容相当于开路，并且利用电容的串联分压公式求各电容电压，电感相当于短路。故

$$u(0_-) = \frac{E}{R_1 + R_2} \times R_2 = \frac{60}{10+10} \times 10\text{V} = 30\text{V}$$

$$u_{C_1}(0_-) = \frac{C_2}{C_1 + C_2} \times u(0_-) = \frac{2}{1+2} \times 30\text{V} = 20\text{V}$$

$$u_{C_2}(0_-)=\frac{C_1}{C_1+C_2}\times u(0_-)=\frac{1}{1+2}\times 30\text{V}=10\text{V}$$

$$i_L(0_-)=\frac{u(0_-)}{R_2}=\frac{30}{10}\text{A}=3\text{A}$$

换路瞬间，由换路定则

$$u_{C_1}(0_+)=u_{C_1}(0_-)=20\text{V}$$

$$u_{C_2}(0_+)=u_{C_2}(0_-)=10\text{V}$$

$$i_L(0_+)=i_L(0_-)=3\text{A}$$

如图 3.1.2(b)所示在 $t=0_+$ 时刻的电路中，由于 $i_L(0_+)$已知，将电感元件用理想电流源代替；由于 $u_{C_1}(0_+)$和 $u_{C_2}(0_+)$已知，将电容元件用理想电压源代替得

$$i_{R_2}(0_+)=\frac{u_{C_1}(0_+)}{R_2}=\frac{20}{10}\text{A}=2\text{A}$$

$$i_S(0_+)=i_{R_2}(0_+)-i_L(0_+)=(2-3)\text{A}=-1\text{A}$$

$$i_{R_1}(0_+)=\frac{E-[u_{C_1}(0_+)+u_{C_2}(0_+)]}{R_1}=\frac{60-(20+10)}{10}\text{A}=3\text{A}$$

$$i_{C_1}(0_+)=i_{R_1}(0_+)-i_{R_2}(0_+)=(3-2)\text{A}=1\text{A}$$

$$i_{C_2}(0_+)=i_S(0_+)+i_{C_1}(0_+)=(-1+1)\text{A}=0\text{A}$$

【例 3.1.2】 已知电路及参数如图 3.1.3 所示。开关 S 在 $t=0$ 时从位置 1 换接到位置 2，换路前电路已稳定。求 $u_C(0_+)$、$u_R(0_+)$和 $i(0_+)$。

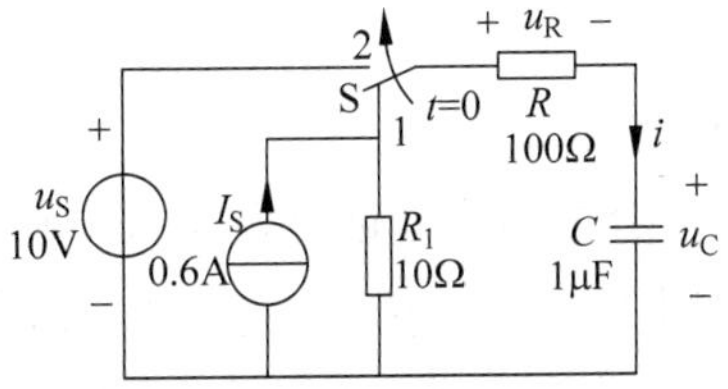

图 3.1.3 例 3.1.2 的电路

解 由换路前电路，得

$$u_C(0_-)=R_1I_S=10\times 0.6\text{V}=6\text{V}$$

则

$$u_C(0_+)=u_C(0_-)=6\text{V}$$

又由 KVL 得

$$u_R(0_+)+u_C(0_+)-u_S=0$$

$$u_R(0_+)=u_S-u_C(0_+)=4\text{V}$$

$$i(0_+)=\frac{u_R(0_+)}{R}=0.04\text{A}$$

练习与思考

3.1.1 已知 $u_C(0_+)$ 和 $i_L(0_+)$，是否可以利用电容和电感元件的 VCR 确定 $u_L(0_+)$和 $i_C(0_+)$？

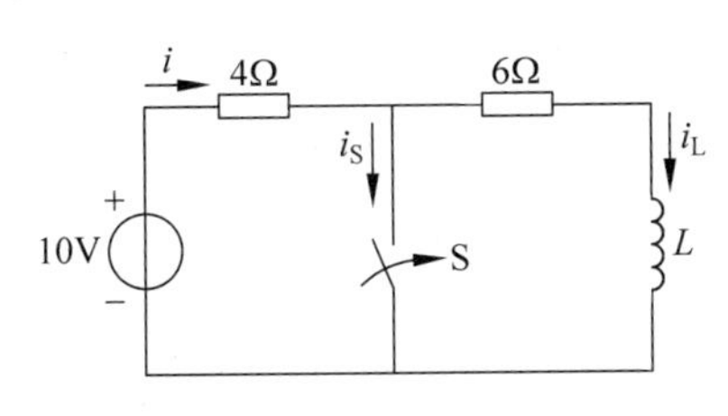

图 3.1.4 练习与思考 3.1.2 的电路

3.1.2 如图 3.1.4 所示电路原已达稳态，求开关 S 接通 $t=0_+$ 时的各支路电流。

3.1.3 如图 3.1.5 所示电路原已达稳态，求开关 S 断开 $t=0_+$ 时各元件上的电压和通过的电流。

3.1.4 如图 3.1.6 所示的电路中，已知 $R=2\Omega$，电压表的内阻为 5kΩ，电源电压 $U=4\text{V}$，试求开关 S 断开瞬间电压表两端的电压，换路前电路已处于稳态。

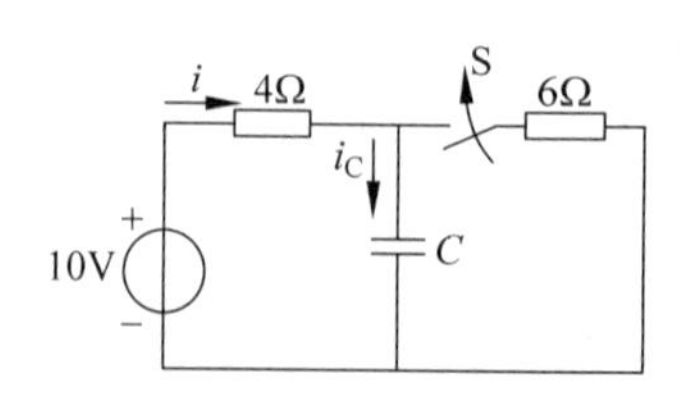

图 3.1.5 练习与思考 3.1.3 的电路

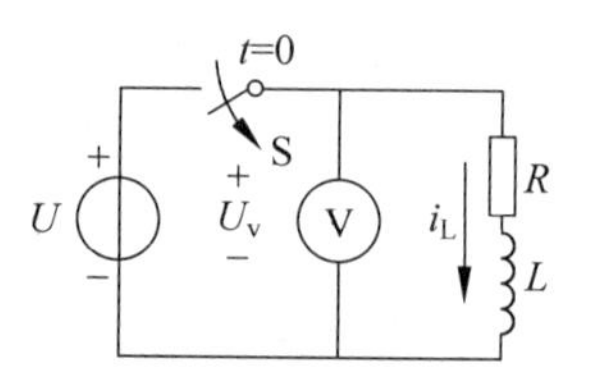

图 3.1.6 练习与思考 3.1.4 的电路

3.2 RC 电路的暂态响应

暂态分析，就是对 $t \geqslant 0_+$ 的电路进行分析。分析电路的依据仍然是 KCL、KVL 和元件 VCR，仍用支路电流法写方程，得到的电路方程是微分方程。求解微分方程得出电压和电流响应，而初始值用来确定微分方程的积分常数。RC 电路即电阻元件、电容元件、激励组成的电路，由于是一阶电路，所以等效电容元件应该只有一个。RC 电路的暂态响应分为零输入（非零状态）响应、零状态（非零输入）响应和全响应（非零输入非零状态响应）。这里的零输入就表示电路没有激励（电源），零状态表示电容电压初始值为零。

3.2.1 RC 电路的零输入响应

RC 电路的零输入是指激励为零。由电容的初始值 $u_C(0_+)$ 所产生的电路的响应，又称为 RC 放电电路。

分析 RC 电路的零输入响应，就是分析电容的放电过程。如图 3.2.1 所示，开关 S 原合在位置 2，电容已有初始储能，即 $u_C(0_-) \neq 0$。在 $t=0$ 时将开关 S 从位置 2 合到位置 1，电源电路脱离电路，电容经电阻开始放电。

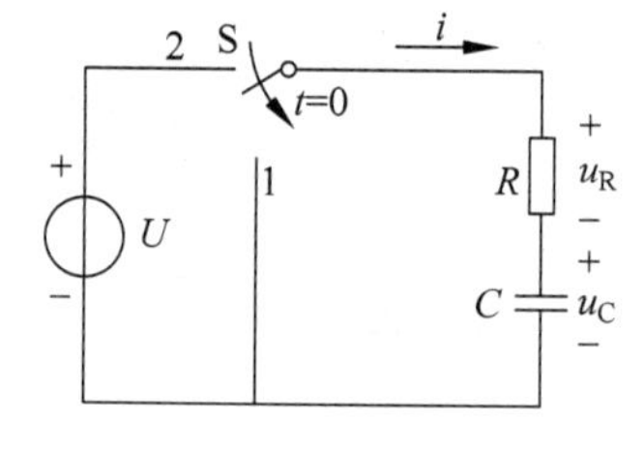

图 3.2.1 RC 放电电路

当 $t \geqslant 0_+$ 时，由基尔霍夫电压定律得

$$iR + u_C = 0$$

而

$$i = C\frac{\mathrm{d}u_C}{\mathrm{d}t}$$

则

$$RC\frac{\mathrm{d}u_C}{\mathrm{d}t} + u_C = 0 \tag{3.2.1}$$

求解微分方程得

$$u_C = A\mathrm{e}^{-\frac{t}{RC}}$$

由换路定则知 $u_C(0_+) = u_C(0_-)$，代入式(3.2.1)有

$$A = u_C(0_+)$$

故

$$u_C = u_C(0_+)\mathrm{e}^{-\frac{t}{RC}} = u_C(0_+)\mathrm{e}^{-\frac{t}{\tau}} \tag{3.2.2}$$

其随时间的变化曲线如图 3.2.2 所示。它以 $u_C(0_+)$ 为初始值，随时间按指数规律衰减而趋于零。

式(3.2.2)中

$$\tau = RC \tag{3.2.3}$$

称其为 RC 电路的时间常数，它具有时间的量纲，决定了 u_C 衰减的快慢。时间常数 τ 等于 u_C 衰减到初始值 $u_C(0_+)$的 36.8%所需的时间。可以用数学证明，指数曲线上任意点的次切距的长度都等于 τ。在图 3.2.2 中，$t=0$ 时

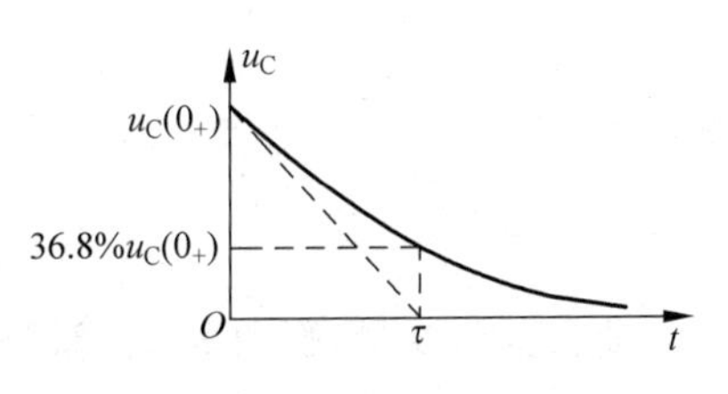

图 3.2.2 τ 的几何意义

$$\left.\frac{du_C}{dt}\right|_{t=0} = \frac{-u_C(0_+)}{\tau}$$

理论上，电路需要 $t=\infty$ 的时间才能达到稳定，但这没有实际意义。当 $t=\tau$ 时，$u_C(\tau)=u_C(0_+)e^{-1}=36.8\%u_C(0_+)$；$t=2\tau$ 时，$u_C(2\tau)=13.5\%u_C(0_+)$；$t=3\tau$ 时，$u_C(3\tau)=5\%u_C(0_+)$；$t=4\tau$ 时，$u_C(4\tau)=2\%u_C(0_+)$；$t=5\tau$ 时，$u_C(5\tau)=0.7\%u_C(0_+)$。可以认为经过 $3\tau\sim5\tau$ 的时间，电路就达到稳定状态了。

τ 越大，u_C 衰减越慢。因在一定的 $u_C(0_+)$下，C 越大，储存的电荷越多；而 R 越大，则放电电流越小，这都使放电变慢；反之就快。

$t\geqslant0_+$ 时电容器的放电电流和电阻 R 上的电压为

$$i = C\frac{du_C}{dt} = -\frac{u_C(0_+)}{R}e^{-\frac{t}{\tau}} \tag{3.2.4}$$

$$u_R = Ri = -u_C(0_+)e^{-\frac{t}{\tau}} \tag{3.2.5}$$

式中，u_C、u_R、i 的变化曲线如图 3.2.3 所示。

零输入响应一般可以套用公式

$$f(t) = f(0_+)e^{-\frac{t}{\tau}} \tag{3.2.6}$$

该公式对所有电流、电压都是适用的，$f(0_+)$是初始值，τ 是时间常数。所有响应都按相同的规律变化，只是初始值有所不同，该公式是三要素公式的特例。

【例 3.2.1】 电路如图 3.2.4 所示，开关 S 闭合前电路已处于稳态。在 $t=0$ 时将开关闭合。试求 $t\geqslant0_+$ 时的电压 u_C 和电流 i_2、i_3 及 i_C。

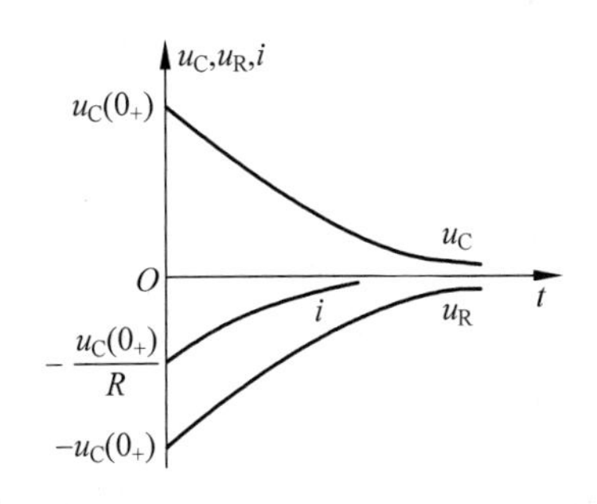

图 3.2.3 u_C、u_R、i 变化曲线

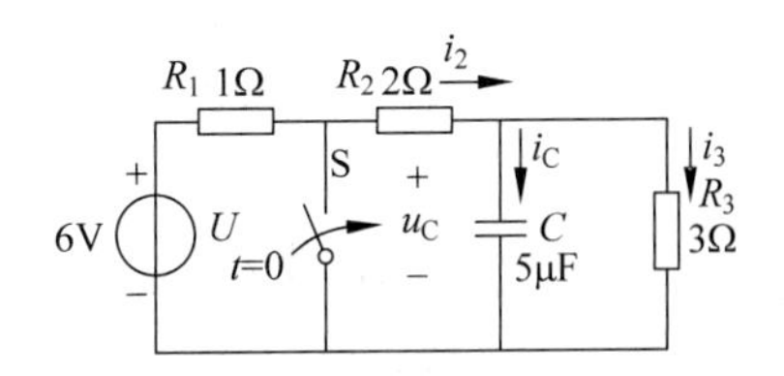

图 3.2.4 例 3.2.1 的图

解 由换路定则并结合 $t=0_-$ 时的电路，得

$$u_C(0_+)=u_C(0_-)=\frac{U}{R_1+R_2+R_3}\times R_3=\frac{6}{1+2+3}\times3V=3V$$

而 $t\geqslant0_+$ 时，开关 S 闭合使左边的电压源对右边的电路失去作用，对右边的电路列写方

程如下：

$$i_2 - i_C - i_3 = 0$$
$$R_2 i_2 + u_C = 0$$
$$u_C - R_3 i_3 = 0$$
$$i_C = C\frac{du_C}{dt}$$

消去其他变量，保留 u_C，得微分方程

$$\frac{R_2 \cdot R_3}{R_2 + R_3} C\frac{du_C}{dt} + u_C = 0$$

根据微分方程的知识，当 u_C 的系数为1时，$\frac{du_C}{dt}$前的系数就是时间常数 τ

$$\tau = \frac{R_2 \cdot R_3}{R_2 + R_3} \cdot C = \frac{2 \times 3}{2+3} \times 5 \times 10^{-6}\,\text{s} = 6 \times 10^{-6}\,\text{s}$$

$$u_C = u_C(0_+)e^{-\frac{t}{\tau}} = 3 \times e^{-\frac{10^6}{6}t}\,\text{V} = 3e^{-1.67\times10^5 t}\,\text{V}$$

$$i_C = C\frac{du_C}{dt} = -2.5e^{-1.67\times10^5 t}\,\text{A}$$

$$i_3 = \frac{u_C}{R_3} = e^{-1.67\times10^5 t}\,\text{A}$$

$$i_2 = i_3 + i_C = -1.5e^{-1.67\times10^5 t}\,\text{A}$$

一般而言，整理后能写成式(3.2.1)都是零输入响应。当然也可以直接套用式(3.2.6)求解。

3.2.2 RC电路的零状态响应

换路前电容元件未储有能量，$u_C(0_+)=0$，这种状态称为RC电路的零状态。仅由电源激励产生的电路响应，称为零状态响应。

RC电路的零状态响应，实际上就是RC电路的充电过程。以图3.2.5所示电路为例，其 $u_C(0_-)=0$，$t=0$ 时合上开关。

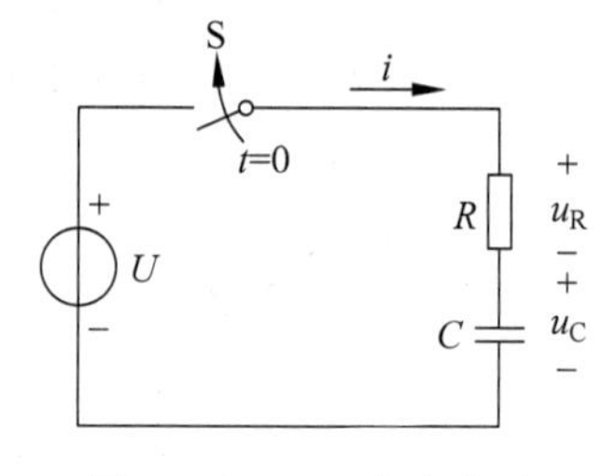

图3.2.5 RC充电电路

$t \geqslant 0_+$ 时的微分方程为

$$Ri + u_C = U$$
$$i = C\frac{du_C}{dt}$$
$$RC\frac{du_C}{dt} + u_C = U \qquad (3.2.7)$$

式(3.2.7)的通解为：一个是特解 u_C'，一个是补函数 u_C''。特解 u_C'与已知函数 U 形式相同，设 $u_C'=K$，代入式(3.2.6)，得 $K=U$(如果 u_C 前的系数为1，则方程右边的就是特解)

$$u_C' = U$$

补函数 u_C''是齐次微分方程 $RC\frac{du_C}{dt}+u_C=0$ 的通解，解之得

$$u_C'' = Ae^{-\frac{t}{RC}}$$

式(3.2.7)的通解为

$$u_C = u_C' + u_C'' = U + Ae^{-\frac{t}{RC}}$$

将 $u_C(0_+) = u_C(0_-) = 0$ 代入，得 $A = -U$。故

$$u_C = U - Ue^{-\frac{t}{RC}} = U\left(1 - e^{-\frac{t}{\tau}}\right) = u_C(\infty)\left(1 - e^{-\frac{t}{\tau}}\right) \tag{3.2.8}$$

上式中，$u_C(\infty) = U$ 是 u_C 按指数规律增长而最终达到的新稳态值。暂态响应 u_C 可视为由两个分量相加而得：其一是达到稳定时的电压 $u_C' = u_C(\infty)$，称为稳态分量；其二是仅存在于暂态过程中的 u_C''，称为暂态分量，总是按指数规律衰减。其变化规律与电源电压变化规律无关，其大小与电源电压有关。当暂态分量趋于零时，暂态过程结束。

u_C 随时间的变化曲线如图 3.2.6 所示，其中分别画出了 u_C'，u_C''。$t \geqslant 0_+$ 时，电容的充电电流及电阻 R 上的电压分别为

$$i = C\frac{du_C}{dt} = \frac{U}{R}e^{-\frac{t}{\tau}} = \frac{u_C(\infty)}{R}e^{-\frac{t}{\tau}} \tag{3.2.9}$$

$$u_R = Ri = Ue^{-\frac{t}{\tau}} = u_C(\infty)e^{-\frac{t}{\tau}} \tag{3.2.10}$$

式中，i、u_R 及 u_C 随时间变化的曲线如图 3.2.7 所示。

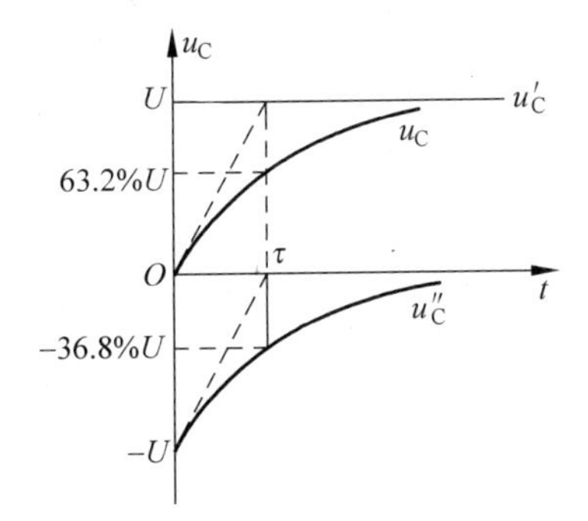

图 3.2.6　u_C 的变化曲线

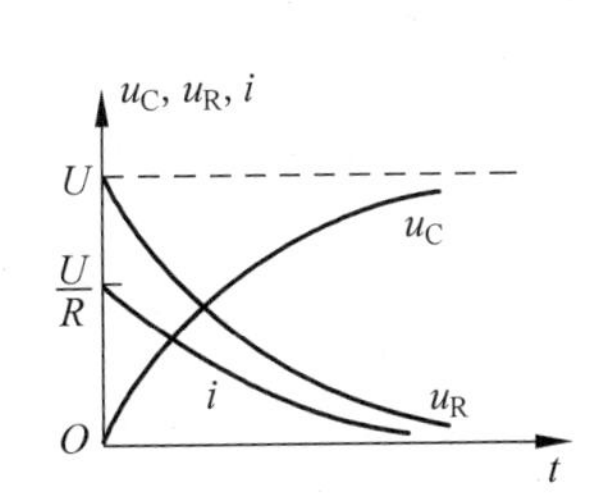

图 3.2.7　u_C、u_R 及 i 的变化曲线

分析较复杂电路的暂态过程时，可以将储能元件(电容或电感)划出，因为剩余的是有源二端网络是线性有源电阻电路，就可以等效为戴维宁模型，再利用上述式子得出电路响应。

【例 3.2.2】 在图 3.2.8(a)所示的电路中，$U = 9\text{V}$，$R_1 = 6\text{k}\Omega$，$R_2 = 3\text{k}\Omega$，$C = 10^3\text{pF}$，$u_C(0_-) = 0$。试求 $t \geqslant 0_+$ 的电压 u_C 和 i_1、i_2。

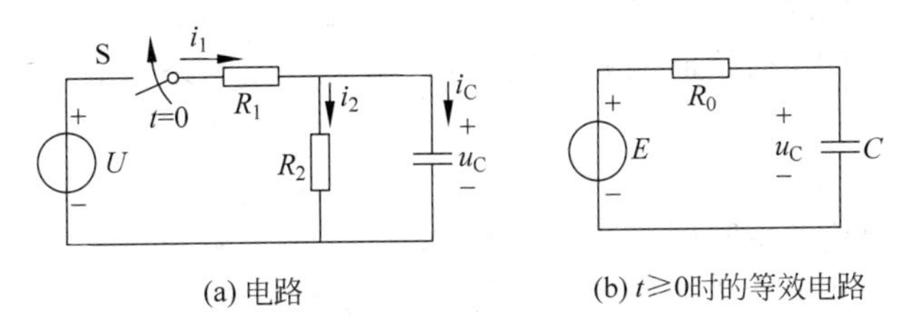

图 3.2.8　例 3.2.2 的图

解　应用戴维宁定理将换路后的电路化为如图 3.2.8(b)所示等效电路。等效电源的电动势和内阻分别为

$$E=\frac{R_2}{R_1+R_2}U=3\text{V}$$

$$R_0=\frac{R_1\cdot R_2}{R_1+R_2}=\frac{6\times 3}{6+3}\text{k}\Omega=2\text{k}\Omega$$

$$\tau=R_0\cdot C=2\times 10^3\times 10^3\times 10^{-12}\text{s}=2\times 10^{-6}\text{s}$$

于是由式(3.2.8)得

$$u_C=E\left(1-e^{-\frac{t}{\tau}}\right)=3(1-e^{-5\times 10^5 t})\text{V}$$

再对开关S闭合后的图3.2.8(a)电路写方程，得

$$R_2 i_2=u_C$$

$$i_2=(1-e^{-5\times 10^5 t})\text{mA}$$

$$R_1 i_1+u_C=U$$

$$i_1=(1+0.5e^{-5\times 10^5 t})\text{mA}$$

3.2.3 RC 电路的全响应

所谓RC电路的全响应，是指电源激励和电容元件的$u_C(0_+)$均不为零时电路的响应。

若在如图3.2.5所示的电路中，$u_C(0_+)\neq 0$。$t\geqslant 0_+$时的电路的微分方程和式(3.2.6)相同，也可得

$$u_C=u'_C+u''_C=U+Ae^{-\frac{t}{RC}}=u_C(\infty)+Ae^{-\frac{t}{RC}}$$

但积分常数A与零状态时不同。在$t=0_+$时，$u_C(0_+)\neq 0$，则

$$A=u_C(0_+)-U=u_C(0_+)-u_C(\infty)$$

故

$$u_C=U+[u_C(0_+)-U]e^{-\frac{t}{RC}}=u_C(\infty)+[u_C(0_+)-u_C(\infty)]e^{-\frac{t}{RC}} \qquad (3.2.11)$$

该式体现为

全响应=稳态分量+暂态分量

式(3.2.11)可改写为

$$u_C=u_C(0_+)e^{-\frac{t}{\tau}}+U\left(1-e^{-\frac{t}{\tau}}\right) \qquad (3.2.12)$$

即

全响应=零输入响应+零状态响应

这是叠加定理在电路暂态分析中的体现。$u_C(0_+)$和电源分别作用的结果即是零输入响应和零状态响应。在暂态中，初始储能和激励一样，都会产生电路响应；而稳态分析中，只有激励才会产生电路响应。

练习与思考

3.2.1 从功率的角度说明例3.2.1中的电路是零输入响应。

3.2.2 在例3.2.2中为什么要回到原电路中，才能解出i_1、i_2。

3.3 RL 电路的暂态响应

RL电路发生换路后，同样会产生过渡过程。由于RC电路和RL电路的相似性，同时零输入响应、零状态响应可看作全响应的特例，下面就对RL电路的全响应进行分析。

图 3.3.1 的电路中,开关闭合前电路已处于稳态,$t=0$ 时开关闭合,方程如下

$$Ri_{\mathrm{L}}+L\frac{\mathrm{d}i_{\mathrm{L}}}{\mathrm{d}t}=U$$

整理后,得

$$\frac{L}{R}\frac{\mathrm{d}i_{\mathrm{L}}}{\mathrm{d}t}+i_{\mathrm{L}}=\frac{U}{R} \tag{3.3.1}$$

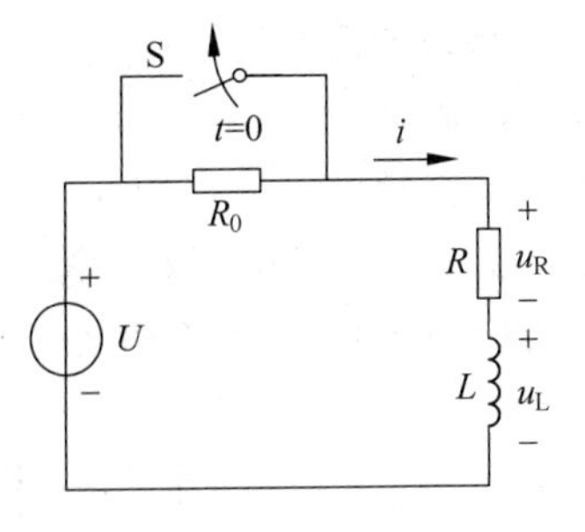

图 3.3.1　电路

在式(3.3.1)中,当 i_{L} 前的系数为 1,$\frac{\mathrm{d}i_{\mathrm{L}}}{\mathrm{d}t}$前的系数就是时间常数 $\tau=\frac{L}{R}$,方程的右边就是稳态值 $i_{\mathrm{L}}(\infty)=\frac{U}{R}$,电路的初始值 $i_{\mathrm{L}}(0_+)=\frac{U}{R_0+R}$。

$$i_{\mathrm{L}}=\frac{U}{R}+\left[i_{\mathrm{L}}(0_+)-\frac{U}{R}\right]\mathrm{e}^{-\frac{R}{L}t}=i_{\mathrm{L}}(\infty)+[i_{\mathrm{L}}(0_+)-i_{\mathrm{L}}(\infty)]\mathrm{e}^{-\frac{t}{\tau}} \tag{3.3.2}$$

求得 i_{L} 后,可根据元件的电压电流关系、基尔霍夫定律求得其他电压和电流。

【例 3.3.1】　在如图 3.3.2 所示的电路中,已知 $u_{\mathrm{S}}=10\mathrm{V}$,$R_1=3\mathrm{k\Omega}$,$R_2=2\mathrm{k\Omega}$,$L=10\mathrm{mH}$。在 $t=0$ 时开关 S 闭合。闭合前电路已达稳态。求开关 S 闭合后暂态过程中的 $i(t)$、$u_{\mathrm{L}}(t)$和理想电压源发出的功率,并画出 $i(t)$、$u_{\mathrm{L}}(t)$的波形图。

解

$$i(0_+)=i(0_-)=\frac{u_{\mathrm{S}}}{R_1+R_2}=2\mathrm{mA}$$

开关 S 闭合后

$$i(\infty)=\frac{u_{\mathrm{S}}}{R_2}=5\mathrm{mA}$$

$$\tau=\frac{L}{R_2}=\frac{10\times10^{-3}}{2\times10^{3}}\mathrm{s}=5\times10^{-6}\mathrm{s}$$

$$i(t)=i(\infty)+[\,i(0_+)-i(\infty)]\mathrm{e}^{-2\times10^5t}=(5-3\mathrm{e}^{-2\times10^5t})\mathrm{mA}$$

$$u_{\mathrm{L}}(t)=L\frac{\mathrm{d}i}{\mathrm{d}t}=6\mathrm{e}^{-2\times10^5t}\mathrm{V}$$

理想电压源的电流就是 $i(t)$,且为非关联参考方向,理想电压源发出的功率

$$p(t)=u_{\mathrm{S}}\times i(t)=(50-30\mathrm{e}^{-2\times10^5t})\mathrm{mW}$$

$i(t)$、$u_{\mathrm{L}}(t)$的波形图如图 3.3.3 所示。

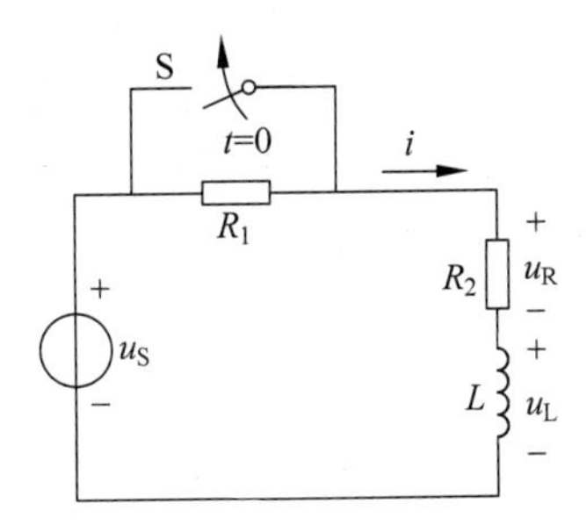

图 3.3.2　例 3.3.1 的图

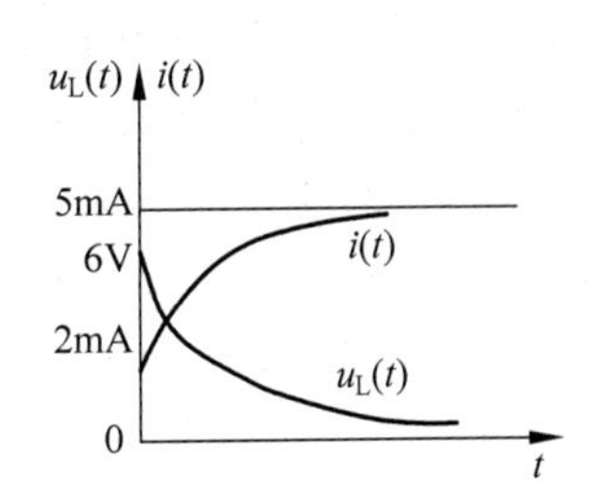

图 3.3.3　例 3.3.1 的波形图

练习与思考

3.3.1　有一台直流电动机，它的励磁线圈的电阻为 50Ω，当加上额定励磁电压经过 0.15s后，励磁电流增长到稳态值的 63.2%，试求线圈的电感 L。

3.3.2　一个线圈的电感 $L=0.1\text{H}$，通有直流 $I=5\text{A}$，现将此线圈短路，经过 $t=0.01\text{s}$ 后，线圈中电流减小到初始值的 36.8%，试求线圈的电阻 R。

3.4　一阶线性电路暂态分析的三要素法

总结 3.2 节的 RC 电路和 3.3 节的 RL 电路不同状态暂态响应的分析结果，将各种响应写成一般式子来表示(零输入响应、零状态响应可看作全响应的特例)，则为

$$f(t)=f(\infty)+[f(0_+)-f(\infty)]e^{-\frac{t}{\tau}} \tag{3.4.1}$$

式中 $f(t)$ 表示电路响应中的任意电压或电流。

这是分析只含有一个(或可等效为一个)储能元件(电容或电感)的一阶线性加直流激励下的三要素法公式。$f(0_+)$、$f(\infty)$、τ 称为暂态过程电路响应的三要素，其中：

$f(0_+)$：换路后所求响应的初始值，确定方法在 3.1 节中已做分析。

$f(\infty)$：换路后暂态过程结束时所求响应达到的稳态值，即 $t=\infty$ 时的值。因为是直流稳态，仍然是电容开路，电感短路，求相应的电压和电流。∞ 和 0_- 的区别就是两种理想开关的状态。

τ：换路后电路的时间常数。对于 RC 电路，$\tau=R_0C$；对于 RL 电路，$\tau=\dfrac{L}{R_0}$。R_0 是将电路中储能元件电容或电感断开剩余二端网络除源后所得无源二端网络的等效电阻。

只要求得换路后的 $f(0_+)$、$f(\infty)$、τ 这三个“要素”，就能直接根据式(3.4.1)写出电路的响应 $f(t)$。这种方法称为三要素法。

可以验证一下：

当 $t=0_+$ 时

$$f(0_+)=f(\infty)+[f(0_+)-f(\infty)]\times 1=f(0_+)$$

当 $t=\infty$ 时

$$f(\infty)=f(\infty)+[f(0_+)-f(\infty)]\times 0=f(\infty)$$

从原则上讲，任何电压和电流都可以套用三要素法公式，但最好还是将电容电压和电感电流套用公式。因为其他电压和电流的 0_+ 值要借助于电容电压或电感电流的 0_+ 值来确定，其他电压和电流的 ∞ 值也与电容电压或电感电流的 ∞ 值有关。当求出电容电压或电感电流函数表达式后，再根据 KCL、KVL 和元件 VCR 来求其他电压和电流。

电路响应 $f(t)$ 的变化曲线如图 3.4.1 所示，均按指数规律增长或衰减。

下面举例说明三要素法的应用。

【例 3.4.1】　如图 3.4.2 所示的电路，已知 $U_{S1}=8\text{V}$，$U_{S2}=5\text{V}$，$R_1=R_2=20\text{k}\Omega$，$C=5\mu\text{F}$。换路前电路处于稳定状态，$t=0$ 时开关由 a 打到 b，求换路后电容两端的电压 u_C 及电流 i_C。

解　$u_C(0_+)=u_C(0_-)=-U_{S2}=-5\text{V}$

$u_C(\infty)=U_{S1}=8\text{V}$

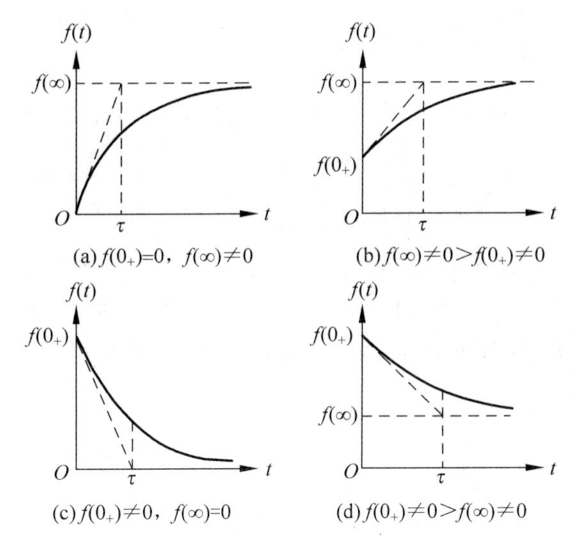

图 3.4.1 电路的全响应

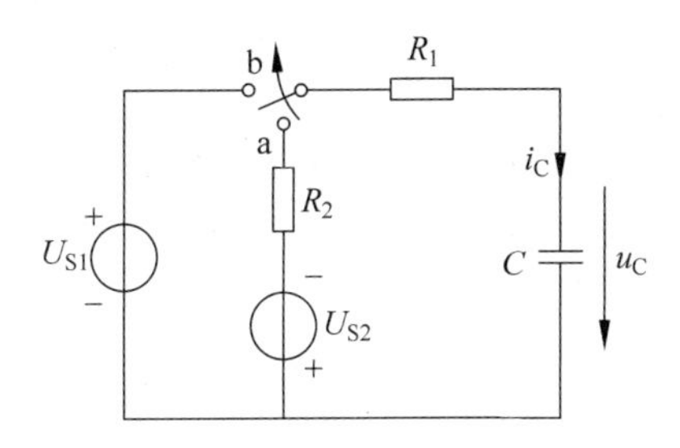

图 3.4.2 例 3.4.1 的图

$$\tau=R_1C=20\times10^3\times5\times10^{-6}\mathrm{s}=0.1\mathrm{s}$$

$$u_C(t)=u_C(\infty)+[u_C(0_+)-u_C(\infty)]\mathrm{e}^{-t/\tau}=(8-13\mathrm{e}^{-10t})\mathrm{V}$$

$$i_C=C\frac{\mathrm{d}u_C}{\mathrm{d}t}=-0.65\mathrm{e}^{-10t}\mathrm{mA}$$

【例 3.4.2】 在如图 3.4.3 所示的电路中，$I_S=3\mathrm{A}$，$R_1=1\mathrm{k\Omega}$，$R_2=2\mathrm{k\Omega}$，$L=3\mathrm{mH}$，开关动作前电路已处于稳态，求开关闭合后的 i_1 和 i_L。

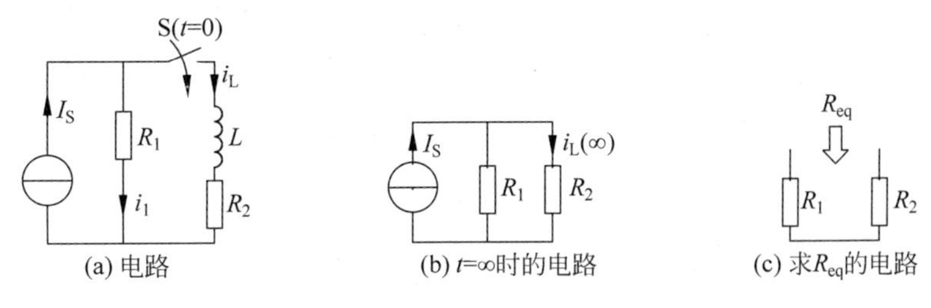

图 3.4.3 例 3.4.2 的图

解 $i_L(0_+)=i_L(0_-)=0\mathrm{A}$

当 $t=\infty$ 时，电感短路，得 $t=\infty$ 时的电路

$$i_L(\infty)=\frac{R_1}{R_1+R_2}I_S=1\mathrm{A}$$

$$\tau = \frac{L}{R_{eq}} = 10^{-6}\,\text{s}$$

$$\begin{aligned} i_L(t) &= i_L(\infty) + [i_L(0_+) - i_L(\infty)]e^{-\frac{t}{\tau}} \\ &= i_L(\infty)\left(1 - e^{-\frac{t}{\tau}}\right) \\ &= (1 - e^{-10^6 t})\,\text{A} \end{aligned}$$

$$i_1(t) = I_S - i_L(t) = (2 + e^{-10^6 t})\,\text{A}$$

【例 3.4.3】 在图 3.4.4(a)中，$I_S=1\text{mA}$，$R_1=R_2=1\text{k}\Omega$，$R_3=2\text{k}\Omega$，$C=0.1\mu\text{F}$，$U_S=3\text{V}$。设 $u_C(0_-)=0$，在 $t=0$ 时闭合开关 S_1，在 $t=1\text{ms}$ 时，闭合开关 S_2。求 $t\geqslant 0_+$ 后的 u_C。

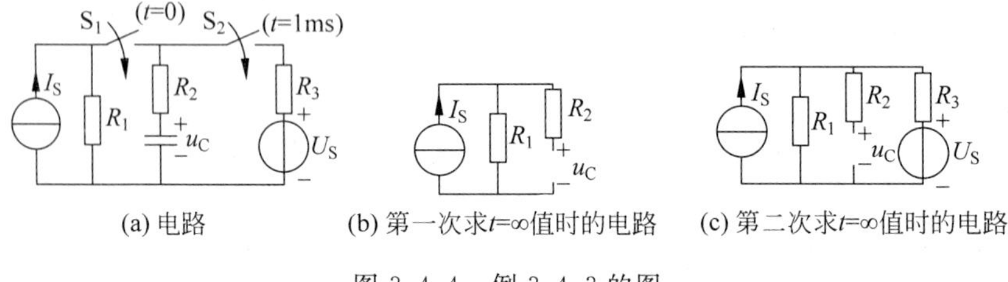

(a) 电路　(b) 第一次求$t=\infty$值时的电路　(c) 第二次求$t=\infty$值时的电路

图 3.4.4　例 3.4.3 的图

解　如果电路中有多次换路，三要素公式仍然可以分段使用，分别确定每一段的 0_+ 值、∞值和 τ，但要注意时间坐标的连续性。

(1) $0\leqslant t\leqslant 1\text{ms}$

$$\begin{aligned} u_C(0_+) &= u_C(0_-) = 0 \\ u_C(\infty) &= R_1 I_S = 1\text{V} \\ \tau_1 &= (R_1 + R_2)C = 2\times 10^3 \times 0.1 \times 10^{-6}\,\text{s} = 0.2\times 10^{-3}\,\text{s} \\ u_C(t) &= u_C(\infty)\left(1 - e^{-\frac{t}{\tau_1}}\right) = (1 - e^{-5\times 10^3 t})\,\text{V} \end{aligned}$$

(2) $t\geqslant 1\text{ms}$

$$u_C(0.001_+) = u_C(0.001_-) = 1\text{V}$$

求 $u_C(\infty)$时，图 3.4.4(c)电路用叠加定理得

$$u_C(\infty) = (R_1 \parallel R_3)I_S + \frac{R_1}{R_1 + R_3}U_S = \frac{5}{3}\text{V}$$

$$\tau_2 = (R_1 \parallel R_3 + R_2)C = \frac{5}{3}\times 10^{-4}\,\text{s}$$

$$\begin{aligned} u_C(t) &= u_C(\infty) + [u_C(0.001_+) - u_C(\infty)]e^{-\frac{(t-0.001)}{\tau_2}} \\ &= \left[\frac{5}{3} + \left(1 - \frac{5}{3}\right)e^{-6\times 10^3 (t-0.001)}\right]\text{V} \\ &= \left[\frac{5}{3} - \frac{2}{3}e^{-6\times 10^3 (t-0.001)}\right]\text{V} \end{aligned}$$

分析要点如下：

(1) 用三要素法求解一阶电路暂态响应，关键是依具体电路正确求出"三要素"。确定 $f(0_+)$ 时，不能误认为所有电压和电流都适用 $f(0_+)=f(0_-)$。在 0_- 和∞时刻直流稳态时，电容都开路，电感都短路，区别就是 0_- 和∞时刻的开关状态不同。

(2) 关键是求 u_C 或 i_L。求出 u_C 或 i_L 后,求其他响应(电压或电流)就方便了。u_C、i_L 是确定其他电压或电流的重要依据。

练习与思考

3.4.1　如图 3.4.5 所示的电路是一特殊电路,试分析一下若 $u_{C_1}(0_-)=u_{C_2}(0_-)=0$,$t=0$ 时 S 合上,换路定则是否成立?

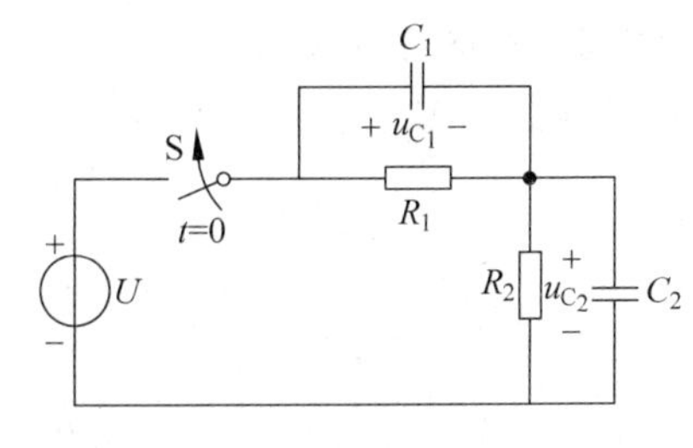

图 3.4.5　练习与思考 3.4.1 的图

本章小结

本章讨论了直流激励下一阶 RC 和 RL 电路的暂态响应。读者应掌握换路定则确定初始值的方法,掌握一阶 RC 和 RL 电路的零输入、零状态、全响应分析。重点是利用一阶电路的三要素公式求电路响应。

习　　题

3.1　电路如图 3.1 所示,求在开关 S 闭合瞬间($t=0_+$)各元件中的电流及其两端电压;当电路到达稳态时又各等于多少?设在 $t=0_-$ 时,电路中的储能元件均未储能。

3.2　如图 3.2 所示电路,换路前都处于稳态,$t=0$ 时开关 S 闭合。已知所有电阻值都是 10Ω,$E=10\text{V}$。求 $i_C(0_+)$、$i_L(0_+)$、$u_C(0_+)$、$u_L(0_+)$。

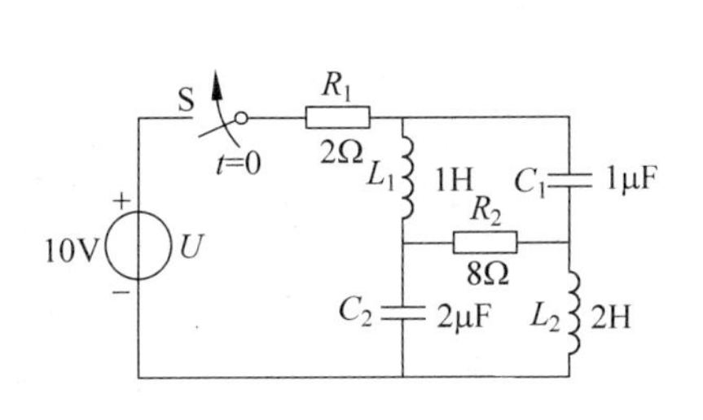

图 3.1　习题 3.1 的图

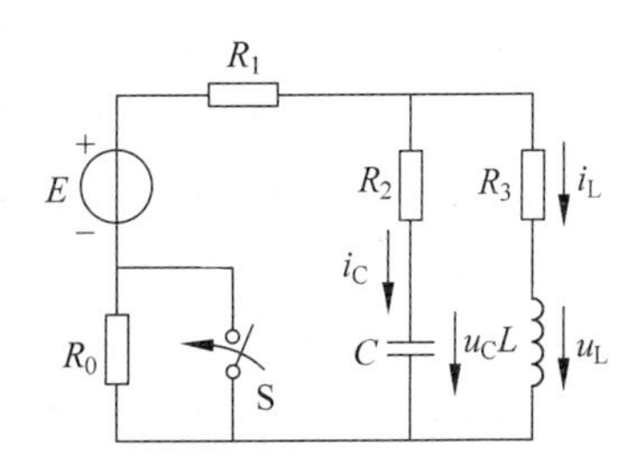

图 3.2　习题 3.2 的图

3.3　如图 3.3 所示各电路在换路前都处于稳态,且图 3.3(a)中 $L=1\text{H}$,图 3.3(b)中 $C=10^{-6}\text{F}$。试求换路后其中电流 i 的初始值 $i(0_+)$、稳态值 $i(\infty)$和 τ。

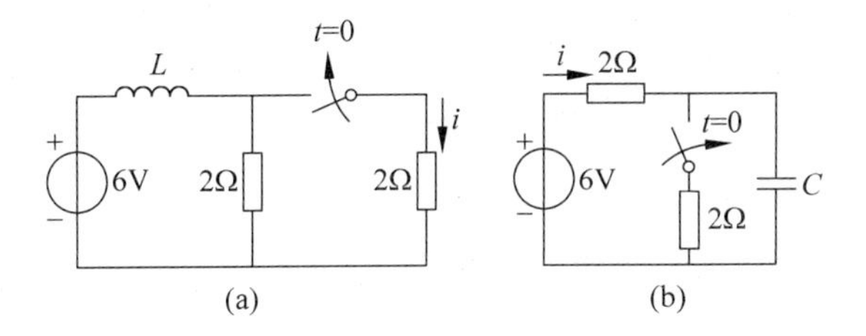

图 3.3　习题 3.3 的图

3.4　在如图 3.4 所示电路中,开关 S 断开前电路处于稳态,试判断 S 断开后电路中哪些物理量跃变?哪些不跃变?

3.5　在图 3.5 中，$I=10\mathrm{mA}$，$R_1=3\mathrm{k}\Omega$，$R_2=3\mathrm{k}\Omega$，$R_3=6\mathrm{k}\Omega$，$C=2\mu\mathrm{F}$。在开关 S 闭合前电路已处于稳态。求 $t\geqslant0$ 时的 u_C 和 i_1，并作出它们随时间的变化曲线。

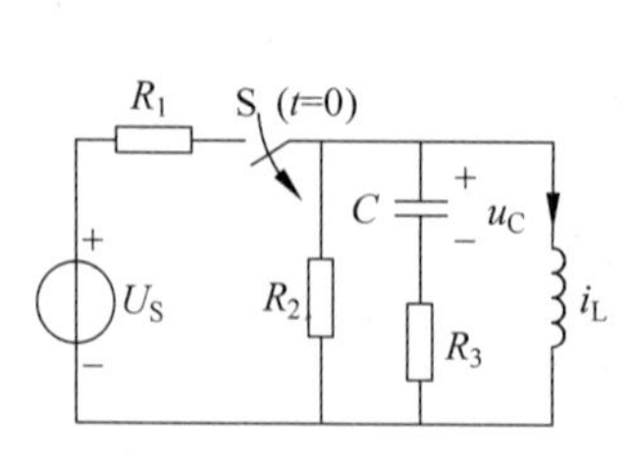

图 3.4　习题 3.4 的图

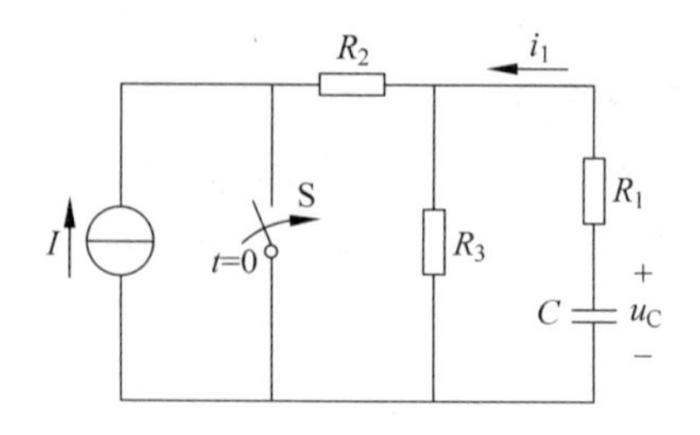

图 3.5　习题 3.5 的图

3.6　电路如图 3.6 所示，在开关 S 闭合前电路已处于稳态，求开关闭合后的电压 u_C。

3.7　在图 3.7 中，$U_{S1}=4\mathrm{V}$，$R_1=2\Omega$，$R_2=4\Omega$，$L=0.4\mathrm{H}$，$i_{S3}=1\mathrm{A}$，$R_3=4\Omega$。开关长时间闭合，当将开关断开后求 i_L 和 i_2。

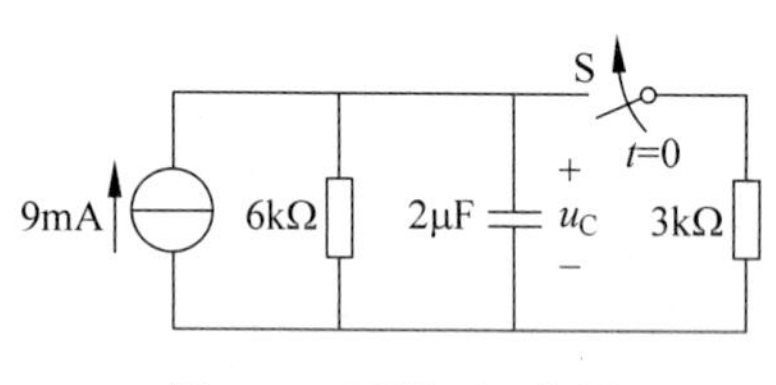

图 3.6　习题 3.6 的图

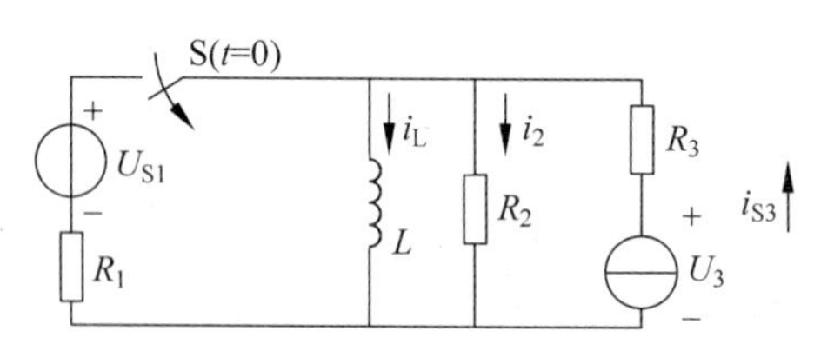

图 3.7　习题 3.7 的图

3.8　在图 3.8 电路中，换路前电路处于稳态，$t=0$ 时开关打开，已知 $C=1\mathrm{F}$，求电路响应 i。

3.9　在图 3.9 中，开关 S 合在位置 1 电路处于稳态，$t=0$ 时，将开关从位置 1 合到位置 2 上，当 $t=0.005\mathrm{s}$ 再合到位置 1，求 u_C 和 i_1。已知 $U_S=10\mathrm{V}$，$i_{S3}=1\mathrm{mA}$，$R_1=3\mathrm{k}\Omega$，$R_2=2\mathrm{k}\Omega$，$C=1\mu\mathrm{F}$。

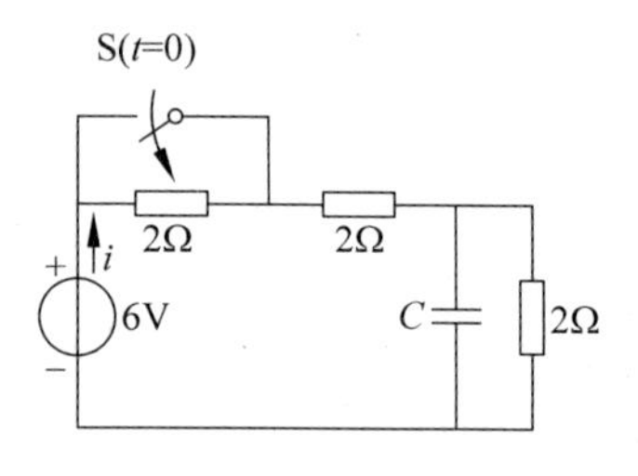

图 3.8　习题 3.8 的图

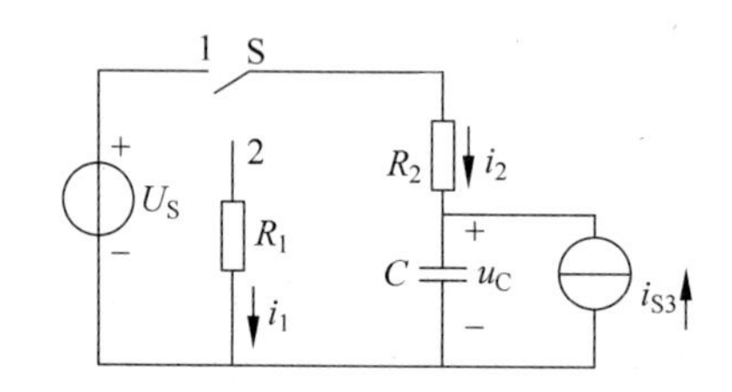

图 3.9　习题 3.9 的图

3.10　电路如图 3.10 所示，在换路前已处于稳态。当将开关从位置 1 合到位置 2 后，试求 i_L 和 i，并画出它们的变化曲线。

3.11　电路如图 3.11 所示，试用三要素法求 $t\geqslant0$ 时的 i_1、i_2 及 i_L。换路前电路处于稳态。

3.12　在图 3.12 中，换路前电路已处于稳态，$t=0$ 时开关打开，求 $t\geqslant0$ 时的 i 和 i_L。

3.13　在图 3.13 中，$U=30\mathrm{V}$，$R_1=60\Omega$，$R_2=R_3=40\Omega$，$L=6\mathrm{H}$，换路前电路处于稳态。求 $t\geqslant0$ 时的电流 i_L、i_2 和 i_3。

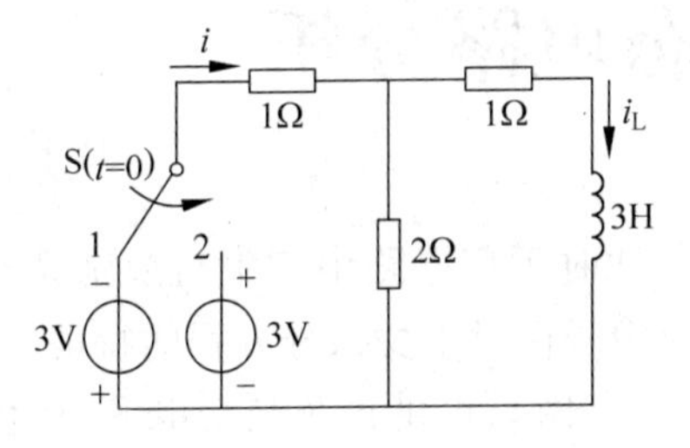

图 3.10　习题 3.10 的图

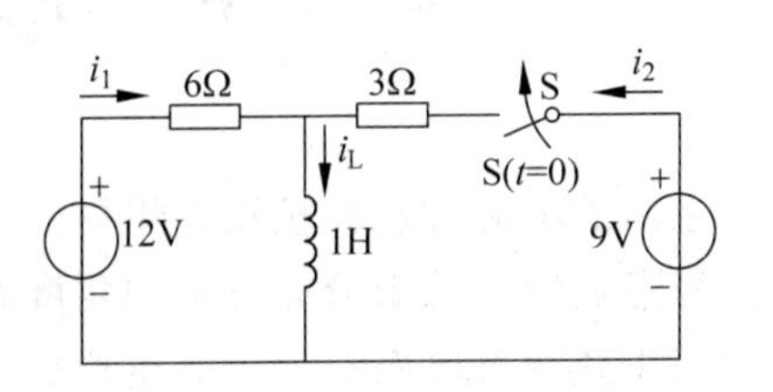

图 3.11　习题 3.11 的图

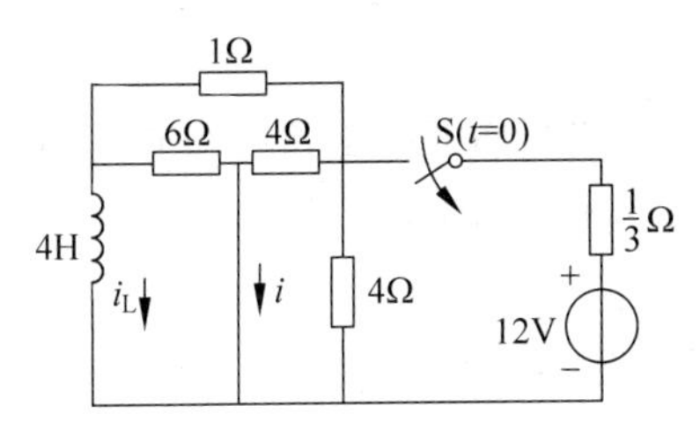

图 3.12　习题 3.12 的图

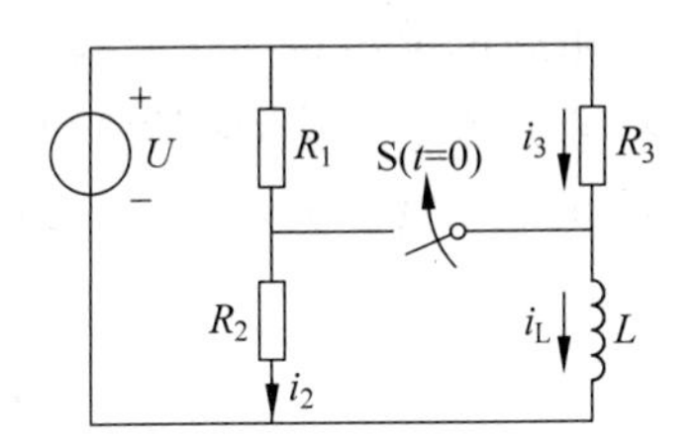

图 3.13　习题 3.13 的图

第4章　正弦稳态电路分析

当电路的电源(激励)按正弦规律变化时,会在线性时不变电路中产生与激励频率相同的正弦稳态响应。从微分方程解的角度看,该响应即为线性时不变微分方程的特解。

学习正弦稳态电路有着十分重要的意义:一方面电网只提供正弦交变电源,所以实际电路大多属于正弦交流电路;另一方面任意非正弦周期性信号经过傅里叶级数分解都能够分解为直流和各次谐波分量的叠加,谐波分量就是基波频率的整数倍的正弦信号,因此,非正弦周期电路的分析也与正弦稳态电路的分析有关。

分析正弦稳态响应,就是要确定不同元件和不同电路结构下的正弦稳态电压、电流和功率。应注重交流概念的建立,不可盲目套用电阻电路的相关结论。

4.1　正弦交流电的基本概念

4.1.1　复数

复数和复数运算是相量法的基础,本节略做介绍。

一个复数 A 可以表示为以下形式:

$$A = a + \mathrm{j}b \qquad (代数式)$$

$$A = r(\cos\psi + \mathrm{j}\sin\psi) \qquad (三角形式)$$

$$A = r\mathrm{e}^{\mathrm{j}\psi} \qquad (指数形式)$$

$$A = r\angle\psi \qquad (极坐标形式)$$

式中,$\mathrm{j}=\sqrt{-1}$为虚单位,a 为实部,b 为虚部,r 为复数的模,ψ 为幅角。其中复数的三角形式、指数形式、极坐标形式并无本质区别,但极坐标形式最为简洁。可利用以下关系式对极坐标形式与代数式进行转换:

$$r = \sqrt{a^2 + b^2}\ ;\ \psi = \arctan\frac{b}{a} \quad (-\pi \leqslant \psi \leqslant \pi)$$

$$a = r\cos\psi;\ b = r\sin\psi$$

复数 A 可以与复平面上的一个点对应,常用原点至该点的向量表示,如图 4.1.1 所示。

下面介绍复数的运算原则。复数的相加和相减必须用代数形式进行,则

$$A_1 \pm A_2 = (a_1 + \mathrm{j}b_1) \pm (a_2 + \mathrm{j}b_2) = (a_1 \pm a_2) + \mathrm{j}(b_1 \pm b_2)$$

复数的加、减法运算可以按向量求和的平行四边形(或三角形)原则而得,如图 4.1.2 所示。

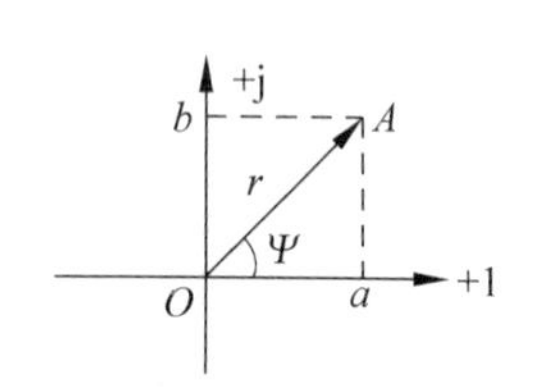

图 4.1.1　复数的向量表示

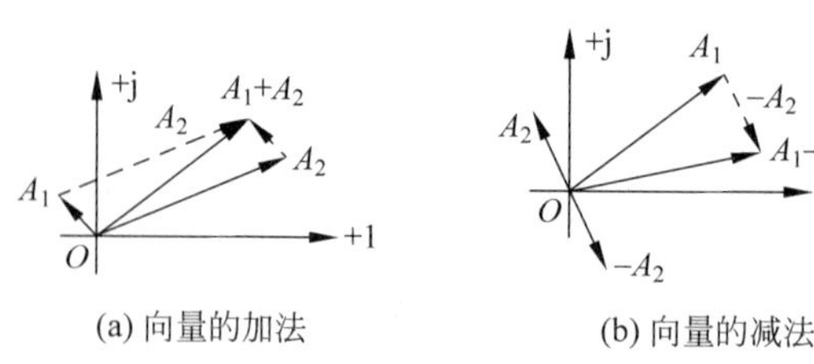

图 4.1.2　向量的加、减法做图

复数的乘、除法运算用指数形式易理解，复数的乘法运算为

$$A_1 \cdot A_2 = r_1 e^{j\psi_1} \cdot r_2 e^{j\psi_2} = r_1 \cdot r_2 e^{j(\psi_1+\psi_2)} = r_1 \cdot r_2 \angle(\psi_1 + \psi_2)$$

复数相除运算为

$$\frac{A_1}{A_2} = \frac{r_1 e^{j\psi_1}}{r_2 e^{j\psi_2}} = \frac{r_1}{r_2} e^{j(\psi_1-\psi_2)} = \frac{r_1}{r_2} \angle(\psi_1 - \psi_2)$$

复数的乘、除表示模的放大或缩小，辐角表示为逆时针旋转或顺时针旋转。如 jA 表示把复数 A 逆时针旋转$\frac{\pi}{2}$，$\frac{A}{j}$表示把复数 A 顺时针旋转$\frac{\pi}{2}$。

如果两个复数 A_1 和 A_2 相等，则

$$a_1 = a_2 \quad 且 \quad b_1 = b_2$$

或者

$$r_1 = r_2 \quad 且 \quad \psi_1 = \psi_2$$

一个复系数的方程可以求一个复数解，或求出两个实数解。

4.1.2　正弦量的三要素

将按正弦规律变化的电动势、电压、电流统称为正弦量。对于周期性变化的物理量，它们的参考方向代表了正半周的实际方向，而负半周时其参考方向与实际方向相反。

正弦电流的一般表达式为

$$i = I_m \sin(\omega t + \psi_i) \tag{4.1.1}$$

式中，幅值 I_m、角频率 ω 和初相位 ψ_i 称为正弦量的三要素。

1. 周期、频率、角频率

正弦量变化一周所需的时间(秒)称为周期，而每秒内变化的次数称为频率 f，它的单位是赫[兹](Hz)。

周期与频率互为倒数，即

$$f = \frac{1}{T} \tag{4.1.2}$$

世界上多数国家的电网都采用 50Hz(工频)，但也有国家(美国、日本等)采用 60Hz。例如，三相异步电动机通常使用工频电源，但在变频调速时，其电源的频率在几 Hz～几百 Hz。

除了周期和频率之外，还可以用角频率 ω 来表示，即

$$\omega = \frac{2\pi}{T} \tag{4.1.3}$$

它的单位是弧度每秒(rad/s)。

2. 幅值与有效值

用 i、u、e 表示瞬时值，而用 I_m、U_m 及 E_m 表示幅值。幅值只表示瞬时值的最大值，而二倍幅值称为峰-峰值。

在工程中用有效值来定义正弦量的大小。有效值从电流热效应来规定的，一个直流 I 和一个交流 i 在单位时间内(一个周期)流过同一电阻 R 产生的热效应相等，就把这个 I 称

为交流 i 的有效值。所以

$$\int_0^T Ri^2\mathrm{d}t = RI^2T$$

即

$$I = \sqrt{\frac{1}{T}\int_0^T i^2\mathrm{d}t}$$

该式适用于所有周期性变化的电流(包括正弦和非正弦周期性)。

将 $i=I_\mathrm{m}\sin(\omega t+\psi_\mathrm{i})$代入,则

$$\begin{aligned}I&=\sqrt{\frac{1}{T}\int_0^T I_\mathrm{m}^2\sin^2(\omega t+\psi_\mathrm{i})\mathrm{d}t}\\&=\sqrt{\frac{1}{T}\int_0^T \frac{I_\mathrm{m}^2}{2}[1-\cos2(\omega t+\psi_\mathrm{i})]\mathrm{d}t}\\&=\frac{I_\mathrm{m}}{\sqrt{2}}\end{aligned} \tag{4.1.4}$$

类似地,可以得出电压和电动势的有效值和幅值的关系如下

$$U=\frac{U_\mathrm{m}}{\sqrt{2}}$$

$$E=\frac{E_\mathrm{m}}{\sqrt{2}}$$

为强化有效值的概念,通常将正弦表达式写为

$$i=\sqrt{2}I\sin(\omega t+\psi_\mathrm{i})$$

有效值用大写字母表示,与直流情况相同。交流电气设备铭牌上的额定电压和额定电流、交流电压表和电流表的读数均为有效值,如 220V 和 380V 等。正弦电路中物理量的符号(大小写、是否有上标和下标)有明确规定,需要记忆。

3. 初相位和相位差

将 $\omega t+\psi_\mathrm{i}$ 称为相位(角),它反映出正弦量变化进程。当 $t=0$ 时的相位被称为初相角或初相位。初相角与计时零点的选取有关,通常规定$|\psi_\mathrm{i}|\leqslant180°$或$|\psi_\mathrm{i}|\leqslant\pi$ 为主值范围。

在线性时不变电路中,如果激励同频,则响应同频,但其初相位则不一定相同。如图 4.1.3 所示,某元件的电压电流表达式如下

$$u=\sqrt{2}U\sin(\omega t+\psi_\mathrm{u})$$

$$i=\sqrt{2}I\sin(\omega t+\psi_\mathrm{i})$$

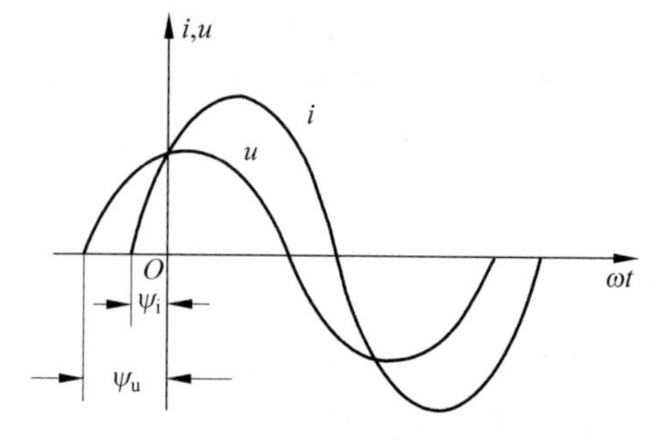

图 4.1.3　u 和 i 的初相位不同

在讨论该元件电压电流关系式时,就要讨论相位差 φ,即

$$\varphi=(\omega t+\psi_\mathrm{u})-(\omega t+\psi_\mathrm{i})=\psi_\mathrm{u}-\psi_\mathrm{i}$$

φ 表示 u 超前 i 的角度,在频率相同情况下,相位差为初相之差,与计时零点无关。它也有类似的主值范围的规定。

如果 $\varphi>0$,称 u 超前 i;当 $\varphi<0$,则 u 滞后于 i。当 $\varphi=0$,则称 u 和 i 同相位(初相);当

$|\varphi|=\frac{\pi}{2}$，称 u 和 i 正交；而 $|\varphi|=\pi$，称 u 和 i 反相。

由于稳态响应的频率相同，应更多关注正弦量的有效值和初相位。而直流量只有有效值（它本身），无初相位概念。尽管交流电压表和电流表的读数为有效值，但要强化交流电初相位的概念。

4.1.3 正弦量的相量表示

正弦量（有效值）的相量就是将最为关心的有效值和初相位有机地结合起来。正弦量 $i=\sqrt{2}I\sin(\omega t+\psi_i)$ 的相量规定为

$$\dot{I}=I\angle\psi_i=I(\cos\psi_i+\mathrm{j}\sin\psi_i) \tag{4.1.5}$$

即相量是一个复数（极坐标形式），复数的模为正弦量的有效值，幅角为正弦量的初相，用 $\dot{I}$ 表示。注意，相量只用来表示正弦量，而不是等于正弦量。要熟练掌握正弦量和相量之间的相互转换。

将相量在复平面上表示的图形称为相量图，画出图 4.1.3 中的电压和电流的相量，如图 4.1.4 所示。

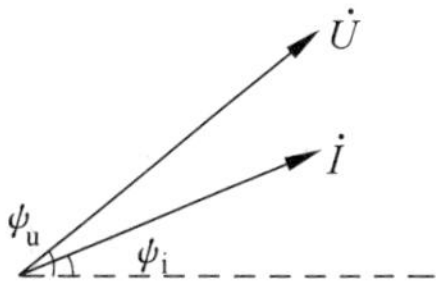

图 4.1.4 相量图

下面用一个例题来说明相量的作用。

【例 4.1.1】 已知：$i_1=\sqrt{2}I_1\sin(\omega t+\psi_1)$ 和 $i_2=\sqrt{2}I_2\sin(\omega t+\psi_2)$，求 $i=i_1+i_2$。

解 (1) 用三角函数来计算。

$$\begin{aligned}
i&=i_1+i_2\\
&=\sqrt{2}I_1\sin(\omega t+\psi_1)+\sqrt{2}I_2\sin(\omega t+\psi_2)\\
&=\sqrt{2}I_1(\sin\omega t\cdot\cos\psi_1+\cos\omega t\cdot\sin\psi_1)+\sqrt{2}I_2(\sin\omega t\cdot\cos\psi_2+\cos\omega t\cdot\sin\psi_2)\\
&=\sqrt{2}(I_1\cos\psi_1+I_2\cos\psi_2)\sin\omega t+\sqrt{2}(I_1\sin\psi_1+I_2\sin\psi_2)\cos\omega t\\
&=\sqrt{2}I\sin(\omega t+\psi)
\end{aligned}$$

其中

$$I=\sqrt{(I_1\cos\psi_1+I_2\cos\psi_2)^2+(I_1\sin\psi_1+I_2\sin\psi_2)^2}$$

$$\psi=\arctan\left(\frac{I_1\sin\psi_1+I_2\sin\psi_2}{I_1\cos\psi_1+I_2\cos\psi_2}\right)$$

(2) 用相量形式。

将 $i=i_1+i_2$ 写成相量形式（当然数学上是可行的），即

$$\begin{aligned}
\dot{I}&=\dot{I}_1+\dot{I}_2\\
&=I_1\angle\psi_1+I_2\angle\psi_2\\
&=I_1\cos\psi_1+\mathrm{j}I_1\sin\psi_1+I_2\cos\psi_2+\mathrm{j}I_2\sin\psi_2\\
&=(I_1\cos\psi_1+I_2\cos\psi_2)+\mathrm{j}(I_1\sin\psi_1+I_2\sin\psi_2)\\
&=I\angle\psi
\end{aligned}$$

其中

$$I = \sqrt{(I_1\cos\psi_1 + I_2\cos\psi_2)^2 + (I_1\sin\psi_1 + I_2\sin\psi_2)^2}$$

$$\psi = \arctan\left(\frac{I_1\sin\psi_1 + I_2\sin\psi_2}{I_1\cos\psi_1 + I_2\cos\psi_2}\right)$$

于是

$$i=\sqrt{2}I\sin(\omega t+\psi)$$

通过比较，两种方法并无实质性的区别，但在形式上实现了有益的转换，使计算过程更直观、更简单。相量法可简化同频正弦量的计算，有助于微分方程特解的求解。但相量是复数，请牢记复数运算原则。

这里也体现了相量法的基本思路，将已知正弦量转化成已知相量，用相量形式的 VCR 和 KCL、KVL 求未知相量。如果需要，再将求出的相量转化为正弦量。

练习与思考

4.1.1 已知复数 $A=-2+\mathrm{j}3$，$B=3+\mathrm{j}4$，试求 $A+B$，$A-B$，AB 和 A/B。

4.1.2 已知相量 $\dot{I}_1=(2+\mathrm{j}\sqrt{3})\mathrm{A}$，$\dot{I}_2=(-2+\mathrm{j}\sqrt{3})\mathrm{A}$，$\dot{I}_3=(-2-\mathrm{j}\sqrt{3})\mathrm{A}$，$\dot{I}_4=(2-\mathrm{j}\sqrt{3})\mathrm{A}$，并已知 ω，写出对应的正弦量 i_1、i_2、i_3 和 i_4。

4.1.3 写出下列正弦量的相量，并计算 $\dot{U}_1+\dot{U}_2+\dot{U}_3$。

(1) $u_1=220\sqrt{2}\sin(\omega t-30°)\mathrm{V}$；

(2) $u_2=220\sqrt{2}\sin(\omega t-150°)\mathrm{V}$；

(3) $u_3=220\sqrt{2}\sin(\omega t+90°)\mathrm{V}$。

4.1.4 电流 $i=50\sqrt{2}\sin\left(314t-\frac{\pi}{3}\right)\mathrm{mA}$：

(1) 试指出它的频率、周期、角频率、幅值、有效值以及初相位。

(2) 画出 i 波形图。

(3) 如果 i 的参考方向选得相反，再回答(1)。

4.1.5 已知 $i_1=5\sin(314t+45°)\mathrm{A}$，$i_2=10\sqrt{2}\cos(314t-30°)\mathrm{A}$，试问 i_1 和 i_2 的相位差是多少？哪个超前，哪个滞后？

4.1.6 指出下列各式的错误，并加以纠正：

(1) $i=5\sin(\omega t-30°)\mathrm{A}=5\mathrm{e}^{-\mathrm{j}30}\mathrm{A}$；

(2) $\dot{U}=100\angle 45°\mathrm{V}=100\sqrt{2}\sin(\omega t+45°)\mathrm{V}$；

(3) $\dot{I}=20\mathrm{e}^{20°}\mathrm{A}$。

4.1.7 已知 $i_1=8\sqrt{2}\sin\left(\omega t+\frac{\pi}{3}\right)\mathrm{A}$ 和 $i_2=6\sqrt{2}\sin\left(\omega t-\frac{\pi}{4}\right)\mathrm{A}$，试用相量表达式计算 $i=i_1+i_2$，并画出相量图。

4.2 单一元件的交流电路

电阻、电感、电容元件电压和电流的相量关系以及功率和能量情况，是正弦稳态分析的基本依据。

4.2.1　电阻元件的交流电路

如图 4.2.1(a)所示的电路中，电压和电流采用关联参考方向。设电阻元件的电压和电流为标准正弦表达式，则

$$u=\sqrt{2}U\sin(\omega t+\psi_{u})$$

$$i=\sqrt{2}I\sin(\omega t+\psi_{i})$$

由欧姆定律可得

$$\begin{aligned} u= Ri &=\sqrt{2}RI\sin(\omega t+\psi_{i}) \\ &=\sqrt{2}U\sin(\omega t+\psi_{u}) \end{aligned}$$

对比上式可以看出，电压和电流不但同角频率且同初相位(见图 4.2.1(b))，其有效值之比

$$\frac{U}{I}=R$$

说明电阻元件的电压有效值与电流有效值之比仍为电阻 R。

将其写成相量形式为

$$\dot{U}=U\angle\psi_{u},\quad \dot{I}=I\angle\psi_{i}$$

或

$$\frac{\dot{U}}{\dot{I}}=\frac{U\angle\psi_{u}}{I\angle\psi_{i}}=R$$

$$\dot{U}=R\dot{I} \tag{4.2.1}$$

该式为相量形式的欧姆定律(见图 4.2.1(c))，从变量角度上看，它和 $u=Ri$ 和 $U=RI$ 相同，但其物理含义完全不同。

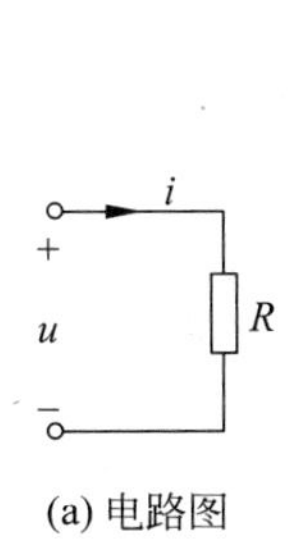

(a) 电路图

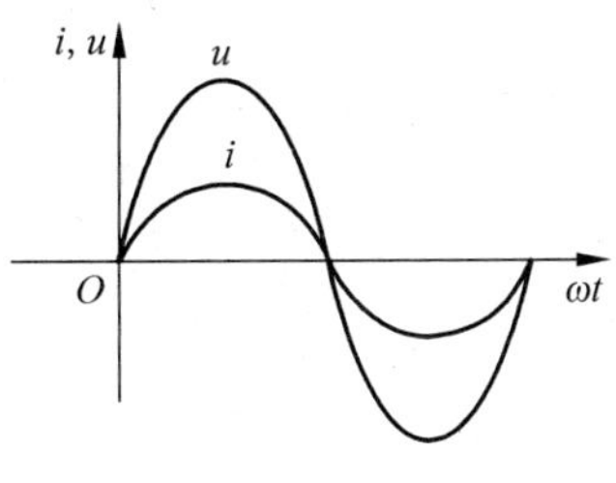

(b) 电压与电流的波形图(取ψ_{i}=0)

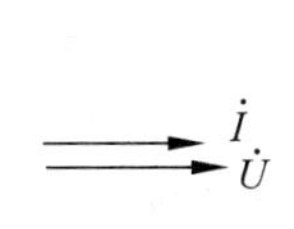

(c) 电压与电流相量图(取ψ_{i}=0)

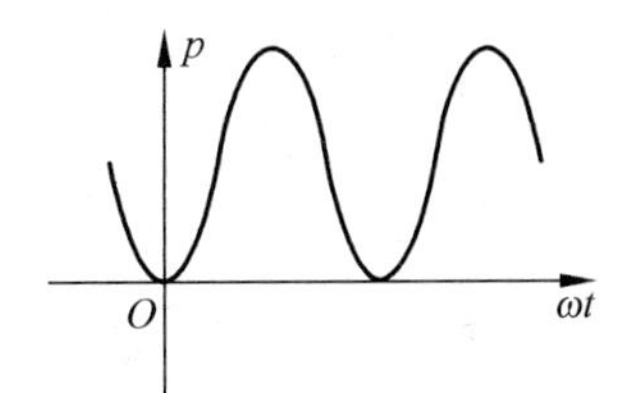

(d) 功率波形(取ψ_{i}=0)

图 4.2.1　电阻元件的交流电路

由复数乘法原则，只需牢记相量关系式，并按复数运算原则计算就可得到式(4.2.1)的模关系(有效值关系)和幅角关系(初相关系)。

根据元件功率定义式，可得出电阻元件的瞬时功率，用 p 表示

$$p = ui = 2UI\sin^2(\omega t + \psi_i) = UI[1 - \cos 2(\omega t + \psi_i)]$$

式中，p 由两部分组成：一部分是常数 UI；另一部分是幅值 UI，并以 2ω 变化的正弦量，波形如图 4.2.1(d)所示。

由于电阻的 u 和 i 同相，它们同时为正，同时为负，所以瞬时功率始终大于等于零。这表示电阻元件始终取用电能转化为其他形式能量。

将一个周期内电路所消耗的电能平均值定义为平均功率，用 P 表示

$$P = \frac{1}{T}\int_0^T p\mathrm{d}t = UI = RI^2 = \frac{U^2}{R} \tag{4.2.2}$$

它是瞬时功率中的恒定分量，充分地反映了电阻元件所吸收的功率，也称为有功功率，其单位用 W(瓦)、kW(千瓦)表示。

4.2.2 电感元件的交流电路

图 4.2.2(a)所示的电路中，设电感元件的电压、电流也为标准正弦表达式，即

$$u = \sqrt{2}U\sin(\omega t + \psi_u)$$

$$i = \sqrt{2}I\sin(\omega t + \psi_i)$$

则电感元件的电压、电流关系可得

$$\begin{aligned} u &= L\frac{\mathrm{d}i}{\mathrm{d}t} = L\frac{\mathrm{d}[\sqrt{2}I\sin(\omega t + \psi_i)]}{\mathrm{d}t} \\ &= \sqrt{2}\omega LI\sin\left(\omega t + \psi_i + \frac{\pi}{2}\right) \\ &= \sqrt{2}U\sin\left(\omega t + \psi_i + \frac{\pi}{2}\right) \end{aligned}$$

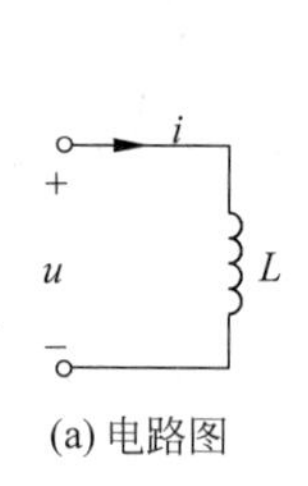

(a) 电路图

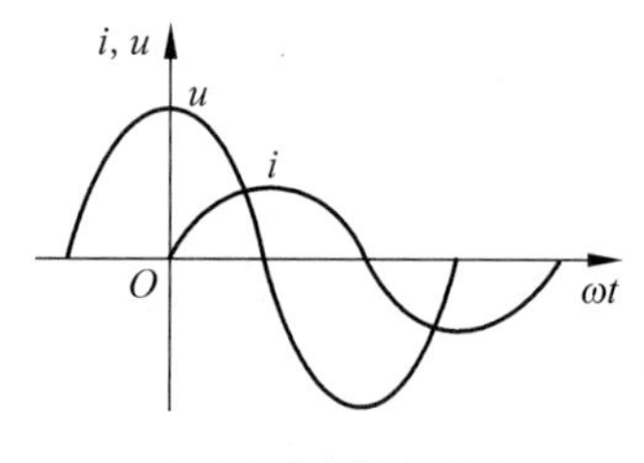

(b) 电压与电流的正弦波形(取ψ_i=0)

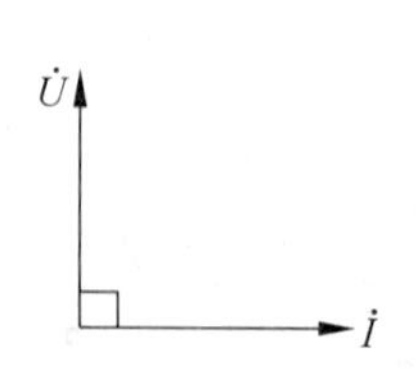

(c) 电压与电流的相量图(取ψ_i=0)

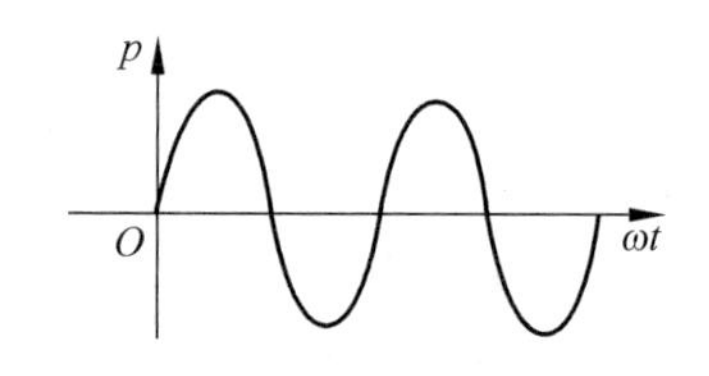

(d) 功率波形(取ψ_i=0)

图 4.2.2 电感元件的交流电路

对比上式可以看出，电感元件的电压和电流的角频率相同，但相位上电压超前电流$\frac{\pi}{2}$（见图 4.2.2(b)），其有效值之比

$$\frac{U}{I}=\omega L=X_L$$

由此可知，电感元件的电压有效值与电流有效值之比为ωL，称为感抗，单位为欧。它表示电感元件对正弦交流的阻碍能力，X_L与频率f成正比。如果将恒定直流看成$T=\infty$，$f=0$，则$X_L=0$，这与恒定直流电路中电感相当于短路吻合。

将其写成相量形式$\dot{U}=U\angle\psi_u$和$\dot{I}=I\angle\psi_i$，则

$$\frac{\dot{U}}{\dot{I}}=\frac{U\angle\psi_u}{I\angle\psi_i}=\mathrm{j}\omega L$$

或

$$\dot{U}=\mathrm{j}\omega L\dot{I}=\mathrm{j}X_L\dot{I} \tag{4.2.3}$$

上式既表示电压的有效值等于电流的有效值与感抗的乘积，也表示其电压较电流超前$\frac{\pi}{2}$，相量图如图 4.2.2(c)所示。

电感元件的瞬时功率为

$$\begin{aligned}p=ui&=2UI\sin(\omega t+\psi_i+90°)\cdot\sin(\omega t+\psi_i)\\&=UI\sin2(\omega t+\psi_i)\end{aligned}$$

由此可见，电感元件的瞬时功率仍是一个幅值为UI、并以2ω变化的正弦量，波形如图 4.2.2(d)所示。将电压和电流的一个T分成4个$\frac{T}{4}$，在第一个和第三个$\frac{T}{4}$内，p是正的（u、i同正负）；在第二个和第四个$\frac{T}{4}$内，p是负的（u、i一正一负）。当$p>0$时，电感元件从电源吸收电能并以磁场形式储存起来；当$p<0$时，电感元件放出它吸收的电能，把能量归还给电源。

从功率、能量和储能公式的关系上有如下结论：当$i=\pm I_m$，其功率p必是从正半周到负半周的过零点，储存的磁场能量最大；而当$i=0$时，其功率p必是从负半周到正半周的过零点，其储存的磁场能量为零。

电感元件的平均功率为

$$P=\frac{1}{T}\int_0^T p\,\mathrm{d}t=\frac{1}{T}\int_0^T 2UI\sin2(\omega t+\psi_i)\,\mathrm{d}t=0 \tag{4.2.4}$$

对正弦量而言，对其整数个周期内取定积分，其值一定为零。

电感元件在正弦交流电路中没有消耗电能，只是电感元件与其他元件（电阻除外）间不断地交换功率。用无功功率来衡量交换功率的最大值，即

$$Q_L=UI=X_LI^2=\frac{U^2}{X_L} \tag{4.2.5}$$

无功功率的单位是乏(var)或千乏(kvar)。

4.2.3 电容元件的交流电路

图 4.2.3(a)是一个线性电容元件的正弦交流电路，电压和电流仍为关联参考方向，仍

用标准正弦表达式，由电容元件的电压、电流关系可得

$$i = C\frac{\mathrm{d}u}{\mathrm{d}t} = C\frac{\mathrm{d}[\sqrt{2}U\sin(\omega t + \psi_{\mathrm{u}})]}{\mathrm{d}t}$$

$$= \sqrt{2}\omega CU\sin\left(\omega t + \psi_{\mathrm{u}} + \frac{\pi}{2}\right)$$

$$= \sqrt{2}I\sin(\omega t + \psi_{\mathrm{i}})$$

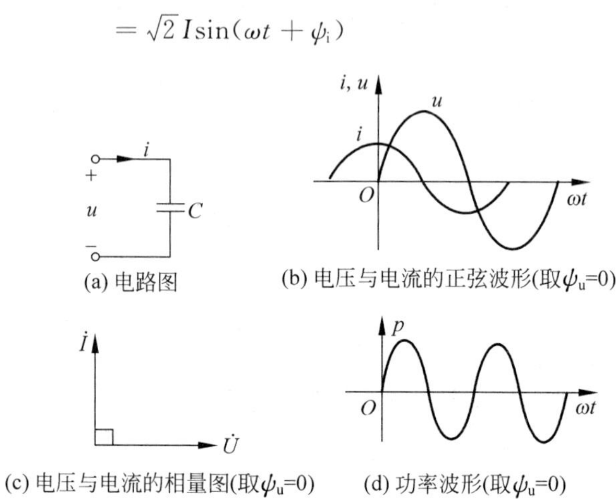

(a) 电路图　(b) 电压与电流的正弦波形(取ψ_u=0)

(c) 电压与电流的相量图(取ψ_u=0)　(d) 功率波形(取ψ_u=0)

图 4.2.3　电容元件的交流电路

由上式可知，电容元件的电压、电流角频率相同，但相位上 i 比 u 超前$\frac{\pi}{2}$(见图 4.2.3(b))，其有效值之比为

$$\frac{U}{I} = \frac{1}{\omega C} = X_{\mathrm{C}}$$

由此可知，电容元件的电压有效值与电流有效值之比为$\frac{1}{\omega C}$，称为容抗，单位为欧。它表示电容元件对正弦交流电的阻碍能力，X_{C} 与频率 f 成反比，如果将恒定直流看作 $T=\infty$，$f=0$，则 $X_{\mathrm{C}}=\infty$，这与恒定直流电路中电容相当于开路吻合。电容元件有隔直流、通交流的作用。

将其写成相量形式$\dot{U}=U\angle\psi_{\mathrm{u}}$ 和$\dot{I}=I\angle\psi_{\mathrm{i}}$，则

$$\frac{\dot{U}}{\dot{I}} = \frac{U\angle\psi_{\mathrm{u}}}{I\angle\psi_{\mathrm{i}}} = -\mathrm{j}\frac{1}{\omega C}$$

或

$$\dot{U} = -\mathrm{j}\frac{1}{\omega C}\dot{I} = -\mathrm{j}X_{\mathrm{C}}\dot{I} \tag{4.2.6}$$

上式既表示电压的有效值等于电流的有效值与容抗的乘积，也表示在相位上电压较电流滞后$\frac{\pi}{2}$(见图 4.2.3(c))。

根据元件功率的定义式，其瞬时功率

$$p = ui = 2UI\sin(\omega t + \psi_{\mathrm{u}}) \cdot \sin\left(\omega t + \psi_{\mathrm{u}} + \frac{\pi}{2}\right)$$

$$= UI\sin 2(\omega t + \psi_u)$$
$$= -UI\sin 2(\omega t + \psi_i)$$

由上式可见,p 是一个以 2ω 为角频率随时间而变化的正弦量,其幅值为 UI,波形如图 4.2.3(d)所示。

在第一个和第三个$\frac{T}{4}$内,电压绝对值上升,电容从电源吸收电能并用电场形式储存起来,称为充电。在第二个和第四个$\frac{T}{4}$内,电压绝对值下降,电容元件将吸收的电能释放出来,称为放电。

从功率、能量和储能公式的关系上有如下结论:当 p 经过正半周到负半周的零点时,电容电压的绝对值最大,储能最多;当 p 经过负半周到正半周的零点时,电容电压过零点,储能为零。

对电容元件而言,平均功率为

$$P = \frac{1}{T}\int_0^T p\mathrm{d}t = \frac{1}{T}\int_0^T UI\sin 2(\omega t + \psi_u)\mathrm{d}t = 0 \tag{4.2.7}$$

这说明电容元件也不消耗电能,它只是不停地与外界之间互相交换能量。无功功率是交换功率的最大值。

为了与电感元件的无功功率相一致,设 $i=\sqrt{2}I\sin(\omega t)$,则

$$u_L = \sqrt{2}U_L\cos(\omega t), \quad u_C = -\sqrt{2}U_C\cos(\omega t)$$
$$p_L = U_L I\sin(2\omega t), \quad p_C = -U_C I\sin(2\omega t)$$

所以

$$Q_C = -U_C I = -X_C I^2 = -\frac{U_C^2}{X_C} \tag{4.2.8}$$

电容元件的无功功率为负,与电感元件正好相反。无功功率的正负表示了电容元件与电感元件交换功率的时刻正好相反。即电容吸收时,电感正好放出;电容放出时,电感正好吸收。两者之间可以相互交换功率,减少了与电源的交换。

练习与思考

4.2.1 指出下列各式哪些正确,哪些错误?

(1) $\frac{u_L}{i_L}=X_L$ (2) $\frac{u_C}{i_C}=\omega C$ (3) $\dot{I}_L=-\mathrm{j}\frac{\dot{U}}{\omega L}$ (4) $X_L=\mathrm{j}2\pi fL$

(5) $Q_C=X_C I_C^2$ (6) $P_L=U_L I_L$

4.2.2 在电容元件的正弦交流电路中,$C=1\mu\mathrm{F}$,$f=50\mathrm{Hz}$。

(1) 已知 $u=220\sqrt{2}\sin(\omega t+30°)\mathrm{V}$,求电流 i。

(2) 已知$\dot{I}=0.2\angle-60°\mathrm{A}$,求电压 u。

4.2.3 在电感元件的正弦交流电路中,$L=0.2\mathrm{H}$,$f=50\mathrm{Hz}$。

(1) 已知 $i=5\sqrt{2}\sin(\omega t-30°)\mathrm{A}$,求电压 u。

(2) 已知$\dot{U}=100\angle-60°\mathrm{V}$,求电流 i。

4.3 正弦稳态电路分析

比较电阻、电感和电容三元件电压电流关系式的时域表达式和相量形式，可以发现其时域关系式有着较大的差别，但相量关系式确有相似之处，可以用复阻抗来统一它们的电压电流关系的相量形式。

4.3.1 阻抗

复阻抗(简称阻抗)定义元件电压相量与元件电流相量之比，即

$$Z=\frac{\dot{U}}{\dot{I}}$$

或

$$\dot{U}=Z\dot{I} \tag{4.3.1}$$

该表达式用阻抗来表示元件电压电流关系的相量形式，电阻、电感、电容元件的阻抗分别是 $Z_R=R,Z_L=\mathrm{j}\omega L,Z_C=-\mathrm{j}\frac{1}{\omega C}$。$Z$ 是复数，但不是相量，更没有正弦量与之对应。若写成 $Z=|Z|\angle\varphi$，则 $|Z|$ 为阻抗的模，而 φ 为阻抗角；若写成 $Z=R+\mathrm{j}X$，则 R 为实部，是电阻，X 为虚部，是电抗。该定义式也可推广到无源二端网络。

4.3.2 基尔霍夫定律的相量形式

对于电路中任一结点，有

$$\sum i=0$$

当式中的电流都是同频率的正弦量时，其相量形式为

$$\sum\dot{I}=0 \tag{4.3.2}$$

即任一结点上同频正弦电流所对应相量的代数和为零。式(4.3.2)称为KCL的相量形式。

对于电路中任一回路，有

$$\sum u=0$$

当式中的电压都是同频正弦量时，其相量形式为

$$\sum\dot{U}=0 \tag{4.3.3}$$

即任一回路中同频正弦电压所对应相量的代数和为零。式(4.3.3)称为KVL的相量形式。

4.3.3 二组关系式的类比

将电阻电路的时域表达式与一般电路正弦稳态分析的相量表达式重述如下。

电阻电路的时域表达式	正弦稳态的相量表达式
$\sum i=0$	$\sum\dot{I}=0$
$\sum u=0$	$\sum\dot{U}=0$

电阻元件的 VCR	电阻、电感、电容元件的 VCR
$u = Ri$	$\dot{U} = Z\dot{I}$
理想电压源	理想电压源
$u_s = f(t)$（已知时间函数）	$\dot{U}_s$（已知相量）
i 由 KCL 决定	$\dot{I}$ 由 KCL 决定
理想电流源	理想电流源
$i_S = f(t)$（已知时间函数）	$\dot{I}_S$（已知相量）
u 由 KVL 决定	$\dot{U}$ 由 KVL 决定

通过比较可知，两组关系式的数学关系形式上完全相同，只需将电阻电路关系式中的 u、i、R 分别用 $\dot{U}$、$\dot{I}$ 和 Z 来替换，就可得出正弦稳态分析中的相量关系式；反之亦然。

因此，可将电阻电路由上述关系式为基础的各种分析方法和定理都照搬到正弦稳态分析中来。只需将变量作对应替换，就可得到对应的电路和公式。需要注意的是，这种关系式的相同是数学形式上的，而不是物理含义上的；且电阻电路的计算属实数运算，而相量关系则是复数运算。

元件 VCR 的相量形式是复数的乘除法形式，可以分别得出其模和幅角的关系，可分别使用。但相量形式的 KCL 和 KVL 是复数的加、减形式，只有知道正弦量的初相，才能转换成复数的代数形式进行加、减法运算。如果电路中没有给定任何一个电压或电流的初相，就可设其中一个物理量的初相为 0°。该物理量应当很好地联系其他电压和电流，通常并联电路设并联电压的初相为 0°，而串联电路设串联电流的初相为 0°。

【例 4.3.1】 将图 4.3.1 所示的两个电阻并联的电路与两阻抗并联的电路作一类比。

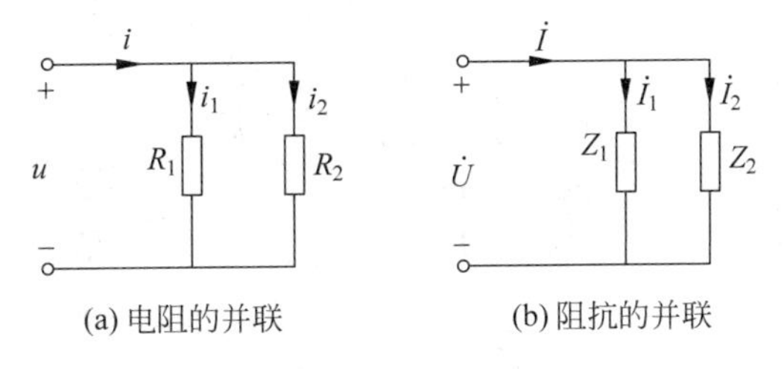

(a) 电阻的并联　　(b) 阻抗的并联

图 4.3.1　例 4.3.1 的图

解　两个电阻或两阻抗并联时，其电路的基本关系式如下

$$i = i_1 + i_2 \qquad \dot{I} = \dot{I}_1 + \dot{I}_2$$

$$u = R_1 i_1 \qquad \dot{U} = Z_1 \dot{I}_1$$

$$u = R_2 i_2 \qquad \dot{U} = Z_2 \dot{I}_2$$

由基本关系得出的并联规律为

$$R_{eq} = \frac{R_1 R_2}{R_1 + R_2} \qquad Z_{eq} = \frac{Z_1 Z_2}{Z_1 + Z_2}$$

$$i = \frac{u}{R_{eq}} \qquad \dot{I} = \frac{\dot{U}}{Z_{eq}}$$

$$i_1=\frac{R_2}{R_1+R_2}i \quad \dot{I}_1=\frac{Z_2}{Z_1+Z_2}\dot{I}$$

$$i_2=\frac{R_1}{R_1+R_2}i \quad \dot{I}_2=\frac{Z_2}{Z_1+Z_2}\dot{I}$$

只需知道两个电阻并联的基本方程和相关公式，用$\dot{U}$、$\dot{I}$、$\dot{I}_1$、$\dot{I}_2$、Z_{eq}、Z_1、Z_2来分别替代u、i、i_1、i_2、R_{eq}、R_1、R_2就可直接写出两阻抗并联时的基本方程和相关公式。

注意：$i=i_1+i_2$与$\dot{I}=\dot{I}_1+\dot{I}_2$表达式对应，但是$\dot{I}$、$\dot{I}_1$、$\dot{I}_2$是复数，一般而言，$I\neq I_1+I_2$，不可盲目套用电阻电路的结论。

【例 4.3.2】 如图 4.3.2 所示的电路中，$X_L=X_C=R$，且已知电流表 A_1 的读数为 1A，试问 A_2 和 A_3 的读数为多少？

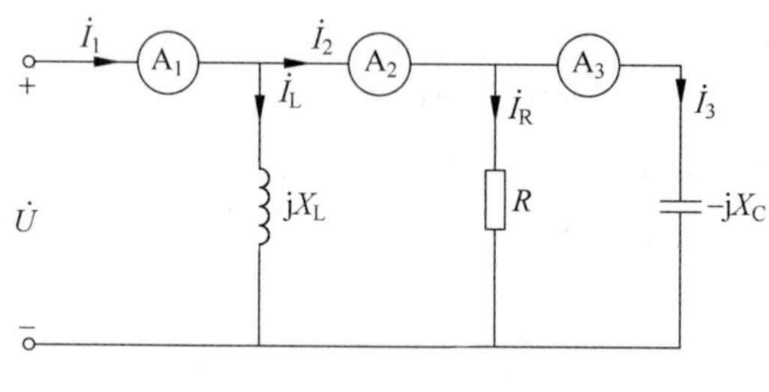

图 4.3.2 例 4.3.2 的图

解题思路：一般情况下不计电表对电路的影响，即电流表相当于短路，电压表相当于开路。该电路中本质是 RLC 的并联电路，电路中没有给定任何一个电压或电流的初相，可设并联电压的初相为 0°。

解 设$\dot{U}=U\angle 0°$，则

$$\dot{I}_L=-j\frac{\dot{U}}{X_L}=-j\frac{U}{R}$$

$$\dot{I}_R=\frac{U}{R}$$

$$\dot{I}_3=j\frac{\dot{U}}{X_C}=j\frac{U}{R}$$

由 KCL 可得

$$\dot{I}_1=\dot{I}_L+\dot{I}_3+\dot{I}_R=\frac{U}{R}$$

A_1 测 I_1 为 1A，所以

$$\dot{I}_L=-j1A, \dot{I}_3=j1A, \dot{I}_R=1A$$

A_3 的读数为 1A。

$$\dot{I}_2=\dot{I}_3+\dot{I}_R=\sqrt{2}\angle 45°A$$

A_2 的读数为 1.41A。

【例 4.3.3】 图 4.3.3 所示 RLC 串联电路中，已知 $\omega=314$rad/s，$R=40\Omega$，$L=127$mH，$C=40\mu$F。设 $u=220\sqrt{2}\sin(\omega t+30°)$V。(1)求电流 i 及 u_R、u_L、u_C；(2)作相量图；(3)对任

意参数的 RLC 串联电路，是否有 U_R、U_L、U_C 均大于(或等于)U？

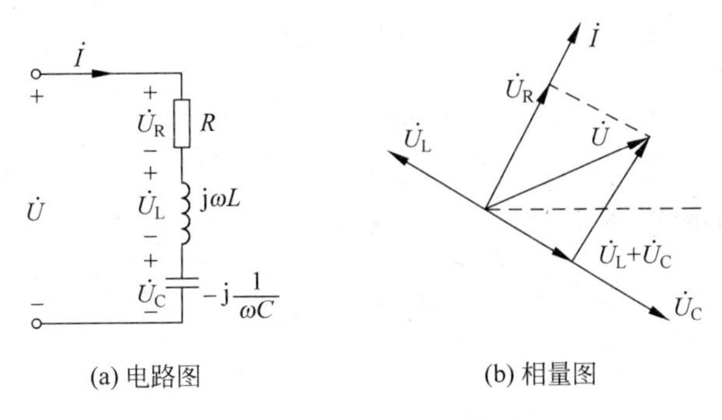

(a) 电路图　　(b) 相量图

图 4.3.3 例 4.3.3 的图

解 电阻、电感、电容三元件的串联，即三阻抗的串联，套用阻抗串联的公式。

(1) $X_L=\omega L=314\times127\times10^{-3}\Omega=40\Omega$

$$X_C=\frac{1}{\omega C}=\frac{1}{314\times40\times10^{-6}}\Omega=80\Omega$$

串联等效阻抗为

$$\begin{aligned}Z&=Z_R+Z_L+Z_C\\&=R+j(X_L-X_C)\\&=(40-j40)\Omega\\&=40\sqrt{2}\angle-45^\circ\Omega\end{aligned}$$

等效阻抗 $Z=R+jX$，$X<0$，则为容性负载；如果 $X>0$，则为感性负载。

$$\dot{I}=\frac{\dot{U}}{Z}=\frac{220\angle30^\circ}{40\sqrt{2}\angle-45^\circ}A=2.75\sqrt{2}\angle75^\circ A$$

$$\dot{U}_R=R\dot{I}=40\times2.75\sqrt{2}\angle75^\circ V=110\sqrt{2}\angle75^\circ V$$

$$\dot{U}_L=jX_L\dot{I}=j40\times2.75\sqrt{2}\angle75^\circ V=110\sqrt{2}\angle165^\circ V$$

$$\dot{U}_C=-jX_C\dot{I}=-j80\times2.75\angle75^\circ V=220\sqrt{2}\angle-15^\circ V$$

于是

$$\begin{aligned}i&=5.5\sin(314t+75^\circ)A\\u_R&=220\sin(314t+75^\circ)V\\u_L&=220\sin(314t+165^\circ)V\\u_C&=440\sin(314t-15^\circ)V\end{aligned}$$

注意

$$\dot{U}=\dot{U}_R+\dot{U}_L+\dot{U}_C$$

但

$$U\neq U_R+U_L+U_C$$

(2) 电压和电流的相量图如图 4.3.3(b)所示，电压相量即 KVL 的相量形式。

(3) 设串联电流的初相为 0°，有

$$\dot{U}_R = U_R \quad \dot{U}_L = jU_L \quad \dot{U}_C = -jU_C$$

$$\dot{U} = \dot{U}_R + \dot{U}_L + \dot{U}_C = U_R + j(U_L - U_C)$$

$$U = \sqrt{U_R^2 + (U_L - U_C)^2}$$

$$U_R \leqslant U, \mid U_L - U_C \mid \leqslant U$$

所以U_L、U_C可以大于或小于U,U_R一定不大于U。

【例 4.3.4】 在图 4.3.4 中,已知$\dot{I}_S = 1\angle 0°\text{A}$,试求:(1)等效阻抗$Z$;(2)电路中的$\dot{U}$、$\dot{I}_1$、$\dot{I}_2$。

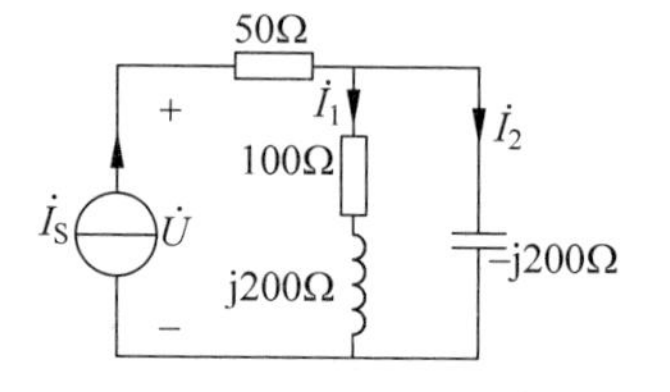

图 4.3.4 例 4.3.4 的图

解 阻抗串并联与电阻串并联公式相仿。

(1) 等效阻抗

$$Z = \left[50 + \frac{(100 + j200)(-j200)}{100 + j200 - j200}\right]\Omega$$

$$= 492.4\angle -24°\Omega$$

(2) $$\dot{I}_1 = \frac{-j200}{100+j200-j200} \times 1\angle 0°\text{A}$$

$$= 2\angle -90°\text{A}$$

$$\dot{I}_2 = \frac{100+j200}{100+j200-j200} \times 1\angle 0°\text{A}$$

$$= \sqrt{5}\angle 63.4°\text{A}$$

$$\dot{U} = Z\dot{I}_S$$

$$= 492.4\angle -24° \times 1\angle 0°\text{V}$$

$$= 492.4\angle -24°\text{V}$$

也可以用 KVL 结合 VCR,得

$$\dot{U} = 50\dot{I}_S + (-j200)\dot{I}_2 = 50\dot{I}_S + (100 + j200)\dot{I}_1$$

【例 4.3.5】 图 4.3.5(a)正弦工频电路中,已知电压表 V、V_1、V_2的读数为 100V,电流表的读数为 1A。求参数R、L、C,并作出电路相量图(ω=314rad/s)。

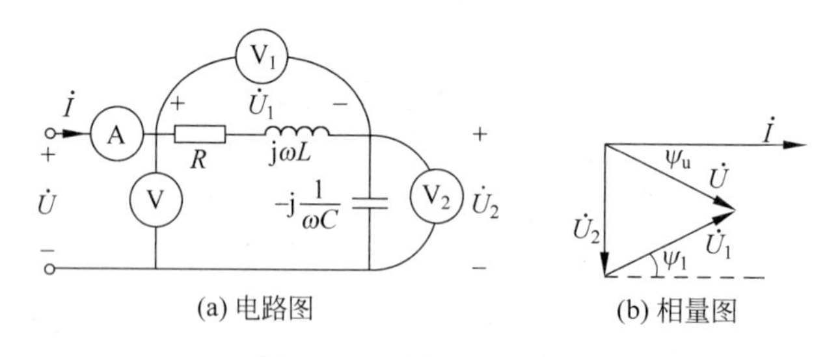

图 4.3.5 例 4.3.5 的图

解 (1) 取模法:将电表移去后,该电路为 RLC 串联电路。当相量关系式中只涉及复数的乘除法,则可得模的关系。本题中已知电压和电流有效值,以及所求参数都与模有直接关系。

$$\dot{U}_2=-\mathrm{j}\frac{1}{\omega C}\dot{I},\quad U_2=\frac{1}{\omega C}I$$

$$C=\frac{1}{\omega U_2}I=\frac{1}{314\times 100}\mathrm{F}=31.85\mu\mathrm{F}$$

串联电路中电流相同，阻抗之比即为电压相量之比，然后取模，即

$$\frac{-\mathrm{j}\dfrac{1}{\omega C}}{R+\mathrm{j}\omega L}=\frac{\dot{U}_2}{\dot{U}_1}\qquad\qquad \frac{\dfrac{1}{\omega C}}{\sqrt{R^2+(\omega L)^2}}=\frac{U_2}{U_1}$$

$$\frac{R+\mathrm{j}\omega L}{R+\mathrm{j}\left(\omega L-\dfrac{1}{\omega C}\right)}=\frac{\dot{U}_1}{\dot{U}}\qquad \frac{\sqrt{R^2+(\omega L)^2}}{\sqrt{R^2+\left(\omega L-\dfrac{1}{\omega C}\right)^2}}=\frac{U_1}{U}$$

得

$$R=86.6\Omega,\quad L=0.159\mathrm{H}$$

(2) 设初相法：串联电路设电流初相是 0°，则$\dot{U}=100\angle\psi_u$，$\dot{U}_1=100\angle\psi_1$ $(0<\psi_1<90°)$，由$\dot{U}_2=100\angle-90°\mathrm{V}$ 及 KVL 得

$$100\angle\psi_u=100\angle\psi_1+100\angle-90°$$

所以

$$100\cos\psi_u=100\cos\psi_1$$
$$100\sin\psi_u=100\sin\psi_1-100$$
$$\psi_1=30°$$

由$\dot{U}_1=(R+\mathrm{j}\omega L)\dot{I}$得

$$(R+\mathrm{j}\omega L)=\frac{\dot{U}_1}{\dot{I}}=(50\sqrt{3}+\mathrm{j}50)\Omega$$

$$R=86.6\Omega,\quad L=0.159\mathrm{H}$$

注意：一个复数方程式，如果是加减法运算，可分别写出方程左右两边的实部关系和虚部关系；如果是乘除法运算，可分别写出方程左右两边模和幅角的关系。一个复系数方程中，可以写出两个实系数的方程，并解出两个实系数的变量。

(3) 画相量图法：仍设$\dot{I}=1\angle0°\mathrm{A}$，由 KVL 和元件 VCR 画出相量图 4.3.5(b)。由于$U=U_1=U_2$，组成等边三角形。由相量图得，$\dot{U}=100\angle-30°\mathrm{V}$、$\dot{U}_1=100\angle30°\mathrm{V}$、$\dot{U}_2=100\angle-90°\mathrm{V}$，后同(2)。

相量图的特点是直观，特别当相量图为等边、等腰、直角三角形时更方便。即使是一般三角形，也可用三角中的余弦、正弦定理来分析。

【例 4.3.6】 求图 4.3.6 所示电路 i_L，图中 $u_S=10\sqrt{2}\sin(t+60°)\mathrm{V}$，$i_S=5\sqrt{2}\sin(t-30°)\mathrm{A}$。

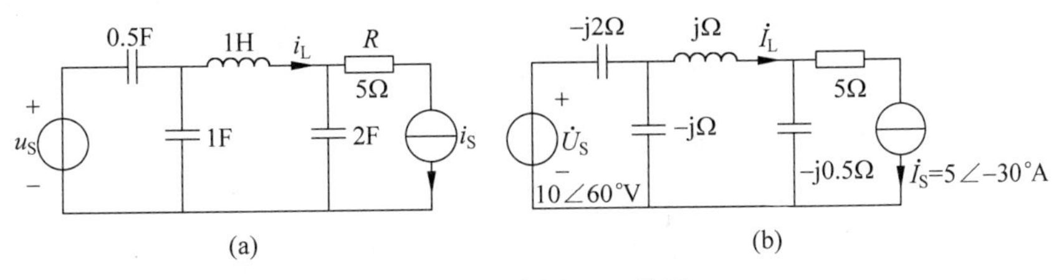

图 4.3.6　例 4.3.6 的图

解 (1) 用叠加定理求解,画出两理想电源单独作用的电路,如图 4.3.7 所示。

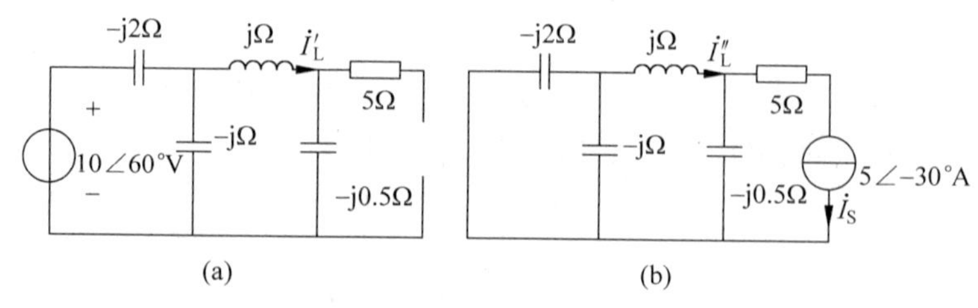

图 4.3.7 两理想电源单独作用时的电路图

$$\dot{I}'_L = \frac{60\angle 60^\circ}{-j2 + \dfrac{(-j)(-j0.5)}{-j-0.5j}} \times \frac{-j}{-j+j-0.5j} A = -20\angle -30^\circ A$$

$$\dot{I}''_L = \frac{-j0.5}{-j0.5 + j + \dfrac{(-j)(-j2)}{-j-j2}} \times 5\angle(-30^\circ) A = 15\angle -30^\circ A$$

$$\dot{I}_L = \dot{I}'_L + \dot{I}''_L = 5\angle 150^\circ A$$

(2) 用戴维宁定理时,求$\dot{U}_{OC}$的电路如图 4.3.8 所示。

$$\dot{U}_{OC} = \left[\frac{-j}{-j-j2} \times 10\angle 60^\circ + (-0.5j) \times 5\angle -30^\circ\right] V$$
$$= \frac{5}{6}\angle 60^\circ V$$

$$Z_{eq} = [(-j) \parallel (-j2) - j0.5]\Omega$$
$$= -j\frac{7}{6}\Omega$$

$$\dot{I}_L = \frac{\dot{U}_{OC}}{Z + Z_{eq}} = \frac{\frac{5}{6}\angle 60^\circ}{-j\frac{7}{6} + j} A$$
$$= 5\angle 150^\circ A$$

(3) 用支路电流法求解$\dot{I}_L$,如图 4.3.9 所示。

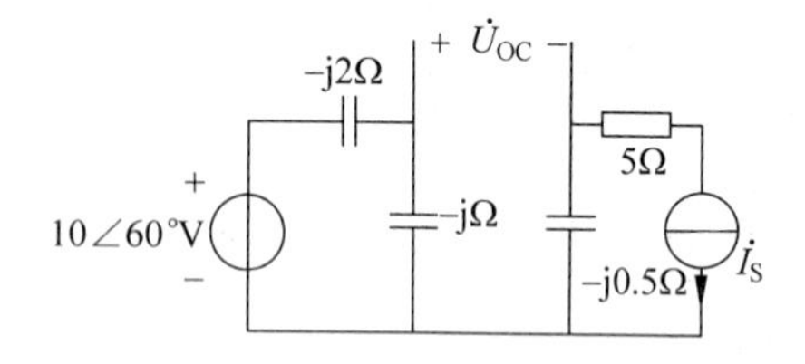

图 4.3.8 求$\dot{U}_{OC}$的电路

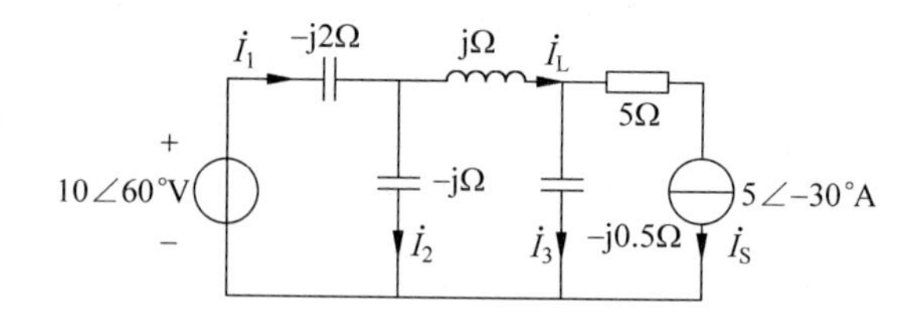

图 4.3.9 用支路电流法求$\dot{I}_L$的电路

$$\dot{I}_1 - \dot{I}_2 - \dot{I}_L = 0$$

$$\dot{I}_L - \dot{I}_S - \dot{I}_3 = 0$$

$$(-j2)\dot{I}_1 + (-j)\dot{I}_2 = \dot{U}_S$$

$$j\dot{I}_L + (-0.5j)\dot{I}_3 - (-j)\dot{I}_2 = 0$$

解得

$$\dot{I}_L = 5\angle 150°\text{A}$$

(4) 用电压源与电流源的等效来求$\dot{I}_L$，如图 4.3.10 所示。

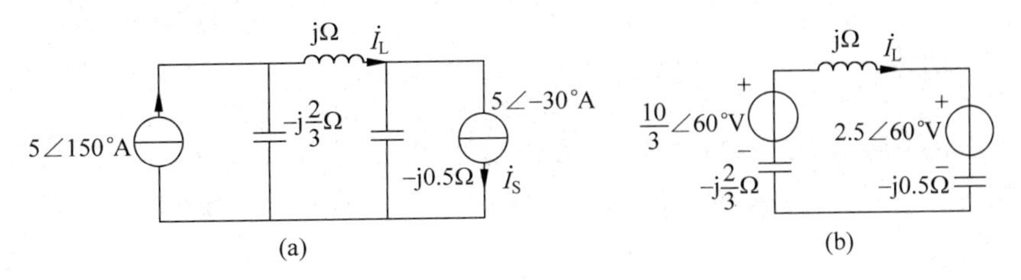

图 4.3.10　用电压源和电流源的互换求$\dot{I}_L$的图

$$\dot{I}_L = \frac{\frac{10\angle 60°}{3} - 2.5\angle 60°}{j - 0.5j - j\frac{2}{3}}\text{A} = 5\angle 150°\text{A}$$

练习与思考

4.3.1　无源二端网络中，端电压和端电流采用关联参考方向，计算下列各题，并说明负载的性质。

(1) $\dot{U} = 100\angle 60°\text{V}$，$Z = (5 - j5)\Omega$，求$\dot{I}$。

(2) $\dot{U} = -50e^{j30°}\text{V}$，$\dot{I} = 5\angle -60°\text{A}$，求$R$和$X$。

4.3.2　RLC 并联电路中，是否会出现$I_R \geqslant I$？I_L、$I_C \geqslant I$？

4.3.3　在图 4.3.11 所示电路中，判断电路图中的电压、电流和电路的阻抗模的答案是否正确。

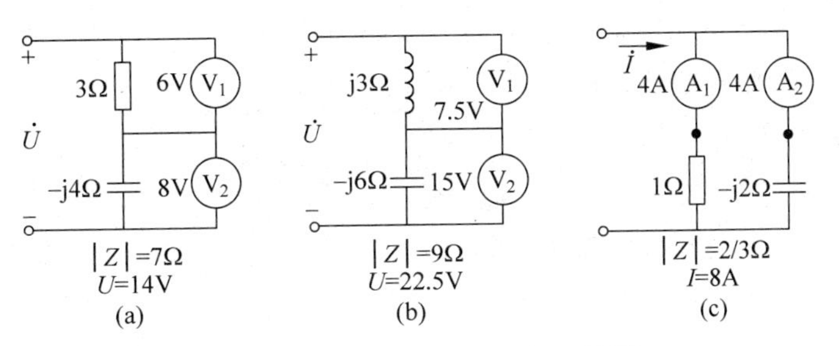

图 4.3.11　练习与思考 4.3.3 的图

4.3.4　在图 4.3.12 电路中，试求各电路的阻抗，并问电压u是超前还是滞后于i。

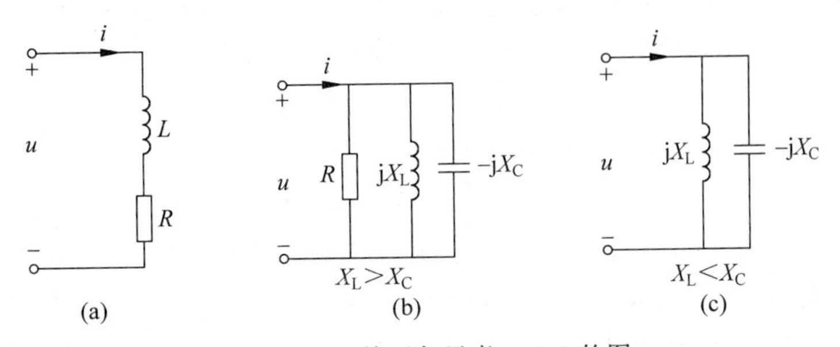

图 4.3.12　练习与思考 4.3.4 的图

4.4 功率与功率因数的提高

前面介绍了单一元件的瞬时功率、有功功率和无功功率，现将其推广到一般的二端网络。

4.4.1 功率

在如图4.4.1所示的二端网络中，为方便起见，设$i=\sqrt{2}I\sin\omega t$，$u=\sqrt{2}U\sin(\omega t+\varphi)$。其中$\varphi$为$u$超前$i$的角度，当N为无源二端网络时，$\varphi$为阻抗角。其瞬时功率为

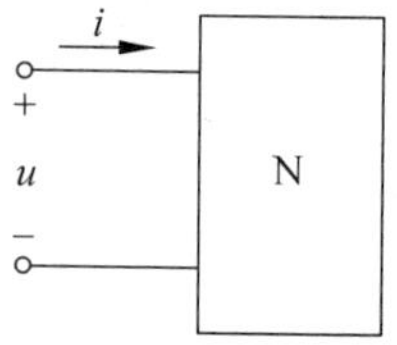

$$\begin{aligned}p &= ui \\ &= 2UI\sin(\omega t+\varphi)\cdot\sin\omega t \\ &= UI[\cos\varphi-\cos(2\omega t+\varphi)] \\ &= UI\cos\varphi(1-\cos2\omega t)+UI\sin\varphi\cdot\sin2\omega t\end{aligned}$$

图4.4.1 二端网络

它是一个2ω频率的正弦周期性函数和直流组成的非正弦周期性函数。当N为无源二端网络时，其中第一项始终大于等于零，代表等效电阻消耗的功率；第二项是可逆的，代表等效电抗与外电路交换的功率。在一个周期内，它的均值为零。

为全面、确切地反映正弦稳态电路中功率的特点，功率又具体分为有功功率(平均功率)、无功功率及视在功率三种。

1. **有功功率和功率因数**

$$P=\frac{1}{T}\int_0^T p\mathrm{d}t=UI\cos\varphi \tag{4.4.1}$$

该式表明二端网络所消耗的有功功率不仅与端电压、端电流的有效值的乘积有关，还与$\cos\varphi$有关，而$\cos\varphi$称为功率因数。功率因数是衡量电路消耗有功功率效率的一个重要指标，功率因数越高，消耗有功功率的效率就越高。

2. **无功功率**

$$Q=UI\sin\varphi \tag{4.4.2}$$

它是瞬时功率中可逆部分的振幅，用来衡量二端网络与外部电路交换功率的最大值。

3. **视在功率**

$$S=UI=|Z|I^2 \tag{4.4.3}$$

类似于瞬时功率的定义，规定为电压和电流有效值的乘积，其单位为V·A(伏安)、kV·A(千伏安)。变压器的容量就是额定电压和额定电流的乘积，即额定视在功率$S_N=U_NI_N$。以下是电阻、电感、电容三元件的功率因数和有功功率、无功功率、视在功率。

电阻元件：$\cos0°=1$，则$P=UI=RI^2$，$Q=0$，$S=UI$。

电感元件：$\cos90°=0$，则$P=0$，$Q=UI=X_LI^2$，$S=UI$。

电容元件：$\cos(-90°)=0$，则$P=0$，$Q=-UI=-X_CI^2$，$S=UI$。

当RLC串联时，由图4.3.3(b)的相量图可知$U\cos\varphi=U_R$，$P=UI\cos\varphi=U_RI=RI^2$，仍只有电阻元件消耗有功功率；同理$U\sin\varphi=U_L-U_C$，$Q=UI\sin\varphi=U_LI-U_CI=(X_L-X_C)I^2$，本来无功功率只反映交换功率的最大值，但还是借用有功的说法，说电感消耗无功，电容发出

无功。进一步推广为，由电阻、电感和电容元件组成的无源二端网络消耗的有功功率就是网络内每个电阻消耗的有功功率之和，消耗的无功功率就是整个网络内每个电感和每个电容所消耗的无功功率之和。

4.4.2 功率的测量

图 4.4.2 是电动式功率表的接线图。图中固定线圈的匝数较少，导线较粗，与负载串联作为电流线圈；可动线圈的匝数较多，导线较细，与负载并联作为电压线圈。

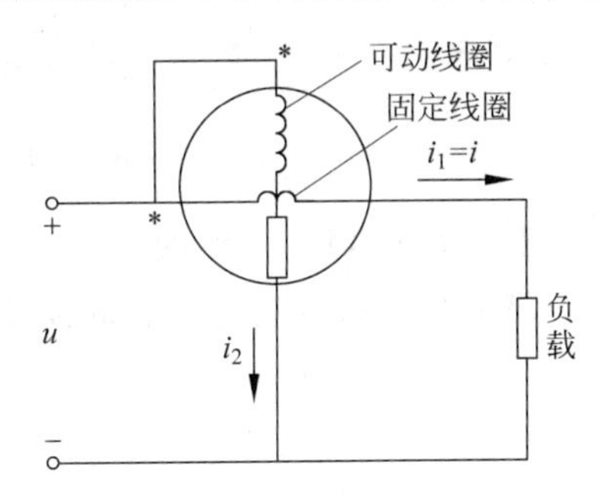

图 4.4.2 功率表的接线图

由于并联线圈用于测负载电压，所以串有高阻值的倍压器，可忽略其感抗，认为电流 i_2 与 u 同相。当测量交流功率时，其功率表指针的偏转角 α 表示为

$$\alpha = I_2 I_1 \cos\varphi = KUI\cos\varphi = KP \qquad (4.4.4)$$

可见，电动式功率表指针的偏转角 α 与电路的有功功率 P 成正比。

如果将电动式功率表的两个线圈中的一个反接，指针将反向偏转，就不能读出功率的数值。因此，为保证功率表正确连接，在两个线圈的始端标以“ * ”号，这两端均连在电源的同一端。

功率表的电压线圈和电流线圈各有其量程。改变电压量程的方法和电压表一样，即改变倍压器的电阻值。电流线圈常常由两个相同的线圈组成，当两个线圈并联时，电流量程要比串联时大一倍。同理，电动式功率表也可测量直流功率。

【例 4.4.1】 以 RLC 串联电路为例，说明无功功率正负的合理性。

解 为方便起见，设 $i_L=\sqrt{2}I_L\sin(\omega t)$，则 $u_C=\sqrt{2}U_C\sin\left(\omega t-\dfrac{\pi}{2}\right)$，如图 4.4.3 所示，将一个周期分成 4 个$\dfrac{T}{4}$，在 $0\sim\dfrac{T}{4}$内，$|i_L|\uparrow$，$|u_C|\downarrow$，所以 $W_L\uparrow$，$W_C\downarrow$，说明电容放出电能，而电感吸收电能。在第二个$\dfrac{T}{4}$内，$|i_L|\downarrow$，$|u_C|\uparrow$，所以 $W_L\downarrow$，$W_C\uparrow$，说明电容吸收电能，而电感放出电能。第三个$\dfrac{T}{4}$与第一个$\dfrac{T}{4}$相同，第四个$\dfrac{T}{4}$与第二个$\dfrac{T}{4}$相同。

在任何时刻，当电感吸收电能时，电容就放出电能；而电感放出电能时，电容一定吸收电能。当电路既有电感元件，又有电容元件时，它们可以相互交换电能，这样就减少与外电路能量交换。当电感的无功功率规定为正时，电容的无功功率就应规定为负。

【例 4.4.2】 图 4.4.4 所示电路是用三表法（交流电压表、电流表及功率表）测实际线圈参数 R、L 的实验电路。已知电压表的读数为 220V，电流表的读数为 2.2A，功率表的读数为 48.4W，工频电源，求 R、L 的值。

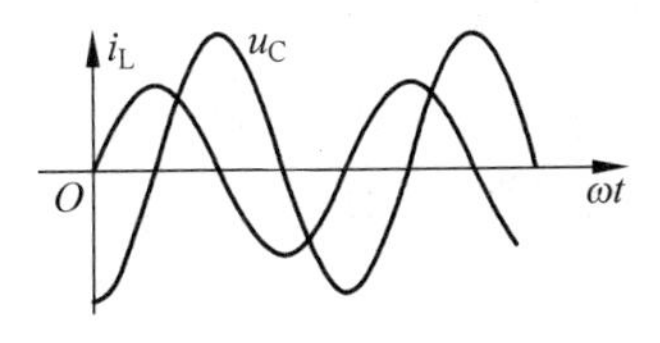

图 4.4.3 例 4.4.1 的图

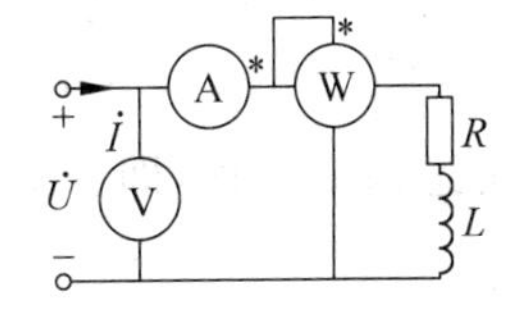

图 4.4.4 例 4.4.2 的图

解 $Z=|Z|\angle\varphi=R+\mathrm{j}\omega L$

$$|Z|=\frac{U}{I}=\frac{220}{2.2}\Omega=100\Omega$$

功率表测线圈吸收的有功功率，有

$$UI\cos\varphi=48.4\mathrm{W}$$

$$\varphi=\arccos\left(\frac{48.4}{220\times 2.2}\right)=84.26^\circ$$

$$Z=100\angle 84.26^\circ\Omega=(10+\mathrm{j}99.5)\Omega$$

$$R=10\Omega,\quad L=\frac{99.5}{\omega}=317\mathrm{mH}$$

【例 4.4.3】 在如图 4.4.5 所示中，当 S 闭合时，电流表读数为 10A，功率表读数为 1000W；当 S 打开后电流表的读数 $I'=12\mathrm{A}$，功率表读数为 $P'=1600\mathrm{W}$，试求 Z_1 和 Z_2。

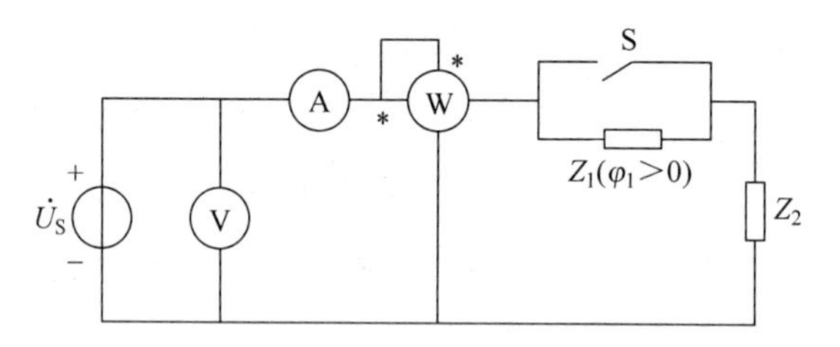

图 4.4.5 例 4.4.3 的图

解 因 $\varphi_1>0$，所以 Z_1 为感性，设 $Z_1=R_1+\mathrm{j}X_1=|Z_1|\angle\varphi_1(X_1>0)$；而 Z_2 可以是感性也可以是容性，设 $Z_2=R_2\pm\mathrm{j}X_2=|Z_2|\angle\varphi_2(X_2>0)$。当 S 闭合时，$Z_1$ 被短路，有

$$|Z_2|=\frac{U}{I}=\frac{220}{10}\Omega=22\Omega$$

$$R_2=\frac{P}{I^2}=\frac{1000}{10^2}\Omega=10\Omega$$

$$X_2=\sqrt{|Z_2|^2-R_2^2}=\sqrt{22^2-10^2}\Omega=19.6\Omega$$

当 S 打开时，Z_1 和 Z_2 串联，则

$$Z=Z_1+Z_2=(R_1+R_2)+\mathrm{j}(X_1\pm X_2)=|Z|\angle\varphi$$

$$|Z|=\frac{U}{I'}=\frac{220}{12}\Omega=18.33\Omega$$

依题意

$$P'=R_1I'^2+R_2I'^2=(R_1+R_2)I'^2$$

即

$$R_1=\left(\frac{1600}{144}-10\right)\Omega=1.11\Omega$$

$$X=\sqrt{|Z|^2-R_1^2}=\sqrt{18.33^2-11.11^2}\Omega=14.58\Omega$$

由于 U 相同情况下，$I'>I$，说明 $|Z|<|Z_2|$，而 Z_1 为感性，则 Z_2 必须为容性，但 X_1-X_2 仍可能是感性或容性，即 $X>0$，$\pm X$ 分别表示感性或容性，应有

$$\pm X = X_1 - X_2，即\ X_1 = \pm X + X_2$$

$$X_1 = X + X_2 = (14.58 + 19.6)\Omega = 34.18\Omega$$

$$X_1 = -X + X_2 = (-14.58 + 19.6)\Omega = 5.02\Omega$$

则所求

$$Z_1 = R_1 + jX_1 = (1.11 + j34.18)\Omega \quad 或 \quad Z_1 = R_1 + jX_1 = (1.11 + j5.02)\Omega$$

$$Z_2 = R_2 - jX_2 = (10 - j19.6)\Omega$$

注意：要全面考虑问题，没有依据不要轻率下结论。

4.4.3　功率因数的提高

在正弦交流电路中，电路消耗的有功功率 $P=UI\cos\varphi$，而 φ 与电路参数和电源频率有关。功率因数低会带来两方面的影响。

1. 使线路损耗增大

由 $P=UI\cos\varphi$ 可知，当 P 与 U 一定时，I 与 $\cos\varphi$ 成反比。设线路电阻为 r，则线路有功损耗为 I^2r，所以功率因数低，则线路损耗增大。线路损耗(简称线损)是电网重要的经济指标。

2. 使电源利用率低

发电设备输出功率 $P=U_NI_N\cos\varphi$，其中 U_N、I_N 是额定电压和额定电流，不允许超过；$\cos\varphi$ 为负载的功率因数，如果功率因数低，就降低了发电设备的利用率。例如容量为 1000kV·A 的变压器，如果 $\cos\varphi=1$，能提供 1000kW 的有功功率，而 $\cos\varphi=0.6$ 时，只提供 600kW 的有功功率。因此，希望提高功率因数。当电源频率一定时，功率因数取决于负载，大量感性负载的电流按正弦规律变化，其储能也周期地发生变化，就需要与外界交换电能。例如工业生产中大量使用的异步电动机在额定负载时的功率因数为 0.7～0.9，其空载时最低可到 0.2～0.3。从技术经济观点出发，既要保证感性负载所需的无功功率，又要减小电源与负载之间的能量互换。

按照供电规则，高压供电的工业企业的平均功率因数不得低于 0.95，其他单位不得低于 0.9。

提高功率因数常见的方法就是在电感性负载两端并联静电电容器(设置在用户或变电所内)，其电路图和相量图如图 4.4.6 所示。

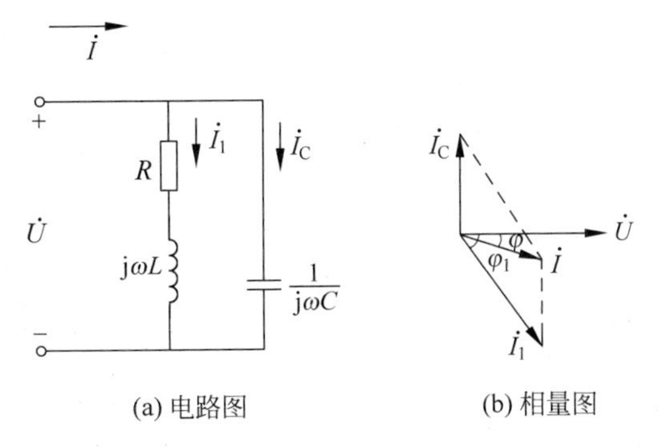

(a) 电路图　(b) 相量图

图 4.4.6　通过电容器与电感性负载并联来提高功率因数

并联电容器前后，负载的 $I_1=\dfrac{U}{\sqrt{R^2+X_L{}^2}}$ 和 $\cos\varphi_1=\dfrac{R}{\sqrt{R^2+X_L{}^2}}$ 不变。但电压与总电流之间的相位差角减小，即 $\cos\varphi$ 变大。所谓功率因数提高，是指电源的功率因数，或是并联电容器后的整个负载(包括电容器)的功率因数提高了，而原先的电感性负载的功率因数不变。

并联电容器后，电感所需无功功率大部分或全部由电容器来提供，从而大大减少与发电设备的能量交换，提高发电设备的利用率。

同时，并联电容器以后的线路电流也减少了，从而减少了线路的有功损耗。而且电容器本身并不消耗有功功率，所以整个负载的有功功率不变。

【例 4.4.4】 有一电感性负载，其功率 $P=20\text{kW}$，功率因数 $\cos\varphi_1=0.6$，接在 220V、50Hz 的工频电源上。试求：(1)如果将功率因数提高到 $\cos\varphi=0.9$，并联电容量和电容器并联前后的线路电流；(2)如果功率因数从 0.9 提高到 1，试问并联电容器还需增加多少。

解 (a) 先用相量图得出以下公式

$$I_1\sin\varphi_1 = I\sin\varphi + I_C$$
$$I_1\cos\varphi_1 = I\cos\varphi$$

且有功功率为

$$P=UI_1\cos\varphi_1=UI\cos\varphi$$

电容电流为

$$I_C=\omega CU$$

由此得

$$C=\frac{P}{\omega U^2}(\tan\varphi_1-\tan\varphi) \tag{4.4.5}$$

(b) 直接用相量关系式，设 $\dot{U}=U\angle 0°\text{V}$，则

$$\dot{I}_1 = I_1\angle -\varphi_1(\varphi_1\ \text{为阻抗角}),\quad \dot{I}=I\angle-\varphi,\dot{I}_C=\text{j}\omega CU$$

由 KCL 得

$$\dot{I}=\dot{I}_1+\dot{I}_C$$
$$I\angle-\varphi=I_1\angle-\varphi_1+\text{j}\omega CU$$

所以

$$I\cos\varphi=I_1\cos\varphi_1$$
$$-I\sin\varphi=-I_1\sin\varphi_1+\omega CU$$

由此可得

$$C=\frac{P}{\omega U^2}(\tan\varphi_1-\tan\varphi)$$

(1) $\cos\varphi_1=0.6$，$\varphi_1=53°$，$\cos\varphi=0.9$，$\varphi=\pm25.8°$(“+”表示感性负载，“−”表示容性负载，通常取感性负载即可)。

所需电容值为

$$C=\frac{20\times10^3}{2\pi\times50\times220^2}(\tan53°-\tan25.8°)\text{F}=1100\mu\text{F}$$

并联电容前的线路电流(即负载电流)为

$$I_1 = \frac{P}{U\cos\varphi_1} = \frac{20 \times 10^3}{220 \times 0.6}\text{A} = 151.2\text{A}$$

并联电容后的线路电流为

$$I = \frac{P}{U\cos\varphi} = \frac{20 \times 10^3}{220 \times 0.9}\text{A} = 100.8\text{A}$$

(2) 如果将 $\cos\varphi$ 由 0.9 提高到 1,则需要增加的电容值为

$$C = \frac{20 \times 10^3}{2\pi \times 50 \times 220^2}(\tan 25.8° - \tan 0°)\text{F} = 635.4\mu\text{F}$$

可见,当功率因数已接近 1 时再继续提高,则所需电容量很大,因此一般不要求提高到 1。

练习与思考

4.4.1 在正弦稳态电路中,电感元件和电容元件不仅阻抗相差一个负号,而且无功功率也一正一负,但在电阻电路中却没有类似的情况,为什么?

4.4.2 一个无源二端网络由若干个电阻和一个电容元件组成,能判断无功功率的正负吗?

4.4.3 为什么不用串联电容器来提高功率因数?

4.4.4 功率因数提高后,线路电流减小了,瓦时计会走得慢些(省电)吗?

4.4.5 试用相量图说明并联电容过大,功率因数下降的原因。

4.5 谐振电路

在电阻电路中,无源二端网络可以用一个电阻来等效;类似地,由电阻、电感、电容元件组成的无源二端网络,在正弦稳态分析中可以等效为一个阻抗。二端网络的端电压与端电流一般而言是不同相的,如果调节电路的参数或电源频率而使它们同相,这时电路就发生谐振现象。典型的谐振电路有两种,即串联谐振电路和并联谐振电路。下面先讨论串联谐振电路的谐振条件及谐振特征。

4.5.1 串联谐振

由电阻、电感、电容元件串联的电路中,当

$$X_L = X_C \quad 或 \quad 2\pi fL = \frac{1}{2\pi fC} \tag{4.5.1}$$

时,则

$$Z = R + j(X_L - X_C) = R$$

即 Z 为纯电阻,此时电源电压 u 和串联电流 i 同相。这时电路发生串联谐振。由上式可得谐振频率为

$$f_0 = \frac{1}{2\pi\sqrt{LC}} \tag{4.5.2}$$

当电源频率 f 与电路参数 L 和 C 满足上述关系时,则发生谐振。调节 L、C 或 f 都能使电路发生谐振。

当电路发生谐振时,其特征如下:

(1) 电路的阻抗 $Z_0=R$，其模较不发生谐振时的模 $\sqrt{R^2+(X_L-X_C)^2}$ 要小。

(2) 电路中的电流与电压同相，当 U 一定时，$I_0=\dfrac{U}{R}$ 最大。

(3) 由于 $\omega_0 L=\dfrac{1}{\omega_0 C}$，所以 $U_{L0}=U_{C0}$，但 $\dot{U}_{L0}+\dot{U}_{C0}=\mathrm{j}\left(\omega_0 L-\dfrac{1}{\omega_0 C}\right)\dot{I}_0=0$，此时 $\dot{U}=\dot{U}_{R0}$，相量图如图 4.5.1 所示。当 $X_{L0}=X_{C0}>R$ 时，U_{C0} 和 U_{L0} 都大于电源电压 U，这样在电力工程中就可能发生击穿线圈和电容器的绝缘的现象，所以应加以避免。但在无线电工程中，则恰好利用谐振来获得高电压，使电感或电容元件上的电压为电源电压的几十倍或更高。

通常用品质因数 Q 来表示谐振时电容或电感的电压是电源电压的倍数，即

$$Q=\frac{U_{C0}}{U}=\frac{U_{L0}}{U}=\frac{1}{\omega_0 CR}=\frac{\omega_0 L}{R}=\frac{1}{R}\sqrt{\frac{L}{C}} \tag{4.5.3}$$

例如，$Q=100$，$U=6\text{mV}$，则 $U_{C0}=U_{L0}=600\text{mV}$。

(4) 谐振时，阻抗等效为纯电阻，所以该电路只消耗有功功率，不消耗无功功率。此时 $Q=(X_{L0}-X_{C0})I_0^2=0$，表明电感放出多少电能，电容就吸收多少电能；而电容放出多少电能，电感也全部吸收。根据功率和能量的关系，此时电感和电容元件上的总储能一直保持不变。

串联谐振在无线电中的应用较多。图 4.5.2(a)是接收机里典型的输入电路，它的作用是将需要收听的信号从天线所收到的许多频率不同的信号中选出来，而将其他信号尽量加以抑制。

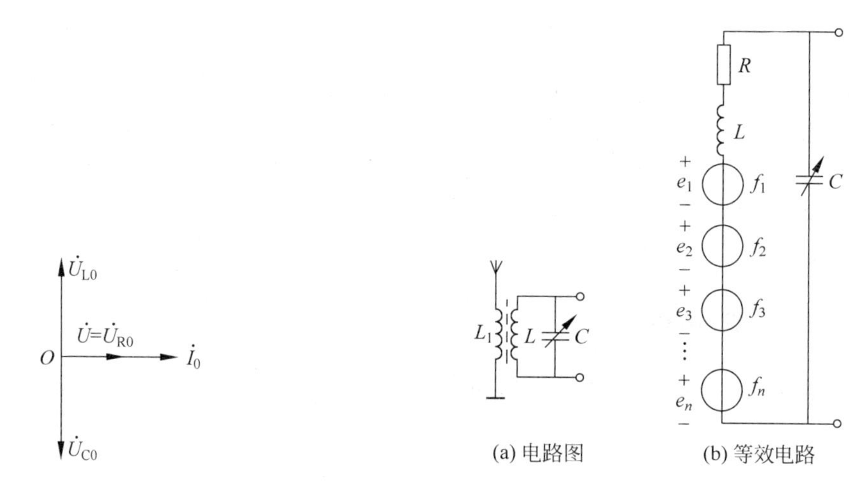

图 4.5.1　串联谐振时的相量图

图 4.5.2　接收机的输入电路

输入电路的主要部分是天线线圈 L_1 和电感线圈 L 与可变电容器 C 组成的串联谐振电路。天线所接收的各种频率不同的信号都会在 LC 谐振电路中感应出相应的电动势 e_1，e_2，e_3，…，如图 4.5.2(b)所示，图中 R 是线圈的电阻。设各种频率的电动势有效值相同，则改变电容 C，对所需信号频率调到串联谐振，那么在 LC 回路中该频率电流最大，在可变电容器两端该频率的电压也较高。而其他频率的信号虽然也在接收机里出现，但由于没有发生谐振，其电路的电流很小，在电容上的电压也很小，这样就起到了选择信号和抑制干扰的作用。

【例 4.5.1】 说明 RLC 串联谐振电路中的电感和电容元件上的总储能恒定。

解　为方便起见，设

$$i_{\mathrm{L}}=\sqrt{2}I_{\mathrm{L}}\sin(\omega t)$$

则

$$\begin{aligned}u_{\mathrm{C}}&=-\sqrt{2}U_{\mathrm{C}}\cos(\omega t)\\W=W_{\mathrm{L}}+W_{\mathrm{C}}&=\frac{1}{2}Li_{\mathrm{L}}^{2}+\frac{1}{2}Cu_{\mathrm{C}}^{2}=LI_{\mathrm{L}}^{2}\{\sin(\omega t)\}^{2}+CU_{\mathrm{C}}^{2}\{\cos(\omega t)\}^{2}\\&=LI_{\mathrm{L}}^{2}\{\sin(\omega t)\}^{2}+CQ^{2}U^{2}\{\cos(\omega t)\}^{2}\\&=LI_{\mathrm{L}}^{2}\{\sin(\omega t)\}^{2}+LI_{\mathrm{L}}^{2}\{\cos(\omega t)\}^{2}\\&=LI_{\mathrm{L}}^{2}=CU_{\mathrm{C}}^{2}\end{aligned}$$

【例 4.5.2】　有一线圈（$L=4\mathrm{mH}$，$R=50\Omega$）与电容器（$C=160\mathrm{pF}$）串联，接入 220V 的电源上。(1)求谐振频率和谐振时电容上的电压和电流；(2)当频率减少 10%时，求电流与电容器上的电压。

解　(1) $f_0=\dfrac{1}{2\pi\sqrt{LC}}=\dfrac{1}{2\times3.14\sqrt{4\times10^{-3}\times160\times10^{-12}}}\mathrm{Hz}=200\mathrm{kHz}$

$$X_{\mathrm{L0}}=2\pi f_0L=2\times3.14\times200\times10^{3}\times4\times10^{-3}\Omega=5000\Omega$$

$$X_{\mathrm{C0}}=X_{\mathrm{L0}}=5000\Omega$$

$$I_0=\frac{U}{R}=\frac{220}{50}\mathrm{A}=4.4\mathrm{A}$$

$$U_{\mathrm{C0}}=X_{\mathrm{C0}}I=5000\times4.4\mathrm{V}=22\,000\mathrm{V}$$

(2) 频率减少 10%时，则

$$\begin{aligned}X_{\mathrm{L}}&=4500\Omega\\X_{\mathrm{C}}&=5500\Omega\\|Z|&=\sqrt{50^{2}+(5500-4500)^{2}}\Omega=1000\Omega\\I&=\frac{U}{|Z|}=\frac{220}{1000}\mathrm{A}=0.22\mathrm{A}\\U_{\mathrm{C}}&=X_{\mathrm{C}}I=5500\times0.22\mathrm{V}=1210\mathrm{V}\end{aligned}$$

可见，偏离 10%的谐振频率，I 和 U_{C} 就较谐振值大大减少。

4.5.2　并联谐振

图 4.5.3 是线圈（RL 串联）和电容器（电容 C）并联电路，其等效阻抗为

$$Z=\frac{(R+\mathrm{j}\omega L)\left(-\mathrm{j}\dfrac{1}{\omega C}\right)}{R+\mathrm{j}\left(\omega L-\dfrac{1}{\omega C}\right)}$$

通常线圈的电阻很小，在谐振频率附近时，$\omega L\gg R$，则上式可写成

$$Z\approx\frac{\dfrac{L}{C}}{R+\mathrm{j}\left(\omega L-\dfrac{1}{\omega C}\right)}\tag{4.5.4}$$

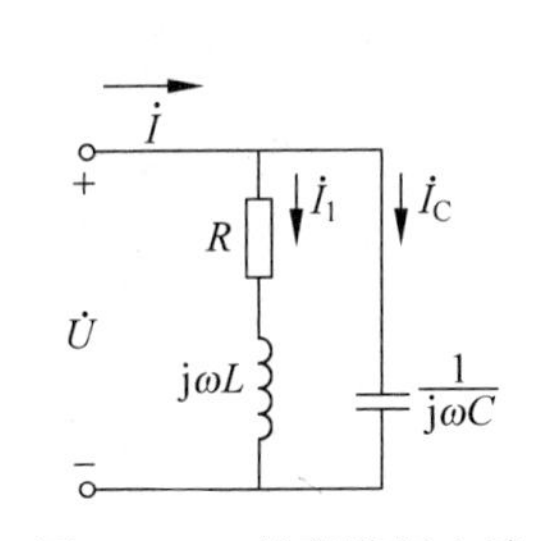

图 4.5.3　并联谐振电路

当电源角频率 ω 调到 ω_0 时，则

$$\omega_0 L = \frac{1}{\omega_0 C}, \quad \omega_0 = \frac{1}{\sqrt{LC}}$$

或

$$f_0 = \frac{1}{2\pi\sqrt{LC}} \tag{4.5.5}$$

时，发生并联谐振。其特征如下。

（1）由式(4.5.4)可知，谐振时电路的阻抗为

$$Z_0 = \frac{L}{RC} \tag{4.5.6}$$

为纯电阻，其模较不发生谐振时大。

（2）电源电压与电路中干路上的电流同相。当 U 一定时，$I_0=\dfrac{U}{Z_0}$为最小值。

（3）谐振时，$\omega_0 L \approx \dfrac{1}{\omega_0 C} \gg R$，并联支路上的电流为

$$I_{10} = \frac{U}{\sqrt{R^2+(\omega_0 L)^2}} \approx \frac{U}{\omega_0 L} = \omega_0 CU = I_{C0}$$

而

$$Z_0 = \frac{L}{RC} = \left(\frac{\omega_0 L}{R}\right) \cdot \omega_0 L \gg \omega_0 L$$

$$I_0 = \frac{U}{Z_0} \ll I_{C0}(I_{10})$$

并联谐振的相量图如图 4.5.4 所示。

类似地，规定 I_{C0} 或 I_{10} 与 I_0 的比值为电路的品质因数

$$Q = \frac{I_{10}}{I_0} = \frac{1}{\omega_0 CR} = \frac{\omega_0 L}{R} = \frac{1}{R}\sqrt{\frac{L}{C}} \tag{4.5.7}$$

并联谐振在天线工程和工业电子技术中也常应用。例如，利用并联谐振组成正弦波振荡电路中的选频电路。

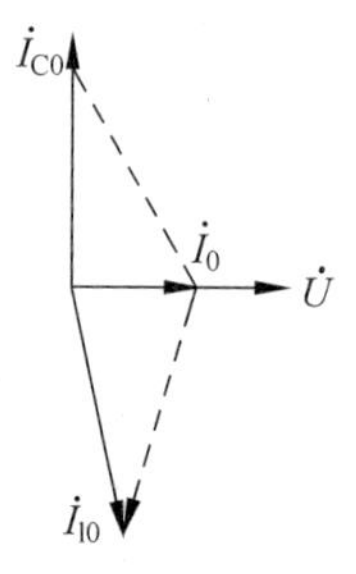

图 4.5.4　并联谐振的相量图

【例 4.5.3】　如图 4.5.3 所示的并联电路中，$L=0.25\text{mH}$，$R=25\Omega$，$C=85\text{pF}$，试求谐振角频率 ω_0、品质因数 Q 和谐振时电路的阻抗模 $|Z_0|$。

解　$\omega_0 \approx \sqrt{\dfrac{1}{LC}} = \dfrac{1}{\sqrt{0.25\times10^{-3}\times85\times10^{-12}}}\text{rad/s}$

$=6.86\times10^6\,\text{rad/s}$

$f_0 = \dfrac{\omega_0}{2\pi} = \dfrac{6.86\times10^6}{2\times3.14}\text{Hz} = 1100\text{kHz}$

$Q = \dfrac{\omega_0 L}{R} = \dfrac{6.86\times10^6\times0.25\times10^{-3}}{25} = 68.6$

$|Z_0| = \dfrac{L}{RC} = \dfrac{0.25\times10^{-3}}{25\times85\times10^{-12}}\Omega = 117\text{k}\Omega$

练习与思考

4.5.1 在 RLC 串联电路中，试说明频率低于和高于谐振频率时，等效阻抗的性质（感性或容性）。

4.5.2 当 RLC 串联电路谐振时，说明电容和电感元件上的总储能不随时间变化的原因。

本章小结

本章用相量法作为分析正弦稳态响应的基本方法，将电阻电路分析与正弦稳态分析的类比作为基本思路，这样正弦稳态分析就可以复制电阻电路的分析。注意复数、实数运算原则的区别，关注正弦分析中的特色问题（各种功率和谐振现象）。

习　　题

4.1 已知工频正弦量的相量式如下：

$$\dot{I}_1=(6+\mathrm{j}6)\mathrm{A},\dot{I}_2=(6-\mathrm{j}6)\mathrm{A},\dot{I}_3=(-6-\mathrm{j}6)\mathrm{A},\dot{I}_4=(-6+\mathrm{j}6)\mathrm{A},$$

试求各正弦量的瞬时值表达式，并画出相量图。

4.2 已知两同频（$f=1000\mathrm{Hz}$）正弦量的相量分别为 $\dot{U}_1=220\angle 60^\circ\mathrm{V}$，$\dot{U}_2=-220\angle -150^\circ\mathrm{V}$，求：(1)$u_1$ 和 u_2 的瞬时值表达式；(2)u_1 和 u_2 的相位差。

4.3 已知三个同频正弦电压分别为

$$u_1=220\sqrt{2}\sin(\omega t+10^\circ)\mathrm{V}$$

$$u_2=220\sqrt{2}\sin(\omega t-110^\circ)\mathrm{V}$$

$$u_3=220\sqrt{2}\sin(\omega t+130^\circ)\mathrm{V}$$

求：

(1) $\dot{U}_1+\dot{U}_2+\dot{U}_3$；

(2) $u_1+u_2+u_3$。

4.4 在电感元件的正弦交流电路中，$L=50\mathrm{mH}$，$f=1000\mathrm{Hz}$。试求：

(1) 当 $i_\mathrm{L}=30\sqrt{2}\sin(\omega t+30^\circ)\mathrm{A}$ 时，$\dot{U}_\mathrm{L}$ 的值。

(2) 当$\dot{U}_\mathrm{L}=100\angle -70^\circ\mathrm{V}$ 时，i_L 的值。

4.5 交流接触器的线圈为 RL 串联电路，其数据为 380V、30m、50Hz，线圈电阻 1.2kΩ，求线圈电感 L。

4.6 有 RLC 串联的正弦交流电路，已知 $X_\mathrm{L}=2X_\mathrm{C}=3R=3\Omega$，$I=2\mathrm{A}$，试求 U_R、U_L、U_C、U。

4.7 在如图 4.1 所示电路中，$i_\mathrm{S}=5\sqrt{2}\sin(314t+30^\circ)\mathrm{A}$，$R=30\Omega$，$L=0.1\mathrm{H}$，$C=10\mu\mathrm{F}$，求 u_ad 和 u_bd。

4.8 在如图 4.2 所示的电路中，$I_1=I_2=10\mathrm{A}$，求 I 和 U_S。

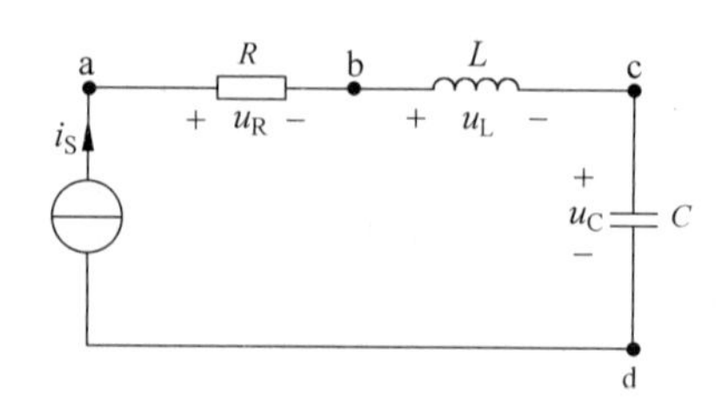

图 4.1　习题 4.7 的图

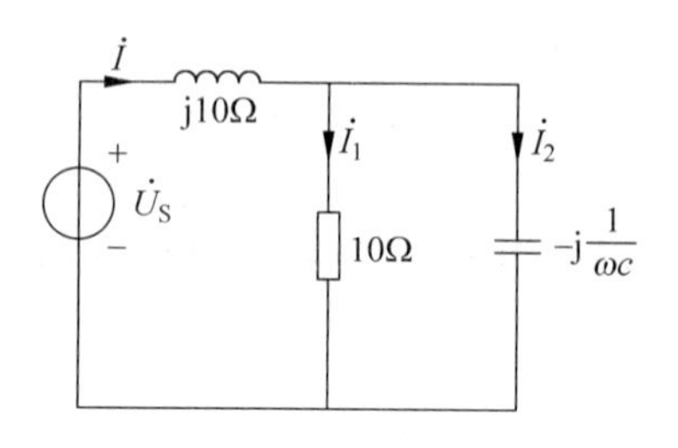

图 4.2　习题 4.8 的图

4.9　在同频电源作用下，在图 4.3(a)中，已知 $I=10\text{A}$，$R=10\Omega$，且图 4.3(a)、(b)、(c)中的 L 和 C 参数相同，求图 4.3(b)电路中的 I_1 和图 4.3(c)电路中的 I_2 和 U_C。

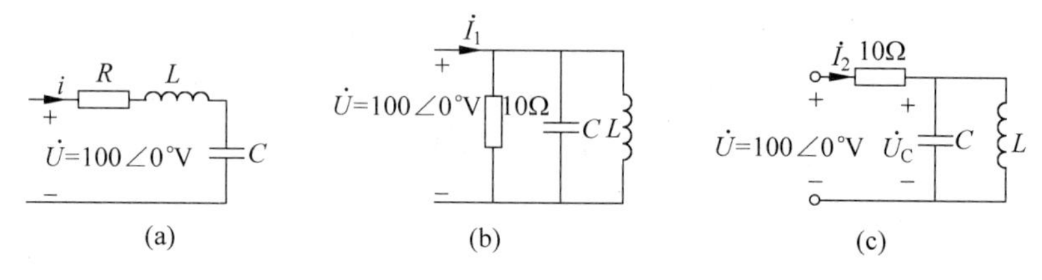

图 4.3　习题 4.9 的图

4.10　在图 4.3.2 的电路中，$X_L=X_C=2R$，且已知电流表 A_2 的读数为 5A，求 A_1 和 A_3 的读数。

4.11　计算图 4.4(a)中的$\dot{U}_1$ 和$\dot{U}_2$，并作相量图；计算图 4.4(b)中$\dot{I}_1$ 和$\dot{I}_2$，并作相量图。

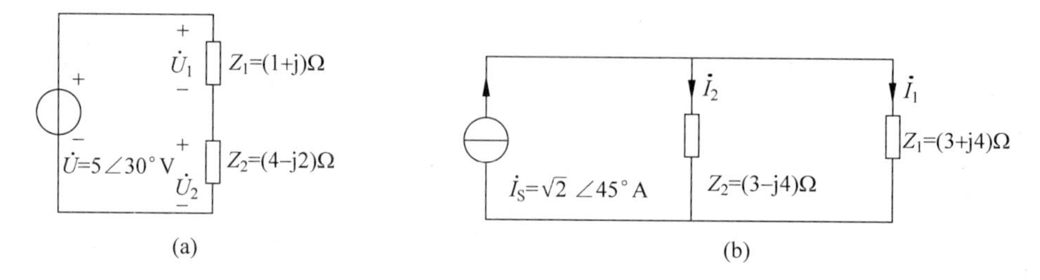

图 4.4　习题 4.11 的图

4.12　计算图 4.5(a)中的电流$\dot{I}$ 和计算图 4.5(b)中的$\dot{I}$ 和$\dot{U}$。

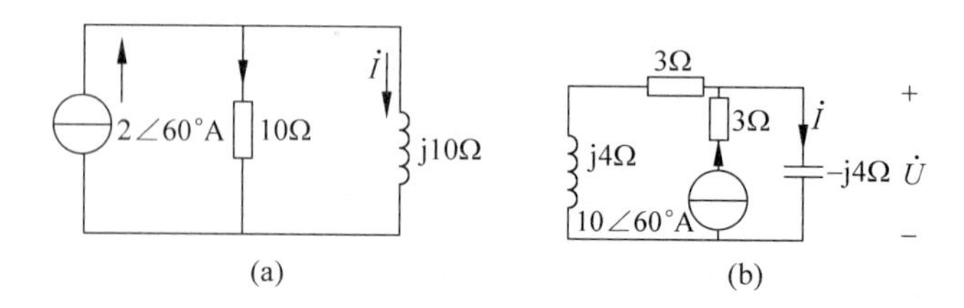

图 4.5　习题 4.12 的图

4.13　在图 4.6 所示的电路中，求$\dot{I}$、$\dot{I}_1$、$\dot{I}_2$和$\dot{U}_C$。

4.14　在图 4.7 所示的电路中，已知 $u=220\sqrt{2}\sin(314t)\text{V}$，$i_1=11\sqrt{2}\sin(314t-60°)\text{A}$，$i_2=11\sqrt{2}\sin(314t+90°)\text{A}$，试求各仪表读数及电路参数 R、L 和 C。

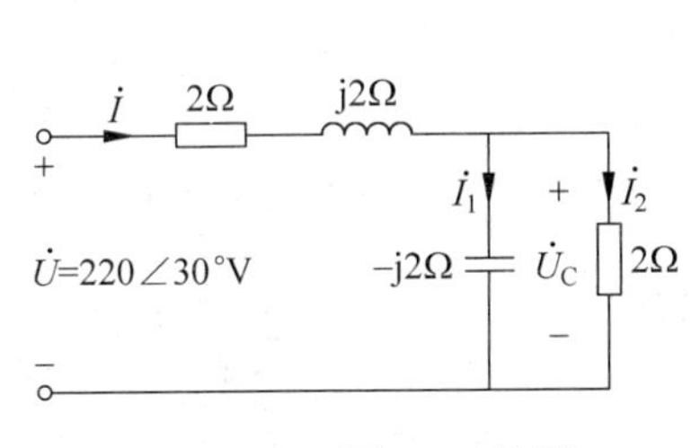

图 4.6　习题 4.13 的图

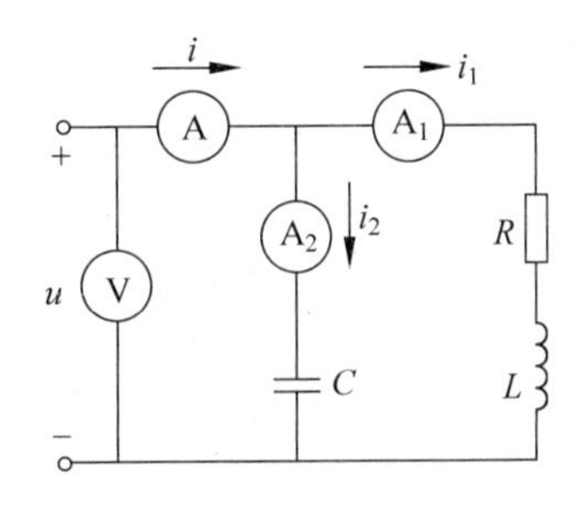

图 4.7　习题 4.14 的图

4.15　在图 4.8 所示的电路中，已知 $R_1=R_2=10\Omega$，$\omega L_1=10\Omega$，$\dfrac{1}{\omega C}=10\Omega$，$U=100\text{V}$，求：

(1) S_1 和 S_2 都断开时的电流 I；

(2) S_1 断开，S_2 闭合时的电流 I；

(3) S_1 闭合，S_2 断开时的电流 I；

(4) S_1、S_2 都闭合时的电流 I；

(5) 当 S_1、S_2 都闭合时，电流表 A_1 和 A_2 的读数。

4.16　在图 4.9 所示的电路中，已知 $U=50\text{V}$，$I=2.5\text{A}$，求：(1)电感和电容串联支路的电流有效值；(2)电路吸收的有功功率、无功功率及电路的功率因数。

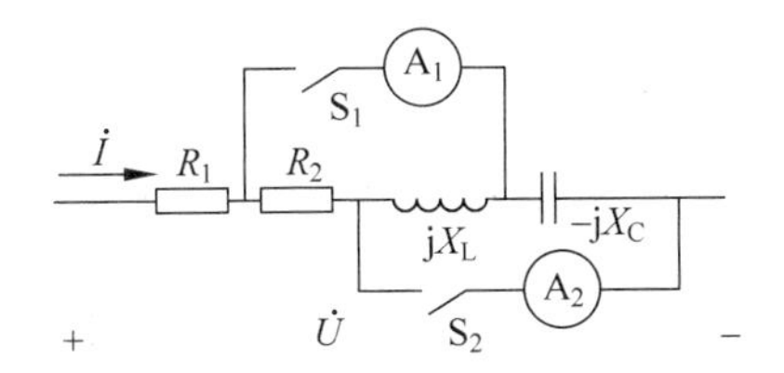

图 4.8　习题 4.15 的图

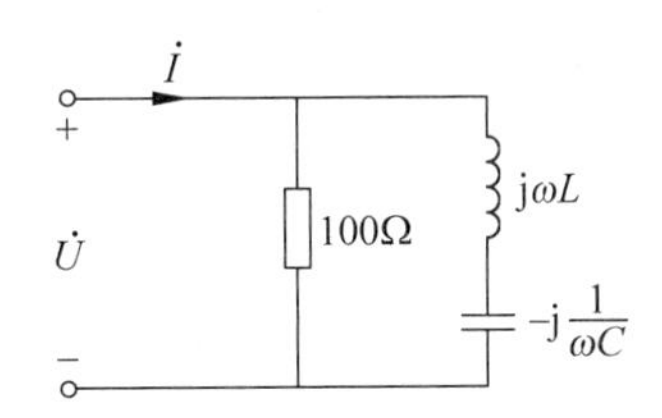

图 4.9　习题 4.16 的图

4.17　日光灯管与镇流器串联接到 220V、50Hz 的正弦电源上，日光灯管看成纯电阻 $R_1=280\Omega$，镇流器的等效模型是电阻和电感的串联，参数分别为 $R_2=20\Omega$ 和 $L=1.6\text{H}$。试求：

(1) 电路中的电流和灯管两端与镇流器上的电压；

(2) 求电路吸收的有功功率，无功功率和功率因数；

(3) 利用(1)求出的电流和电压，并已知电压为 220V，50Hz，能求出 R_1、R_2 和 L 吗？

4.18　正弦稳态电路如图 4.10 所示，已知 $i_S=10\sqrt{2}\sin(100t)\text{A}$，$R_1=R_2=1\Omega$，$C_1=C_2=0.01\text{F}$，$L=0.02\text{H}$。求电源提供的有功功率和无功功率。

4.19　在图 4.11 所示的电路中，$I_1=5\text{A}$，$I_2=10\text{A}$，$U=100\text{V}$，u 与 i 成 45°，求 I、R、X_C 及 X_L。

4.20　在图 4.12 所示的电路中，$U=220\text{V}$，$I_1=I_C=10\text{A}$，$R=5\Omega$，求 I、X_C 及 R_1。

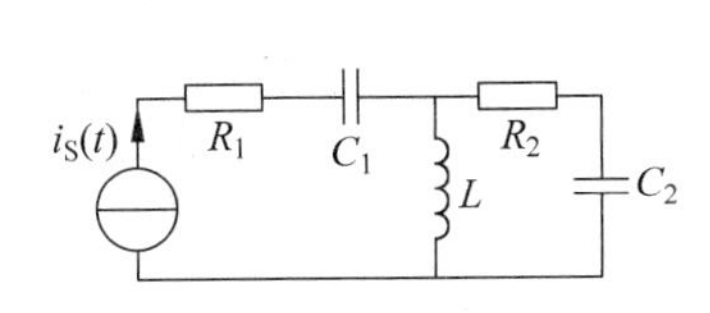

图 4.10　习题 4.18 的图

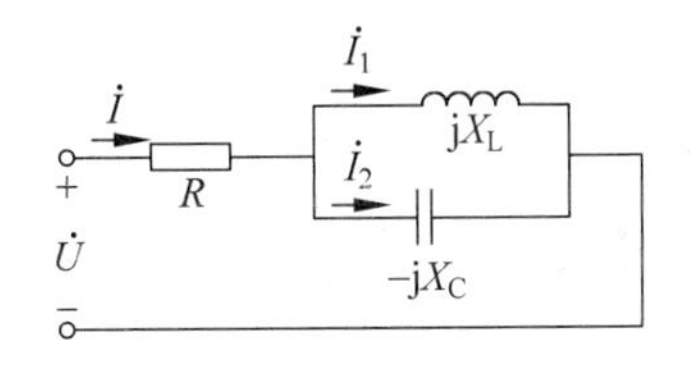

图 4.11　习题 4.19 的图

4.21 在图4.13所示的电路中，$u_S=16\sqrt{2}\sin(\omega t+30°)$V，电流表A的读数为5A，$\omega L=4\Omega$，求电流表$A_1$和$A_2$的读数。

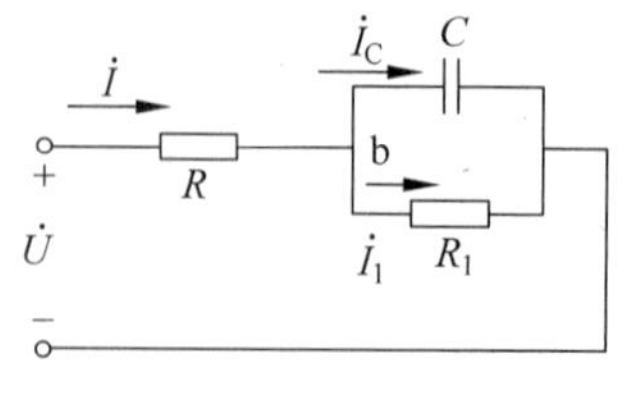

图4.12 习题4.20的图

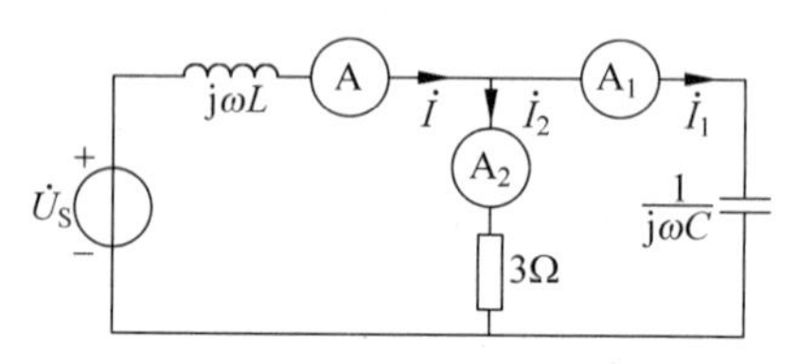

图4.13 习题4.21的图

4.22 在图4.14所示的电路中，$\dot{U}=220\angle 30°$V，$R_1=R_2=10\Omega$，$X_L=X_C=10\sqrt{3}\Omega$，求$\dot{U}_{ab}$、有功功率P、无功功率Q和功率因数。

4.23 感性负载的有功功率为40W，现接入220V、50Hz的正弦电源上，已知电阻的电压为110V，试求电感上感抗和感性负载的功率因数。若将功率因数提高到0.9，应并联多大电容？

4.24 在图4.15中，$U=220$V，$f=50$Hz，$R_1=10\Omega$，$R_2=5\Omega$，$X_1=10\sqrt{3}\Omega$，$X_2=5\sqrt{3}\Omega$。

(1) 求电流表的读数I和电路的功率因数$\cos\varphi_1$。

(2) 欲使电路的功率因数提高到0.866，需并联多大电容？

(3) 并联电容后电流表的读数为多少？

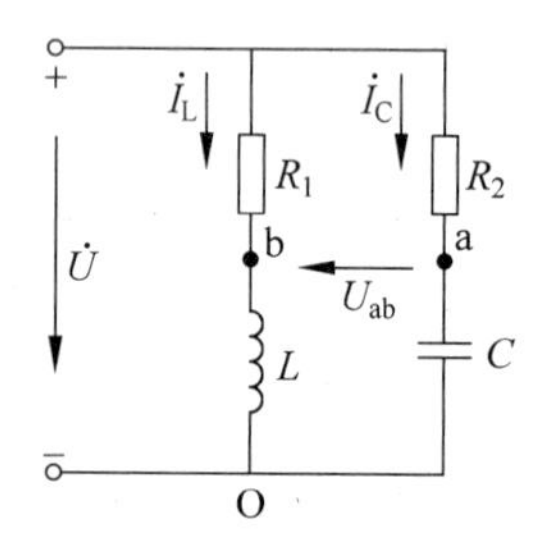

图4.14 习题4.22的图

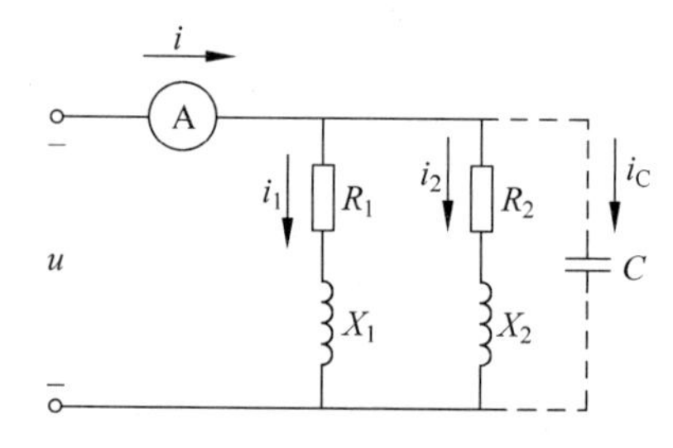

图4.15 习题4.24的图

4.25 在图4.16中，$I_1=10$A，$I_2=20$A，Z_1和Z_2的功率因数分别为0.8(感性)和0.6(感性)，$U=100$V，$\omega=1000$rad/s。

(1) 求电流表、功率表的读数及电路的功率因数；

(2) 若电源的额定电流为50A，那么还能再并联多大电阻？求并联电阻后的功率表的读数和电路的功率因数。

4.26 在图4.17所示的正弦稳态电路中，$R=1\Omega$，$L=10^{-4}$H，$i_S=\sqrt{2}\sin(10\,000t)$A，调节电容为$C$，使得开关S断开和接通时电压表的读数不变，求此时的C值和电压表的读数。

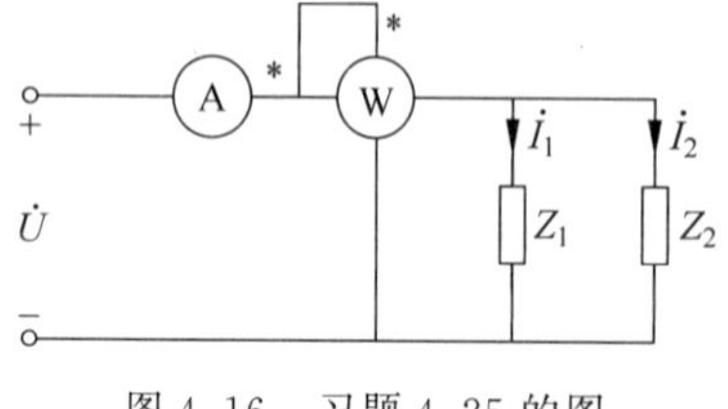

图4.16 习题4.25的图

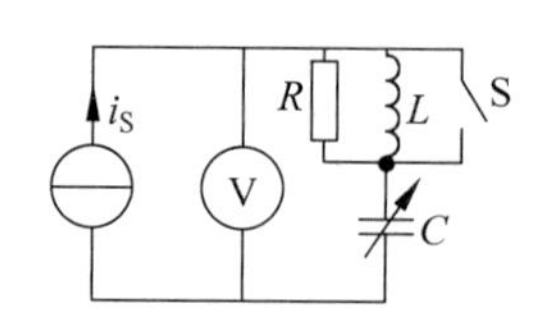

图4.17 习题4.26的图

4.27 有一感性负载与一电阻性负载并联在 $u=220\sqrt{2}\sin 314t\text{V}$ 的交流电源上，见图 4.18。已知感性负载的电阻 $R_1=10\Omega$，其功率因数为 0.5，电阻性负载的电阻 $R_2=20\Omega$。求：

(1) 电感 L_1；

(2) 电流 $\dot{I}_1$、$\dot{I}_2$ 和 $\dot{I}$；

(3) 电路消耗的有功功率 P、无功功率 Q 和电路的功率因数。

4.28 某收音机输入电路的电感为 0.3mH，可变电容器的调节范围为 25～360pF，试问是否满足中波段 535～1605kHz 的要求？

4.29 RLC 串联电路中，C 可调，已知电源的角频率 $\omega=5\times10^6\text{rad/s}$，当 $C=200\text{pF}$ 和 500pF 时，电流 I 的值皆为最大电流的 $\frac{1}{\sqrt{10}}$，试求电感 L 和电阻 R。

4.30 在如图 4.19 所示的电路中，已知 $R=30\Omega$，$f=50\text{Hz}$，现要求 $U=U_1=U_2$，求所需的 L 和 C。

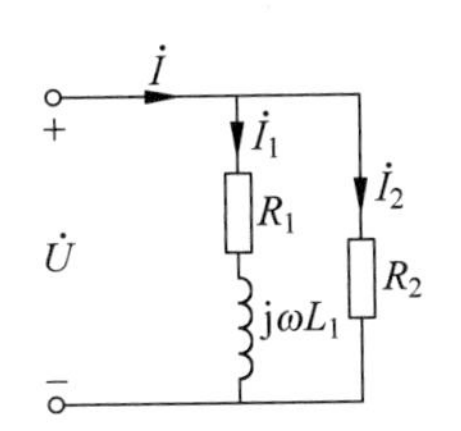

图 4.18 习题 4.27 的图

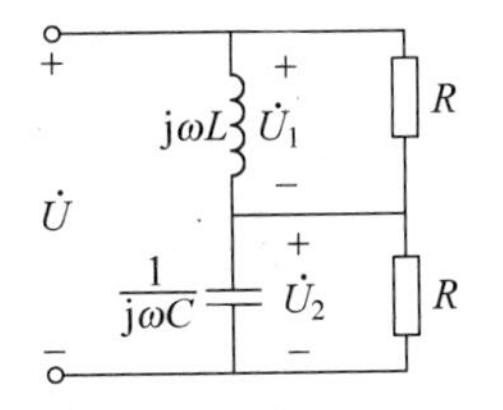

图 4.19 习题 4.30 的图

第5章　三相电路

现代电力系统的发电、输电及配电大多采用三相制，在用电方面最主要的负载是交流电动机，而交流电动机多数也是三相的，所以，讨论三相电路具有实际意义。三相电路通常由三个单相组成，需要计算三次，但如果是对称三相电路，就可以只计算其中一相。

5.1　三相电压

三相电路主要由三相电源和三相负载组成，其中三相交流发动机的原理图如图 5.1.1 所示，它的主要组成部分是电枢和磁极。电枢是固定的，也称定子。定子铁心的内圆周表面中有槽，用以放置三相电枢绕组。每相绕组完全相同，如图 5.1.2 所示。它们的始端标以 U_1、V_1、W_1，末端标以 U_2、V_2、W_2。将三相绕组均匀地分布在铁心槽内，使绕组的始端与始端之间、末端与末端之间都相隔 120°。

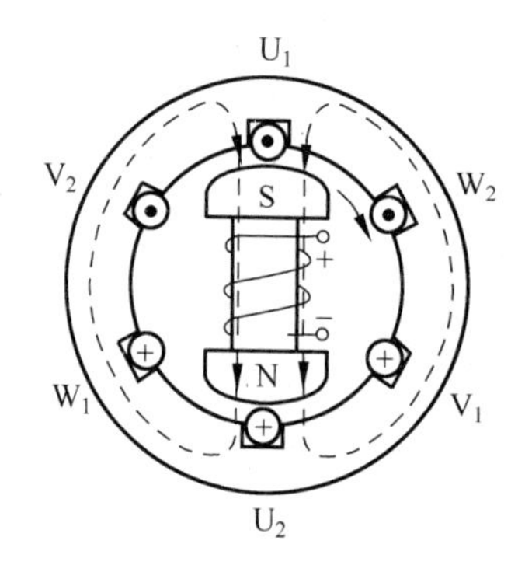

图 5.1.1　三相交流发电机的原理图

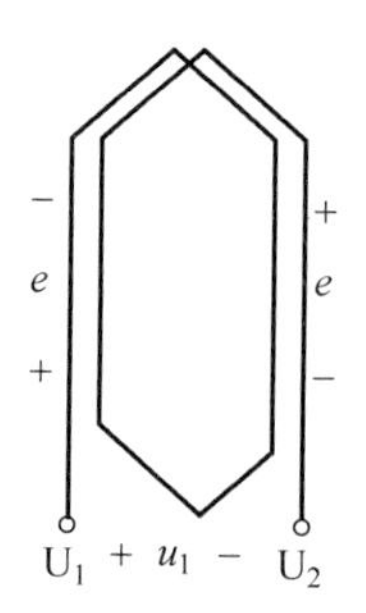

图 5.1.2　电枢绕组

磁极是转动的，也称转子。转子铁心上绕有励磁绕组，用直流电产生磁场。选择合适的极面形状和励磁绕组的布置情况，可使空气隙中的磁感应强度按正弦规律分布。

当转子由原动机带动，并以顺时针方向匀速转动时，则每相绕组依次切割磁通，产生电动势，因而在 U_1U_2、V_1V_2、W_1W_2 三相绕组上得到频率相同、幅值相同、相位差也相同(相位差为 120°)的三相对称正弦电压，它们分别用 u_1、u_2、u_3 表示，并取 u_1 的初相为 0°，则

$$\left.\begin{aligned} u_1 &= U_m \sin\omega t \\ u_2 &= U_m \sin(\omega t - 120°) \\ u_3 &= U_m \sin(\omega t - 240°) = U_m \sin(\omega t + 120°) \end{aligned}\right\} \tag{5.1.1}$$

由于是同频正弦量，可用相量表示为

$$\left.\begin{aligned} \dot{U}_1 &= U\angle 0° = U \\ \dot{U}_2 &= U\angle -120° = U\left(-\frac{1}{2} - \mathrm{j}\frac{\sqrt{3}}{2}\right) \\ \dot{U}_3 &= U\angle 120° = U\left(-\frac{1}{2} + \mathrm{j}\frac{\sqrt{3}}{2}\right) \end{aligned}\right\} \tag{5.1.2}$$

如果用相量图和正弦波形来表示三相对称电压,则如图 5.1.3 所示。

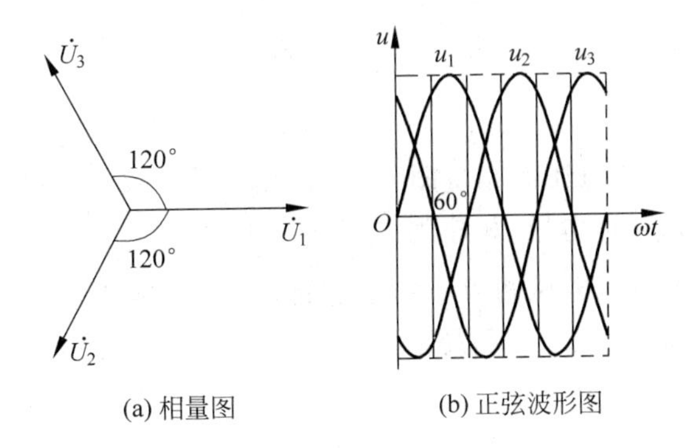

(a) 相量图　　(b) 正弦波形图

图 5.1.3　三相对称电压的相量图和正弦波形

显然,三相对称正弦电压的瞬时值或相量之和为零,即

$$\left.\begin{aligned} u_1 + u_2 + u_3 &= 0 \\ \dot{U}_1 + \dot{U}_2 + \dot{U}_3 &= 0 \end{aligned}\right\} \tag{5.1.3}$$

三相对称电压出现幅值(或过零值)的顺序称为相序。图 5.1.3 中的相序是 $u_1 \rightarrow u_2 \rightarrow u_3$。如果已知三相对称电压中的任意一个,就可以写出其他两个。

发电机(或变压器)三相绕组的接法通常如图 5.1.4 所示,即将三个末端连接在一起,这一连接点称为中性点或零点,用 N 表示。这种连接方法称为星形连接。从中性点引出的导线称为中性线或零线,从始端 U_1、V_1、W_1 引出的三根导线 L_1、L_2、L_3 称为相线或端线,俗称火线。

图 5.1.4 中,每相始端与末端间的电压,即相线与中性线间的电压称为相电压,其有效值为 U_1、U_2、U_3 或用 U_p 表示。而任意两始端间的电压也称两相线间的电压,称为线电压,用 U_{12}、U_{23}、U_{31} 或用 U_l 表示。三个相电压和三个线电压的参考方向如图 5.1.4 所示。

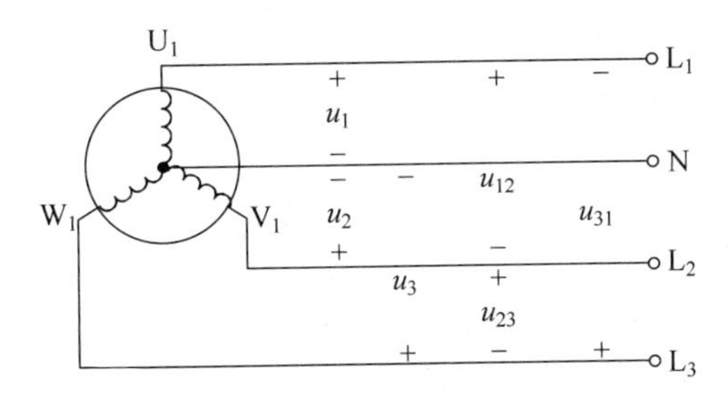

图 5.1.4　发电机三相绕组的星形连接

由如图 5.1.4 所示的参考方向,可得线电压与相电压的关系为

$$\left.\begin{aligned} u_{12} &= u_1 - u_2 \\ u_{23} &= u_2 - u_3 \\ u_{31} &= u_3 - u_1 \end{aligned}\right\} \tag{5.1.4}$$

或用相量表示为

$$\left.\begin{aligned}\dot{U}_{12}&=\dot{U}_1-\dot{U}_2\\\dot{U}_{23}&=\dot{U}_2-\dot{U}_3\\\dot{U}_{31}&=\dot{U}_3-\dot{U}_1\end{aligned}\right\}\tag{5.1.5}$$

图 5.1.5 是相电压与线电压的相量图。由相量图可知，线电压也是频率相同、有效值相同、相位互差 120°的三相对称电压，相序为 $u_{12}\to u_{23}\to u_{31}$。

同时，可获知线电压与相电压两组对称相量的关系：线电压是相电压的$\sqrt{3}$倍，且线电压超前对应的相电压 30°(u_{12}超前 u_1、u_{23}超前 u_2、u_{31}超前 u_3)。该关系也可推广到对称星形负载的线电压与相电压关系。

$$U_l=\sqrt{3}U_p\tag{5.1.6}$$

发电机的绕组连成星形时，如引出四根导线，则称为三相四线制，其中有一根中性线，此时负载可直接获得线电压和相电压两种电压，如图 5.1.6(a)所示；如果引出三根导线，则必是三根相线，称为三相三线制，负载只能直接获得线电压，如图 5.1.6(b)所示。常用的低压配电系统中相电压为 220V，线电压为 380V。

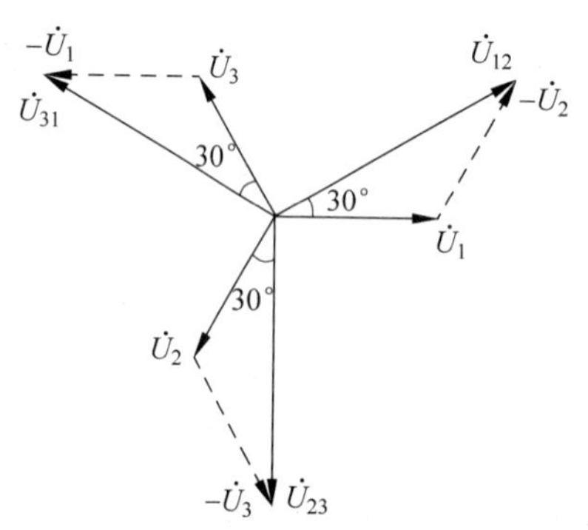

图 5.1.5 发电机绕组星形连接时相电压与线电压的相量图

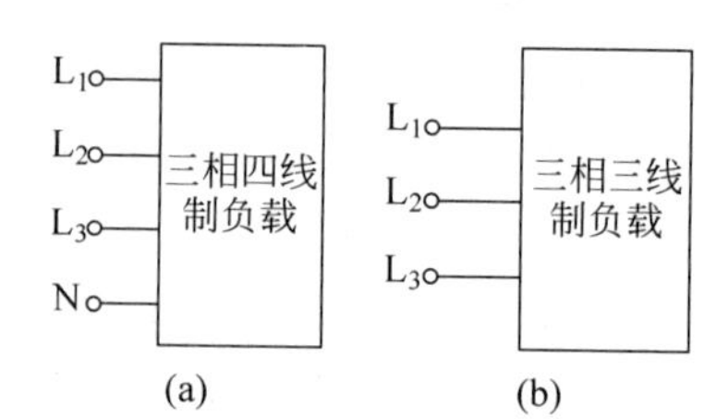

图 5.1.6 电源星形连接的三相电路

练习与思考

5.1.1 将发电机的三相绕组连成星形时，如果误将 U_2、V_2、W_1 连成一点(中点)，用相量图分析是否可获三相对称电压？

5.1.2 当发电机的三相绕组连成星形时，如果 $u_{12}=380\sqrt{2}\sin(\omega t+30°)$V，试写出其余线电压和三个相电压的相量。

5.2 负载星形连接的三相电路

与发电机的三相绕组相似，三相负载也可接成星形。如果有中性线存在，则为三相四线电路；否则就为三相三线制电路。

如图 5.2.1 所示的三相四线制电路，设其线电压为 380V。负载如何连接，首先，要看额定电压。通常电灯(单相负载)的额定电压为 220V，因此要接在相线与中性线之间；其次，如果大量使用电灯，应当均匀地分配在各相之中。

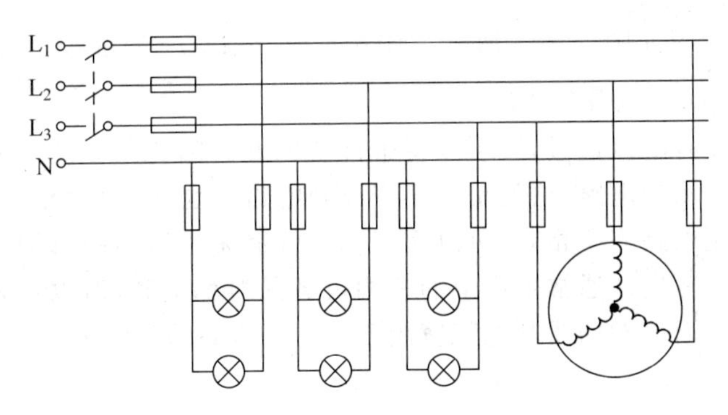

图 5.2.1 电灯与电动机的星形连接

三相电动机的三个接线端总与电源的三根相线连接。但电动机本身的三相绕组可以按铭牌上的要求接入，例如 380V Y 连接或 380V △连接。

负载星形连接的三相四线制电路一般可用图 5.2.2 所示的电路表示。每相负载的阻抗分别为 Z_1、Z_2 和 Z_3。电流的参考方向已在图中标出。

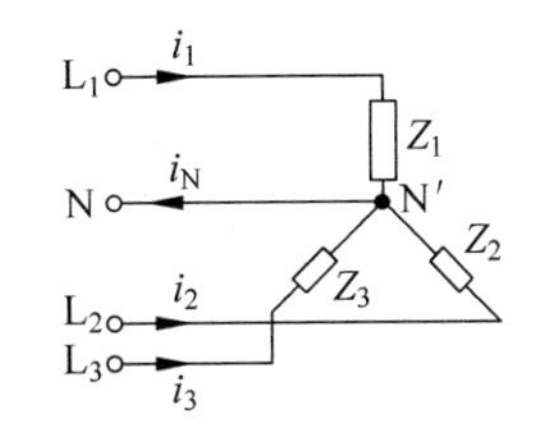

图 5.2.2 负载星形连接的三相四线制电路

三相电路中的电流也有相电流和线电流之分。每相负载上的电流 I_p 称为相电流，每根相线上的电流 I_l 称为线电流。当负载星形连接时，根据 KCL，相电流即为线电流，即

$$I_p = I_l \tag{5.2.1}$$

在电工电子学课程中，通常不计相线和中性线抗阻，电源相电压即为负载相电压。电源相电压和负载阻抗已知，就是三个单相电路，可求各相负载电流。设电源相电压$\dot{U}_1$ 为参考正弦量，则得

$$\dot{U}_1 = U\angle 0^\circ,\quad \dot{U}_2 = U\angle -120^\circ,\quad \dot{U}_3 = U\angle 120^\circ$$

$$\left.\begin{aligned}\dot{I}_1 &= \frac{\dot{U}_1}{Z_1} = \frac{U\angle 0^\circ}{|Z_1|\angle\varphi_1} = I_1\angle(-\varphi_1)\\ \dot{I}_2 &= \frac{\dot{U}_2}{Z_2} = \frac{U\angle -120^\circ}{|Z_2|\angle\varphi_2} = I_2\angle(-120^\circ-\varphi_2)\\ \dot{I}_3 &= \frac{\dot{U}_3}{Z_3} = \frac{U\angle 120^\circ}{|Z_3|\angle\varphi_3} = I_3\angle(120^\circ-\varphi_3)\end{aligned}\right\} \tag{5.2.2}$$

$$\dot{I}_N = \dot{I}_1 + \dot{I}_2 + \dot{I}_3 \tag{5.2.3}$$

如果负载也对称，即各相阻抗相等，即

$$Z_1 = Z_2 = Z_3 = Z$$

即阻抗的模和阻抗角都相等，即

$$|Z_1| = |Z_2| = |Z_3| = |Z| \quad 和 \quad \varphi_1 = \varphi_2 = \varphi_3 = \varphi$$

由式(5.2.2)可知，因为相电压对称，所以负载相电流也是对称的，由对称电流的特征可知，中性线的电流等于零，即

$$\dot{I}_1 + \dot{I}_2 + \dot{I}_3 = 0$$

其电压和电流的相量图如图 5.2.3 所示。作相量时,先以$\dot{U}_1$ 为参考相量作出的$\dot{I}_1$,而后由对称性分别作出$\dot{U}_2$ 和$\dot{U}_3$ 以及$\dot{I}_2$和$\dot{I}_3$。

既然中性线上没有电流通过,就可以将中性线断开。因此图 5.2.2 所示的三相四线制电路变成图 5.2.4 所示的电路,这就是三相三线制电路。也就是说,当负载对称时三相三线制电路与三相四线制电路完全相同,可以用三相四线制来求解,且可以只求一相,另外两相电流根据对称性直接写出。通常生产上的三相负载是对称负载,所以三相三线制电路在生产上应用极为广泛。而三相四线制电路应用于有单相负载的电路中,例如民用电路。

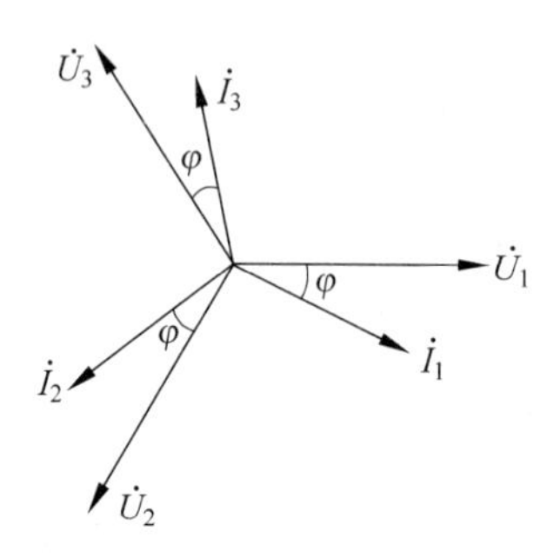

图 5.2.3 对称负载(感性)星形连接时相电压和相电流的相量图

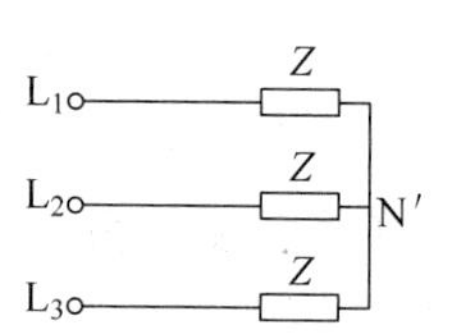

图 5.2.4 对称负载星形连接的三相三线制电路

【例 5.2.1】 有一星形连接的三相对称负载,阻抗 $Z=(6+8\mathrm{j})\Omega$。设三相电源提供对称电压,且 $u_{12}=380\sqrt{2}\sin(\omega t+30°)\mathrm{V}$,试求各相电流。

解 因为负载对称,所以只算一相即可。

$$\dot{U}_{12} = 380\angle 30°\mathrm{V}$$

则

$$\dot{U}_1 = 220\angle 0°\mathrm{V}$$

$$\dot{I}_1 = \frac{\dot{U}}{Z_1} = \frac{220\angle 0°}{10\angle 53°}\mathrm{A} = 22\angle -53°\mathrm{A}$$

所以

$$i_1 = 22\sqrt{2}\sin(\omega t - 53°)\mathrm{A}$$

$$i_2 = 22\sqrt{2}\sin(\omega t - 173°)\mathrm{A}$$

$$i_3 = 22\sqrt{2}\sin(\omega t + 67°)\mathrm{A}$$

【例 5.2.2】 在图 5.2.5 所示的电路中,电源电压对称,每相电压 $U_\mathrm{p}=220\mathrm{V}$。$\mathrm{L}_1$ 相接入 40W、220V 白炽灯一只,L_2 相接入 40W、220V 白炽灯两只(并联),L_3 相接入 40W、220V、$\cos\varphi=0.5$ 的日光灯一只。试求负载相电压、相电流及中性线电流。

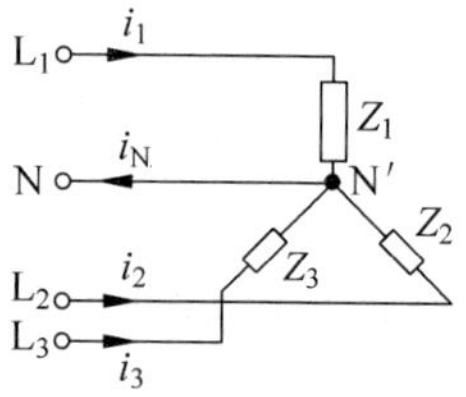

图 5.2.5 例 5.2.2 的电路

解 L_1 相接入 40W、220V 的白炽灯,$P_1=U_1I_1$,$I_1=\dfrac{P_1}{U_1}=0.18\mathrm{A}$

$$\dot{U}_1=220\angle 0°\mathrm{V},\quad \dot{I}_1=0.18\angle 0°\mathrm{A}$$

L_2 相接入 40W、220V 的白炽灯两只,$P_2=U_2I_2$,$I_2=\dfrac{P_2}{U_2}=0.36\mathrm{A}$

$$\dot{U}_2 = 220\angle -120^\circ \text{V} \quad \dot{I}_2 = 0.36\angle -120^\circ \text{A}$$

L_3 相接入 40W、220V、$\cos\varphi=0.5$ 的日光灯一只，为感性负载 $\varphi=60^\circ$

$$P_3 = U_3 I_3 \cos\varphi \qquad I_3 = \frac{P_3}{U_3 \cos\varphi} = 0.36\text{A}$$

$$\dot{U}_3 = 220\angle 120^\circ \text{V}$$

$$\dot{I}_3 = 0.36\angle(120^\circ - 60^\circ)\text{A} = 0.36\angle 60^\circ \text{A}$$

$$\dot{I}_\text{N} = \dot{I}_1 + \dot{I}_2 + \dot{I}_3 = [0.18 + 0.36\angle(-120^\circ) + 0.36\angle 60^\circ]\text{A} = 0.18\text{A}$$

【例 5.2.3】 在例 5.2.2 中，L_3 相断开（开关断开），但中性线存在；(2) L_3 相断开而中性线也断开时（见图 5.2.6），试求各相负载上的电压。

解 (1) L_1 和 L_2 相未受影响，相电压和相电流不变。

(2) 这时 L_1 相与 L_2 相负载的电流相同，串联接在线电压 $\dot{U}_{12}$ 上。设单个电阻的阻值为 R，则有

$$\dot{U}'_1 = \frac{Z_1}{Z_1 + Z_2}\dot{U}_{12} = \frac{R}{R + 0.5R} \times 380\angle 30^\circ \text{V} = 253.3\angle 30^\circ \text{V}$$

$$\dot{U}'_2 = \frac{-Z_2}{Z_1 + Z_2}\dot{U}_{12} = \frac{-0.5R}{R + 0.5R} \times 380\angle 30^\circ \text{V} = -126.7\angle -150^\circ \text{V}$$

此时 L_1 相的相电压大于额定值，而 L_2 相的相电压低于额定值，这也是不允许的。对于三相三线制不对称电路只分析特殊电路，不作一般要求。

从上面所举的几个示例可以看出：

(1) 负载不对称且无中性线时，尽管电压相电压仍对称，但负载的相电压却不对称，而且各相之间相互影响。有的负载相电压高于负载额定值，有的负载相电压低于负载额定电压，这是不允许的。要保证三相负载的相电压对称，使负载相电压等于其额定电压。

(2) 中性线作用就是使星形连接的不对称负载的相电压对称。要保证负载相电压对称，就不应让中性线断开。在中性线的干线内不接入熔断器或闸刀开关。

【例 5.2.4】 已知电源相电压加在电阻 R 上的电流为 I，在如图 5.2.7 所示的三相电路中，①若 $R_1=R_2=\dfrac{R}{2}$，$R_3=R$；②若 $R_1=R$，$R_2=\dfrac{R}{2}$，$R_3=\dfrac{R}{3}$ 时求电流表的读数。

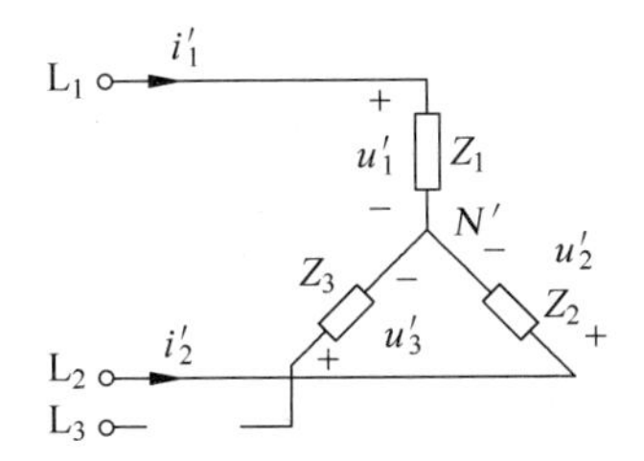

图 5.2.6 例 5.2.3 的电路图

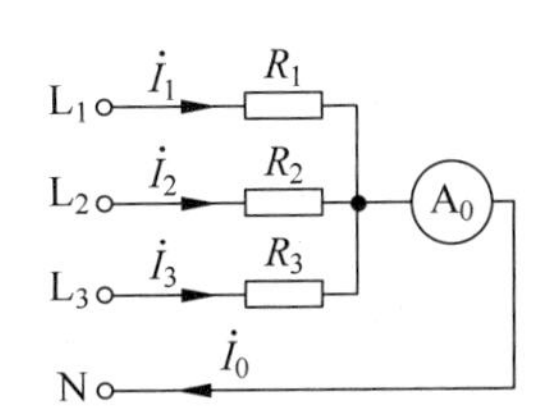

图 5.2.7 例 5.2.4 的电路图

解 电路为三相四线制电路，电流表测中线电流。

①

$$\begin{aligned}\dot{I}_0 &= \dot{I}_1 + \dot{I}_2 + \dot{I}_3 \\ &= 2I\angle 0^\circ + 2I\angle(-120^\circ) + I\angle 120^\circ\end{aligned}$$

$$= 2I[1\angle 0° + 1\angle(-120°) + 1\angle(120°)] - I\angle 120°$$
$$= -I\angle 120°$$

所以电流表读数为 I。

②

$$\begin{aligned}\dot{I}_0 &= \dot{I}_1 + \dot{I}_2 + \dot{I}_3 \\ &= I\angle 0° + 2I\angle(-120°) + 3I\angle 120° \\ &= 2I[(1\angle 0° + 1\angle(-120°) + 1\angle(120°)] - I\angle 0° + I\angle 120° \\ &= I\left(-\frac{1}{2} + \mathrm{j}\frac{\sqrt{3}}{2} - 1\right) = I\left(-1.5 + \mathrm{j}\frac{\sqrt{3}}{2}\right)\end{aligned}$$

所以电流表读数为$\sqrt{3}I$。

利用三相对称电流的相量和为零是分析此类问题的关键。

练习与思考

5.2.1　在如图 5.2.1 所示的电路中，为什么中性线不接开关，也不接入熔断器？

5.2.2　为什么电灯开关要接在相线上？

5.2.3　三相电路中的对称电压(电流)中的对称与对称负载中的对称含义相同吗？

5.3　负载三角形连接的三相电路

负载三角形连接的三相电路可用图 5.3.1 所示的电路来表示。

不考虑线路阻抗时，负载的线电压等于电源的线电压。各相负载都直接在相线上，负载的相电压等于负载的线电压，而与负载无关，是三角形连接电路的基本特征。即

$$U_{12} = U_{23} = U_{31} = U_l = U_p \tag{5.3.1}$$

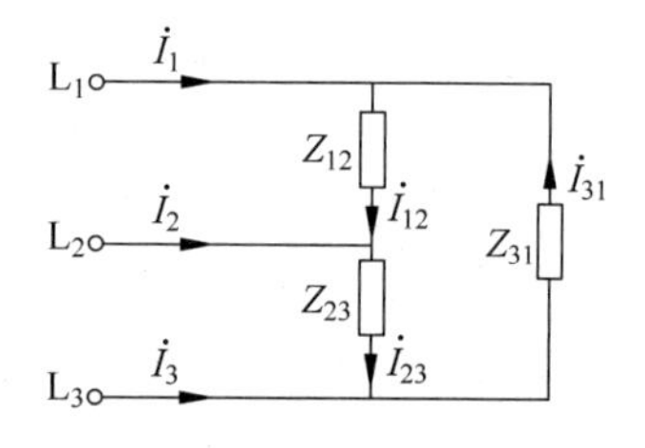

图 5.3.1　负载三角形连接的三相电路

负载的相电流分别为

$$\left.\begin{aligned}\dot{I}_{12} &= \frac{\dot{U}_{12}}{Z_{12}} \\ \dot{I}_{23} &= \frac{\dot{U}_{23}}{Z_{23}} \\ \dot{I}_{31} &= \frac{\dot{U}_{31}}{Z_{31}}\end{aligned}\right\} \tag{5.3.2}$$

负载的相电流与线电流不同，由 KCL 得

$$\left.\begin{aligned}\dot{I}_1 &= \dot{I}_{12} - \dot{I}_{31} \\ \dot{I}_2 &= \dot{I}_{23} - \dot{I}_{12} \\ \dot{I}_3 &= \dot{I}_{31} - \dot{I}_{23}\end{aligned}\right\} \tag{5.3.3}$$

如果负载对称，即

$$Z_{12} = Z_{21} = Z_{31} = Z$$

则负载的相电流也对称，只需求出$\dot{I}_{12}$，可直接写出$\dot{I}_{23}$和$\dot{I}_{31}$。

此时负载对称时线电流与相电流关系，可从式(5.3.3)作出的相量图(见图5.3.2)看出：显然线电流也是对称的，在相位上较相电流滞后30°，$\dot{I}_1$滞后于$\dot{I}_{12}$，$\dot{I}_2$滞后于$\dot{I}_{23}$，$\dot{I}_3$滞后于$\dot{I}_{31}$，线电流也是相电流有效值的$\sqrt{3}$倍，即

$$I_1 = \sqrt{3} I_p \tag{5.3.4}$$

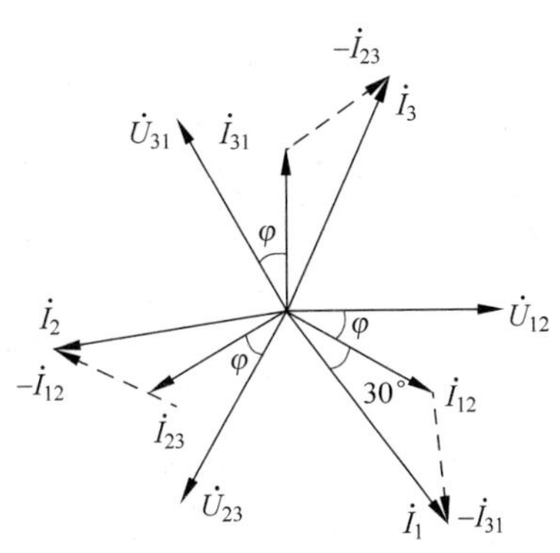

图5.3.2 对称负载三角形连接时电压与电流的相量图

【例5.3.1】 有一台三相异步机(三相对称负载)，当电源线电压为220V时，采用三角形连接，电机额定电流为11.18A；电源线电压为380V时，采用星形连接，电机额定电流为6.47A。请解释为何电压大时电流小，而电压小时电流大。

解 对于三相负载而言，其额定电压或额定电流为线电压或线电流。因为线电压或线电流较相电压或相电流便于测量。但计算三相电路时，不论是星形连接或三角形连接，都要从相上开始，因为只有相电流和相电压与阻抗间才满足欧姆定律，而线电流和线电压与阻抗间不满足欧姆定律，即$\dot{U}=Z\dot{I}$中的$\dot{U}$、$\dot{I}$只能是相电压和相电流。线电压为220V的三角形连接时，相电压也是220V，虽然线电流为11.8A，但相电流为$11.18/\sqrt{3}$A=6.47A；线电压为380V的星形连接时，其相电压也是220V，相电流是6.47A，线电流也是6.47A。也就是说，相电压都是220V，相电流都是6.47A，完全一致。

【例5.3.2】 线电压为380V的三相电源上接有两组对称负载：一组为三角形连接的负载阻抗$Z_\triangle=\mathrm{j}38\Omega$；另一组为星形连接的负载阻抗$R_Y=22\Omega$，如图5.3.3所示。试求：(1)各组负载的相电流；(2)电路线电流。

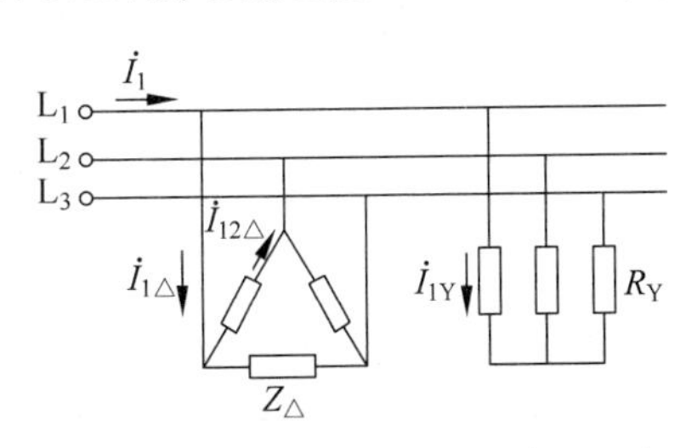

图5.3.3 例5.3.2的电路

解 设线电压$\dot{U}_{12}=380\angle 30°$V，则

$$\dot{U}_1 = 220\angle 0°\text{V}$$

(1) 由于两组负载对称，因此计算一相，即可得其他两相。

三角形负载的相电流为

$$\dot{I}_{12\triangle} = \frac{\dot{U}_{12}}{Z_\triangle} = \frac{380\angle 30°}{\mathrm{j}38}\text{A} = 10\angle -60°\text{A}$$

星形负载的相电流即为线电流，即

$$\dot{I}_{1Y} = \frac{\dot{U}_1}{R_Y} = \frac{220\angle 0°}{22}\text{A} = 10\text{A}$$

(2) 先求三角形负载的线电流$\dot{I}_{1\triangle}=10\sqrt{3}\angle(-90°)$A，由KCL得

$$\dot{I}_1 = \dot{I}_{1\triangle} + \dot{I}_{1Y} = [10\sqrt{3}\angle(-90°) + 10]\text{A} = 20\angle(-60°)\text{A}$$

电路的线电流也对称，得

$$\dot{I}_2 = 20\angle(-180°)\text{A}$$

$$\dot{I}_3 = 20\angle 60°\text{A}$$

练习与思考

5.3.1　负载三角形连接的三相电路一定是三相三线制吗？

5.3.2　请说出对称负载三角形连接和对称负载星形连接三相电路中的$\sqrt{3}$倍及30°角的关系。

5.4　三相功率

将正弦交流电路的功率应用到三相电路即可。不论负载如何连接，三相电路的有功功率等于各相的有功功率之和，三相电路的无功功率等于各相的无功功率之和。

$$\begin{cases} P = P_1 + P_2 + P_3 \\ Q = Q_1 + Q_2 + Q_3 \end{cases} \tag{5.4.1}$$

如果负载是对称的，则每相有功功率都相等。因此三相有功功率是各相有功功率的三倍。

$$P = 3P_{\text{p}} = 3U_{\text{p}}I_{\text{p}}\cos\varphi \tag{5.4.2}$$

式中φ是某相相电压超前该相相电流的角度，即阻抗的阻抗角。

当对称负载星形连接时，得

$$U_1 = \sqrt{3}U_{\text{p}},\quad I_1 = I_{\text{p}}$$

当对称负载三角形连接时，得

$$U_1 = U_{\text{p}},\quad I_1 = \sqrt{3}I_{\text{p}}$$

将上述关系代入式(5.4.2)得

$$P = \sqrt{3}U_1 I_1\cos\varphi \tag{5.4.3}$$

但是，φ仍与式(5.4.1)中相同。

式(5.4.2)和式(5.4.3)都可用来计算对称负载的三相有功功率，但多用式(5.4.3)，因为线电压和线电流的数值较相电压和相电流容易测量。

同理，可得出三相无功功率和视在功率

$$Q = 3U_{\text{p}}I_{\text{p}}\sin\varphi = \sqrt{3}U_1 I_1\sin\varphi \tag{5.4.4}$$

$$S = 3U_{\text{p}}I_{\text{p}} = \sqrt{3}U_1 I_1 \tag{5.4.5}$$

【例5.4.1】　有一三相电动机，每相等效阻抗$Z=(29+\text{j}21.8)\Omega$，绕组为星形连接于线电压$U_1=380\text{V}$的三相电源上。试求电动机的相电流、线电流以及从电源输入的功率。

解

$$I_{\text{p}} = \frac{U_{\text{p}}}{|Z|} = \frac{220}{\sqrt{29^2+21.8^2}}\text{A} = 6.1\text{A}$$

$$I_1 = I_{\text{p}} = 6.1\text{A}$$

$$P = \sqrt{3}U_1 I_1\cos\varphi = \sqrt{3}\times 380\times 6.1\times\frac{29}{\sqrt{29^2+21.8^2}}\text{W}$$

$$= \sqrt{3}\times 380\times 6.1\times 0.8\text{W} = 3200\text{W} = 3.2\text{kW}$$

【例 5.4.2】 在如图 5.4.1 所示的电路中，$U_1=380\text{V}$，设三相对称负载星形和三角形连接，求负载每相阻抗 Z。

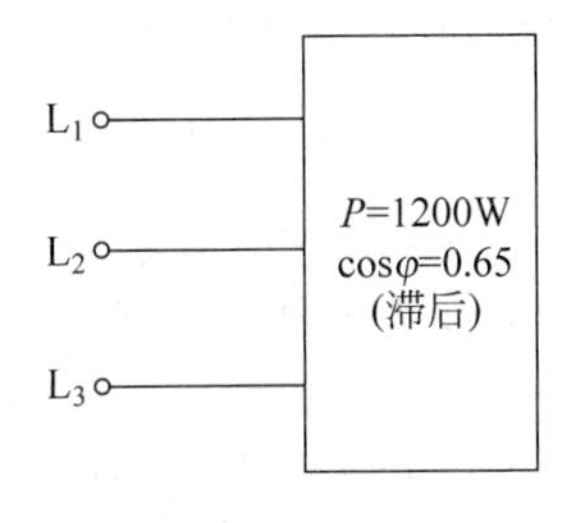

图 5.4.1 例 5.4.2 的图

解 $I_1=\dfrac{P}{\sqrt{3}U_1\cos\varphi}=\dfrac{1200}{\sqrt{3}\times380\times0.65}\text{A}=2.80\text{A}$

(1) 三相星形对称负载时，则

$$I_p=I_1=2.80\text{A}$$

$$U_p=\frac{U_1}{\sqrt{3}}=\frac{380}{\sqrt{3}}\text{V}=220\text{V}$$

$\cos\varphi=0.65$(滞后)，负载是感性负载，$\varphi=\arccos0.65=49.5°$，则

$$Z=|Z|\angle\varphi=\frac{U_p}{I_p}\angle\varphi=\frac{220}{2.8}\angle49.5°\Omega=78.6\angle49.5°\Omega$$

(2) 三相三角形对称负载时，则

$$U_1=U_p=380\text{V}$$

$$I_p=\frac{I_1}{\sqrt{3}}=1.62\text{A}$$

$$Z=|Z|\angle\varphi=\frac{380}{1.62}\angle49.5°\Omega=235.8\angle49.5°\Omega$$

练习与思考

5.4.1 不对称负载能否用 $P=\sqrt{3}U_1I_1\cos\varphi$、$Q=\sqrt{3}U_1I_1\sin\varphi$ 和 $S=\sqrt{3}U_1I_1$ 来计算三相有功功率、三相无功功率和视在功率？如果已知各相电路的有功功率分别为 P_1、P_2 和 P_3，求三相有功功率。

5.4.2 $P_p=U_pI_p\cos\varphi$ 中，φ 可认为是某相电压超前对应相电流的角度，那么 $P=\sqrt{3}U_1I_1\cos\varphi$ 中，φ 可以认为是某线电压超前对应线电流的角度吗？

本章小结

本章在介绍三相电源的基础上，分析了负载星形和三角形连接的三相电路的电压、电流和各种功率。要求读者重点掌握对称星形和三角形连接的三相电路和三相四线制电路的分析，了解其他不对称三相电路的分析。

习 题

5.1 有一三相对称负载，其每相的阻抗 $Z=(4+\text{j}3)\Omega$，如果将负载连成星形和三角形接于线电压 $U_1=380\text{V}$ 的三相电源上，试求相电压、相电流及线电流。

5.2 在三相四线制电路中，电源线电压 $U_1=380\text{V}$，$Z_1=11\Omega$，$Z_2=\text{j}22\Omega$，$Z_3=-\text{j}22\Omega$。

(1) 试求负载相电压、相电流及中性线电流，并作出它们的相量图；

(2) 如有中性线，当 L_1 相短路时求各相电压和电流；

(3) 如无中性线，当 L_3 相断开时求另外两相的电压和电流。

5.3 如图 5.1 所示的三相四线制电路中，设 $\dot{U}_1=220\angle0°\text{V}$，接有对称星形连接的白炽灯负载,其总功率为180W。此外,在L_3相上接有额定电压为220V、功率30W、功率因数$\cos\varphi=0.5$的日光灯一只。试求电流$\dot{I}_N$、$\dot{I}_1$、$\dot{I}_2$、$\dot{I}_3$。

5.4 在线电压为380V的三相电源上接有两组对称负载,如图5.2所示,试求线路电流I及三相有功功率。

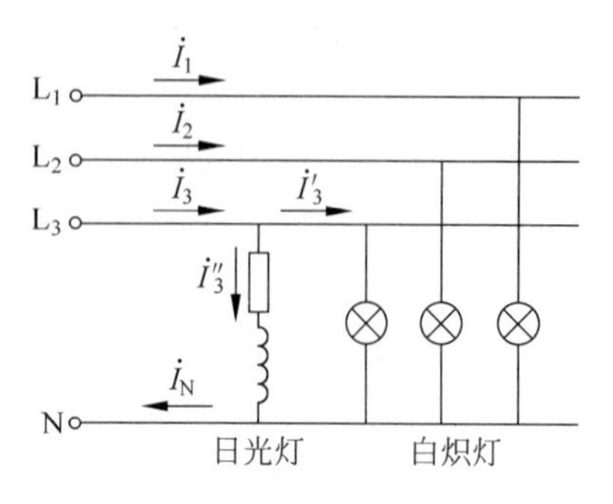

图5.1 习题5.3的图

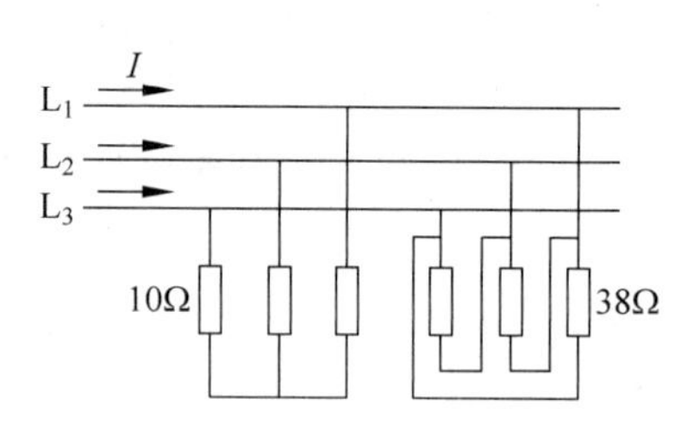

图5.2 习题5.4的图

5.5 在三相四线制电路中,电源电压为380/220V,现有220V、60W的白炽灯和220V、功率30W、功率因数$\cos\varphi=0.5$的日光灯两种负载,按以下要求接入电路中,分别求各相电流和中线电流,并画出电路图:

(1) 每相都接入白炽灯和日光灯各一只;

(2) L_1相接入白炽灯两只,L_2相接入日光灯两只,L_3接入白炽灯和日光灯各一只;

(3) L_1相负载开关断开,L_2相接入日光灯一只,L_3白炽灯和接入日光灯各一只。

5.6 在图5.3中,不对称负载接成三角形,已知$Z_{12}=Z$,$Z_{23}=Z_{31}=0.5Z$,电源电压$U_L=380V$,最大线电流为17.3A,三相有功功率$P=4.5kW$,求:

(1) 每相负载的阻抗(假设是感性负载);

(2) 当L_1L_2相断开时图中各线电流和三相有功功率;

(3) 当L_1线断开时,图中各电流和三相有功功率P。

5.7 在图5.4所示的电路中,假定三相电动机是星形对称负载,$U_{A'B'}=380V$,三相电动机吸收的功率为1.4kW,其功率因数$\cos\varphi=0.866$,$Z_1=-j55\Omega$。求U_{AB}和电源端的功率因数$\cos'\varphi$。

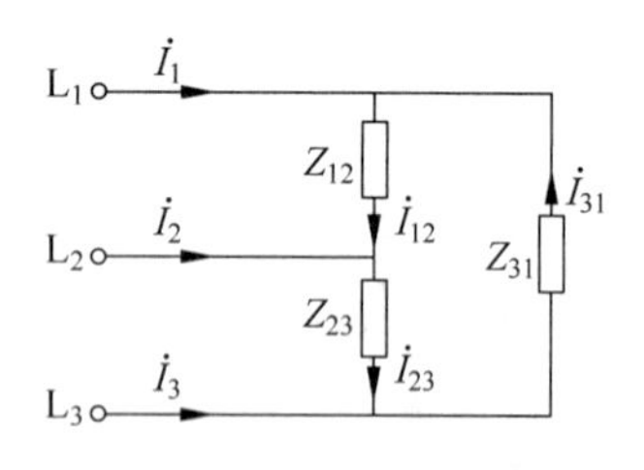

图5.3 习题5.6的图

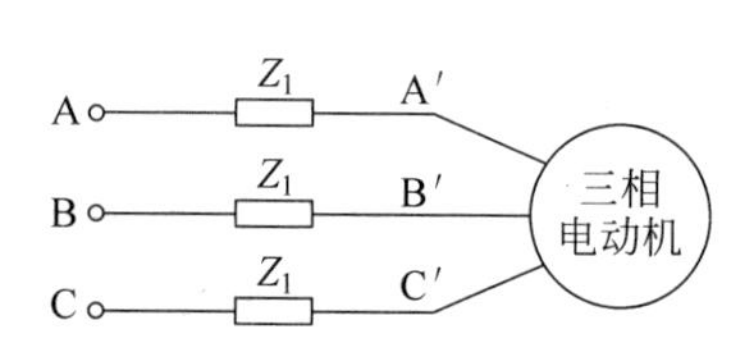

图5.4 习题5.7图

5.8 如图5.5所示三相电路中,已知$Z=(1+j6\sqrt{10})\Omega$:

(1) 当开关S_1和S_2都闭合,且S_3和S_0都断开时,电流表A_1读数为10A,求电源线电压;

(2) 当 S_1、S_2 和 S_3 只有一个开关闭合，而 S_0 闭合时，求电流表 A_0 读数；

(3) S_1、S_2 和 S_3 三个开关中有一个断开，其他和 S_0 都闭合时，求电流表 A_0 读数。

5.9　在如图 5.6 所示的三相电路中，已知电源电压 $U_L=220V$，电流表 A_2 读数是 17.3A，三相有功功率 $P=6.7kW$，电阻 $R_1=22\Omega$，试求：

(1) Z(Z 为感性负载)；

(2) 当 L_1L_2 相断开时，图中各电流表的读数和三相有功功率 P 和三相无功功率 Q；

(3) L_2 线断开时，图中各电流表的读数、三相有功功率 P 和三相无功功率 Q。

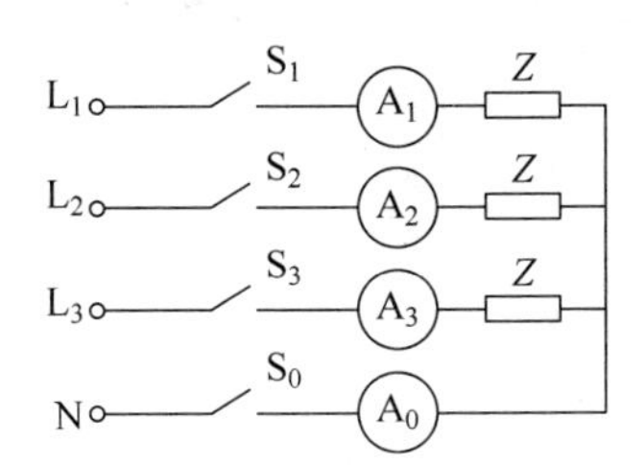

图 5.5　习题 5.8 图

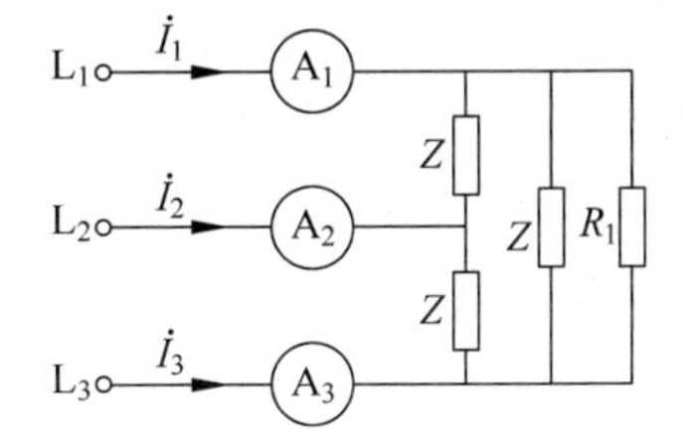

图 5.6　习题 5.9 的图

第6章　变压器与三相异步电动机

前几章介绍了电工基础方面的内容。本章在磁路知识的基础上,介绍现代生产和生活中得到广泛应用的变压器和电动机等电工设备。

变压器是一种静止的电能转换设备。利用电磁感应原理,变压器能将一种等级的交流电压和电流变换成同频率的另一种等级的电压和电流。它的出现使交流电的广泛应用成为现实。

电动机能够将电能转化为机械能,用各种电动机作为原动机的电力拖动已成为主要的拖动形式。电动机可分为交流电动机和直流电动机两大类。交流电动机又分为异步机和同步机,而异步机又分为三相和单相两类。本章只介绍三相异步电动机。

6.1　磁路的分析方法

变压器和电动机都是利用电磁感应定律工作的,借助于磁场这个媒质,可实现电能与电能或电能与机械能的转换。为简化起见,工程中常用磁路来描述和分析磁场及电磁关系。

除了天然磁体产生的磁场外,实际应用中更多的是利用电流来产生磁场,该电流被称为励磁电流。为了用较小的电流产生足够强的磁场,通常在电工设备中采用以铁磁材料做成一定形状的铁心(有时铁心中会有气隙)。铁心的高导磁性可以使绝大部分磁通经过铁心而闭合,这种人为的磁通路径称为主磁路(简称磁路),用 Φ 表示主磁通的大小;也有少量磁通不全部经过铁心而闭合,成为漏磁通(图中未表示),用 Φ_σ 表示。图6.1.1和图6.1.2是两种典型情况:封闭铁心组成的磁路和有气隙的磁路。

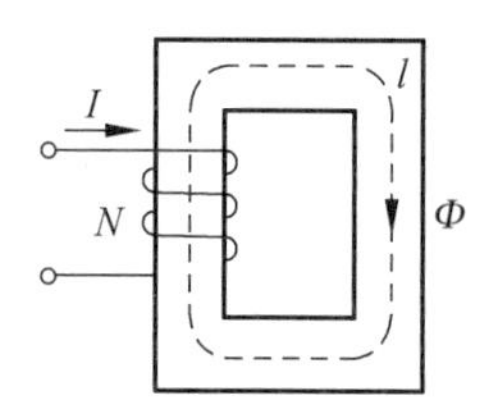

图6.1.1　封闭铁心组成的磁路

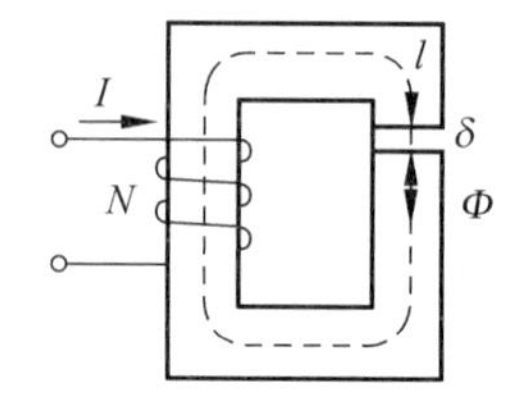

图6.1.2　有气隙的磁路

在如图6.1.1所示的磁路中,假定铁心截面积为 S,平均长度为 l,有 N 匝线圈,忽略漏磁通,则由物理上的相关公式(安培环流定律)可得出

$$NI = Hl = \frac{B}{\mu}l = \frac{\Phi}{\mu S}l$$

或

$$\Phi = \frac{NI}{\dfrac{l}{\mu S}} = \frac{F}{R_m} \tag{6.1.1}$$

式中,B 代表磁感强度;H 代表磁场强度;μ 为磁导率;$F=NI$ 是磁通势,代表通电线圈产生磁场的能力;R_m 为磁阻,代表磁路对磁通的阻碍作用。

式(6.1.1)与电路的欧姆定律形式上相同，称为磁路的欧姆定律。

磁路和电路有许多相似之处，但磁路的分析和计算较电路困难。例如：

(1) 在处理电路时一般不涉及电场问题，而在处理磁路时离不开磁场的概念。

(2) 一般电路中可以不考虑漏电现象，但在磁路中要考虑漏磁通。因为，漏磁相对漏电更为严重，需要考虑。通常在定性分析时考虑，在定量计算时忽略。

(3) 磁路的欧姆定律通常不能直接用于定量计算(μ 不是常数)，相当于非线性电阻，只易定性分析；而电路中更多讨论的是线性电阻。

如果磁通 Φ 已知，则 $B=\dfrac{\Phi}{S}$，然后由铁心材料的磁化曲线 $B=f(H)$ 找出铁心中的磁场强度 H，则 $F=NI=Hl$ 可得。

对图 6.1.2 所示的有气隙的磁路，如果磁通 Φ 已知，则认为铁心和气隙的截面积均为 S，铁心的平均长度为 l，气隙的长度为 δ，则 B 也相同。由铁心材料的磁化曲线 $B=f(H)$ 找出铁心中的磁场强度 H；而气隙的磁场强度 $H_0=\dfrac{B}{\mu_0}=\dfrac{B}{4\pi\times10^{-7}}\text{A/m}$，磁通势等于两段磁压降之和，即得到 $NI=Hl+H_0\delta$。

图 6.1.3 是三种最常用的电工材料(铸铁、铸钢、硅钢片)的磁化曲线，以备使用。

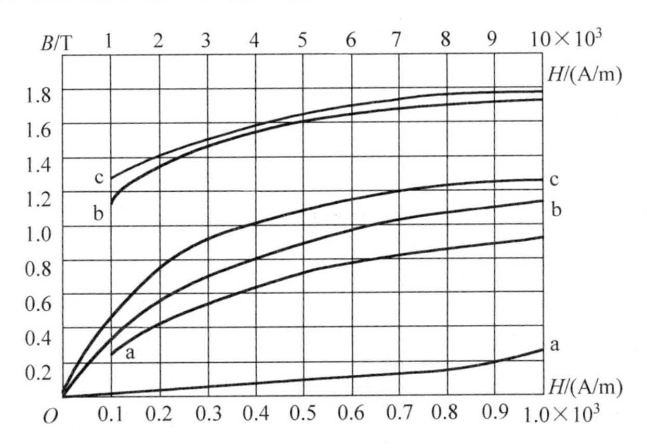

图 6.1.3 磁化曲线

a—铸铁；b—铸钢；c—硅钢片

【例 6.1.1】 如图 6.1.1 所示的铁心线圈为 100 匝，铁心中的磁感强度 $B=0.9\text{T}$，磁路的平均长度为 10cm。试求：(1)铁心材料为铸铁时的励磁电流；(2)铁心材料为硅钢片时的励磁电流。

解 当 $B=0.9\text{T}$ 时，查出两种材料的 H 值，再计算 I。

(1) $H_1=9000\text{A/m}$

$$I_1=\frac{H_1 l}{N}=\frac{9000\times0.1}{100}\text{A}=9\text{A}$$

(2) $H_2=260\text{A/m}$

$$I_2=\frac{H_2 l}{N}=\frac{260\times0.1}{100}\text{A}=0.26\text{A}$$

所用铁心材料不同，要得同样的磁感强度 B 值，则磁通势 F 或励磁电流 I 相差很大。铁心材料的磁导率 μ 越高，可以在励磁电流 I 不变的情况下，减少线圈的匝数，从而减少用铜量。

如果在上面(1)、(2)两种情况下，线圈中都流过 0.26A 的电流，则铁心中的 H 都是 260A/m。分别查铸铁和硅钢片的磁化曲线可得

$$B_1=0.05\text{T},\quad B_2=0.9\text{T}$$

两者相差17倍，磁通也相差17倍。如果得到相同的磁通，那么铸铁的截面积就增加17倍。因此，采用磁导率高的材料，可减少铁心的截面积，从而减少用铁量。

【例6.1.2】 如图6.1.2所示的磁路中，其 B 值为 0.9T，用硅钢片作为材料，铁心长度为 9.8cm，气隙长为 0.2cm。设 N 为 100，求 I 值。

解 当 $B=0.9T$ 时，其 $H=260\text{A/m}$；空气隙中的 H_0 为

$$H_0=\frac{B_0}{\mu_0}=\frac{0.9}{4\pi\times10^{-7}}\text{A/m}=7.2\times10^5\text{A/m}$$

$$NI=Hl+H_0\delta=(260\times0.098+7.2\times10^5\times0.2\times10^{-2})\text{A}=1465.48\text{A}$$

$$I=\frac{NI}{N}=\frac{1465}{100}\text{A}=14.65\text{A}$$

可见，在磁路中有气隙时，由于其磁导率 μ 低，磁通势差不多都用在空气隙上面，从而大大增加了励磁电流 I。如果可能，磁路应全部通过铁心(变压器)；如果磁路中必须要有气隙(电动机的定子与转子之间)，也应减少气隙的长度。

6.2 变 压 器

变压器是一种常用的电气设备，在电力系统和电子技术中应用广泛。在输电方面，当输送有功功率 $P=UI\cos\varphi$ 及负载功率因数 $\cos\varphi$ 一定时，提高电压 U，可减少线路电流 I。这样可以减少输电线的截面积，同时还可以减少线路的功率损耗。而当用电时，为保证用电安全和设备电压要求，也要利用变压器降低电压。

在电子技术中，除电源变压器外，变压器还用来耦合电路、传递信号、实现阻抗匹配。

6.2.1 变压器的工作原理

变压器的结构如图6.2.1所示，它由闭合铁心和高、低压绕组等几个主要部件构成。

如图6.2.2所示为变压器的原理图，与电源相连的称为原绕组(或称初级绕组、一次绕组)，与负载相连的称为副绕组(或称为次级绕组、二级绕组)，其匝数分别为 N_1 和 N_2。

原绕组上接有交流电压 u_1 时，则有电流 i_1 产生。原绕组的磁通势 N_1i_1 在铁心产生主磁通 Φ，从而在原副绕组中产生感应电动势 e_1 和 e_2。如果副绕组是闭合的，就会有电流 i_2，则 N_2i_2 也会在铁心中产生磁通。铁心的 Φ 是由 $N_1i_1+N_2i_2$ 产生的。此外，原、副绕组的磁通势还分别产生漏磁通 $\Phi_{\sigma1}$ 和 $\Phi_{\sigma2}$，从而产生漏磁电动势 $e_{\sigma1}$ 和 $e_{\sigma2}$。

下面讨论变压器的电压变换、电流变换及阻抗变换。

1. 电压变换

对原绕组电路列写 KVL 方程，即

$$u_1=R_1i_1-e_{\sigma1}-e_1=R_1i_1+L_{\sigma1}\frac{\text{d}i_1}{\text{d}t}-e_1\qquad(6.2.1)$$

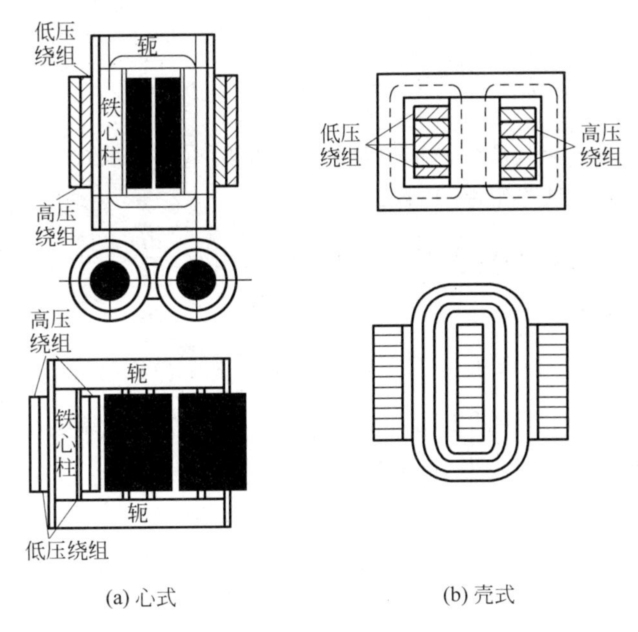

图 6.2.1　变压器的结构

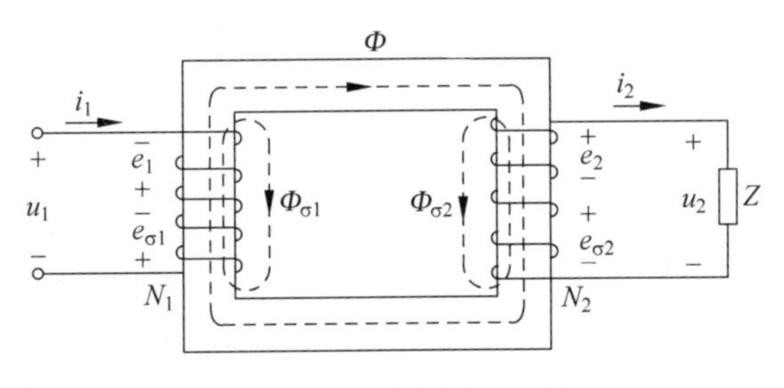

图 6.2.2　变压器的原理图

通常认为漏磁通不全部经过铁心而闭合，是线性电感；而主磁通全部经过铁心，是非线性电感，只能用电磁感应定律来表示。在正弦电压作用时，可写成相量关系式

$$\dot{U}_1 = R_1\dot{I}_1 - \dot{E}_{\sigma1} - \dot{E}_1 = (R_1 + \mathrm{j}X_1)\dot{I}_1 - \dot{E}_1 \tag{6.2.2}$$

式中 R_1 和 $X_1 = \omega L_{\sigma1}$ 代表原绕组的电阻和漏感抗。

与主磁通产生的 E_1 相比，可以忽略原绕组的电阻和漏抗压降。于是得

$$\dot{U}_1 \approx -\dot{E}_1$$

该表达式表示主磁通在原绕组产生的 E_1 基本上与外加电压 U_1 相抗衡，大小近似相同，方向相反。

设 $\Phi = \Phi_m \sin\omega t$，则根据电磁感应定律，主磁通在原绕组产生电动势为

$$\begin{aligned} e_1 &= -N_1 \frac{\mathrm{d}\Phi}{\mathrm{d}t} \\ &= -N_1 \omega \Phi_m \cos\omega t \\ &= 2\pi f N_1 \Phi_m \sin\left(\omega t - \frac{\pi}{2}\right) \\ &= E_{1m} \sin\left(\omega t - \frac{\pi}{2}\right) \end{aligned} \tag{6.2.3}$$

于是

$$E_1 = \frac{2\pi f N_1}{\sqrt{2}}\Phi_m = 4.44 f N_1 \Phi_m \approx U_1 \tag{6.2.4}$$

式(6.2.4)是讨论主磁通与其产生感应电动势有效值的重要关系式。

同理,对副绕组电路列写电路方程为

$$e_2 = R_2 i_2 - e_{\sigma 2} + u_2 = R_2 i_2 + L_{\sigma 2}\frac{\mathrm{d}i_2}{\mathrm{d}t} + u_2 \tag{6.2.5}$$

如用相量形式,则为

$$\dot{E}_2 = R_2 \dot{I}_2 - \dot{E}_{\sigma 2} + \dot{U}_2 = (R_2 + \mathrm{j}X_2)\dot{I}_2 + \dot{U}_2 \tag{6.2.6}$$

式中,R_2 和 $X_2=\omega L_{\sigma 2}$ 为副绕组的电阻和漏感抗;$\dot{U}_2$ 为副绕组的端电压。

同理,在副绕组产生电动势 E_2 的有效值为

$$E_2 = 4.44 f N_2 \Phi_m \tag{6.2.7}$$

当变压器空载时得

$$I_2 = 0,\quad E_2 = U_{20}$$

式中,U_{20} 是空载时副绕组的端电压。

由式(6.2.4)和式(6.2.7)可见,原、副绕组的电压之比为

$$\frac{U_1}{U_{20}} \approx \frac{E_1}{E_2} = \frac{N_1}{N_2} = K \tag{6.2.8}$$

式中,K 为变压器的变比,即原、副绕组的匝数比。

变比在变压器的铭牌上有标注,它表示原、副绕组的额定电压之比,其中副绕组的额定电压是原绕组上加额定电压时副绕组的空载电压,它较负载的额定电压高 5%~10%。

2. 电流变换

由 $U_1 \approx E_1 = 4.44 f N_1 \Phi_m$ 可知,当电源电压 U_1 和频率 f 不变时,E_1 和 Φ_m 也近似不变。所以负载时产生主磁通的原、副绕组的合成磁通势 $N_1 i_1 + N_2 i_2$ 应该与空载时的原绕组的磁通势 $N_1 i_0$ 相差无几,即

$$N_1 i_1 + N_2 i_2 \approx N_1 i_0$$

其相量关系式为

$$N_1 \dot{I}_1 + N_2 \dot{I}_2 \approx N_1 \dot{I}_0 \tag{6.2.9}$$

空载电流 I_0 基本上是励磁电流。由于变压器的主磁路中无气隙,所以它很小。I_0 一般在原绕组额定电流 I_{1N}的 10%之内。只要 I_1 远大于 I_0,可忽略 I_0。式(6.2.9)可写成

$$N_1 \dot{I}_1 \approx - N_2 \dot{I}_2 \tag{6.2.10}$$

其原、副绕组电流有效值的关系为

$$\frac{I_1}{I_2} \approx \frac{N_2}{N_1} = \frac{1}{K} \tag{6.2.11}$$

上式表示原、副绕组的电流之比近似等于其匝数比的倒数。式(6.2.10)表示,原、副绕组电流反相,副绕组的磁通势对原绕组的磁通势实际上是去磁作用。当副边电流 I_2 增大时,为维持主磁通最大值保持不变,$I_1(N_1 I_1)$也随之增大,原、副绕组的电流比值几乎不变。

I_{1N}和 I_{2N}是指规定工作方式运行时,原、副绕组允许通过的最大电流,它根据绝缘材料

的允许温度确定。

变压器的额定容量用视在功率表示，通常设计时让原、副绕组的额定容量相等，即

$$S_N = U_{1N}I_{1N} = U_{2N}I_{2N} \tag{6.2.12}$$

3. 阻抗变换

借助于电压和电流变换，可实现阻抗变换。

如图 6.2.3(a)所示的电路中，负载阻抗模 $|Z|$ 接于变压器的副边，将图中的虚线框部分用一个阻抗模 $|Z'|$ 来等效，要保证折算前、后电路原副边的电压、电流和功率不变，如图 6.2.3(b)所示。

由式(6.2.8)和式(6.2.11)可得出

$$|Z'| = \frac{U_1}{I_1} = \frac{\frac{N_1}{N_2}U_2}{\frac{N_2}{N_1}I_2} = \left(\frac{N_1}{N_2}\right)^2 \frac{U_2}{I_2} = K^2|Z| \tag{6.2.13}$$

通过不同的匝数比，把负载阻抗变成合适的数值，从而实现阻抗匹配。

【例 6.2.1】 在如图 6.2.4 所示变压器的原边上接交流信号源，其电动势 $E=100\text{V}$，内阻 $R_0=100\Omega$，负载电阻 $R_L=4\Omega$。(1)当 R_L 折算到原边的等效电阻 $R_L'=R_0$ 时，求变压器的匝数比和信号源输出功率；(2)如负载直接与信号源连接时，信号源输出多大功率？

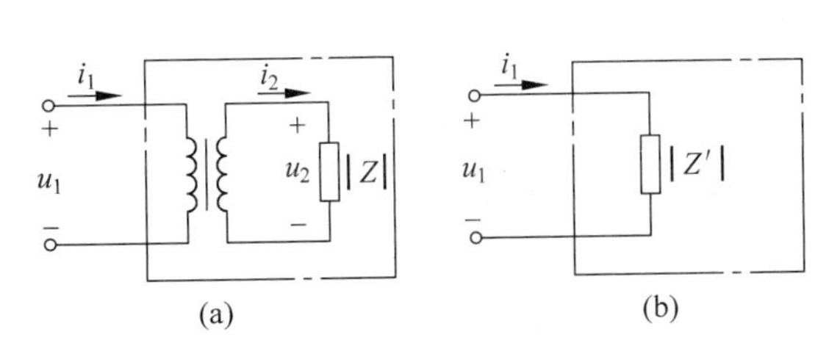

图 6.2.3　负载阻抗的等效变换

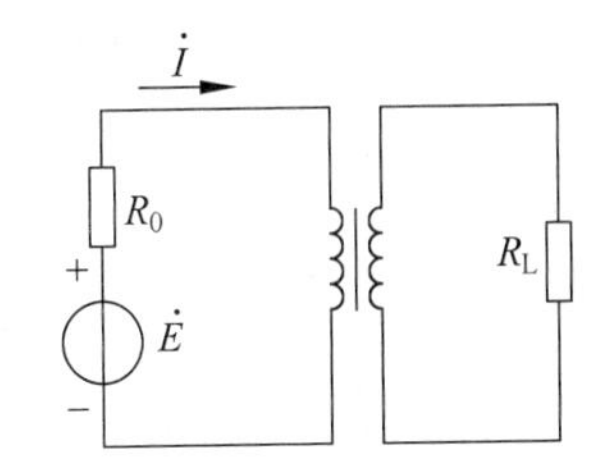

图 6.2.4　例 6.2.1 图

解　(1) 变压器的匝数比应为

$$\frac{N_1}{N_2} = \sqrt{\frac{R_L'}{R_L}} = \sqrt{\frac{100}{4}} = 5$$

信号源输出功率为

$$P = \left(\frac{E}{R_0 + R_L'}\right)^2 R_L' = \left(\frac{100}{100+100}\right)^2 \times 100\text{W} = 25\text{W}$$

(2) 当负载直接接在信号源上时，可得

$$P = \left(\frac{100}{100+4}\right)^2 \times 4\text{W} = 3.70\text{W}$$

6.2.2　变压器的运行特性

对于负载而言，变压器就是一个有内阻抗的实际电压源。当电源电压 U_1 不变时，随着副边电流 I_2 的变化，副边电压 U_2 也随之变化。当电源电压 U_1 和负载的功率因数 $\cos\varphi_2$ 一定时，$U_2=f(I_2)$称为外特性曲线，见图 6.2.5。对电阻性和感性负载而言，电压 U_2 随 I_2 的增加而下降。通常用电压变化率 ΔU 来表示当变压器从空载到额定负载时电压 U_2 的相对

变化率，即

$$\Delta U = \frac{U_{20} - U_2}{U_{20}} \times 100\% \qquad (6.2.14)$$

式中，U_{20} 为空载时的副边电压。一般变压器中，其电阻和漏抗压降都较小，ΔU 不超过 5%。

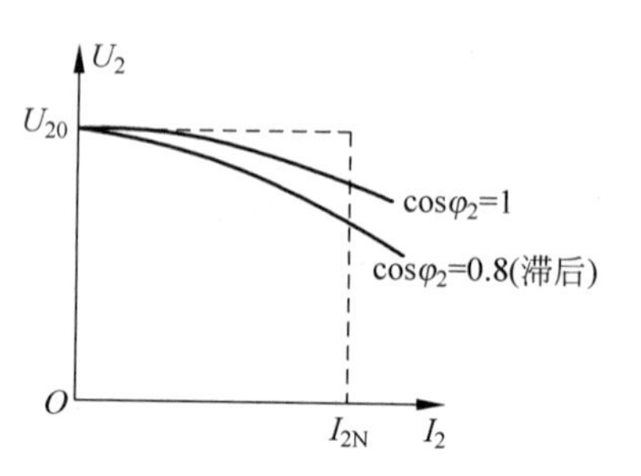

图 6.2.5 变压器的外特性曲线

变压器变换交流时，其损耗包括铁心的铁损 ΔP_{Fe} 和绕组上的铜耗 ΔP_{Cu}。前者与铁心内磁感应强度的最大值 B_m 有关，与负载大小无关；而后者则与负载电流的平方成正比。

变压器的效率常用下式确定

$$\eta = \frac{P_2}{P_1} = \frac{P_2}{P_2 + \Delta P_{Fe} + \Delta P_{Cu}} \qquad (6.2.15)$$

式中，P_2 为输出功率；P_1 为输入功率。

变压器的功率损耗很小，效率高，大型变压器可达 95%以上。

【例 6.2.2】 有一带电阻负载的单相变压器，其额定数据如下：$S_N = 1\text{kV}\cdot\text{A}$，$U_{1N} = 220\text{V}$，$U_{2N} = 115\text{V}$，$f_N = 50\text{Hz}$，由试验测得：$\Delta P_{Fe} = 40\text{W}$，额定负载时 $\Delta P_{Cu} = 60\text{W}$。求：(1)变压器的额定电流；(2)满载和半载时的效率。

解 (1) 额定容量时的额定电流为

$$I_{2N} = \frac{S_N}{U_{2N}} = \frac{1\times 10^3}{115}\text{A} = 8.69\text{A}$$

$$I_{1N} = \frac{S_N}{U_{1N}} = \frac{1\times 10^3}{220}\text{A} = 4.55\text{A}$$

(2) 满载和半载时的效率分别为

$$\eta_1 = \frac{P_2}{P_2 + \Delta P_{Fe} + \Delta P_{Cu}} = \frac{1\times 10^3}{1\times 10^3 + 40 + 60} = 90.9\%$$

$$\eta_2 = \frac{P_2}{P_2 + \Delta P_{Fe} + \Delta P_{Cu}} = \frac{\frac{1}{2}\times 10^3}{\frac{1}{2}\times 10^3 + 40 + \left(\frac{1}{2}\right)^2 \times 60} = 90.1\%$$

6.2.3 特殊变压器

下面介绍两种特殊变压器：自耦变压器和电流互感器。

1. 自耦变压器

在如图 6.2.6 所示的自耦变压器中，其副绕组是原绕组的一部分。这种变压器的原、副绕组除了磁的联系外，还有电的直接联系。该种变压器的电压、电流关系与普通变压器无差别，当变比 $K<2$ 时，它可以减少尺寸和节省材料，且可提高变压器的效率。

2. 电流互感器

电流互感器是根据变压器的原理制作而成的，主要用来扩大交流电表的量程。同时，它将测量仪表与高压电路隔开，保证人身与设备的安全。

电流互感器的接线图及其符号如图 6.2.7 所示。它的原绕组匝数很少且与被测电路串

联，而副绕组的匝数较多，直接接电流表或其他电流线圈。根据变压器的电流关系，有

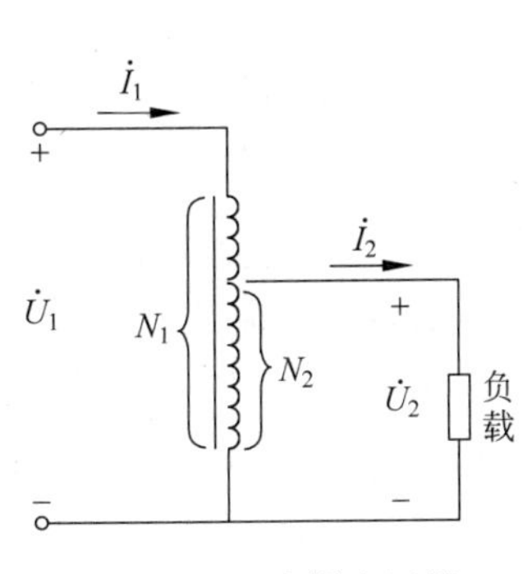

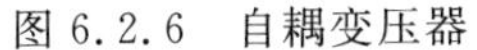
图 6.2.6 自耦变压器

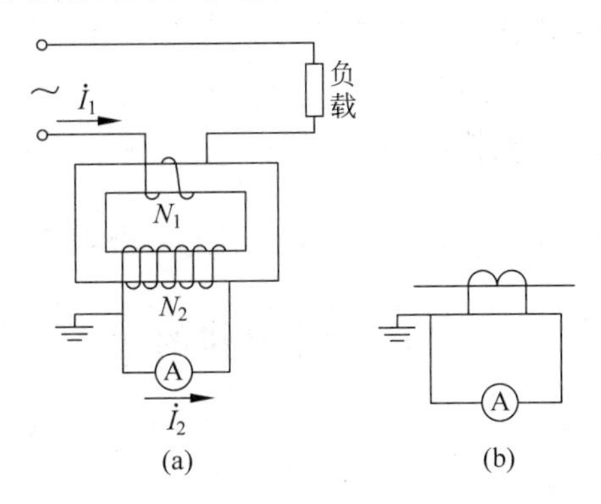

图 6.2.7 电流互感器的接线图及其符号

$$I_1 = \frac{N_2}{N_1} I_2 = K_i I_2 \qquad (6.2.16)$$

式中，K_i 为电流互感器的变换系数，是一般变压器 K 的倒数。

通常所接电流表或其他电流线圈的额定值均为 5A，更换电流互感器就可以测量不同电流，而电流表可直接标出被测的电流值。

由于电流互感器副绕组上的负载阻抗很小，因此折合到原绕组侧的阻抗也很小，对被测电流的影响也很小。所以不允许将副绕组开路，否则被测量电流会全部成为励磁电流，在副绕组中产生非常高的电压，产生极大的危险。为安全起见，电流互感器的铁心和副绕组的一端应该接地。

练习与思考

6.2.1 如果变压器的一次绕组的匝数减少 $\frac{1}{3}$，而原边仍加额定电压，试问励磁电流有何变化？如果一次绕组的匝数增大两倍，条件相同，此时励磁电流有何变化？

6.2.2 有一台 220V/110V 的变压器，$N_1 = 2000$ 匝，$N_2 = 1000$ 匝，现将匝数减少为 200 匝和 100 匝，是否也可以？

6.2.3 有一台 220V/110V 的变压器：(1)如果低压侧加 110V 电压，高压侧可带 220V 的负载吗？(2)如果将低压侧接在 220V 电源上，高压侧会输出 440V 吗？

6.2.4 某变压器的额定频率为 50Hz：(1)如果用 60Hz 的交流电路，能否带额定负载？(2)能否在 20Hz 的交流电路中带少量负载？

6.3 三相异步电动机

电动机的作用是将电能转换为机械能。现代生产机械都广泛应用电动机来拖动，既有简单的单机拖动，也有相对复杂的多电机拖动系统。如常用的桥式起重机中就有三台电动机。

生产机械由电动机拖动有许多优点：简化生产机械的结构；提高生产效率和产品质量；能实现自动控制和远距离操作；减轻繁重的体力劳动。

本节介绍的异步电动机，它广泛用于驱动各种金属切削机床、起重机、锻压机、传送带、铸造机械等。

学习电动机的有关知识点,从以下几个方面着手。

(1) 构造。

(2) 工作原理。

(3) 机械特性。

(4) 运行特性。

(5) 使用常识。

6.3.1 三相异步电动机的构造

三相异步电动机分为两个基本部分:固定不动的定子和旋转的转子。图 6.3.1 为三相异步电动机的构造图。

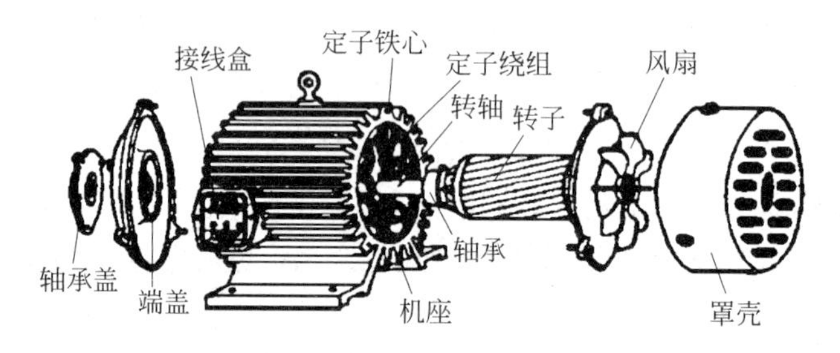

图 6.3.1 三相异步电动机的构造图

定子由机座、圆筒铁心以及三相定子绕组组成。机座由铸铁或铸钢制作而成,铁心是由互相绝缘的硅钢片叠成的。铁心的内圆周上冲有槽,用以放置三相对称绕组 U_1U_2、V_1V_2、W_1W_2,三相绕组可以星形连接或三角形连接。

三相异步电动机的转子可分为笼型和绕线型两种。笼型的转子绕组做成鼠笼状(见图 6.3.2),或在槽中浇铸铝液,铸成鼠笼,这种结构在中小型笼式电动机中得到广泛应用。

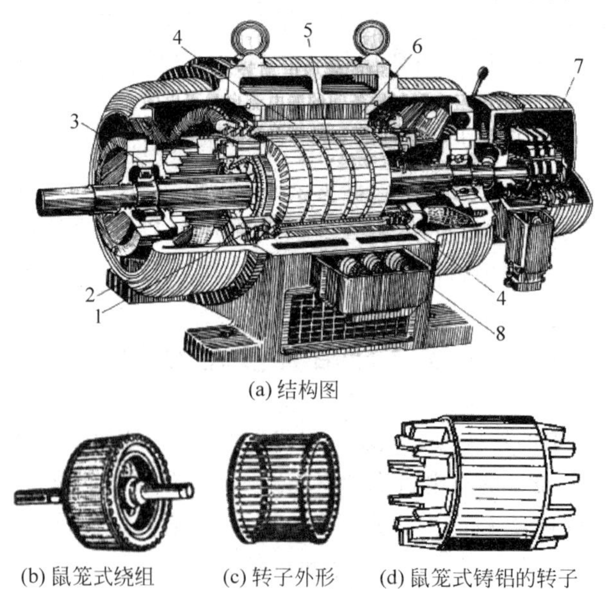

(a) 结构图

(b) 鼠笼式绕组 (c) 转子外形 (d) 鼠笼式铸铝的转子

图 6.3.2 笼型转子三相异步电动机的结构图

1—转子绕组;2—端盖;3—轴承;4—定子绕组;5—转子;6—定子;7—集电环;8—出线盒

绕线型异步电动机的构造如图 6.3.3 所示，它的转子绕组同定子绕组的结构相同，也为三相星形。每相的始端接在三个铜制的滑环上，滑环固定在转轴上。借助于弹簧的压力，碳质电刷压在环上，从而将转子绕组引出。

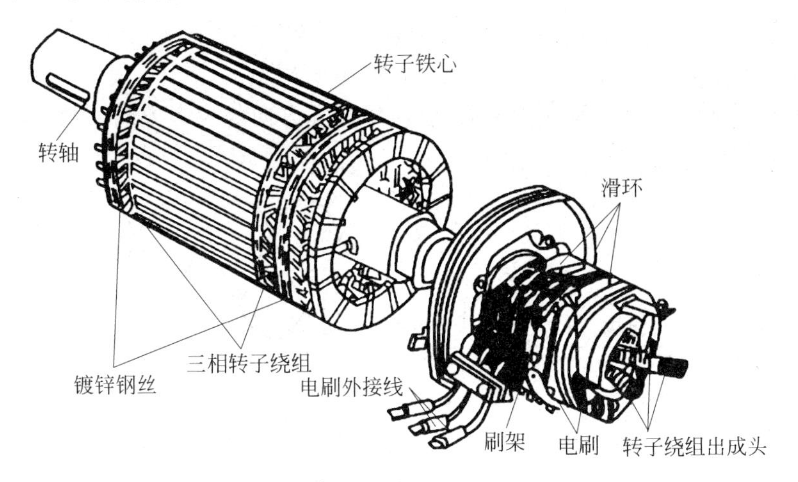

图 6.3.3　绕线式转子的构造图

两种电机在转子上的构造不同，但它们的工作原理是相同的。

6.3.2　三相异步电动机的工作原理

图 6.3.4 是三相异步电动机转动原理的演示。转动磁极时，发现转子跟着磁极一起转动。摇得快，转子转得也快；反摇，转子马上反转。

由此得出以下两点结论：

(1) 产生了一个旋转的磁场。

(2) 转子跟着磁场转动。

先分析转子是如何转动的，再分析旋转磁场的产生。

在图 6.3.5 所示的转子转动原理图中，图中 N、S 表示两极旋转磁场的磁极，转子中只表示出两个导条。当旋转磁场顺时针旋转时，其磁力线切割转子导条，导条中感应出电动势。电动势的方向由右手定则确定。在电动势作用下，闭合的导条中就有电流，从而转子导条受到电磁力 F 的作用。电磁力的方向由左手定则来确定。电磁力产生电磁转矩，可使转子转动起来。在图 6.3.5 中可见，转子的转动方向与旋转磁场相同；当旋转磁场反转时，电动机也随之反转。

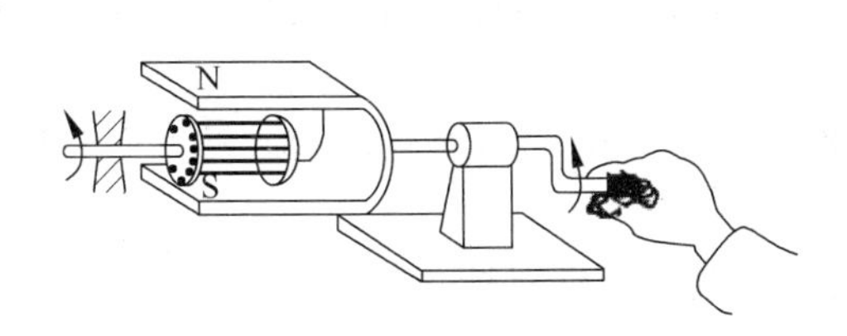

图 6.3.4　异步电动机转子转动的演示

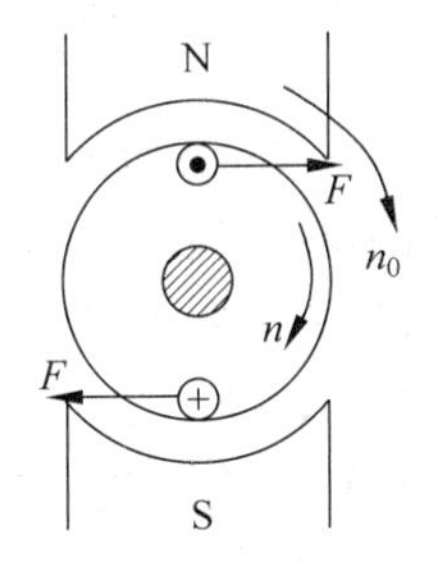

图 6.3.5　转子转动的原理图

下面再分析旋转磁场的产生。三相异步机的定子铁心中有 U_1U_2、V_1V_2 和 W_1W_2 三相绕组，三相绕组星形连接，接入三相电源上，绕组中就有三相对称电流，即

$$i_1 = I_m \sin\omega t$$
$$i_2 = I_m \sin(\omega t - 120°)$$
$$i_3 = I_m \sin(\omega t + 120°)$$

其波形见图 6.3.6(b)。当电流大于零时，电流的实际方向与参考方向一致；否则相反。

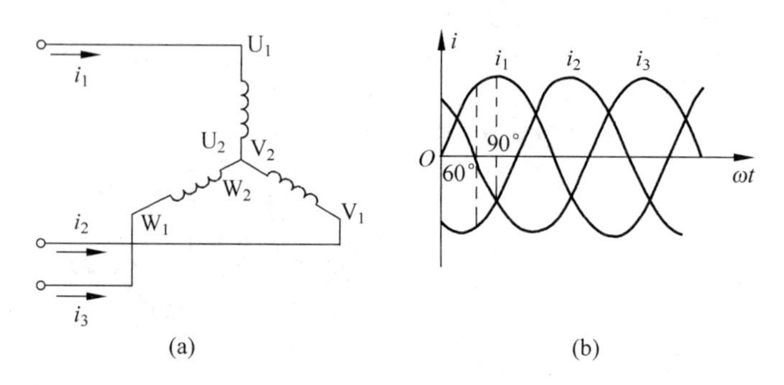

图 6.3.6　三相定子绕组中的三相对称电流

在原理电机中认为每相为一个集中绕组，三个绕组均匀分布在定子圆周上。当 $\omega t=0$ 时，$i_1=0$，$i_2<0$，$i_3>0$，用右螺旋关系画出此时的磁场，如图 6.3.7(a)所示，磁场的轴线方向自上而下。

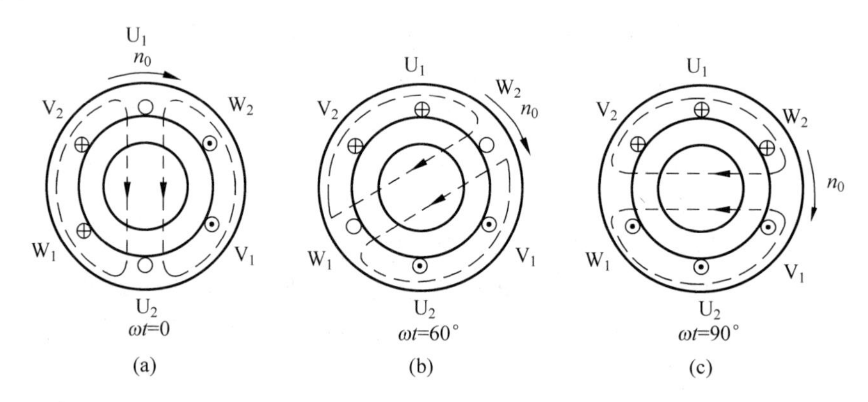

图 6.3.7　三相电流产生的旋转磁场

图 6.3.7(b)表示 $\omega t=60°$时定子电流及产生的磁场，此时磁场在空间转过 60°。

同理可得 $\omega t=90°$时的三相电流的磁场，它比 $\omega t=60°$的磁场在空间又转过 30°，如图 6.3.7(c)所示。

由此可见，当定子绕组中通入三相电流后，它们共同产生的磁场是随电流在时间上的交变而在空间不断地旋转，这就是旋转磁场。

从图 6.3.7 中还可以发现，三相电流的相序是 U－V－W，而磁场的旋转方向与该顺序一致，即磁场的转向与通入绕组的三相电流相序有关。

如果将三相电源连接的三根导线中的任意两根的一端对调位置，如电动机三相绕组的 V 相和 W 相对调，旋转磁场就反转，如图 6.3.8 所示。

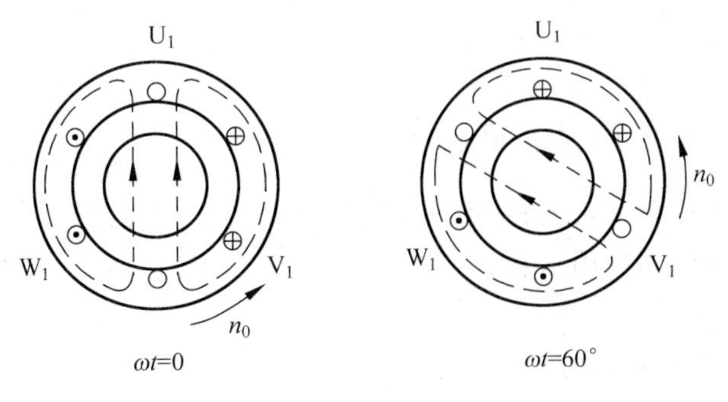

图 6.3.8 旋转磁场的反转

三相异步机的极数就是旋转磁场的极数，而旋转磁场的极数和三相绕组的安排有关。如果将每相看成两个集中绕组串联（如 U 相分成 U_1U_2' 和 $U_1'U_2$ 两个集中绕组），每个绕组的首、尾端相距 90°空间角，而绕组的始端之间相差 60°空间角。按每相先外层再内层分布，则产生的旋转磁场具有两对极，即 $p=2$。

三相异步电动机的转速与旋转磁场的转速有关，而旋转磁场的转速取决于电流频率与磁场的极对数。在一对极情况下，电流交变一周，旋转磁场在空间旋转一圈，则每分钟内电流交变 $60f_1$ 次，旋转磁场的转速为 $n_0=60f_1$。转速的单位为转每分(r/min)。

在二对极情况下，电流交变一次，磁场仅旋转了半转，此时旋转磁场的转速 $n_0=\dfrac{60f_1}{2}$。

以此类推可知，当旋转磁场具有 p 对极时，磁场的转速为

$$n_0=\frac{60f_1}{p} \tag{6.3.1}$$

对于某异步机而言，f_1 和 p 通常一定，所以磁场转速 n_0 是个常数。

那么电动机转子的转速 n 又是多少呢？一般情况下，$n<n_0$，如果两者相同，则转子与旋转磁场之间就相对静止，就不会有感应电动势、感应电流以及电磁转矩，转子就不能继续以 n_0 的速度转动。当然，在特殊情况下，有可能 $n\geqslant n_0$。所以转子转速与磁场转速之间有差别，所谓异步电动机由此而来。而旋转磁场的转速 n_0 则称为同步转速，也称为理想空载转速。

通常用转差率 s 表示 n_0 与 n 之间相对差值，即

$$s=\frac{n_0-n}{n_0} \tag{6.3.2}$$

该式也可以改写为

$$n=(1-s)n_0 \tag{6.3.3}$$

转差率 s 是异步机运行的一个重要物理量。转子转速愈接近于磁场转速，则两者相对差值就越小。额定转速的转差率 s_N 为 1%～9%，电动机在通常情况下，$n>n_N$，则 $s<s_N$。

在启动瞬间，$n=0$，则 $s=1$；在理想空载时，$n=n_0$，则 $s=0$。

【例 6.3.1】 一台三相异步电动机，已知电源频率 $f_N=50\text{Hz}$，额定转速 $n_N=975\text{r/min}$。试求电动机的极对数和额定负载时的转差率。

解 由于额定转速接近且略小于同步转速，在 50Hz 下的 n_0 为 3000r/min、1500r/min、1000r/min 等，所以此时 $n_0=1000\text{r/min}$，对应的极数 $p=3$，额定转差率为

$$s_N = \frac{n_0 - n_N}{n_0} \times 100\% = \frac{1000 - 975}{1000} \times 100\% = 2.5\%$$

6.3.3 三相异步电动机的机械特性

电磁转矩 T(简称转矩)是三相异步电动机最重要的物理量之一，而机械特性是它的主要特性，分析电动机运行都要用到它。

1. 转矩公式

异步机的转矩是由旋转磁场的每极磁通 Φ 与转子电流 I_2 相互作用而产生的。由于转子电路是感性的，其电磁转矩与转子电流的有功分量有关，由此得出

$$T = K_T \Phi I_2 \cos\varphi_2 \tag{6.3.4}$$

其中，K_T 是一常数，与电动机的结构有关；$\cos\varphi_2$ 为转子每相电路的功率因数。

将转子电路的相关公式代入上式，即得出转矩的另一表达式为

$$T = K\frac{sR_2U_1^2}{R_2^2 + (sX_{20})^2} \tag{6.3.5}$$

式中，K 也是一常数；U_1 为定子相电压；而 R_2 和 X_{20} 为转子每相电路中的电阻和 $s=1$ 时(启动时)的漏抗。转矩 T 受定子相电压影响很大，同时与转子电路参数以及转差率 s 有关。

2. 机械特性曲线

在一定的电源电压 U_1 和转子电路每相参数 R_2 和 X_{20} 之下，转矩与转差率的关系曲线 $T=f(s)$ 或转速与转矩的关系曲线 $n=f(T)$ 称为电动机的机械特性曲线。可由式(6.3.5)得出如图 6.3.9(a)所示的 $T=f(s)$ 曲线，由此可得到 $n=f(T)$ 的曲线，如图 6.3.9(b)所示。

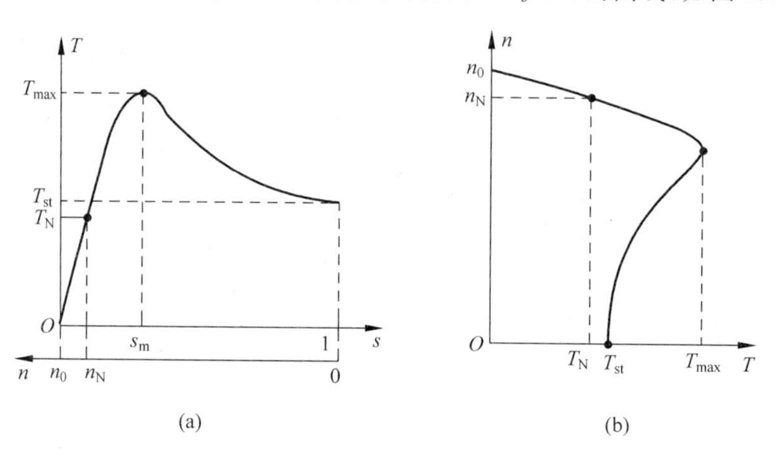

图 6.3.9 三相异步电动机的 $T=f(s)$ 和 $n=f(T)$ 曲线

在机械特性曲线上，要重点讨论三个转矩，即额定转矩、最大转矩和启动转矩。

(1) 额定转矩 T_N

在等速转动时，电动机的转矩 T 必须与阻转矩 T_C 相平衡，即

$$T = T_C$$

阻转矩主要是机械负载转矩 T_2，此外还有空载损耗 T_0。由于 T_0 很少，常可忽略不计，故上式可写为

$$T = T_2 + T_0 \approx T_2 \tag{6.3.6}$$

并得出

$$T \approx T_2 = \frac{P_2}{\frac{2\pi n}{60}} = 9550\,\frac{P_2}{n} \tag{6.3.7}$$

式中，P_2 是电动机轴上输出的机械功率，转矩单位是牛·米(N·m)，功率单位是 kW，转速为转每分(r/min)。如果 P_2 单位是瓦，则上式系数为 9.55。

额定转矩是电动机的各项指标都是额定值时的转矩，可从电动机铭牌上的额定功率(输出功率)和额定转速求得。

某电动机的额定功率为 260kW，额定转速是 722r/min，则额定转矩为

$$T_N = 9550\,\frac{P_{2N}}{n_N} = 9550 \times \frac{260}{722}\text{N}\cdot\text{m} = 3439\text{N}\cdot\text{m}$$

(2) 最大转矩 T_{max}

从特性曲线上看，转矩有一个最大值，称为最大转矩 T_{max} 或临界转矩。对应的 s_m 称为临界转差率，可由 $\frac{dT}{ds}$ 求得，即

$$s_m = \frac{R_2}{X_{20}} \tag{6.3.8}$$

$$T_{max} = \frac{KU_1^2}{2X_{20}} \tag{6.3.9}$$

由上两式可见，T_{max} 与 U_1^2 和 X_{20} 有关，与 R_2 无关；而 s_m 与 R_2 和 X_{20} 均有关。这为绕线型异步电动机的应用提供了理论上的依据，即人为改变转子串接的电阻，可以改变机械特性，但不降低电机带负载的能力。

上述关系式见图 6.3.10 和图 6.3.11。

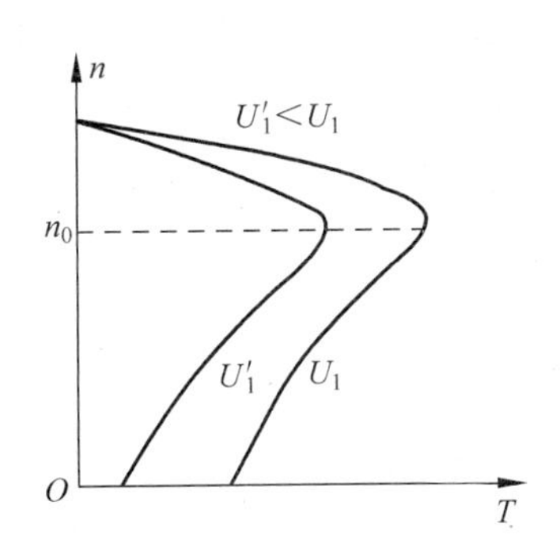

图 6.3.10　不同 U_1 下的 $n=f(T)$ 曲线(R_2、X_{20} 不变)

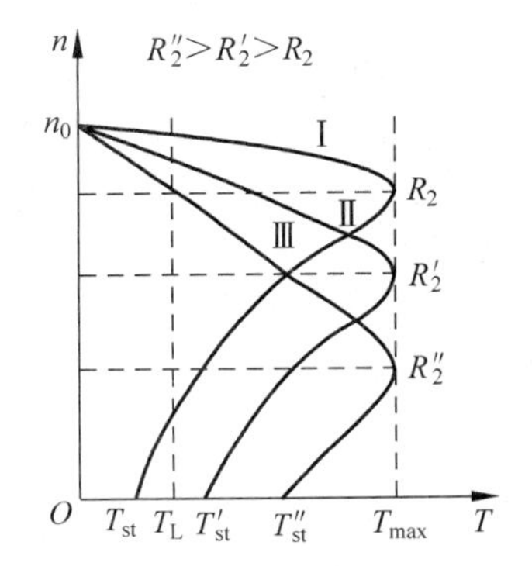

图 6.3.11　不同转子电阻 R_2 下的 $n=f(T)$ 曲线(U_1 和 X_{20} 不变)

在 $n_0 \sim n_0(1-s_m)$ 区间，电动机具有自我调节能力，负载转矩增大，电机就减速，而电磁转矩增大。当两者再次平衡时，电机以牺牲转速为代价，但负载转矩大于最大转矩后，$n < n_0(1-s_m)$ 电动机就带不动了，发生所谓闷车现象，最终停下来。电机停止后，电动机电流上升为额定值的六七倍，电动机严重过热，导致损坏。

电动机允许短时超过额定转矩，因此用过载系数衡量电动机的过载能力，即

$$\lambda = \frac{T_{max}}{T_N} \tag{6.3.10}$$

一般三相异步机的过载系数为1.8～2.2。

在选用电动机时，T_N 和 T_{max} 都是重要依据。

(3) 启动转矩 T_{st}

电动机启动时($n=0,s=1$)时的转矩为启动转矩，将 $s=1$ 代入式(6.3.5)可得

$$T_{st} = K\frac{R_2U_1^2}{R_2^2+X_{20}^2} \tag{6.3.11}$$

由上式可见，T_{st} 与 U_1^2 及 R_2、X_{20} 有关。当减小 U_1 时，启动转矩减少；当串入电阻时，不仅转子电流会减少，如果适当，T_{st} 还会增大。当 $R_2=X_{20}$ 时，$T_{st}=T_{max}$ 取得最大值。

3. 电动机的稳定工作点

对于如图6.3.12所示的机械特性曲线，可分为两段：ab段和bc段。在ab段内，随着电磁转矩的增大，转速出现下降。但总体而言，ab段比较平坦，由于电磁转矩的增大而导致的转速下降并不明显，这种特性称为硬的机械特性。如果负载是转矩不随转速变化的恒转矩负载，则转矩的机械特性(是一条与纵轴平行的直线)与ab段的交点是稳定工作点。

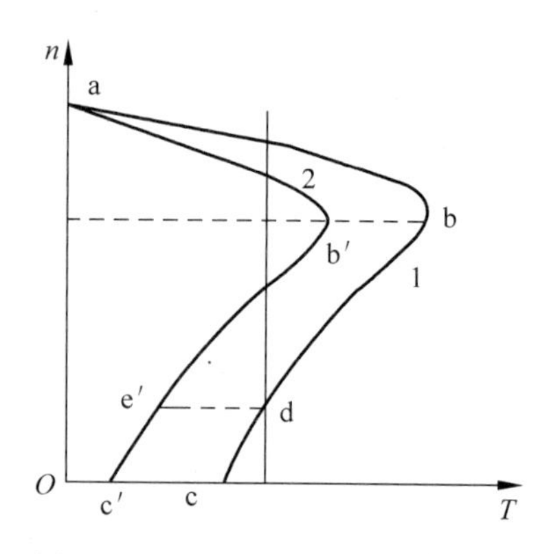

图6.3.12 电压对电动机机械特性的影响及稳定工作点

有时负载的机械特性也与电动机的机械特性bc段相交，但该点不是稳定工作点。若原先相当于d点，现电源电压下降，电机机械特性由1变成2，但是转子的转速不能跃变，电机工作点由d点水平跳到e′，$T_{e'}<T_d$，但负载转矩不变。所以电机开始减速，但在b′c′段，转速下降，会引起电磁转矩的进一步减小，从而引起转子转速进一步减小，直到电机停下为止，发生闷车事故。

如果电机带恒负载转矩，则稳定工作点在 $n_0 \sim n_0(1-s_m)$ 之间。

6.3.4 三相异步电动机的运行特性

1. 启动性能和启动方法

启动就是让电动机由静止到正常转动的过程。那么先分析启动时($n=0,s=1$)的启动电流和启动转矩。

刚启动时，电动机转子对磁场的相对转速很大，在转子绕组中产生大的电动势和电流，类似于变压器的原理，此时定子电流也很大，中小型笼型异步机的定子启动线电流 I_{st} 是额定值的5～7倍。

如果电动机不频繁启动，对电动机本身影响不大。由于启动时间短(小型电动机只有1～3s)，且随着转速上升，电流将很快减少。但如果频繁启动，电动机就可能过热，需防止频繁启动。例如，在切削加工时，一般用离合器将主轴与电动机轴脱开，而不将电动机停机。

电动机的启动电流对线路有影响。在启动时，大的启动电流会在线路上产生较大的电压降落，而使负载端的电压降低，影响邻近的负载工作。由于电压降低而引起相邻电动机的

转速下降,电流增大,甚至出现闷车现象。

启动转矩 T_{st} 一般为 T_N 的 1.0～2.2 倍,问题不大。如果 T_{st} 过小,应设法提高;如果 T_{st} 过大,会使传动机构受到冲击而损坏。

综上所述,异步电动机启动时的主要缺点是启动电流较大,为减少启动电流(有时也为提高或减少启动转矩),必须采用适当的启动方法。

笼型异步电动机可采用直接启动和降压启动两种方法。

直接启动就是利用闸刀开关或接触器将电动机直接接到具有额定电压的电源上。该方法简单,但缺点也很明显。

一台电动机能否直接启动有相关规定。例如,用电单位如有独立变压器,当电动机启动频繁时,电动机容量应小于变压器容量的 20%;如果电动机不经常启动,它的容量应小于变压器容量的 30%。如果没有独立变压器(与照明共用),则由直接启动而产生的压降要小于 5%。

20～30kW 以下的电动机,一般都采用直接启动。如果不符合以上要求,就必须采用降压启动,减少在电动机定子绕组上的相电压,以减少启动电流。最简单的方法是星形-三角形(Y-△)换接启动。

电动机工作时其定子绕组是三角形连接,那么启动时把它连成星形,等到转速接近额定值时再换成三角形。这样,启动时每相绕组上的电压降为正常工作电压的$\frac{1}{\sqrt{3}}$。

如图 6.3.13 所示是定子绕组的两种连接法,Z 为启动时每相从定子看进去的等效阻抗。当定子绕组连成星形,即降压启动时,则

$$I_{lY}=I_{pY}=\frac{\frac{U_1}{\sqrt{3}}}{|Z|}$$

当定子绕组接成三角形,即直接启动时,则

$$I_{l\triangle}=\sqrt{3}\,I_{p\triangle}=\sqrt{3}\,\frac{U_1}{|Z|}$$

比较以上两式,可得

$$\frac{I_{lY}}{I_{l\triangle}}=\frac{1}{3}$$

即降压启动时的电流为直接启动时的$\frac{1}{3}$。

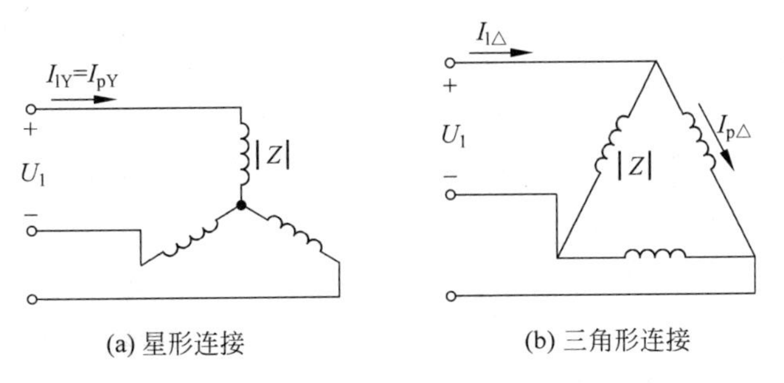

(a) 星形连接　　(b) 三角形连接

图 6.3.13　星形连接和三角形连接电路的启动电流

由于转矩和电压的平方成正比，所以启动转矩也减少到直接启动的$\frac{1}{3}$。因此，该方法只适用于空载或轻载启动。

至于绕线型电动机的启动，只要在转子电路接入适当的启动电阻 R_{st}（见图 6.3.14），就可达到减小启动电流的目的，同时也可以提高（或降低）启动转矩。它常用于启动转矩较大的生产机械上，如卷扬机、起重机及转炉等。随着转速的上升，启动电阻将逐段切除。

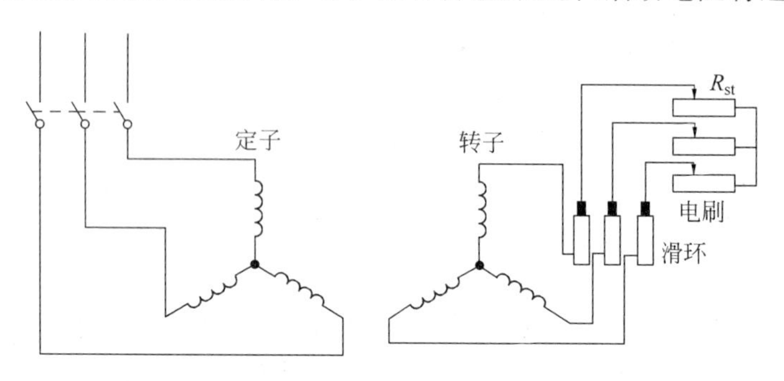

图 6.3.14　绕线型电动机启动时的接线图

【例 6.3.2】 有一 Y22M-4 三相异步电动机，其额定数据如下表所示。

功率	转速	电压	效率	功率因数	I_{st}/I_N	T_{st}/T_N	T_{max}/T_N
45kW	1480r/min	380V	92.3%	0.88	7.0	1.9	2.2

试求：(1)额定电流；(2)额定转差率，额定转矩，启动转矩。

解　(1) 4～100kW 的电动机通常都是 380V，△连接，则

$$I_N = \frac{P_{2N} \times 10^3}{\sqrt{3}U_N \eta \cos\varphi} = \frac{45 \times 10^3}{\sqrt{3} \times 380 \times 0.88 \times 0.923}\text{A} = 84.2\text{A}$$

这时 $P_{2N}/\eta = P_{1N}$（输入功率），而三相异步电动机为对称三相电路，所以 $P_{1N} = \sqrt{3}U_N I_N \cos\varphi$。

(2) 由于 $n_N = 1480\text{r/min}$ 可知，$n_0 = 1500\text{r/min}$，所以

$$s_N = \frac{n_0 - n_N}{n_0} = \frac{1500 - 1480}{1500} = 0.013$$

$$T_N = 9550\frac{P_{2N}}{n_N} = 9550 \times \frac{45}{1480}\text{N}\cdot\text{m} = 290.4\text{N}\cdot\text{m}$$

$$T_{max} = \left(\frac{T_{max}}{T_N}\right)T_N = 2.2 \times 290.4\text{N}\cdot\text{m} = 638.9\text{N}\cdot\text{m}$$

$$T_{st} = \left(\frac{T_{st}}{T_N}\right) \times T_N = 1.9 \times 290.4\text{N}\cdot\text{m} = 551.8\text{N}\cdot\text{m}$$

【例 6.3.3】 上题中，(1)如果负载转矩为 $1.2T_N$，试问在 $U = 0.8U_N$ 的情况下电动机能否启动？(2)如果采用 Y-△换接启动，求启动电流和启动转矩，当负载转矩为 $0.6T_N$ 时，电动机能否启动？

解　(1) $U = 0.8U_N$ 时

$$T_{st} = 0.8^2 \times 1.9T_N = 1.22T_N > 1.2T_N$$

故能启动。

(2)

$$I_{st\triangle}=7I_N=7\times 84.2\text{A}=589.2\text{A}$$

$$I_{stY}=\frac{1}{3}I_{st\triangle}=196.5\text{A}$$

$$T_{stY}=\frac{1}{3}T_{st\triangle}=183.9\text{N}\cdot\text{m}$$

当负载为 60% T_N 时,则

$$T_{stY}=\frac{1}{3}\times 1.9T_N>0.6T_N$$

故可以启动。

2. 三相异步机的调速

所谓调速是在负载不变的情况下,人为改变电机的转速,从而满足生产过程的要求。采用电气调速可以简化机械变速装置。

由异步电动机的公式

$$n=(1-s)n_0=(1-s)\frac{60f_1}{p}$$

可见,改变电动机的转速有三种方法:即变频 f、变极对数 p 和变转差率 s。前两者用于笼型电动机,而后者是绕线型电动机的调速方法。

变频调速具有调速范围大、平滑性好等优点,是现代交流调速的主流。现已有许多变频装置被广泛应用。简单地说,变频调速就是通过改变电源频率 f_1,从而改变同步转速,由此来改变电动机的转速。

改变极对数同样可改变旋转磁场的 n_0,从而改变电动机的转速。如图 6.3.15 所示定子绕组的两种接法。把 A 绕组分成两半:A_1X_1 和 A_2X_2,图 6.3.15(a)是两个线圈串联,得到 $p=2$;图 6.3.15(b)是两线圈反并联,得出 $p=1$。

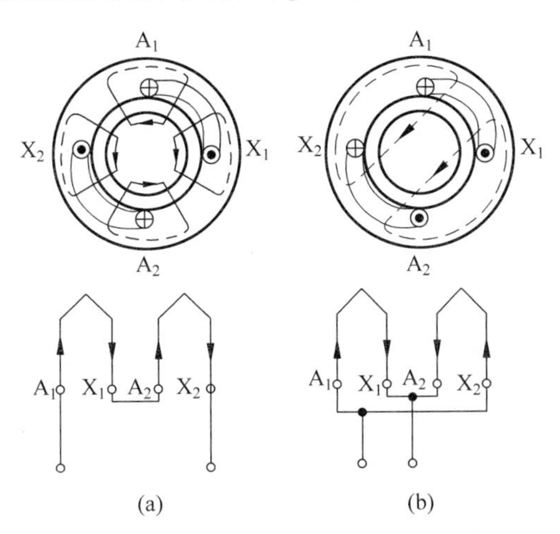

图 6.3.15　改变极对数 p 的调速方法

变极调速用得最多的是双速电机,它在机床上用得较多,如镗床、磨床、铣床上都有,是一种有级调速。

所谓变转差率调速,就是在转子电路中接入一个调速电阻,改变电阻的大小来改变电机的机械特性，从而改变电动机的转速。这种方式的缺点是能量损耗大，被广泛应用于短时工作的设备中(如起重机)。

3. 三相异步电动机的制动

因为电动机的转动部分有惯性，所以，为提高生产机械的生产率及安全性，要求电动机能够迅速停车或反转，这就要对电动机制动。在制动时，电机的电磁转矩与转子转动的方向相反，电磁转矩不但不支持转子的转动，还阻止转子的转动；而在电动机状态时，电磁转矩和转动方向相同，支持转子的转动。

异步电动机的制动常用以下几种方法：能耗制动、反接制动和发电反馈制动。

能耗制动就是切断交流电源后，立即接通直流电源(见图6.3.16)，使直流电流通入定子绕组。直流电流产生恒定磁场，它阻碍转子的转动。制动转矩的大小与直流电流的大小有关，一般取电动机额定电流的0.5～1倍。这种制动是消耗转子的动能并将其转换为电能来制动的，因此称为能耗制动。这种制动能耗少，制动平稳，在机床中应用广泛。

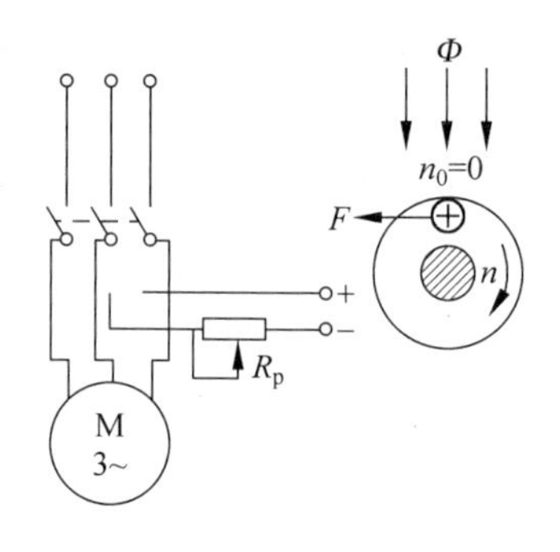

图 6.3.16　能耗制动

反接制动时，可将接到电源的三根导线中的任意两根对换，使旋转磁场反转，如图6.3.17所示。这时电磁转矩随之改变方向，与转子的运动方向相反，成为制动转矩，当转子转速接近零时，要及时切除电源，否则电动机将会反转。

由于旋转磁场与转子的相对转速 n_0+n 很大，电流甚至超过了启动电流，因而对于大功率的电动机进行制动时，必须在定子电路(笼型)或转子电路(绕线型)中串入电阻。这种制动方式简单，效果较好，但能量消耗大。

当起重机下放重物时，重物拖动下的转子速度越来越快。当 $n>n_0$ 时，电动机便进入发电机运行，将重物的位能转换为电能反馈到电网中，称为发电反馈制动，如图6.3.18所示。

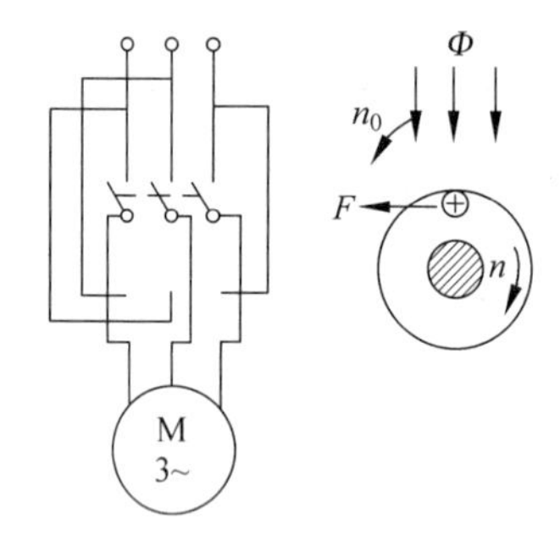

图 6.3.17　反接制动

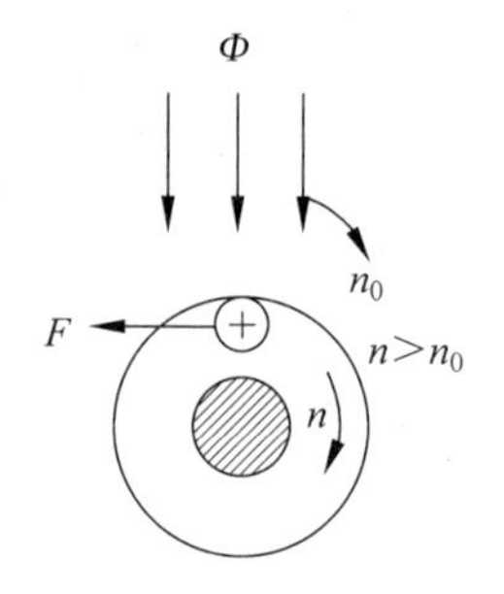

图 6.3.18　发电反馈制动

6.3.5　三相异步电动机的使用

要正确使用电动机，则必须看懂铭牌，现以Y100L12为例来说明铭牌上各个数据的意义(见图6.3.19)。

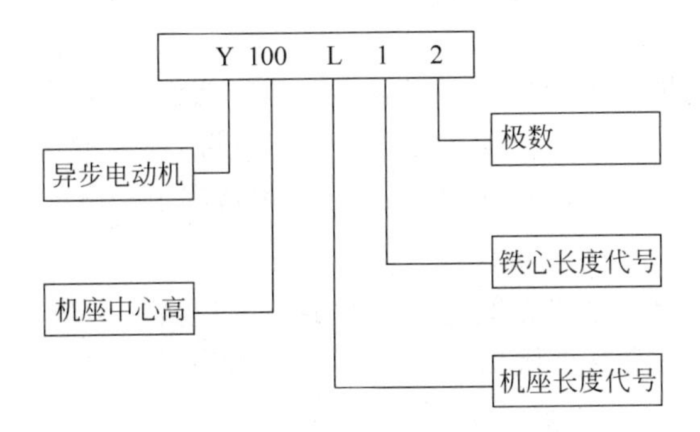

图 6.3.19　Y100L12 型三相异步电动机的型号

1. 异步电动机的型号

Y 系列小型笼型全封闭自冷式三相异步电动机，既可用于金属切削机床、通用机械、矿山机械等，也可用拖动压缩机、传送带、磨床、捶击机、粉碎机和小型起重机等。而 YR 为绕线型异步电动机。

2. 接法

这里指定子三相绕组的接法。一般笼型电动机有六根引出线，标有 U_1、V_1、W_1、U_2、V_2、W_2，其中 U_1、U_2、V_1、V_2、W_1、W_2 分别为三相绕组的两端。如果 U_1、V_1、W_1 分别为三相绕组的首端，则另外三个为末端。

通常在三相异步电动机中，3kW 以下者连接成星形，而 4kW 以上者连接成三角形，如图 6.3.20 和图 6.3.21 所示。

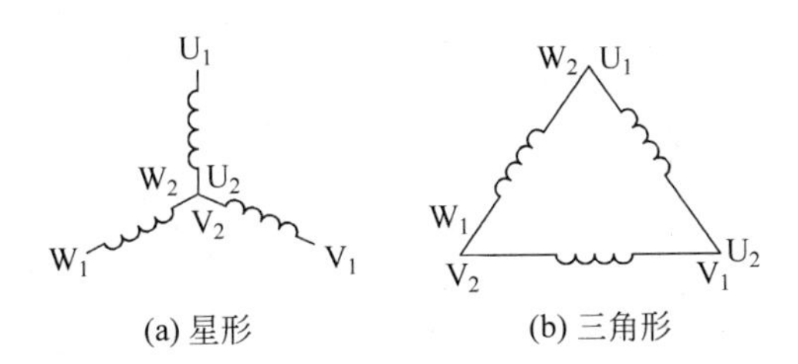

图 6.3.20　定子三相绕组的接法原理图

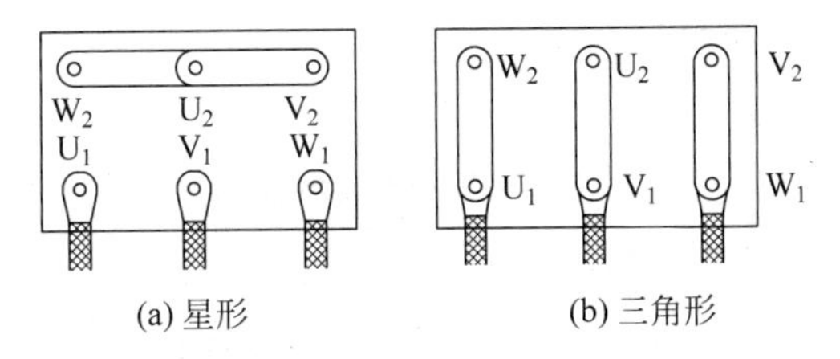

图 6.3.21　定子三相绕组的实际接线图

3. 电压

铭牌上的电压值为电动机额定运行时定子绕组上应加的线电压。一般电动机的电压不应高于或低于额定值的 5%。电压高于额定值时，磁通将增大，这时电流也增大，绕组过热，而且铁损也增大。电压低于额定值时，引起转速下降，电流增大。如果在满载或接近满载时，电机就会过载。三相异步电动机额定电压有 380V、3000V、6000V 等。

4. 电流

铭牌上所标的电流值是电动机在额定运行时定子绕组的线电流值。当电动机空载时，定子电流几乎是励磁电流。由于电动机主磁路中有气隙，所以此电流较变压器空载时所占额定电流百分数要大。随着输出功率增大时，转子电流和定子电流的有功分量也随之增大。

5. 功率与效率

铭牌上所标的功率是电动机在额定运行时输出的机械功率值。它小于输入功率，其差值等于电动机的铜损、铁损及机械损耗。而效率 η 就是输出功率与输入功率的比值。而 $P_1=\sqrt{3}U_1I_1\cos\varphi$，通常电动机在额定运行时效率约为 72%～93%。且在额定功率的 75%左右时效率最高。

6. 功率因数

定子相电压超前定子相电流 φ 角(感性负载)，$\cos\varphi$ 就是电动机的功率因数。三相异步电动机的功率因数在空载时只有 0.2～0.3，在额定负载时约为 0.7～0.9，所以要避免电动机长期轻载。电动机的定子电流、效率、功率因数随输出功率的变化曲线称为工作特性曲线，如图 6.3.22 所示。

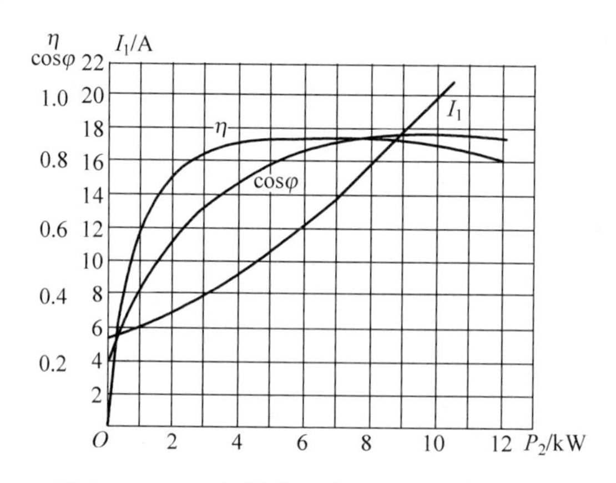

图 6.3.22　三相异步电动机的工作特性曲线

7. 转速

转速是指电动机定子上加额定频率和额定电压时，且轴上输出额定功率时电动机的转速。

8. 绝缘等级与极限温度

各种绝缘材料耐温的能力不一样，按照不同的耐热能力，绝缘材料可分为一定等级。所谓极限温度，是指电机绝缘结构中最热点的最高允许温度。技术数据见表 6.3.1。

表 6.3.1　绝缘等级与极限温度

绝缘等级	A	E	B	F	H
极限温度/℃	105	120	130	155	180

练习与思考

6.3.1　三相异步电动机在正常运行时，如果转子突然被卡住而不能转动，试问这时电动机的电流有何改变？对电动机有何影响？

6.3.2　三相异步电动机的额定转速为1460r/min。当负载转矩为额定转矩的1/2时，电动机的转速约为多少？

6.3.3　绕线型电动机采用转子串电阻启动时，是否所串电阻越大，启动转矩越大？

6.3.4　反接制动和发电反馈制动在 $T=f(s)$ 曲线的哪一段上？说明三相异步电动机的电动状态和能耗制动工作原理上的共同点。

6.3.5　Y-△换接启动的条件是什么？采用该启动方式的启动电流与启动转矩变为直接启动时的几分之一？

6.3.6　有一三相异步电动机，Y连接时，$U_1=380\text{V}$，$I_1=6.1\text{A}$；△连接时，$U_1=220\text{V}$，$I_1=10.5\text{A}$，你能解释为什么电压高时，电流却低？电压低时，电流却高？

本章小结

本章在介绍了磁路的基本分析方法的基础上，分析了变压器的工作原理，着重介绍了三相异步电动机的结构、工作原理、机械特性、运行特性和使用常识。

习　　题

6.1　有一线圈共1000匝，现在硅钢片制成的闭合铁心上，铁心的截面积 $S=40\text{cm}^2$，铁心的平均长度 $l=40\text{cm}$。如要在铁心中产生磁通 $\Phi=0.002\text{Wb}$，试问线圈中应通入多大直流电流？

6.2　如果在上题的铁心中含有 $\delta=0.2\text{cm}$ 的空气隙，忽略空气隙的边缘扩散，试问线圈的电流必须多大才能使铁心中磁感强度保持上题的数值？

6.3　有一单相照明变压器，容量为10kV·A，电压为3300/220V。(1)在二次绕组上接入45W的白炽灯；(2)接入功率为40W、功率因数为0.5的日光灯。如要变压器不过载，则在这两种情况下最多可接入多少个？(3)如果已接入100个45W的白炽灯，还可再接入多少个40W、功率因数为0.5的日光灯？并求以上各种情况下一、二次绕组上的电流。

6.4　有一交流信号源，已知信号源的电动势 $E=120\text{V}$，内阻 $R_0=600\Omega$，负载电阻 $R_L=8\Omega$。(1)如果负载 R_L 经变压器接至信号源并使等效电阻 $R_L'=R_0$，求变压器的电压比和负载上获得的功率；(2)如果负载直接接到信号源，求负载上获得的功率。

6.5　在图6.1中，输出变压器的二次绕组有中间抽头，以便接成8Ω或3.5Ω的扬声器，两者都能达到阻抗匹配。试求二次绕组两部分匝数之比 $\frac{N_2}{N_3}$。

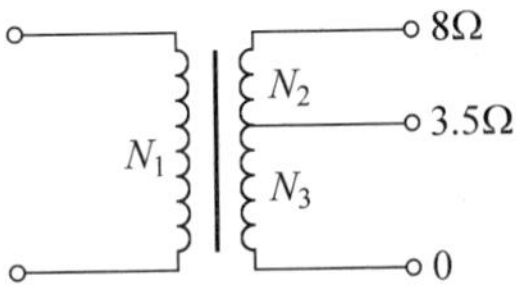

图6.1　习题6.5的图

6.6　Y112M-4型三相异步电动机的技术数据如下：

$$4\text{kW}\quad 380\text{V}\quad \triangle\text{连接}\quad 1440\text{r/min}\quad \cos\varphi=0.82\quad \eta=84.5\%$$

$$\frac{T_{st}}{T_N}=2.2\quad \frac{I_{st}}{I_N}=7.0\quad \frac{T_{max}}{T_N}=2.2\quad 50\text{Hz}$$

试求：(1)额定转差率 s_N；(2)额定电流 I_N；(3)启动电流 I_{st}；(4)额定转矩 T_N；(5)启

动转矩 T_{st}；(6)最大转矩 T_{max}；(7)额定输入功率 P_1。

6.7　Y112M-4 型三相异步电动机的技术数据如下：

3kW　220/380V　Y/△连接　960r/min　12.8/7.2A　$\cos\varphi=0.75$　$\eta=83\%$

$$\frac{T_{st}}{T_N}=2.2 \quad \frac{I_{st}}{I_N}=7.0 \quad \frac{T_{max}}{T_N}=2.2 \quad 50\text{Hz}$$

试求：(1) 线电压为 380V，三相定子绕组应如何连接？

(2) 求理想空载转速 n_0、极对数 p、额定转矩 T_N、启动转矩 T_{st}、最大转矩 T_{max} 和启动电流 I_{st}。

(3) 额定负载时电动机的输入功率 P_1 是多少？

6.8　在上题中，试求：

(1) 当负载转矩为 35N·m 时，试问在 $U=U_N$ 和 $0.8U_N$ 时，电动机能否启动？

(2) 采用 Y-△转换启动，当负载转矩为 $0.45T_N$ 和 $0.75T_N$ 时，电动机能否启动？

6.9　某四极三相异步电动机的额定功率为 30kW，额定电压为 380V，三角形连接，额定频率为 50Hz，在额定负载的转差率 $s=0.04$，效率为 88%，线电流为 57.5A，试求：

(1) 额定转矩 T_N；

(2) 电动机的额定功率因数 $\cos\varphi$。

6.10　Y180L-6 型电动机的额定功率为 15kW，额定转速为 970r/min，频率为 50Hz，最大转矩为 295.36N·m。试求电动机的过载系数。

6.11　有 Y112M-2 型和 Y160M-8 型异步电动机各一台，额定功率都是 4kW，但前者的额定转速为 2890r/min，后者为 720r/min。试计算它们的额定转矩，并由此讨论电动机的极数、额定转速及额定转矩三者之间的大小关系。

第7章 继电接触器控制系统

电能的重要应用之一，就是以电动机为核心的电力拖动系统。而继电接触器控制就是对电动机的各基本工作环节实施控制。该控制采用继电器、接触器和按钮等元件来控制电动机的启动、停止、正反转、制动和顺序控制等。本章分别介绍了常用电器和继电接触器控制的基本线路。

7.1 常用低压电器

低压电器一般是指交流及直流电压在1200V以下，具有切换、控制、调节和保护功能的用电设备。低压电器种类很多，按其动作方式可分为手动电器和自动电器、工作电器和保护电器等。电器主要从结构、工作原理、图形和文字符号、选择等几个方面学习，以达到认识符号、读懂电气原理图的目的。

7.1.1 闸刀开关、转换开关和熔断器

1. 闸刀开关

闸刀开关是一种手动控制电器。其结构简单，主要由刀片（动触点）和刀座（静触点）组成，闸刀开关可分为单刀、双刀、三刀。如图7.1.1所示是胶木盖瓷座闸刀开关的结构、图形和文字符号。

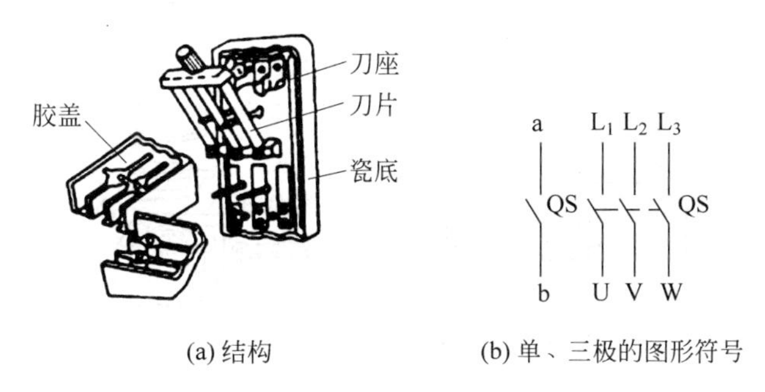

(a) 结构　　(b) 单、三极的图形符号

图7.1.1 闸刀开关的结构和符号

闸刀开关一般不宜在负载下切断电源，常用做电源的隔离开关，以便对负载端的设备进行检修。在负载功率比较小的场合，它也可以用做电源开关。

2. 转换开关

转换开关又称组合开关，实际上也是一种刀开关，不过它的刀片是转动式的，其结构如图7.1.2(a)所示。多极的转换开关是由数层动触片和静触片组装而成，动触片安装在操作手柄的转轴上，当手柄转动时，可以同时使一些触片合拢，而使另一些触片断开，故转换开关可以同时切换多条电路。转换开关还可作为5.5 kW以下笼型电动机的直接启动开关，其接线如图7.1.2(b)所示。

3. 熔断器

熔断器是最简便而有效的短路保护电器，它串联在被保护的电路中，当电路发生短路故

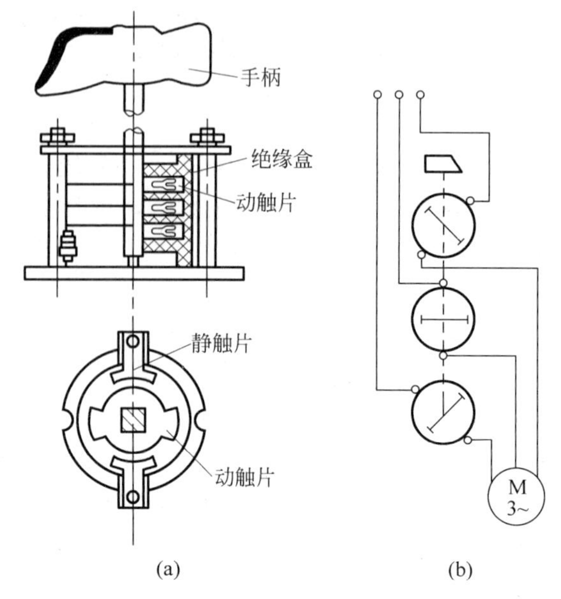

图 7.1.2 转换开关

障时，过大的短路电流使熔断器熔体（熔丝或熔片）发热后很快熔断，把电路切断，从而达到保护线路及电气设备的作用。常用的熔断器及图形符号如图 7.1.3 所示。

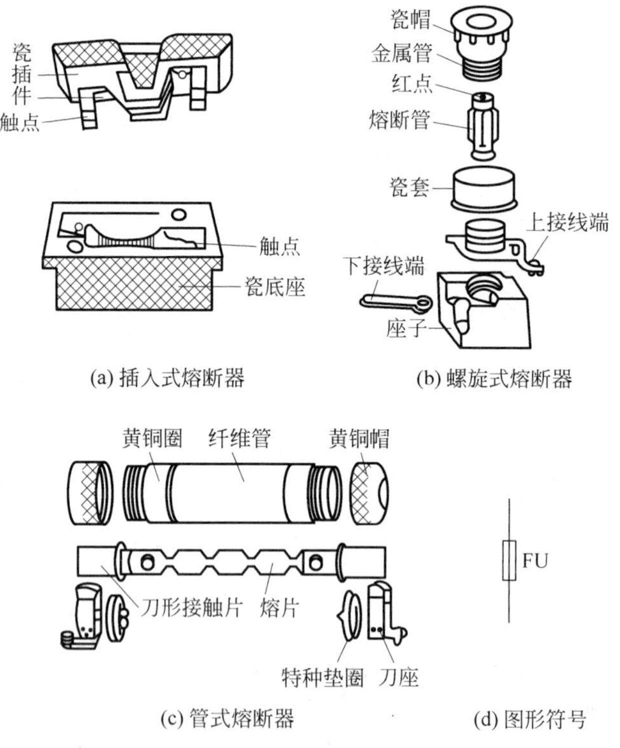

图 7.1.3 常用熔断器及符号

熔体是熔断器的主要部分，一般用电阻率较高的易熔合金（例如铅锡合金等），也可用截面积很小的良导体铜或银制成。在正常工作时，熔体中通过额定电流 I_{fuN}，熔体不应熔断。

当熔体中通过的电流超过额定电流时，熔体经一段时间后熔断。这段时间称为熔断时间 t，它的长短与通过的电流大小有关，通过的电流越大，熔断时间就越短。

熔体额定电流 I_{fuN} 的选择应考虑被保护电流负载的大小，同时也必须注意负载的工作方式。一般可按以下条件进行。

(1) 对无冲击(启动)电流的电路为

$$I_{fuN} \geqslant I_N \tag{7.1.1}$$

式中，I_N 表示负载额定电流。

(2) 对具有冲击(启动)电流的电路为

$$I_{fuN} \geqslant KI_{st} \tag{7.1.2}$$

式中，I_{st} 表示启动电流；K 为计算系数，对于单台电动机启动，启动时间在 8s 以下，$K=0.3\sim0.5$；启动时间超过 8s 或频繁启动，$K=0.5\sim0.6$。

(3) 对供电干线上的熔断器，熔体的额定电流可根据情况按上述原则考虑，但当干线上接有多台电动机时，式(7.1.2)中的 I_{st} 按下式计算：

$$I_{st} = I_{stmax} + \sum_{m=1}^{n-1} I_m \tag{7.1.3}$$

式中，I_{stmax} 为启动电流最大的一台电动机的启动电流值，第二项 I_m 为该干线上其他负载电流额定值的总和。

目前较为常用的熔断器有 RCIA 系列瓷插入式熔断器和 RLI 系列螺旋式熔断器。另外还有 RTO 系列管式熔断器，这种熔断器管内装有石英砂，能增强灭弧能力，可用于短路电流较大的场合。NGT 系列为快速熔断器，该系列熔断器的熔断时间短，常用来保护过载能力小的晶闸管等半导体器件。

7.1.2　自动开关

自动开关是常用的一种低压电器，既能接通和断开负载，又能实现短路、过载和失压(欠压)保护。

图 7.1.4(a)是自动开关的原理图。当操作手柄扳到合闸位置时主触点闭合，触点连杆被锁钩锁住，使触点保持闭合状态。自动开关的保护装置由过流脱扣器和欠压脱扣器组成。过流脱扣器起短路及过载保护的作用，欠压脱扣器起欠压保护作用。在开关合闸时，手柄通过机械联动将辅助触点闭合，使欠压脱扣器的电磁铁线圈通电，衔铁吸合。当电路失压或电压过低时，电磁铁吸力消失或不足，在弹簧拉力的作用下，顶杆将锁钩顶开，主触点在释放弹簧拉力作用下迅速断开而切断主电路。当电源恢复正常时，必须重新合闸后才能工作，实现了失压保护的目的。过流脱扣器是电磁式瞬时脱扣器。当电路的电流正常时，过流脱扣器的电磁铁吸力较小，脱扣器中的顶杆被弹簧拉下，锁钩保持锁住状态。当电路发生短路或严重过载时，过流脱扣器电磁铁线圈的电流随之迅速增加，电磁铁吸力加大，衔铁被吸下，顶杆向上顶开锁钩，在释放弹簧拉力的作用下，主触点迅速断开而切断电路。自动开关的动作电流值可以通过调节脱扣器的反力弹簧来进行整定。图 7.1.4(b)是自动开关的图形符号。

自动开关除满足额定电压和额定电流要求外，使用前还应调整相应保护动作电流的整定值。

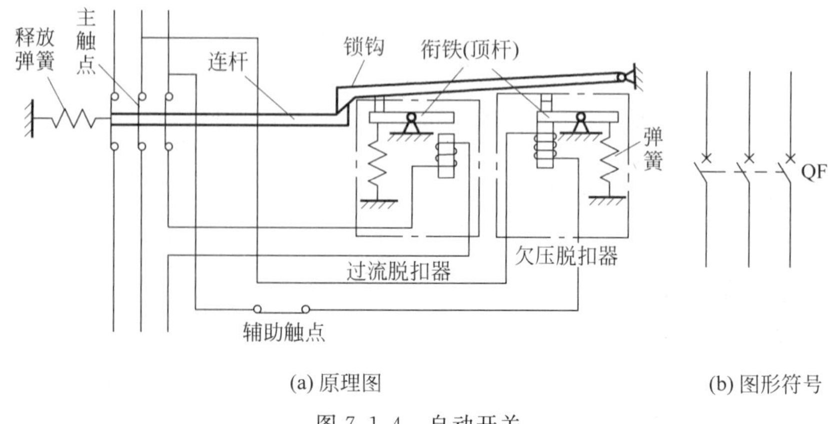

(a) 原理图　　(b) 图形符号

图 7.1.4　自动开关

7.1.3　交流接触器

接触器是继电接触器控制中的主要器件之一。它是利用电磁吸力控制的自动电器，分为直流和交流两种。常用来直接控制主电路（电气线路中电源与主负载之间的电路，电流一般比较大）。图 7.1.5 为两种交流接触器的外形图。

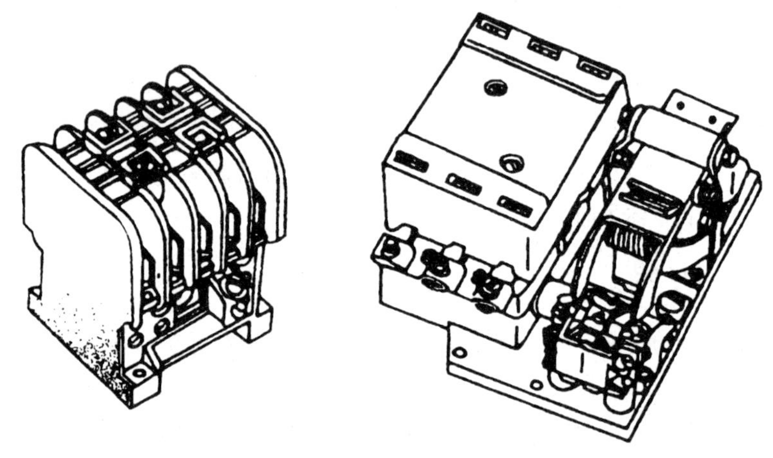

图 7.1.5　两种交流接触器外形图

图 7.1.6(a)为交流接触器的基本结构图，图 7.1.6(b)是接触器的图形符号。交流接触器有电磁铁和触点组等主要部分组成。电磁铁的铁心有硅钢片叠成，分上铁心和下铁心两部分：下铁心为固定不动的静铁心，上铁心为可上下移动的动铁心。下铁心上装有吸引线圈。每个触点组包括静触点与动触点两个部分，动触点与上铁心直接连接。

当接触器吸引线圈加上额定电压时，上下铁心之间由于磁场的建立而产生电磁吸力，把上铁心吸下，它带动桥式动触点下移，使原先闭合的静触点断开（常闭触点），或者使原先断开的静触点闭合（常开触点）。当线圈断电时，电磁吸力消失，上铁心在弹簧的作用下恢复到原来的位置，常闭触点和常开触点恢复到原先的状态。因此，控制接触器吸引线圈是否通电，就可以改变接触点的状态，从而达到控制主电路接通或切断的目的。

通常触点可分为两类：当吸引线圈未得电时，触点就是断开的，称为常开触点，一旦吸引线圈得电，它就闭合，又称为动合触点；当吸引线圈未得电时，触点就是闭合的，称为常闭

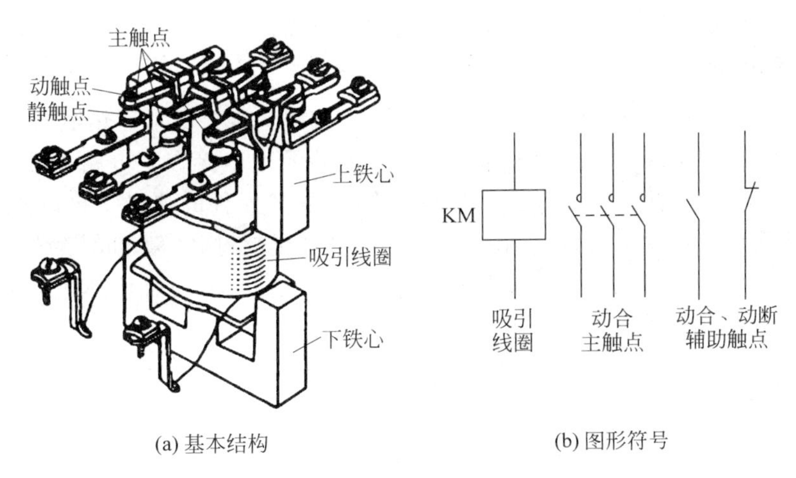

(a) 基本结构　　(b) 图形符号

图 7.1.6　交流接触器的基本结构和图形符号

触点，一旦吸引线圈得电，它就断开，又称为动断触点。需要强调的是，任何触点都即可以断开，也可以闭合，状态发生变化完全取决于吸引线圈是否得电。

接触器的触点大多是采用桥式双断点结构，这样当其断开时就有两个断点，便于电弧的熄灭。触点根据断开电流的能力分主触点和辅助触点两种。通常有三对动合主触点，它的接触面较大，并有灭弧装置，所以能接通、断开较大的电流，通常接在主电路中，控制电动机等功率负载。辅助触点的接触面较小，只能接通、断开较小的电流，因此工作于控制电路中。辅助触点既有动合触点又有动断触点，其数量可根据需要而选择确定，通常有两对动合触点和两对动断触点。继电接触器控制的思路就是用小电流的控制电路控制大电流的主电路。而控制电路的核心就是控制接触器的吸引线圈是否通电。

灭弧装置也是接触器的重要部件，它的作用是熄灭主触点在切断主电路电流时产生的电弧。电弧实质上是一种气体导电现象，一旦电弧的出现，表示负载电流未被切断。电弧会产生大量的热量，可能把主触点烧毛，甚至烧毁。为了保证负载电路能可靠地断开和保护主触点不被烧坏，所以接触器必须采用灭弧装置。

交流接触器吸引线圈中通过的是交流电，因此铁心中产生的电磁力也是交变的。为防止在工作时铁心发生震动而产生噪声，在铁心端面上嵌装有短路环。

选用交流接触器时，除了必须按负载要求选择主触点的额定电压和额定电流外，还必须考虑吸引线圈的额定电压及辅助触点的数量和类型。例如，国产 CJ10-40 型交流接触器有三对主触点，额定电压为 380V，额定电流为 40A，并有两对动合和两对动断辅助触点。

7.1.4　热继电器和时间继电器

继电器是一种自动电器，输入量可以是电压、电流等电量，也可以是温度、时间、速度或压力等非电量，输出就是触点动作。当输入量变化到某一定值时，继电器动作而带动其触点接通（或切断）控制电路。

继电器的种类很多，其中中间继电器的结构与工作原理和交流接触器基本相同，但是没有主触点，通常用来传递信号和同时控制多个电路，触点数量多，也可以直接用来接通和断开小功率电动机或其他电气执行元件。

下面介绍后续电路中用到的热继电器和时间继电器。

1. **热继电器**

热继电器是利用电流热效应原理工作的电器。如图7.1.7所示为热继电器的原理示意图，它由发热元件、双金属片和触点三部分组成。发热元件串接在主电路中，所以流过发热元件的电流就是负载电流。负载在正常状态工作时，发热元件的热量不足以使双金属片产生明显的弯曲变形。当发生过载时，在热元件上就会产生超过其“额定值”的热量，双金属片因此产生弯曲变形，经一定时间，当这种弯曲到达一定幅度后，便可使热电器的触点断开。图7.1.8为热继电器的图形符号。

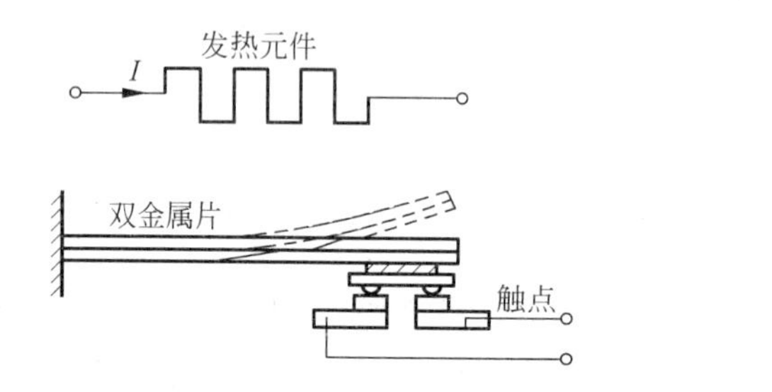

图7.1.7　热继电器原理示意图

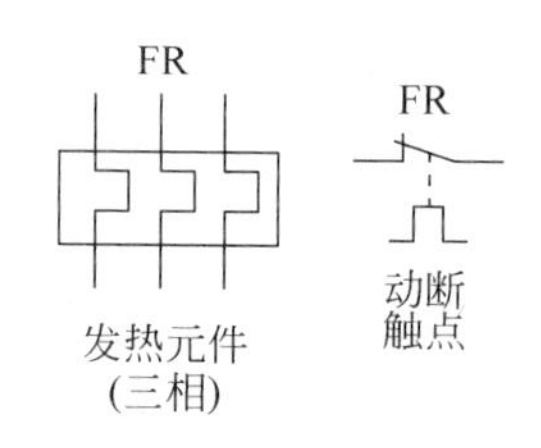

图7.1.8　热继电器图形符号

双金属片是热继电器的关键部件，它是由两种具有不同膨胀系数的金属碾压而成，因此在受热后因伸长不一致而造成弯曲变形。显然，变形的程度与受热的强弱有关。

热继电器也有动合和动断触点两类触点，例如动断触点串联在控制电路中，达到控制交流接触器吸引线圈目的。

JR16系列是我国常用的热继电器系列。其设定的动作电流为整定电流，可在一定范围内进行调节。由于传统的热继电器在保护功能、重复性、动作误差等方面的性能指标比较落后，因此目前已逐步用性能较先进的电子型电动机保护器来取代热继电器。

2. **时间继电器**

时间继电器是一种利用电磁原理或机械原理实现触点延时接通或断开的控制电器。它的种类很多，有空气阻尼型、电动型和电子型等。下面就常用的空气阻尼型时间继电器的原理作一介绍。

空气阻尼型时间继电器是利用空气通过小孔节流的原理来获得延时动作的。它由电磁系统、延时机构和触点三部分组成。如图7.1.9所示是空气阻尼型继电器的原理示意图。当线圈通电时，衔铁及托板被铁心吸引而下移。但是活塞杆和杠杆不能同时跟着衔铁一起下落，因为活塞杆的上端连着气室中的橡皮膜，当活塞杆在释放弹簧的作用下开始向下运动时，橡皮膜随之向下凹，上气室的空气变稀薄而使活塞杆受到阻尼而缓慢下降。经过一定时间，活塞杆下降到一定位置，便通过杠杆推动延时触点动作，使动断触点断开，动合触点闭合。从线圈通电开始到触点完成动作为止，这段时间就是继电器的延时时间。延时时间的长短可以通过延时调节螺钉调节空气室进气孔的大小来改变。

时间继电器按接触点系统可分为通电延时型和断电延时型两种。如图7.1.10所示是时间继电器的图形符号。

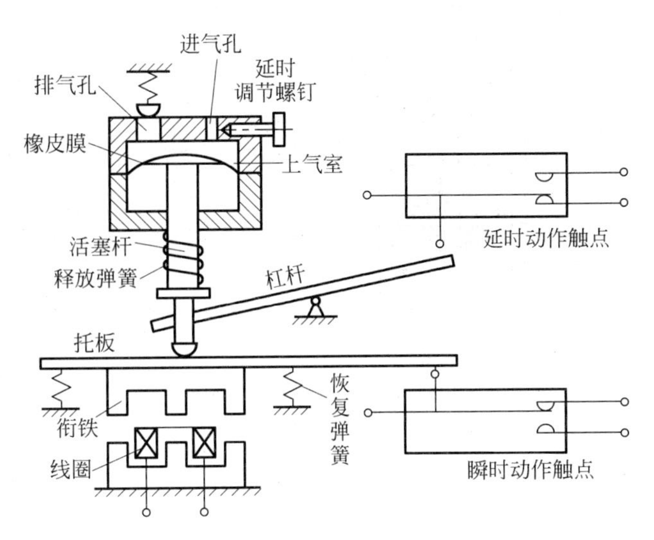

图 7.1.9 空气阻尼型时间继电器的原理示意图

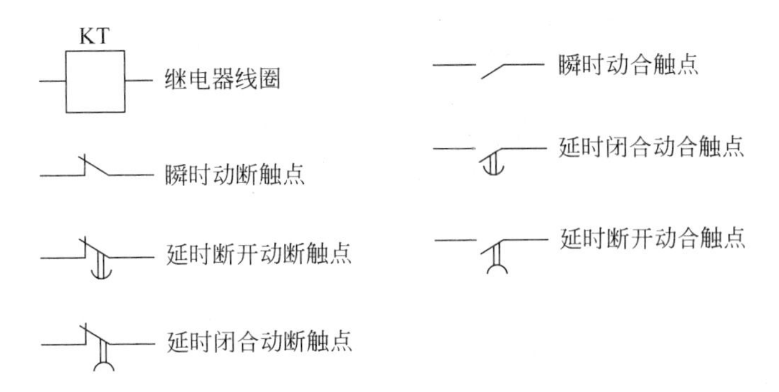

图 7.1.10 时间继电器的图形符号

7.1.5 按钮和行程开关

按钮是用于发送启、停指令的电器,又称为主令电器;行程开关则用来行程控制。

1. 按钮

按钮是一种简单的手动开关,可以用来接通或断开控制电路。

如图 7.1.11(a)所示是复合按钮的结构图。它的动触点和静触点都是桥式双断点式的,上面一对组成动断触点,下面一对为动合触点。图 7.1.11(b)是它的图形符号。

当用手按下按钮帽时,动触点下移,此时上面的动断触点首先断开,而后下面的动合触点闭合。当手松开时,由于复位弹簧的作用,使动触点复位,即动合触点先恢复断开,然后动断触点恢复闭合状态。复合按钮符号中的虚线两对触点受同一按钮帽的作用,表示机械上的联系。

2. 机械式行程开关

行程开关又称限位开关,它是按工作机械的行程位置要求而动作的电器,在电气传动的行程位置控制或保护中应用十分普遍。

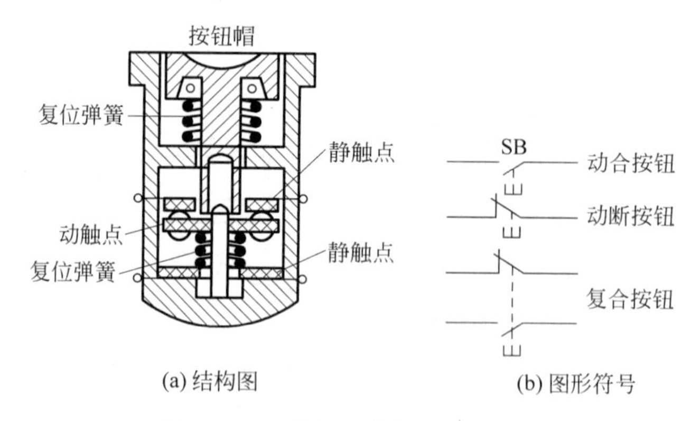

(a) 结构图　　(b) 图形符号

图 7.1.11　按钮的结构与图形符号

如图 7.1.12 所示为机械式行程开关的外形图和图形符号。它主要由伸在外面的滚轮、传动杠杆和微动开关等部件组成。

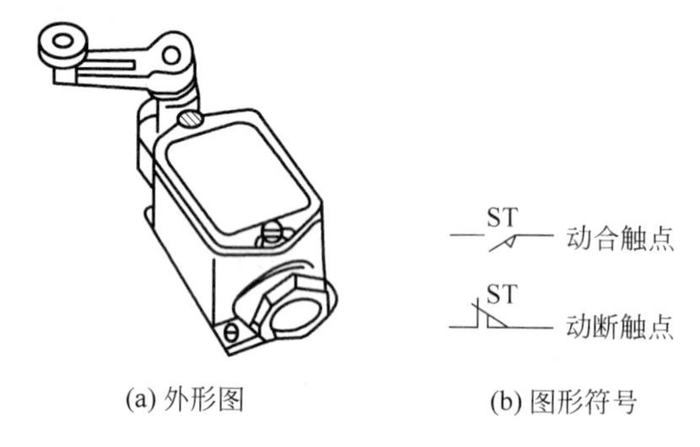

(a) 外形图　　(b) 图形符号

图 7.1.12　机械式行程开关外形图和图形符号

行程开关一般安装在固定的基座上，生产机械的运动部件上装有撞块，当撞块与行程开关的滚轮相撞时，滚轮通过杠杆使行程开关内部的微动开关快速切换，产生通、断控制信号，使电动机改变转向、改变转速或停止运转。当撞块离开后，有的行程开关通过弹簧的作用使各部件复位；有的则不能自动复位，它必须依靠两个方向的撞块来回撞击，使行程开关不断切换。

7.2　电气系统的基本控制环节

本节介绍三相异步电动机的几个基本控制环节：点动、单向连续运动、正反转线路和时间控制线路。

7.2.1　点动和单向连续运动

1. 点动控制

图 7.2.1 为电动机点动控制的示意图，它由按钮和交流接触器组成。当电动机要点动工作时，先合上开关 QS，再按下按钮 SB，交流接触器线圈 KM 通电，衔铁吸合，带动它的三对动合触点闭合，电动机接通电源运转。松开按钮后，交流接触器线圈断电，衔铁靠弹簧拉力释放，三对动合触点断开，电动机停转。因此，只有按下按钮 SB 时，电动机才运转，松开

就停转，所以称为点动。点动控制常用于快速行程控制和调整等场合。

如图 7.2.1 所示的这种结构示意图比较直观，但当电路结构比较复杂、所用控制电器较多时，画出的结构示意图就不清晰了。为了方便读图和线路设计，根据其线路的工作原理用元件的两种符号画出的图形，原理图分成控制电路和主电路两部分。上述点动控制的原理图如图 7.2.2 所示，图中三相电源至电动机的电路称为主电路，按钮和交流接触器线圈组成的电路称为控制电路。主电路控制电动机是否得电，而控制电路控制接触器的线圈是否得电，所以接触器的线圈得电是电动机工作的必要条件。电路主电路和控制电路是根据生产工艺过程对电动机提出的要求或电动机本身的要求制定的，以保证电动机安全、正确地工作。

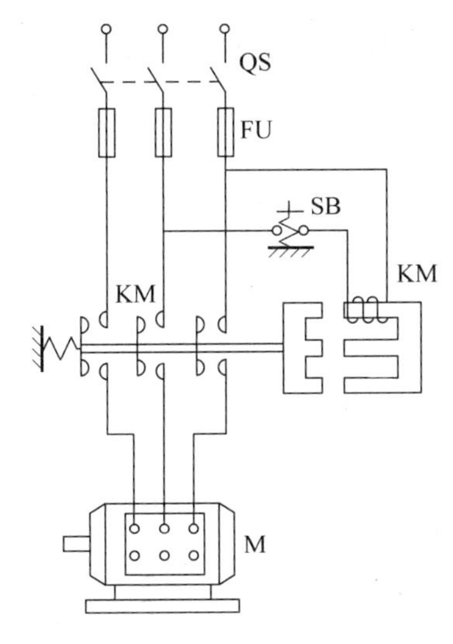

图 7.2.1　电动机点动控制的示意图

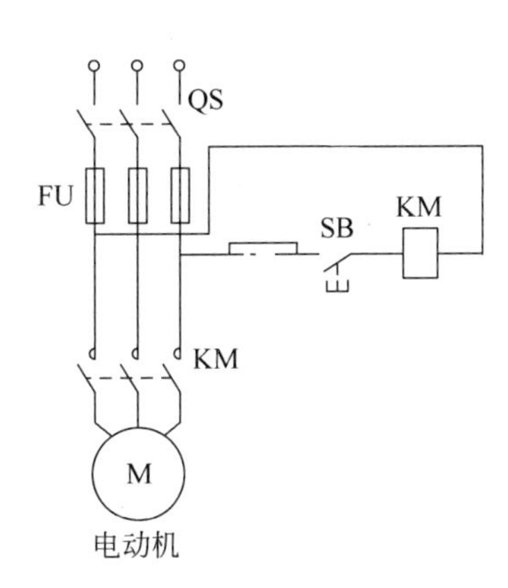

图 7.2.2　点动控制原理图

2. 单向连续运动

一般情况下，电动机需要连续运行下去。图 7.2.3 为三相异步电动机的单向连续运动的原理图。主电路上多串联了一个热继电器 FR 的热元件，用于过载保护。在控制线路上，停止按钮 SB_1、启动按钮 SB_2 和交流接触器 KM 的辅助动合触点的并联、交流接触器 KM 的线圈以及热继电器 FR 的动断触点串联在一条线路上。只有串联的每一部分都接通，交流接触器 KM 的线圈才能得电，电动机才能转动；否则，电动机停转。启动时，按 SB_2 后闭合，不按 SB_1 也闭合，热继电器不动作 FR 的动断触点仍闭合。交流接触器 KM 线圈得电，主触点闭合，电机转动。按完 SB_2 后要松开，为保证电机连续运行转动，就在启动按钮 SB_2 两端并联一个交流接触器 KM 的动合辅助触点，即使 SB_2 复位断开，但动合辅助触点已经闭合，所以，能保证控制电路通电，交流接触器主触点闭合，电动机连续运转。这种作用称为自锁，该动合辅助

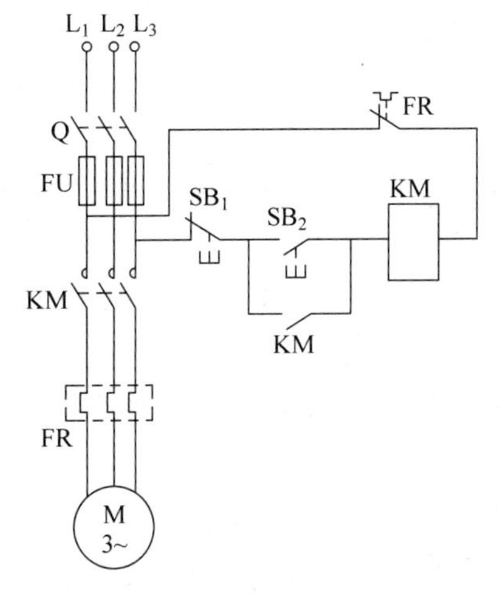

图 7.2.3　连续运行控制原理图

触点被称为自锁触点。

要使电动机停转，只需要按停止按钮 SB_1 使其断开，控制电路断电，电动机停转。如果流过电动机电流的三相热元件只要有一相过载，且达到相应的时间，热继电器动作，FR 的动断触点也断开，控制电路断电，电动机停转，实现过载保护。如果主电路发生短路，熔断器的熔丝就熔断，主电路和控制电路都断电，电动机也就停转了，实现了短路保护。当主电源跳闸，电动机当然会停转；如果主电源又恢复供电了，只要不重新按 SB_2，电动机就不会转动起来，这就是失压(零压)保护，可以避免电动机因意外启动而造成的人员和设备的伤害，失压(零压)保护主要由交流接触器来实现。

以上控制电路的工作原理都可以借助于逻辑代数的知识来分析。在图 7.2.4(a)中，如果开关 A 和开关 B 串联，只有两处开关都闭合，灯泡才会得电，开关 A 和 B 闭合与灯泡得电是逻辑上的与关系；在图 7.2.4(b)中，如果开关 A 和开关 B 并联，则开关闭合与灯泡得电构成逻辑上的或关系，只要有一个就闭合就得电。在继电接触电路中，开关可以是交流接触器或热继电器的触点，也可以是按钮，灯泡相当于接触器的线圈。掌握逻辑关系有利于对控制线路的理解。

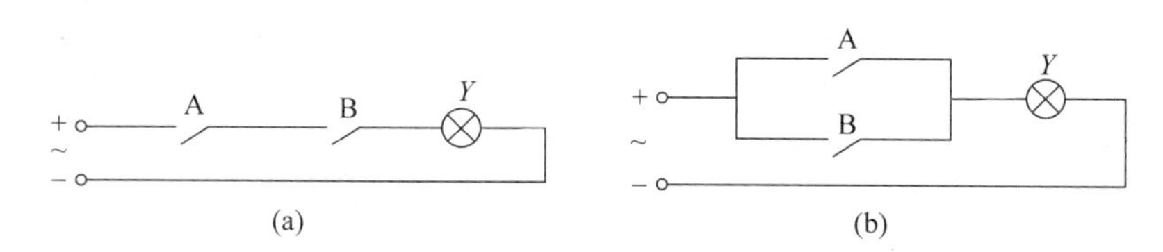

图 7.2.4　由开关组成的逻辑与、或门电路

7.2.2　电动机的正反转控制

在实际应用中，要求电动机既能正转又能反转运行，例如升降机的上与下，水坝闸门的开启和闭合等都有这种要求。

在如图 7.2.5(a)所示的主电路中，有两个交流接触器 KM_1 和 KM_2。当 KM_1 得电时，电动机正转；而 KM_2 得电时，电动机反转。改变流入电动机电流的相序，就可实现电动机转向的改变。从逻辑上讲，KM_1 和 KM_2 不能同时得电；否则，电机是正转还是反转呢？从主电路可以看出，如果同时得电，则出现三相交流电的相间短路。

在控制电路中，仍然可以共用一个停止按钮 SB_3，正转和反转控制线路并联后再与之串联。在图 7.2.5(a)的控制电路中，为防止 KM_1 和 KM_2 同时得电，在正转接触器的控制电路中，串入反转交流接触器的一对动断辅助触点；在反转交流接触器的控制电路中，串入正转交流接触器的一对动断辅助触点，即所谓电气互锁。开始时电动机是停止的，按下 SB_1，KM_1 线圈得电，电动机正转，KM_1 动断辅助触点断开，使 KM_2 的线圈无法得电。同理，按下 SB_2，KM_2 线圈得电，电动机反转，KM_2 动断辅助触点断开，使 KM_1 的线圈无法得电。当电动机正转后，由于电气互锁，即使再按下 SB_2，电动机无法反转。同理，电动机也无法由反转直接正转，必须要先停下，所以该线路是正-停-反的正反转控制电路。

如果要直接正反转，将正、反转启动按钮换成复合按钮就可以了。将正(反)转启动钮的动断触点也串接在反(正)转控制线路中。要电动机正转，就按 SB_1，根据复合按钮的工作原

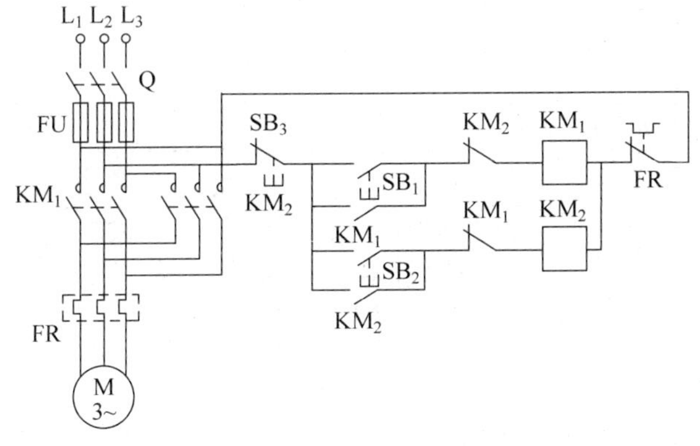

(a) 正-停-反的正反转电路

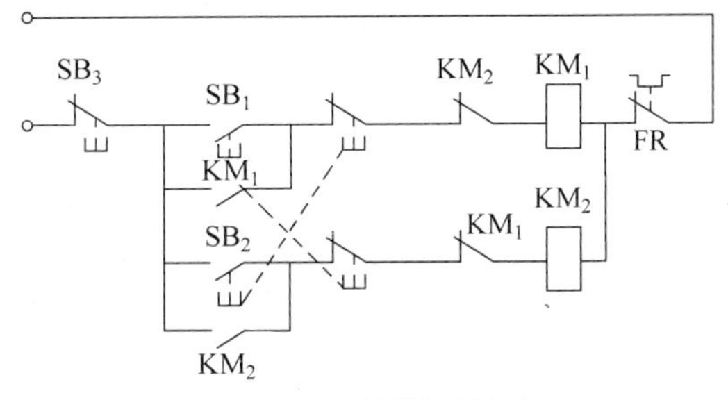

(b) 直接正反转的控制电路

图 7.2.5 电动机的正反转电路

理，SB_1 的动断触点先将反转控制电路断电，反转接触器 KM_2 的线圈断电，其动断触点恢复闭合，此时 SB_1 的动合触点也闭合了，正转接触器 KM_1 的线圈得电，电动机正转。使用复合按钮来实现的互锁称为机械互锁。通常，在一个控制电路中电气和机械两种连锁同时存在，电动机可以直接从正反转，其控制电路如图 7.2.5(b)所示。

7.2.3 时间控制

图 7.2.6 是笼型电动机 Y-△启动的控制线路，其中用到了图 7.1.10 所示的通电延时时间继电器 KT 的两个触点：延时断开的动断触点和瞬时闭合的动合触点。查看主电路发现，启动时 KM_3 工作，电动机结成 Y 形；运行时 KM_2 工作，电动机接成△形，而 KM_1 在启动和运行时都工作。再从控制线路得出具体的动作次序如下：

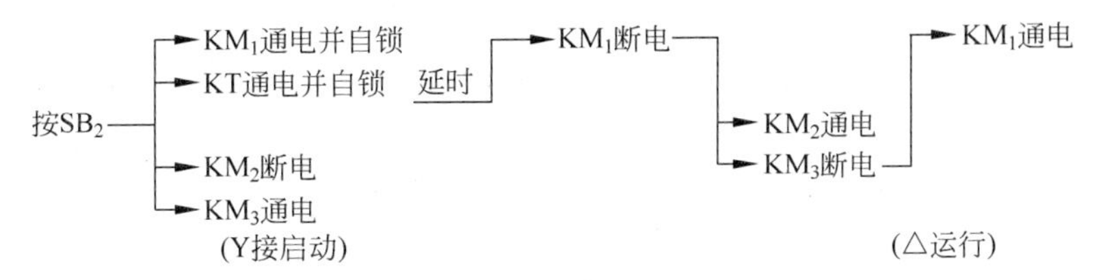

本线路的优点是在 KM_1 断电的情况下进行电动机绕组的 Y-△换接，可避免当 KM_3 动合触点尚未断开时 KM_2 已吸合造成电源短路；同时接触器 KM_3 的动合触点在无电下断开，不发生电弧，可延长使用寿命。

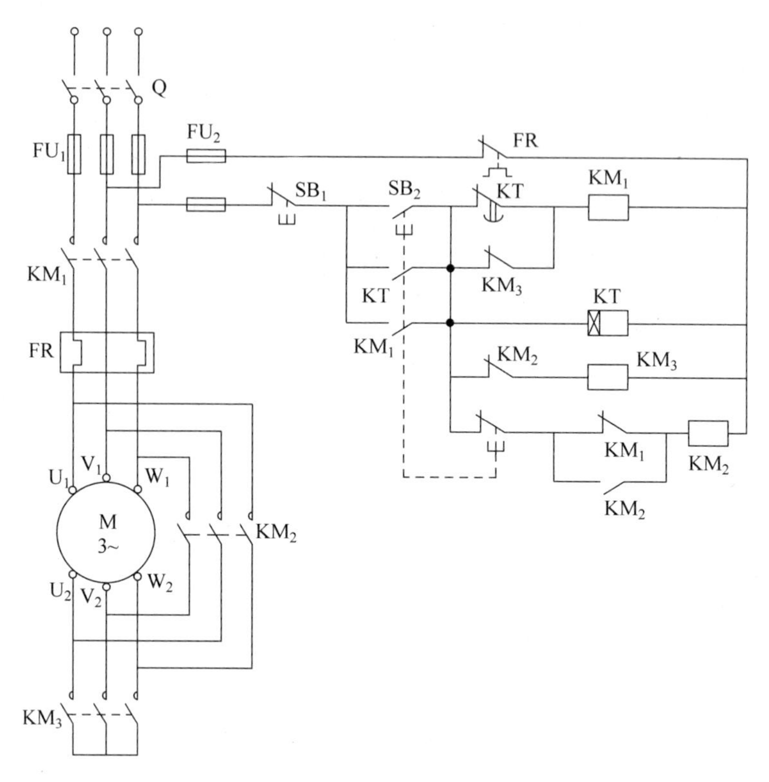

图 7.2.6　笼型电动机 Y-△启动的控制线路

【例 7.2.1】 设计一个两处都能启动和停止的单向连续运行控制线路。

解　分析思路：两处都能启动和停止一般理解为，这两处中任何一处都能启、都能停的控制线路，分两处各设置一对启动和停止按钮，因为启动按钮(SB_3 和 SB_4)是动合触点，现要求按任何一个都能启动，所以 SB_3 和 SB_4 应当并联，是或的关系；停止按钮(SB_1 和 SB_2)是动断触点，也要求按任何一处都能停止，所以两者应当串联，也是或的关系，其他与单向连续运行相同，见图 7.2.7。读者可以类似地分析两个启动按钮串联、两个停止按钮并联的两处起停线路的原理。

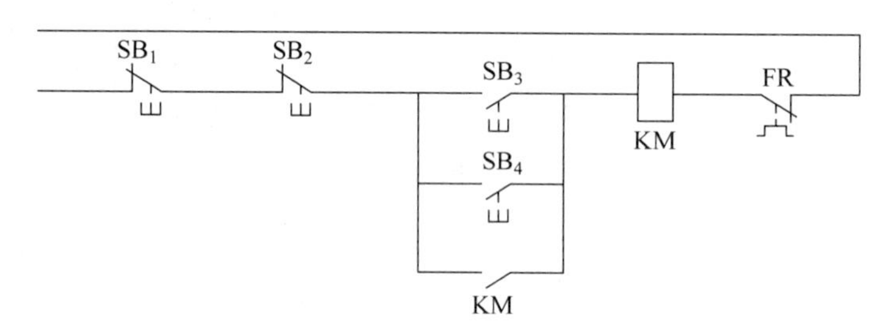

图 7.2.7　例 7.2.1 的控制电路

练习与思考

7.2.1　为什么热继电器不能用于短路保护，如果只串联两相热元件能否实现过载保护？

7.2.2　什么是零压保护？主要由谁完成？用闸刀开关启动和停止电动机是否有零压

保护?

7.2.3　试画出既能点动又能连续运动单向的控制线路。

7.2.4　说明时间继电器的四种延时触点的工作过程。

7.3　应用举例

本节再举两个生产机械的具体控制线路,以提高对控制线路的综合分析能力。

7.3.1　笼型电动机能耗制动的控制线路

如图 7.3.1 所示,该制动方法是在断开三相电源的同时,接通直流电源,使直流通入定子绕组,产生制动转矩。

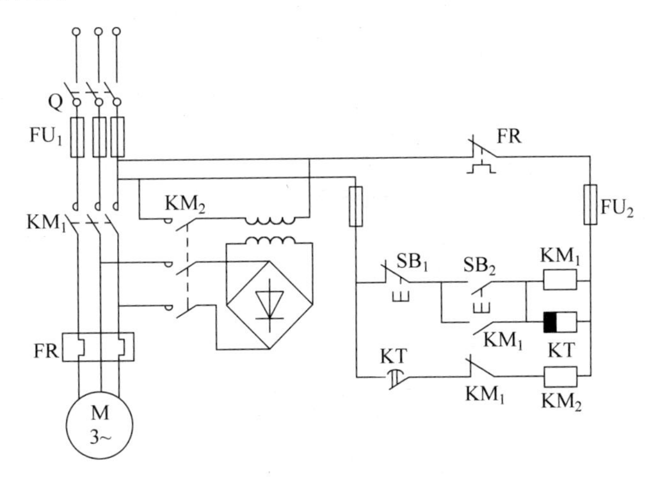

图 7.3.1　笼型电动机能耗制动的控制线路

电动机启动时,按 SB_2,KM_1 得电接入三相电源,笼型电动机电动运行,且 KT 线圈得电,KM_2 断电;制动时,按 SB_1,KM_1 断电、KT 断电开始计时、KM_2 得电,交流经整流后变成直流流入电动机,产生制动转矩。延时时间到,KT 延时断开的动合触点断开,KM_2 的线圈和主触点断开,电机断电,制动结束。

从控制电路得出制动过程的动作次序如下:

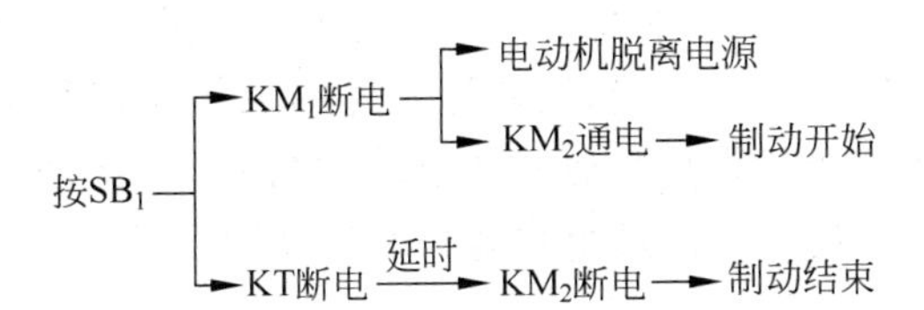

7.3.2　加热炉自动上料控制线路

炉门开闭电动机由 KM_{F1} 和 KM_{R1} 控制正反转,推料机进退电动机由 KM_{F2} 和 KM_{R2} 控制正反转。该线路属于行程控制,图 7.3.2(a)是工作程序示意图,它明确了各行程开关的位置,结合工作程序和控制线路右侧的文字说明,得出控制线路的动作次序如下:

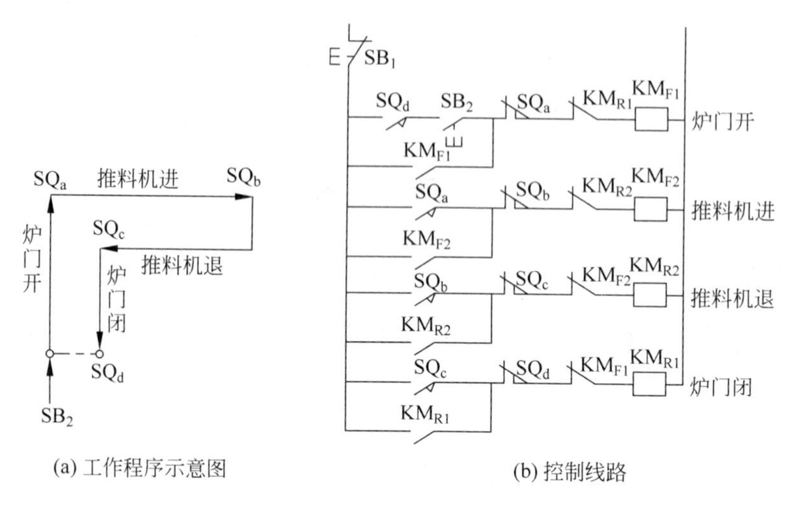

(a) 工作程序示意图　　(b) 控制线路

图 7.3.2　加热炉自动上料控制线路

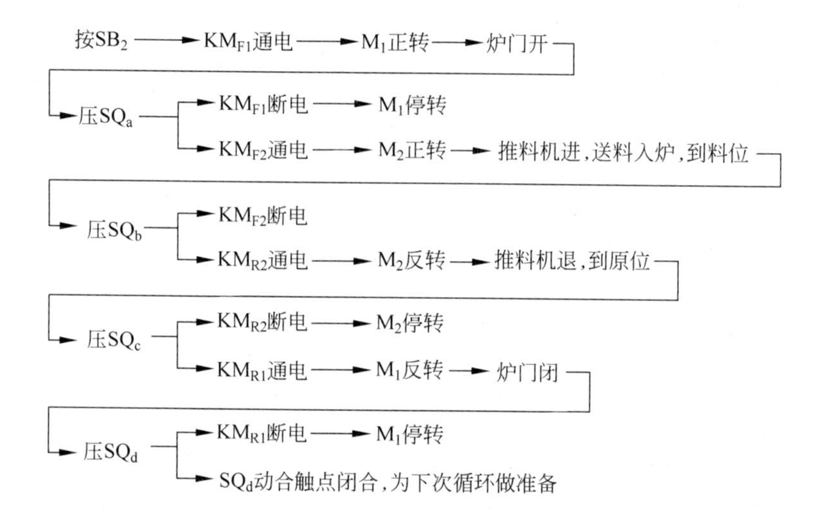

本章小结

本章介绍了继电接触控制系统的元器件和基本单元线路。要求读者掌握闸刀开关、熔断丝、自动开关、交流接触器、热继电器、按钮等元件的工作原理和符号，掌握熔断器的熔丝选择，了解器件的结构和选择；掌握电动机的点动、单向连续运动、正反转控制线路；了解时间控制和行程控制，学会读简单的继电接触控制原理图。

习　　题

7.1　通过分析图 7.1 所示的笼型电动机控制线路电路中启动按钮 SB$_2$、SB$_3$ 的作用，得出控制线路启动方面的功能。

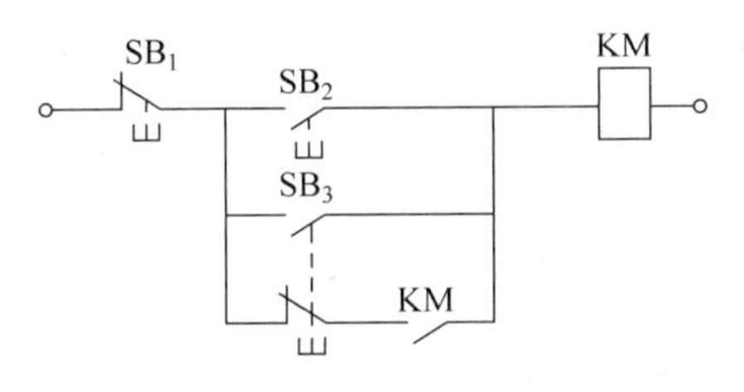

图 7.1 习题 7.1 的图

7.2 图 7.2 是笼型电动机定子串联电阻降压启动时的控制线路图，请分析其工作原理。

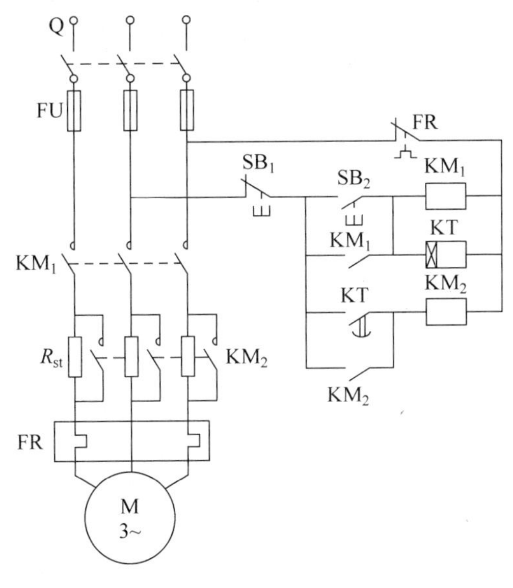

图 7.2 习题 7.2 的图

7.3 要求三台笼型电动机 M_1、M_2、M_3 按照一定顺序启动，即 M_1 启动后 M_2 启动，M_2 启动后 M_3 才启动，每台电机设置一个停止按钮和一个热继电器。试绘出控制线路。

7.4 在如图 7.3 所示各图中，M_1 由 KM_1 控制，M_2 由 KM_2 控制，分析下列各控制电路中 M_1 和 M_2 在启动和停止中的制约关系。

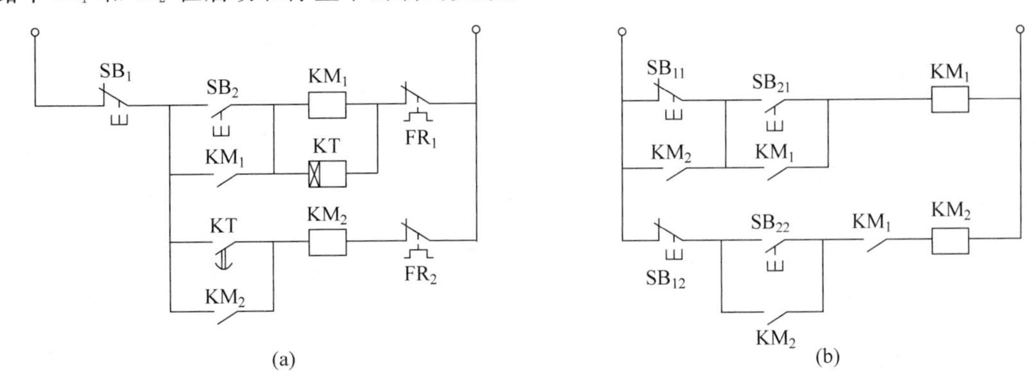

图 7.3 习题 7.4 的图

7.5　图 7.4 是电动葫芦(一种小型起重设备)的控制线路,试分析其工作过程。

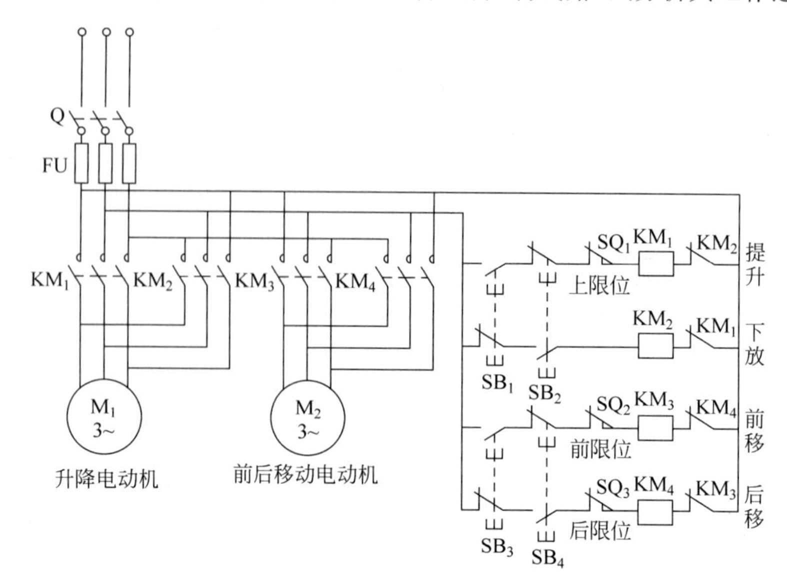

图 7.4　习题 7.5 的图

第8章　二极管、晶体管和场效应晶体管

二极管、晶体管和场效应晶体管是常用的半导体器件，要从基本结构、工作原理、特性曲线和主要参数去学习它们。PN结是众多半导体器件的共同基础。因此，本章在简单介绍半导体的导电特性和PN结的单向导电性后，分别介绍二极管、晶体管、场效应晶体管和各种光电器件。

8.1　半导体的导电特性

半导体的导电特性介于导体和绝缘体之间。常用的半导体有硅、锗、硒及多数金属氧化物和硫化物。

半导体的导电性能在不同条件下会有很大差异。例如，有的半导体（如钴、锰、镍等的氧化物）对温度的反应特别灵敏，温度上升时，其导电能力大大加强，利用这种特性制成了各种热敏电阻；有些半导体（如镉、铅等的硫化物与硒化物）受光照后，它的导电能力变得很强，而无光照时，导电能力又大大降低，利用这种特性就制成了各种光敏电阻。

更为共同的特性是，在纯净的半导体中掺入微量杂质后，其导电能力可增加几十万至几百万倍。利用这种特性就制成了不同用途的半导体器件，如二极管、晶体管、场效应晶体管和晶闸管等。

悬殊的导电特性，其根源在于内部结构的特殊性。

8.1.1　本征半导体

以锗和硅为例，它们各有四个价电子，都是四价元素。将锗或硅提纯并形成单晶体后，形成如图8.1.1所示的原子排列方式和如图8.1.2所示的共价键结构，本征半导体就是完全纯净的具有晶体结构的半导体。在晶体结构中，每一个原子与相邻的四个原子共用电子时，构成共价键结构。

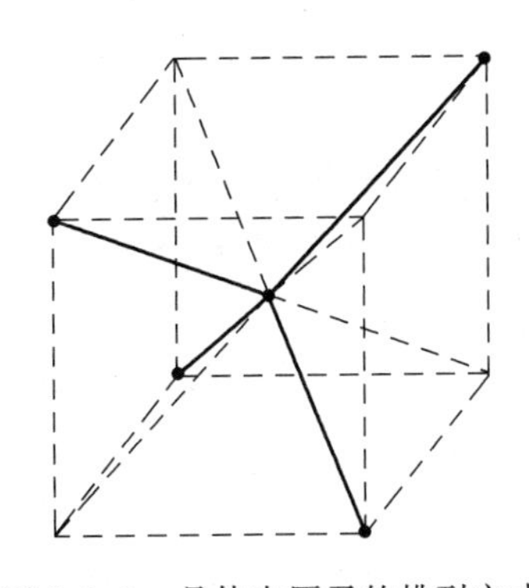

图8.1.1　晶体中原子的排列方式

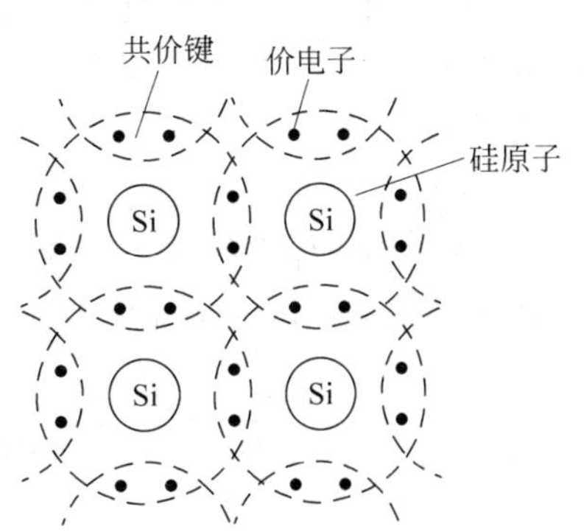

图8.1.2　硅单晶中的共价键结构

在该结构中，处于共价键中的价电子比绝缘体中的价电子所受的束缚力小，在获得能量（温度升高或受光照）后，可挣脱原子核的束缚（电子受到激发）成为自由电子。温度越高，光

照越强，晶体产生的自由电子便越多。

当自由电子产生后，就在共价键中留一个空位，称为空穴。这时失去电子的原子带正电。在外电场作用下，有空穴的原子就吸引相邻原子的价电子来填补这个空穴，失去价电子的相邻原子的共价键中又出现另一个空穴，它也可以由别的原子中的价电子再来递补。如此继续下去，就好像空穴在运动，而空穴运动的方向与价电子运动的方向相反，所以空穴运动相当于正电荷的运动。

当半导体两端加上外电压时，半导体中将出现两部分电流：一是由自由电子做定向运动所形成的电子电流；二是仍被原子核束缚的价电子递补空穴所形成的空穴电流。在半导体中，同时存在着电子导电和空穴导电，以区别于金属导电。自由电子和空穴都称为载流子。

本征半导体中的自由电子和空穴总是成对出现的。当然，也会有自由电子填补空穴复合的可能。在一定温度下，载流子的产生和复合达到动态平衡，于是载流子便维持一定数目。温度越高，载流子数目越多，导电性能就越好。所以，半导体器件性能受温度影响很大。

8.1.2 N型半导体和P型半导体

本征半导体的导电能力仍然很低，但如果在其中掺入微量杂质，则掺杂后半导体的导电性能将大大增强。

根据掺入杂质的不同，杂质半导体可分为以下两类。

一类是掺入五价的磷原子。由于磷原子的最外层有五个价电子，当它取代硅原子后就有一个多余的价电子，该价电子很容易挣脱磷原子核的束缚而成为自由电子。于是，半导体中的自由电子数目大大增加，成为主要载流子，故称为电子半导体或N型半导体。由于自由电子增多而加大了复合的机会，因而空穴数目大大减少。在N型半导体中，自由电子是多数载流子，而空穴则是少数载流子。

另一类是掺入三价的硼原子。每个硼原子只有三个价电子，当它取代硅原子与相邻的硅原子形成共价键时，因缺少一个电子而产生一个空位。该空穴有能力吸引相邻硅原子中的价电子来填补这个空穴，而在该相邻原子中又出现一个空穴。每一个硼原子都能提供出一个空穴，于是半导体中空穴的数目大大增加，成为主要载流子，故称为空穴半导体或P型半导体。在P型半导体中，空穴是多数载流子，而自由电子是少数载流子。

练习与思考

8.1.1　电子导电和空穴导电有何区别？半导体和金属导电的本质区别是什么？

8.1.2　杂质半导体中的多数载流子和少数载流子是怎样产生的？为什么杂质半导体中少数载流子的浓度比本征半导体中载流子的浓度低？

8.2　PN结及其单向导电性

如果采取工艺措施，使一块杂质半导体的一侧为P型，另一侧为N型，则在P型和N型半导体的交界面就形成一个特殊的区域，即为PN结，如图8.2.1所示。图中的“。”表示能移动的空穴，“·”表示能移动的自由电子。

当电源正极接P区，负极接N区时，此时PN结加正向电压(也称为正向偏置)，如

图 8.2.1(a)所示，P 区的多数载流子空穴和 N 区的多数载流子自由电子在外加电场作用下通过 PN 结进入对方，两者形成较大的正向电流。此时 PN 结呈现低电阻，处于导通状态。

当 PN 结加反向电压(也称反向偏置)时，如图 8.2.1(b)所示，P 区和 N 区的多数载流子受阻，难于通过 PN 结。但 P 区和 N 区的少数载流子在电场作用下却能通过 PN 结进入对方，形成反向电流。由于少数载流子数量很少，因此反向电流极小。此时 PN 结呈现高电阻，处于截止状态。此即为 PN 结的单向导电性，PN 结是各种半导体器件的共同基础。

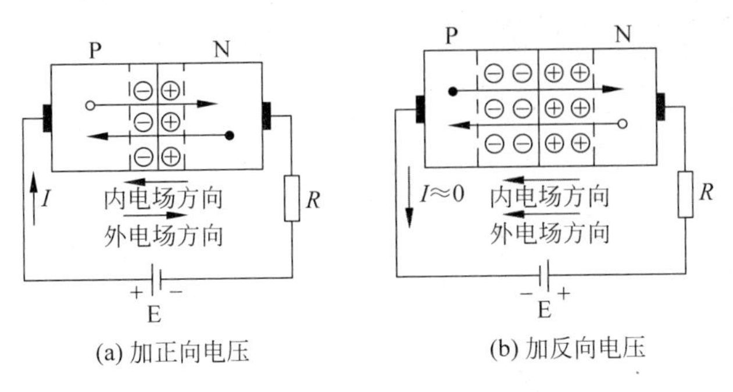

(a) 加正向电压　(b) 加反向电压

图 8.2.1　PN 结的单向导电性

8.3 二　极　管

8.3.1 基本结构

将 PN 结加上相应的电极引线和管壳，就成为二极管。按结构分类，二极管有点接触、面接触和平面型三类。点接触型二极管(一般为锗管)如图 8.3.1(a)所示，它的 PN 结结面积小(结电容小)，因此通过的电流也小，但其高频性能好，故适合高频或小功率的工作场合，也用作数字电路的开关元件。面接触型二极管(一般为硅管)如图 8.3.1(b)所示，它的 PN 结结面积大(结电容大)，故可通过较大电流，但其工作频率较低，一般用于整流。平面型二极管如图 8.3.1(c)所示，可用于大功率整流管和数字电路的开关管。图 8.3.1(d)是二极管的符号表示。

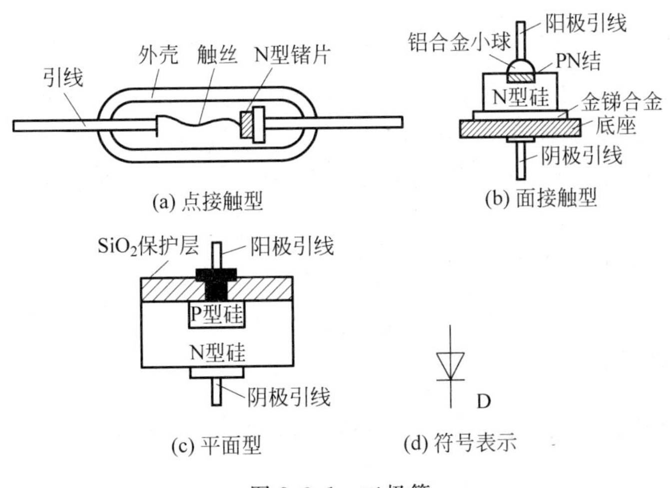

(a) 点接触型　(b) 面接触型

(c) 平面型　(d) 符号表示

图 8.3.1　二极管

8.3.2 伏安特性

二极管就是一个 PN 结，单向导电性是它的基本特性，其伏安特性曲线如图 8.3.2 所示，当外加正向电压很低时，正向电流很小，几乎为零；当正向电压超过一定数值后，电流就快速上升。这个一定数值的正向电压称为死区电压（开启电压），它的大小与材料及环境温度有关。例如，硅管的死区电压约为 0.5V，锗管约为 0.1V。二极管导通后，硅管的正向压降为 0.6～0.8V，锗管为 0.2～0.3V。

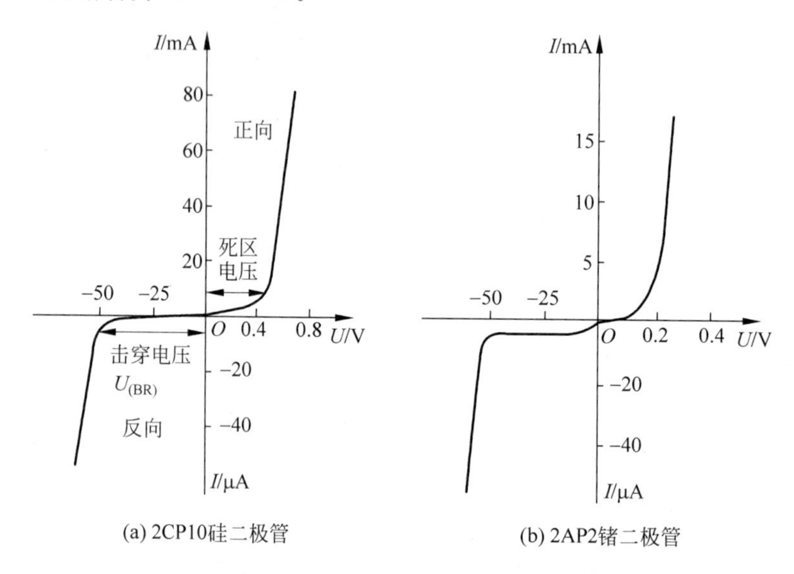

(a) 2CP10硅二极管　(b) 2AP2锗二极管

图 8.3.2　二极管的伏安特性曲线

当二极管加反向电压时，形成很小的反向电流。反向电流有两个特点：一是它随温度的上升增加很快；二是在反向电压不超过某范围内，反向电流大小基本恒定，故称为反向饱和电流。但当外加电压过高时，反向电流将突然增大，单向导电性被破坏，这时二极管被击穿。通常二极管被击穿后，一般就不能再恢复原有的性能。击穿时的反向电压称为反向击穿电压 $U_{(BR)}$。

8.3.3 理想伏安特性

在许多情况下，可以忽略二极管的正向压降和反向饱和电流。这时二极管就是一个理想开关：加正向电压，二极管导通，管压降为零，相当于开关接通，正向伏安特性曲线与纵轴的正半轴重合；加反向电压，二极管截止，反向饱和电流为零，相当于开关断开，反向伏安特性曲线与横轴的负半轴重合。

这时的二极管也称为理想二极管。通常，当理想伏安特性无法解释时，才用实际伏安特性。

8.3.4 主要参数

二极管的特性用其参数来说明。二极管的主要参数有以下几个。

1. 最大整流电流 I_{OM}

I_{OM}是二极管长时间使用时，允许通过的最大正向平均电流。点接触型二极管的 I_{OM} 在几十 mA 以下，而面接触型二极管的 I_{OM} 较大，可达 100mA 以上。当流过电流超过该允许值时，PN 结将过热而损坏。

2. 反向工作峰值电压 U_{RWM}

为确保二极管不被击穿而给出的反向工作峰值电压 U_{RWM}，通常是反向击穿电压的 1/2 或 2/3。如 2CZ52A 硅二极管的反向工作峰值电压为 25V，而反向击穿电压为 50V。通常点接触型二极管的 U_{RWM} 较小，而面接触型二极管的 U_{RWM} 较大。

3. 反向峰值电流 I_{RM}

反向峰值电流 I_{RM} 就是指当二极管加反向工作峰值电压时的反向电流值。它与单向导电性能有关，最大整流电流与反向峰值电流的比值越大，则单向导电性能越好。反向电流受温度影响很大，硅管的 I_{RM} 较小，在几个 μA 以下，锗管的 I_{RM} 较大，可达硅管的几十到几百倍。

二极管可用于整流、检波、限幅、元件保护以及数字电路中做开关元件等。

【例 8.3.1】 在如图 8.3.3 所示的电路中，$u_i = 10\sin 314t$ V，$E=5$V，当 1、2 端开路时，画出 u_D、u_R、u_o 的波形图。

解 电路的 KVL 方程为

$$u_D = u_R + E - u_i$$

由于 1、2 两点开路，因此电阻上的电流必须流经二极管。当 u_i 和电源 E 接入前，二极管不导通，则 $u_R=0$，所以讨论 u_D 时，暂不考虑 u_R。

如果 $u_D>0$，则认为二极管导通；否则，认为二极管截止。

当 $E-u_i>0$ 时，二极管导通，此时 ωt 在 $0\sim\frac{\pi}{6}$ 和 $\frac{5\pi}{6}\sim 2\pi$，$u_D=0$，$u_R=u_i-E<0$，$u_o=u_i$。

当 $E-u_i\leqslant 0$ 时，二极管截止，此时 ωt 在 $\frac{\pi}{6}\sim\frac{5\pi}{6}$，$u_D=E-u_i\leqslant 0$，$u_R=0$，$u_o=E$。

画出波形图如图 8.3.4 所示。

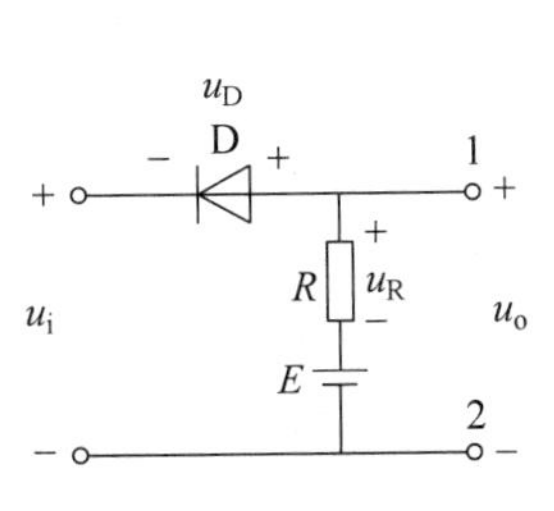

图 8.3.3　例 8.3.1 的图

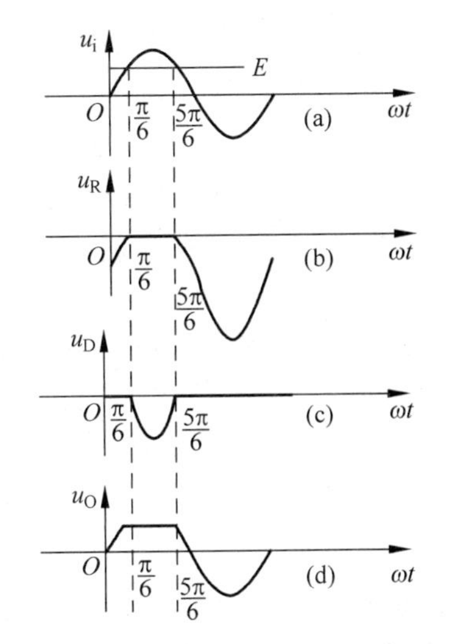

图 8.3.4　u_i、E、u_R、u_D、u_o 的波形图

【例 8.3.2】 在如图 8.3.5 所示的电路中，试求下列几种情况下输出端 Y 的电位 V_o 及各元件中的电流(设二极管为理想二极管)：

(1) $V_A=+6V, V_B=+4V$；

(2) $V_A=+6V, V_B=+5.5V$。

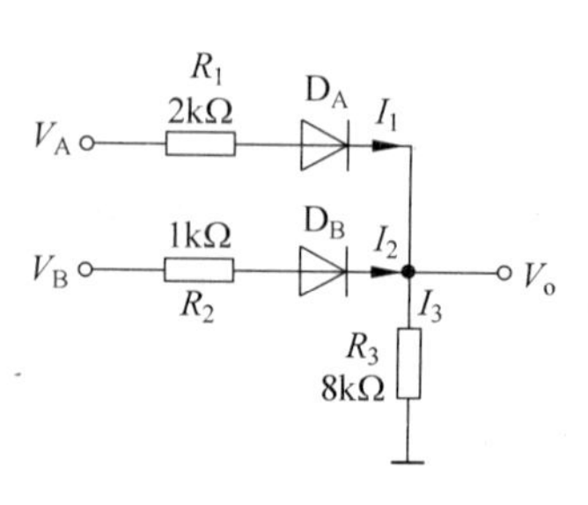

图 8.3.5　例 8.3.2 的电路

解　电路中二极管 D_A、D_B 的阴极接在一起，如果两个二极管的阳极电位都高于阴极电位，则阳极电位高的管子抢先导通，然后再判断另一个管子是否导通。

(1) 当 $V_A>V_B$ 时，D_A 抢先导通，如果 D_B 不导通，则 R_1、D_A 和 R_3 串联，即

$$V_o=\frac{R_3}{R_3+R_1}V_A=\frac{8000}{2000+8000}\times 6V=4.8V$$

由于 $V_o>V_B$，D_B 的阳极电位低于阴极电位，假设是正确的，因此

$$I_1=I_3=\frac{V_A}{R_1+R_3}=\frac{6}{2000+8000}A=0.6mA$$

$$I_2=0$$

$$V_o=4.8V$$

(2) 当 $V_A>V_B$ 时，D_A 抢先导通，如果 D_B 不导通，则 $V_o=4.8V$，但现在 $D_B=5.5V$，所以可以认为 D_A、D_B 均导通，则

$$\frac{V_A-V_o}{R_1}+\frac{V_B-V_o}{R_2}=\frac{V_o}{R_3}$$

$$V_o=5.23V$$

此时 $V_B>V_o$，与假设吻合，说明 D_B 也导通，这时有

$$I_1=\frac{V_A-V_o}{R_1}=\frac{6-5.23}{2000}A=0.39mA$$

$$I_2=\frac{V_B-V_o}{R_2}=\frac{5.5-5.23}{1000}A=0.27mA$$

$$I_3=I_1+I_2=0.66mA$$

尽管在分析过程中，对某些二极管是否导通做了假设，但一个二极管是否导通与假设无关。如果假设与计算结果相互矛盾，则假设有误，需要重新计算；否则，假设正确，计算结果保留。

练习与思考

8.3.1　硅二极管和锗二极管的死区电压(开启电压)是多少？它们的工作电压又是多少？

8.3.2　为什么二极管的反向饱和电流与外加反向电压无关，而当环境温度上升时，又明显增大？

8.3.3　用万用表测量二极管的正向电阻时，用 $R\times100$ 挡测出的电阻值小，而 $R\times1k\Omega$ 挡测出的电阻值大，为什么？

8.4　稳压二极管

稳压二极管是一种特殊的面接触型半导体硅二极管。它在电路中与适当的电阻配合后能起到稳定电压的作用。其符号与外形如图 8.4.1 所示。

稳压二极管的正向伏安特性与普通二极管相同,如图 8.4.2 所示,其差异在反向伏安特性上。稳压二极管工作于反向击穿区,当然这种反向击穿在一定条件下是可逆的。从反向伏安特性可以看出,当反向电压在一定范围内变化时,反向电流很小。当反向电压增高到击穿电压时,反向电流急剧增大,稳压二极管被反向击穿。此时,电流虽然在很大范围内变化,但稳压二极管的电压变化很小,这样就起到了稳压作用。但是,反向电流超过允许范围,稳压二极管将被热击穿而损坏。

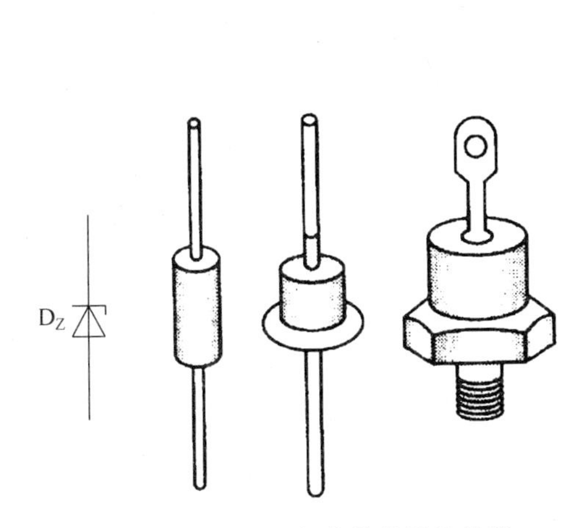

图 8.4.1　稳压二极管的符号及外形

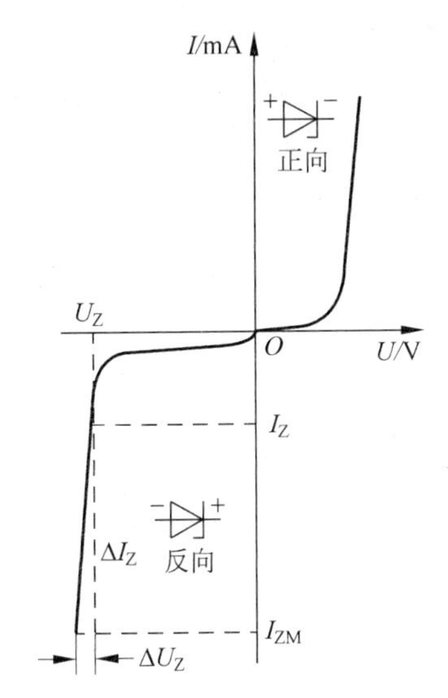

图 8.4.2　稳压二极管的伏安特性曲线

稳压二极管的主要参数有以下几个。

1. 稳定电压 U_Z

U_Z 就是稳压二极管在正常工作下管子两端的电压。但该数值是在一定工作电流和温度条件下获得的,由于工艺等方面的原因,稳定值有一定的分散性。例如,2CW59 的稳压值在 10～11.8V。

2. 电压温度系数 α_U

α_U 用来说明稳压值受温度变化影响的系数。例如,2CW59 的 α_U 是 0.095%。

一般来说,低于 6V 的稳压二极管,α_U 是负的;而高于 6V 的稳压二极管,α_U 是正的;而 6V 左右的管子,α_U 值较小。

3. 动态电阻 r_Z

r_Z 是指稳压二极管端电压的变化量与相应的电流变化量的比值,即

$$r_Z = \frac{\Delta U_Z}{\Delta I_Z}$$

稳压二极管的反向伏安特性曲线越陡,r_Z 越小,稳定性越好。

4. 稳压电流 I_Z

I_Z 是稳压二极管的稳定电流,供设计时选用。对每一个型号的稳压二极管,都规定一个最大稳定电流 I_{ZM}。

5. **最大允许耗散功率 P_{ZM}**

P_{ZM}是指管子不致发生热击穿的最大允许耗散功率，即

$$P_{ZM}=U_Z I_{ZM}$$

用稳压二极管组成的稳压电路如图 8.4.3 所示。U_I 是输入电压，R 为限流电阻，R_L 为负载电阻。U_I 必须大于 U_Z，U_I 的一部分降在 R 上，另一部分降在 R_L 和 D_Z 上。当稳压管被反向击穿时，U_Z 基本上不变，即 $U_0=U_Z$ 也基本上不变。如果 U_I 或 R_L 变化时，只要稳压管工作在反向击穿区，由 $U_I-U_Z=RI$ 和 $I=I_Z+I_L$，就可以保证 U_Z 基本上不变，但 U_R、I、I_Z、I_L 会相应调整。

【例 8.4.1】 在如图 8.4.4 所示的电路中，通过稳压管的电流 I_Z 等于多少？R 是限流电阻，其值是否合适？R_{min}是多少？

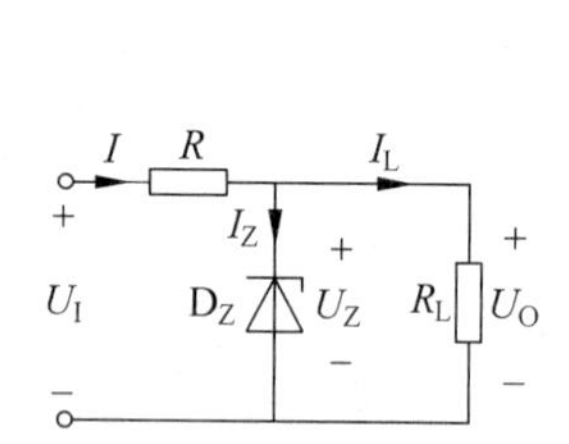

图 8.4.3　稳压管组成的稳压电路

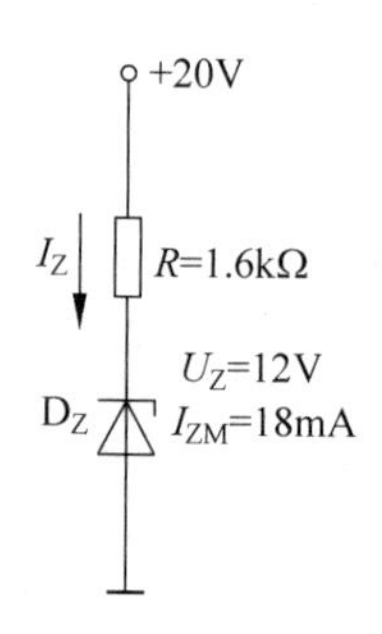

图 8.4.4　例 8.4.1 的图

解 $I_Z=\dfrac{20-12}{1.6\times10^3}\text{A}=5\times10^{-3}\text{A}=5\text{mA}$

因 $I_Z<I_{ZM}$，所以电阻值合适。

$$R_{min}=\frac{20-12}{I_{ZM}}=0.44\text{k}\Omega$$

【例 8.4.2】 对如图 8.4.3 所示的稳压二极管组成的稳压电路中，用伏安特性曲线解释其稳压原理。

解 将稳压电路改画后的得电路如图 8.4.5 所示，求稳压管以外二端网络的戴维宁模型，有

$$U_{OC}=\frac{R_L}{R_L+R}U_I,\quad R_{eq}=\frac{R_L R}{R_L+R}$$

这时稳压管的负载线即对稳压管以外的电路写 U_Z 和 I_Z 的方程为

$$U_Z=U_{OC}-R_{eq}I_Z$$

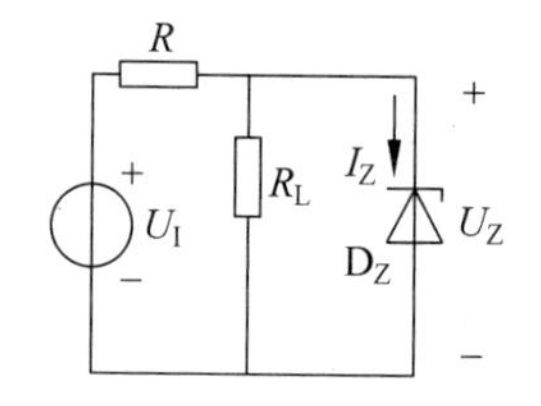

图 8.4.5　改画后的稳压电路

它与稳压管的伏安特性曲线的交点即工作点。此负载线的横轴截距是 U_{OC}，纵轴的截距是 (U_{OC}/R_{eq})。当 U_I 增大、R_L 不变时，横轴和纵轴的截距按比例增大，在图 8.4.6(a)中，由直线 1 变成另一条平行直线 3；当 R_L 增大、U_I 不变时，负载线的横轴截距增大，但负载线与纵轴的交点(纵轴上的截距)不变，如图 8.4.6(b)所示，由直线 1 变成直线 2，交点也发生变化。但只要交点在稳压管的稳压区($I<I_{ZM}$)都具有稳压作用。在图 8.4.6(a)和(b)中，都有 $|\Delta U_{OC}|(|\Delta U_I|)\gg|\Delta U_Z|$，$|\Delta U_{OC}|$ 即为两线在横轴上的变化。

注意：稳压管在稳压时上的电压和电流都是反向电压和电流，为使稳压管的伏安特性曲线不变，所以横、纵轴的箭头方向与正常的相反。

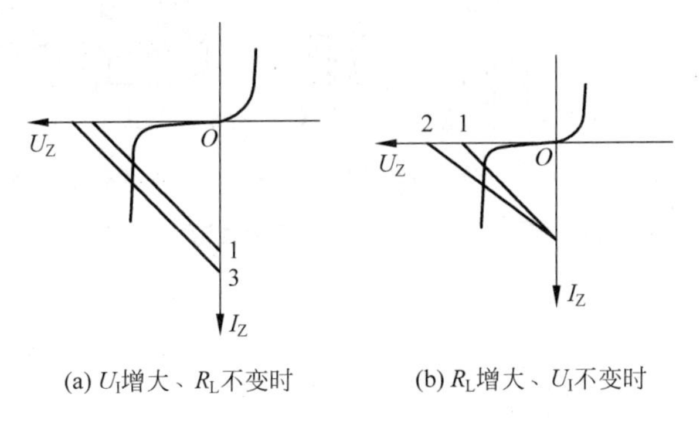

(a) U_I增大、R_L不变时　　(b) R_L增大、U_I不变时

图 8.4.6　图解法分析稳压电路的稳压原理

由于半导体器件是非线性元件，图解法成为重要的分析方法，读者要很好地理解利用负载线与伏安特性曲线作图的原理。

练习与思考

8.4.1　为什么稳压二极管的动态电阻越小，则稳压越好？

8.4.2　利用稳压二极管或普通二极管的正向压降，是否也可以稳压？

8.5　晶　体　管

晶体管即半导体三极管，是最重要的一种半导体器件，它具有放大作用和开关作用。本节首先介绍晶体管的内部结构和工作原理，然后再讨论其特性曲线与主要参数。

8.5.1　基本结构

常见的晶体管有平面型和合金型两类（见图 8.5.1）。硅管主要是平面型，锗管都是合金型。常见的晶体管的外形如图 8.5.2 所示。

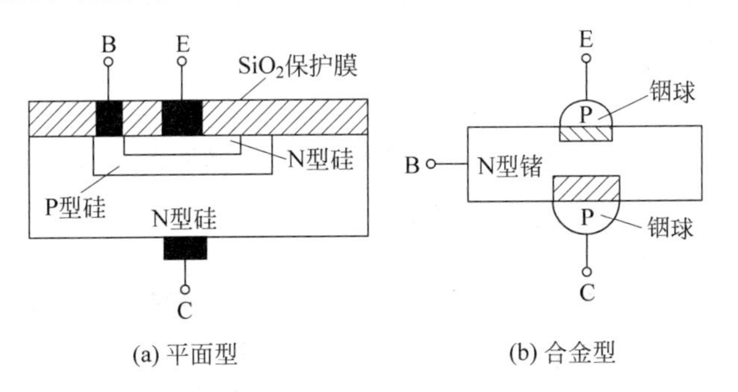

(a) 平面型　　(b) 合金型

图 8.5.1　晶体管的结构

晶体管分为 NPN 型或 PNP 型两种，其结构示意图和表示符号如图 8.5.3 所示。国内生产的硅晶体管多为 NPN 型（3D 系列），锗晶体管多为 PNP 型（3A 系列）。

每一个晶体管都有三个区，即基区、发射区和集电区；分别引出三个极，即基极 B、发射极 E 和集电极 C；有两个 PN 结，即基区和发射区之间的发射结，基区和集电区之间的集电结。

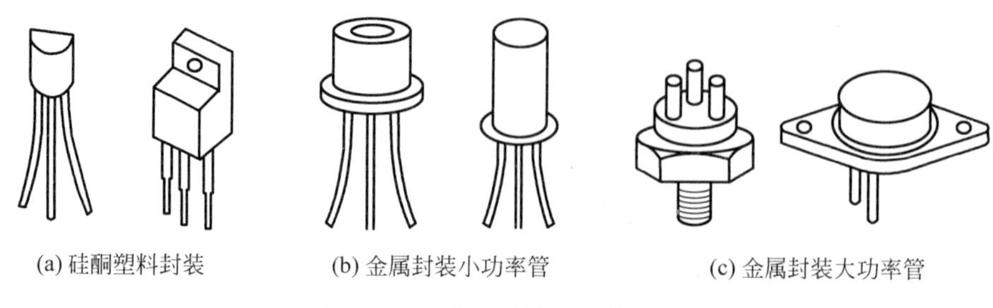

图 8.5.2　常见晶体管的外形图

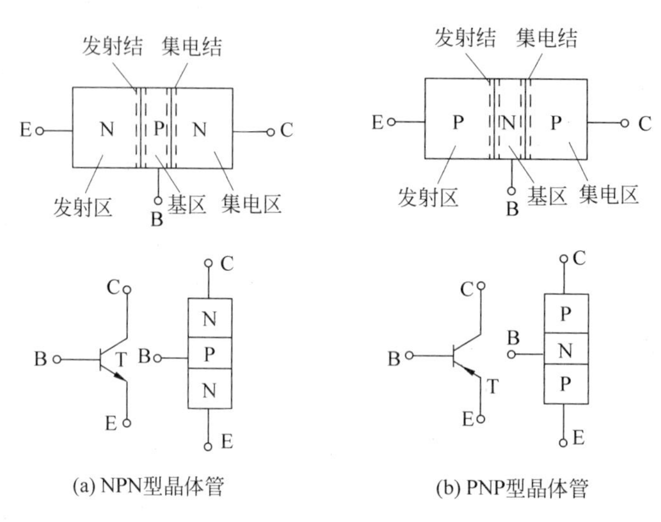

图 8.5.3　晶体管的结构示意图和表示符号

NPN 管和 PNP 管的工作原理类似，仅在使用时电源的极性连接不同而已。下面以 NPN 管为例来分析讨论。

8.5.2　晶体管的工作原理

当晶体管的两个 PN 结的偏置方式不同时，晶体管的工作状态也不同，共有放大、饱和和截止三种工作状态。

1. 放大状态

当外接电路保证晶体管的发射结正向偏置、集电结反向偏置时，如图 8.5.4 所示，晶体管具有电流放大作用，即工作在放大状态。

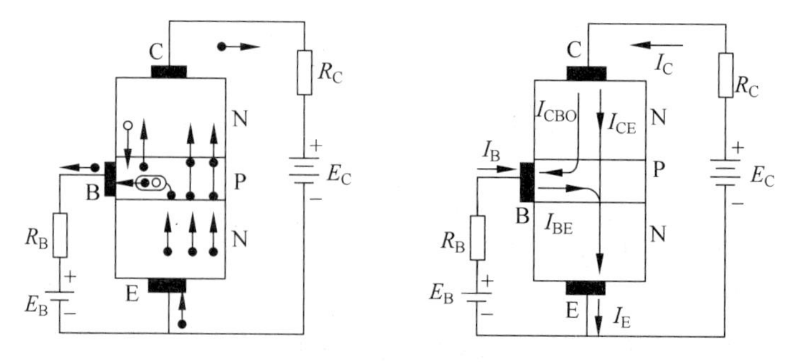

图 8.5.4　晶体管在放大状态时的电路与载流子运动

图中，基极电源 E_B 和基极电阻 R_B 组成的基极回路可保证发射结处于正向偏置，集电极电源 E_C 和集电极电阻 R_C 构成的集电极回路可保证集电结反向偏置（$E_C > E_B$）。由于发射极是两回路的公共端，故称该电路为共发射极电路。

当发射结正向偏置时，有利于发射区和基区的多数载流子的扩散运动。因为发射区的多数载流子自由电子的浓度大，而基区的少数载流子自由电子的浓度小，所以发射区的自由电子扩散到基区，就形成发射极电流 I_E。

自由电子进入基区后，有继续向集电结方向扩散的可能，在该过程中，部分自由电子会与基区的多数载流子空穴复合，从而形成电流 I_{BE}，它基本上等于基极电流 I_B。如果被复合掉的电子越多，扩散到集电结的电子就越少，这不利于晶体管的放大作用。因此，基区要做得很薄，且掺杂浓度低，这样才可以减少自由电子与基区空穴复合的机会，使绝大部分自由电子都能扩散到集电结的边缘。

由于集电结反向偏置，因此有利于发射区扩散到基区的自由电子进入集电区，从而形成电流 I_{CE}，它基本等于集电极电流 I_C。同时，集电区的少数载流子空穴和基区的少数载流子自由电子也相对运动，形成电流 I_{CBO}。该电流数值很小，它构成集电极电流 I_C 和基极电流 I_B 的一小部分，且受温度影响很大，并与外加电压的大小关系不大。上述载流子运动和电流分配如图 8.5.4 所示。

从发射区扩散到基区的自由电子只有很小的一部分被复合，绝大部分到达集电区。也就是 I_{BE} 只占 I_E 很小一部分，而 I_{CE} 占 I_E 的大部分。用静态电流放大系数 $\bar{\beta}$ 表示，即

$$\beta = \frac{I_{CE}}{I_{BE}} = \frac{I_C - I_{CBO}}{I_B + I_{CBO}} = \frac{I_C}{I_B} \tag{8.5.1}$$

综上所述，晶体管工作在放大状态的内部条件是：基区薄且掺杂浓度很低，发射区掺杂浓度高于集电区；外部条件是：发射结正偏，集电结反偏。若是共发射极接法，则外部条件表示为 $|U_{CE}| > |U_{BE}|$。对 NPN 管而言，U_{CE} 和 U_{BE} 都是正值；对 PNP 管而言，它们都是负值。当晶体管处于放大状态时，有 $I_C = \bar{\beta} I_B$。

2. **饱和状态**

在如图 8.5.4 所示的放大状态的电路中，若减小基极电阻 R_B，使发射结电压 U_{BE} 增加，从而当基极电流 I_B 增加时，I_C 也增加。但当 I_C 增加到 $R_C I_C \approx E_C$ 时，I_C 已不可能再增加，即使 I_B 再增大。此时晶体管处于饱和状态，$U_{CE} \approx 0$（略大于 0）；$U_{BE} = U_{BC} + U_{CE}$，$U_{BE} \approx U_{BC} > U_{CE}$，即发射结正偏，集电结也正偏。一般而言，可写成 $|U_{BE}| > |U_{CE}|$，由于 $U_{CE} \approx 0$，所以晶体管的集电极和发射极之间相当于短路，可认为是开关处于闭合状态。

3. **截止状态**

当晶体管的发射结处于反向偏置时，基极电流 $I_B = 0$，集电极电流为 I_{CEO}，也接近于零，此时晶体管处于截止状态。晶体管工作在截止区的条件是：发射结和集电结均反偏。此时 $I_B \approx 0$，$I_C \approx 0$，晶体管的集电极和发射极之间相当于开路，可认为是开关处于断开状态。

当晶体管稳定工作在截止和饱和状态时，集电极和发射极之间相当于开关，称为晶体管的开关状态。

8.5.3　特性曲线

晶体管的特性曲线用来表示该晶体管各极电压和电流之间的相互关系，是分析放大电

路的重要依据。最常用的是共发射极接法的输入特性曲线和输出特性曲线。这些曲线可用晶体管特性图示仪直观显示出来。

1. **输入特性曲线**

输入特性曲线是指基极回路中的电流 I_B 与电压 U_{BE} 的关系，前提是 U_{CE} 为常数，即 $I_B = f(U_{BE})\Big|_{U_{CE}\text{恒定}}$，如图 8.5.5 所示。

对硅管而言，当 $U_{CE} \geqslant 1V$ 时，集电结处于反向偏置，且已有足够能力将发射区扩散到基区的自由电子的绝大部分拉入集电区。此后 U_{CE} 对 I_B 的作用就不再明显，即 $U_{CE} > 1V$ 后的输入特性曲线基本上是重合的。通常只画出 $U_{CE} \geqslant 1V$ 的一条输入特性曲线。

由图 8.5.5 可见，和二极管的正向伏安特性一样，晶体管输入特性也有一段死区。只有发射结的正偏电压大于死区电压时，晶体管才出现明显的 I_B。硅管的死区电压为 0.5V，锗管的死区电压约为 0.1V。正常工作情况下，NPN 硅管的发射结电压 $U_{BE} = 0.6 \sim 0.7V$，PNP 锗管的 $U_{BE} = -(0.2 \sim 0.3)V$。

2. **输出特性曲线**

输出特性曲线是指集电极回路中的电流 I_C 与 U_{CE} 的关系。当 I_B 取不同数值时，可得出不同的 $I_C = f(U_{CE})\Big|_{I_B\text{恒定}}$，如图 8.5.6 所示。

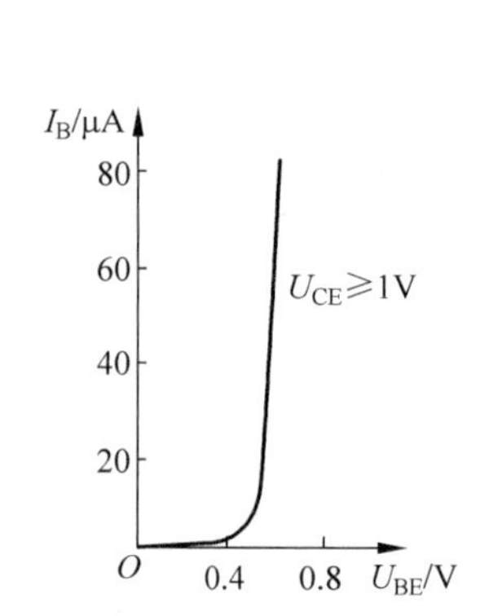

图 8.5.5　晶体管的输入特性曲线

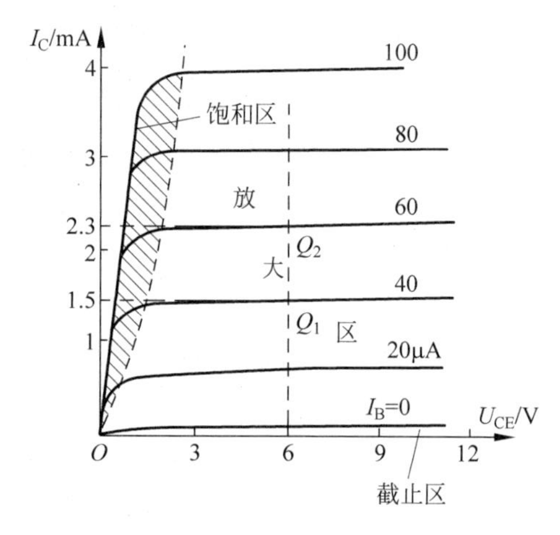

图 8.5.6　晶体管的输出特性曲线

输出特性曲线可分为三个区域，即对应晶体管的三个工作状态。

(1) 放大区：输出特性曲线中比较平坦的部分。此时 $I_C = \bar{\beta} I_B$，I_C 与 U_{CE} 关系不大。

(2) 截止区：$I_B = 0$ 曲线以下的区域称为截止区。$I_B = 0$ 时，$I_C = I_{CEO}$。对 NPN 硅管而言，当 $U_{BE} < 0.5V$ 时即开始截止，但为可靠起见，常使 $U_{BE} \leqslant 0$，同时 $U_{BC} < 0$。

(3) 饱和区：当 $U_{CE} < U_{BE}$ 时，集电结也正向偏置，晶体管工作于饱和状态。在饱和区，I_B 对 I_C 影响不大，I_C 受 U_{CE} 影响更大，此时 $I_C \neq \bar{\beta} I_B$。

8.5.4　主要参数

除了特性曲线表示晶体管的特性外，还可以用参数来描述它。晶体管的主要参数有以下几个。

1. **电流放大倍数 β 和 $\bar{\beta}$**

静态放大倍数

$$\bar{\beta}=\frac{I_C}{I_B}$$

动态放大倍数为

$$\beta=\frac{\Delta I_C}{\Delta I_B}$$

实际上，通常认为 $\bar{\beta}\approx\beta$。常用小功率晶体管的 β 值约为 20～150，离散性较大，即使是同一型号的管子，其电流放大系数也有很大差别。

2. **集-基极反向截止电流 I_{CBO}**

I_{CBO}是当发射极开路时，由于集电结处于反向偏置，集电区和基区中的少数载流子的相对运动所形成的电流。I_{CBO}属反向饱和电流，受温度影响大。室温下，小功率锗管的 I_{CBO} 约为几微安到几十微安，小功率硅管在 1μA 以下。由此可见，硅管的温度稳定性胜于锗管。

3. **集-射极反向截止电流 I_{CEO}**

I_{CEO}是当 $I_B=0$ 时，集电结处于反向偏置和发射结正向偏置的集电极电流。该电流好像是从集电极直接穿透晶体管而达到发射极的，又称穿透电流，可以证明，$I_{CEO}=(1+\bar{\beta})I_{CBO}$。通常硅管的 I_{CEO}为几微安，锗管的约为几十微安，其值越小越好。

4. **集电极最大允许电流 I_{CM}**

集电极电流 I_C 越过一定数值时，晶体管的 β 要下降。当 β 下降到正常数值的三分之二时的集电极电流，称为集电极最大允许电流 I_{CM}。在使用中，超过 I_{CM}并不一定会使晶体管损坏，但这是以降低 β 值为代价的。

5. **集-射极反向击穿电压 $U_{(BR)CEO}$**

在基极开路时，加在集电极和发射极之间的最大允许电压值称为集-射极反向击穿电压 $U_{(BR)CEO}$。一旦 U_{CE}大于 $U_{(BR)CEO}$，I_{CEO}将大幅上升，说明晶体管被击穿，通常给出 25℃时的 $U_{(BR)CEO}$，在高温下，其值还要降低。

6. **集电极最大允许耗散功率 P_{CM}**

由于集电结电流大，且集电结反向电压高，将会产生热量，使集电结温度上升，引起晶体管参数的变化。当受热而引起参数变化不超过允许值时，集电极所消耗的最大功率称为集电极最大允许耗散功率 P_{CM}。

P_{CM}主要受结温 T_j 的限制，锗管允许结温为 70～90℃，硅管约为 150℃。由 $P_{CM}=I_CU_{CE}$，可在输出特性曲线上作出 P_{CM}曲线，它是一条双曲线。

由 I_{CM}、$U_{(BR)CEO}$、P_{CM}三者可以确定晶体管的安全工作区，如图 8.5.7 所示。

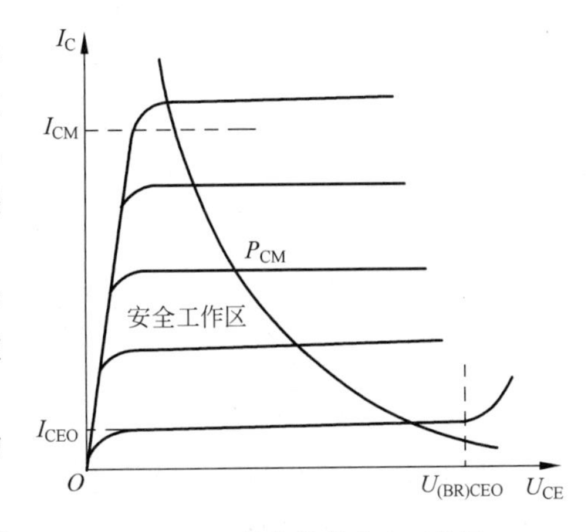

图 8.5.7 晶体管的安全工作区

以上参数中，β、I_{CBO}和 I_{CEO}是性能指标，其中 β

要合适，I_{CBO} 和 I_{CEO} 越小越好；I_{CM}、$U_{(BR)CEO}$ 和 P_{CM} 都是极限参数，使用时不宜超过。

练习与思考

8.5.1 晶体管的发射极和集电极是否可以调换使用，为什么？

8.5.2 晶体管具有电流放大作用，其外部和内部条件各为什么？

8.5.3 将图 8.5.4(a)中的 PNP 管改成 NPN 管，并相应改变电源，画出电路。

8.5.4 有两个晶体管，一个管子 $\bar{\beta}=50$，$I_{CBO}=0.5\mu A$；另一个管子 $\bar{\beta}=150$，$I_{CBO}=2\mu A$。如果其他参数一样，选用哪个管子较好？为什么？

8.5.5 某晶体管的参数 $P_{CM}=100mV$，$I_{CM}=20mA$，$U_{(BR)CEO}=15V$，试问下列情况下，哪些可以正常工作？

(1) $U_{CE}=3V$，$I_C=20mA$；

(2) $U_{CE}=3V$，$I_C=40mA$；

(3) $U_{CE}=18V$，$I_C=5mA$。

8.6 光电器件

越来越多的光电器件在显示、报警、耦合和控制中得到广泛的应用，本节将做简要介绍。

8.6.1 发光二极管

发光二极管(LED)是一种特殊的二极管，当其加正向电压，且正向电流达到一定数值时，就可以发出不同颜色的光来。例如，若采用磷砷化镓材料，则发出红光或黄光；若采用磷化镓材料，则发出绿光。

发光二极管的工作电压为 1.5～3V，工作电流为几毫安到十几毫安，寿命很长，可作显示用，图 8.6.1 是它的外形和表示符号。

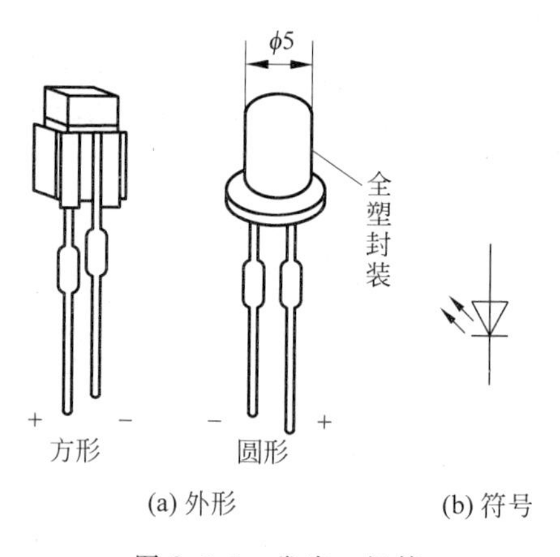

图 8.6.1 发光二极管

8.6.2 光电二极管

光电二极管又称光敏二极管，它能将光信号转化为电信号。图 8.6.2 是它的外形及表示符号。光电二极管的管壳上通常有一个嵌着玻璃的窗口。当加反向电压且无光照时，其反向电流(暗电流)很小,通常小于 0.2μA;当加反向电压但有光照时,产生的反向电流(光电流)较大,可达几十微安,照度 E 越大,光电流也越大。

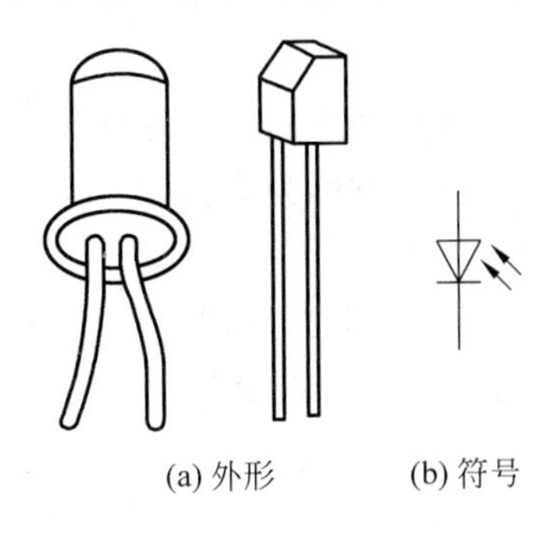

图 8.6.2 光电二极管

8.6.3 光电晶体管

光电晶体管又称光敏晶体管,也能将光信号转换为电信号。普通晶体管用基极电流 I_B 来控制 I_C,而光电晶体管用光照度 E 来控制集电极电流。无光照时,集电极电流 I_{CEO} 很小,称为暗电流,有光照时,集电极电流称为光电流,一般为零点几毫安到几个毫安。图 8.6.3 是它的外形、符号和输出特性曲线。

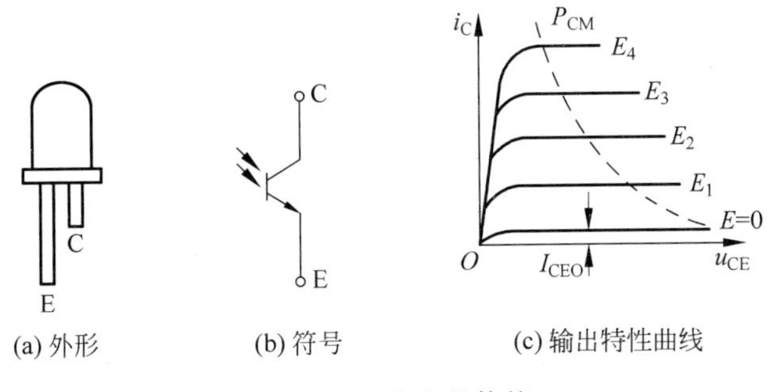

图 8.6.3 光电晶体管

图 8.6.4 是光电耦合放大电路的例子,可作为光电开关用。图中 LED 与光电晶体管光电耦合,T_1 是普通晶体管。当有光照时,T_1 饱和导通,$u_o \approx 0$V;当光被物体遮住时,T_1 截止,$u_o \approx +5$V。该电路可用于防盗报警的作用。

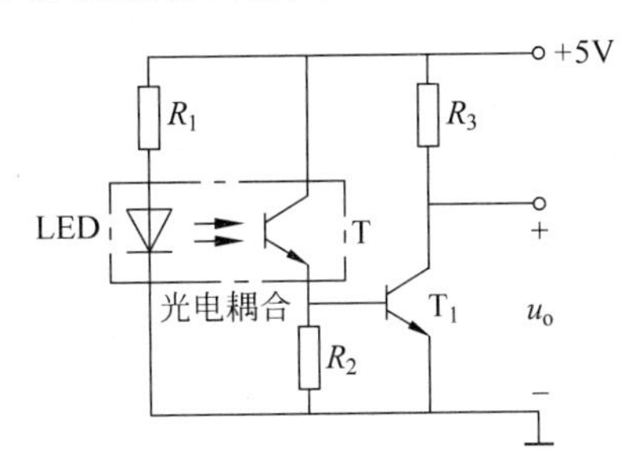

图 8.6.4 光电耦合放大电路

8.7 场效应晶体管

场效应晶体管是一种利用电场效应来控制电流的新型半导体器件。它与晶体管的主要区别是，晶体管有两种载流子参与导电，也称为双极型晶体管，而场效管只靠一种极性的载流子导电，故称其为单极型晶体管。

普通晶体管是电流控制元件，即信号源必须提供一定的电流才能工作。因此它的输入电阻较低，仅有 $10^2 \sim 10^4 \Omega$。场效应晶体管是电压控制元件，它的输出电压决定于输入电压，无须提供电流，所以它的输入电阻很高，可达 $10^9 \sim 10^{14} \Omega$，这就是它的突出优点。

按结构的不同，场效应晶体管可分为结型和绝缘栅型两大类。由于后者的性能更优越，并且制造工艺简单，便于集成化，不论是在分立元器件还是在集成电路中，其应用范围远胜于前者，所以这里只介绍后者。

8.7.1 增强型绝缘栅场效应晶体管

绝缘栅场效应晶体管按工作状态可分为增强型和耗尽型两类；按导电沟道类型的不同，场效应晶体管可分为 N 沟道（电子导电）和 P 沟道（空穴导电）两种。

如图 8.7.1(a)所示为 N 沟道增强型场效应晶体管的结构示意图。它是以一块掺杂浓度较低的 P 型硅片为衬底，利用扩散的方法在 P 型硅中形成两个掺杂浓度很高的 N 型区（用 N^+ 表示），并分别引出两个电极，分别称为源极 S(source)和漏极 D(drain)。然后在 P 型硅表面生成一层极薄的二氧化硅绝缘层，并在源极与漏极之间的绝缘层上覆盖一层金属铝片，引出栅极 G(gate)。由于栅极与其他电极是绝缘的，所以称其为绝缘栅型场效应晶体管。由于它是由金属、氧化物、半导体构成的，所以又称为金属-氧化物-半导体（Metal-Oxide-Semiconductor）场效应晶体管，简称 MOS 场效应晶体管或 MOS 管。

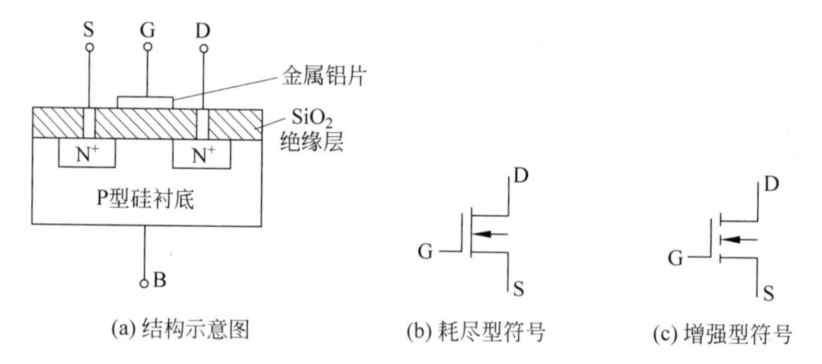

图 8.7.1 N 沟道绝缘型场效应晶体管结构示意图与符号表示

场效应晶体管的工作主要表现在栅、源极之间的电压 U_{GS} 对漏极电流 I_D 的控制作用。N 沟道增强型 MOS 管的源极区和漏极区与 P 型衬底之间形成了两管 PN 结，不论 U_{DS} 极性如何，两个 PN 结总有一个处于反向截止状态，所以漏极、源极之间不会有电流形成。如果在栅极和源极之间加上栅源电压 U_{GS}，则在 U_{GS} 作用下，将产生垂直于衬底表面的电场。电场可以把 P 型衬底中的电子吸引到表面层。当 U_{GS} 大于一定数值时，吸引到表面层的电子

（除与空穴复合外），多余的电子在P型半导体的表面形成一个自由电子占多数的N型层，由于它的性质正好和多子为空穴的P型区相反，故称为反型层。反型层就是沟通了漏区和源区的N型导电沟道。

在场效应晶体管中，导电的途径称为沟道。场效应晶体管的基本工作原理是通过外加电场对沟道的厚度和形状进行控制，以改变沟道的电阻，从而改变电流的大小，场效应晶体管也因此而得名。场效应晶体管刚开始形成导电沟道的这个临界电压$U_{GS(th)}$称为开启电压。如图8.7.2所示，U_{GS}值越高，导电沟道越宽。由于这种MOS管必须依靠外加电压来形成导电沟道，故称为增强型。

导电沟道形成后，在漏极电压U_{DS}的作用下，MOS管导通，产生漏极电流I_D。加上U_{DS}后，导电沟道会变成如图8.7.3所示的那样厚薄不均匀，这是因为U_{DS}的存在使得栅极与沟道不同位置间的电位差变得不同，靠近源极一端的电位差最大为U_{GS}，靠近漏极一端的电位差最小为$U_{GD}=U_{GS}-U_{DS}$，因而反型层呈楔形不均匀分布。

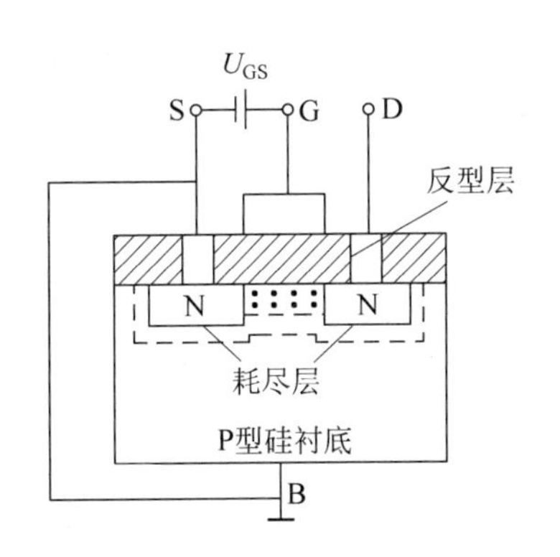

图8.7.2　导电沟道的形成

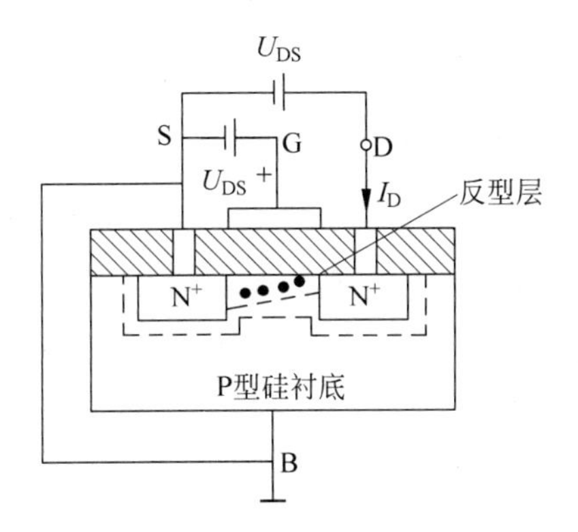

图8.7.3　N沟道增强型MOS管的导通

可见，改变栅极电压U_{GS}，就能改变导电沟道的厚薄和形状，从而实现对漏极电流I_D的控制作用。与晶体管的不同之处在于，晶体管是由I_B来控制I_C的，故称为电流控制器件；场效应晶体管是由U_{GS}来控制I_D的，故称为电压控制器件。

P沟道绝缘栅场效应晶体管的结构示意图与电路符号如图8.7.4所示。N沟道与P沟道绝缘栅场效应晶体管工作原理相同，只是两者电源极性与电流方向相反。

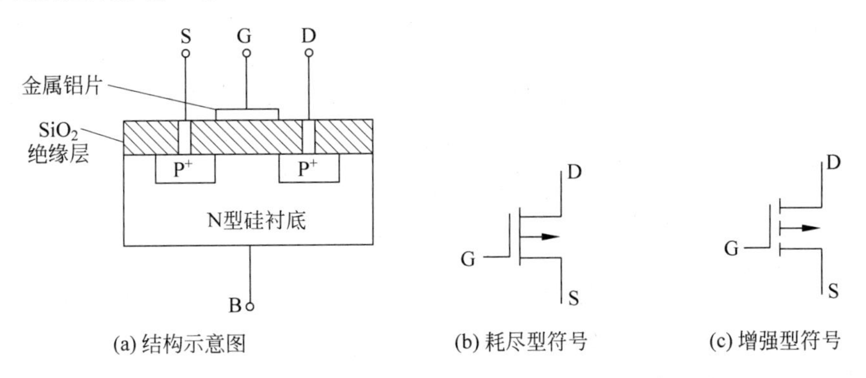

图8.7.4　P沟道绝缘型场效应晶体管结构示意图与符号表示

8.7.2 耗尽型绝缘栅场效应晶体管

耗尽型绝缘栅场效应晶体管与增强型的不同之处在于，制造时在二氧化硅绝缘薄层中掺入了大量正离子，使它有一个原始导电沟道。当 U_{GS} 为 0 时，这些正电荷产生的内电场也能在衬底表面形成自建的反型层导电沟道。当 $U_{GS}>0$ 时，U_{GS} 越大，导电沟道越厚，漏极电流增大。当 $U_{GS}<0$ 时，外电场与内电场方相反，使导电沟道变薄。当 U_{GS} 的负值达到某一数值时，导电沟道将消失，这一临界电压称为夹断电压 $U_{GS(off)}$。因为这种 MOS 管通过外加电压可改变导电沟道的厚薄，直至耗尽，故称其为耗尽型绝缘栅场效应晶体管。

8.7.3 场效应晶体管的特性曲线与主要参数

1. 转移特性

当漏源电压 U_{DS} 一定时，漏极电流 I_D 与栅源电压 U_{GS} 之间的关系，即 $I_D=f(U_{GS})\Big|_{U_{DS}}$，称为场效应晶体管的转移特性，如图 8.7.5 所示。U_{GS} 对 I_D 的控制能力可通过跨导 g_m 来表示，跨导就是特性曲线上工作处切线的斜率。

$$g_m=\frac{\Delta I_D}{\Delta U_{GS}}\Bigg|_{U_{DS}} \tag{8.7.1}$$

对耗尽型场效应晶体管而言，$U_{GS(off)}\leqslant U_{GS}\leqslant 0$，耗尽型场效应晶体管的转移特性可近似表示为

$$I_D=I_{DSS}\left(1-\frac{U_{GS}}{U_{GS(off)}}\right)^2 \tag{8.7.2}$$

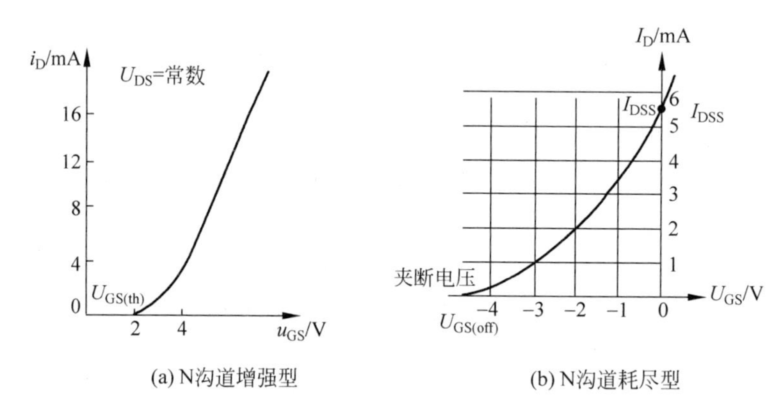

(a) N沟道增强型　　(b) N沟道耗尽型

图 8.7.5　N 沟道增强型、耗尽型 MOS 管的转移特性

2. 漏极输出特性

当栅源电压 U_{GS} 一定时，漏极电流 I_D 与漏源电压 U_{DS} 之间的关系，即 $I_D=f(U_{DS})\Big|_{U_{GS}}$。N 沟道增强型、耗尽型场效应晶体管的输出特性曲线如图 8.7.6(a)、(b)所示。

3. 场效应晶体管的主要参数

(1) 夹断电压 $U_{GS(off)}$：是在 U_{DS} 一定情况下，使漏极电流 I_D 为 0 时的 U_{GS} 值，适用于耗尽型场 MOS 管。

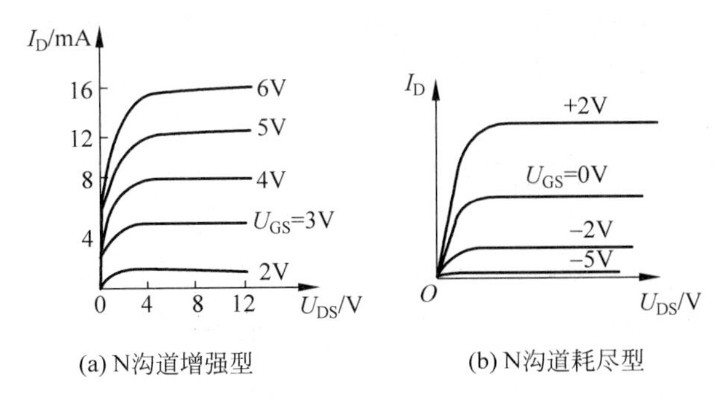

(a) N沟道增强型 (b) N沟道耗尽型

图 8.7.6 N 沟道增强型、耗尽型 MOS 管的输出特性

(2) 开启电压 $U_{GS(th)}$：是在 U_{DS}一定情况下，导电沟道开始形成的临界栅源电压 U_{GS}，适用于增强型 MOS 管。

(3) 漏源击穿电压 $U_{(BR)DS}$：漏、源极之间的反向击穿电压。为避免过电压对绝缘层的击穿，在保存时，必须将三个电极短接；在电路中栅、源极间应有直流通路；焊接时，应使电烙铁有良好的接地。

练习与思考

8.7.1 场效应晶体管与晶体管比较有何特点？

8.7.2 为什么说晶体管是电流控制器件，而场效应晶体管是电压控制器件？

8.7.3 增强型与耗尽型场效应晶体管的主要区别是什么？

本章小结

本章首先介绍了半导体的导电性能和 PN 结等基本知识点，然后分别介绍了二极管、稳压二极管、晶体管、场效应晶体管和各种光器件。要求读者掌握 PN 结的单向导电性，掌握二极管和晶体管，了解其他器件。每种器件要从结构、工作原理、特性曲线和主要参数四个方面去掌握。

习　题

8.1 在如图 8.1 所示的电路中，已知 $i_S=10\sin(\omega t+60^\circ)$mA，$R_1=3\text{k}\Omega$，$R_2=1\text{k}\Omega$，$E=5$V，求：(1)$\omega t=30^\circ$时的 u_D；(2)求 u_D 的最小值。

8.2 在如图 8.2 所示的电路中，D_1 和 D_2 是理想二极管，分析它们的工作状态，并求 I。

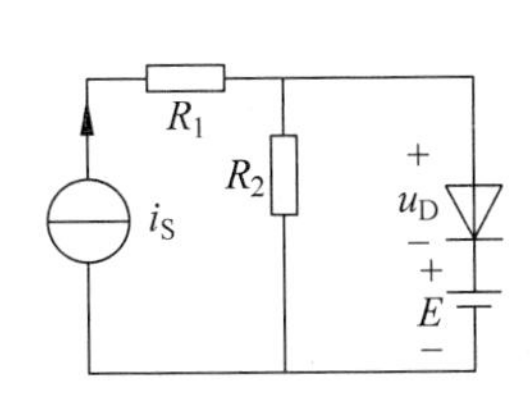

图 8.1 习题 8.1 的图

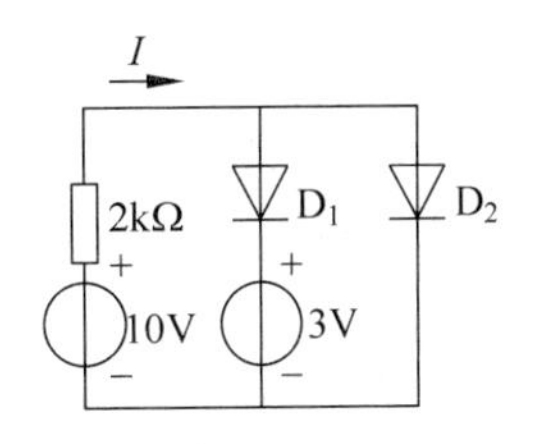

图 8.2 习题 8.2 的图

8.3　在如图 8.3 所示的电路中，$I_{S2}=1\text{A}$，$R_1=3\text{k}\Omega$，$R_2=1\text{k}\Omega$，$U_{S1}=10\text{V}$，讨论理想二极管 D_1 和 D_2 的工作状态，并求 U。

8.4　在如图 8.4 所示的各电路中，1、2 两点开路，$E=10\text{V}$，$u_i=10\sin\omega t\,\text{V}$，二极管是理想二极管，试分别画出 u_o 和 u_D 的波形。

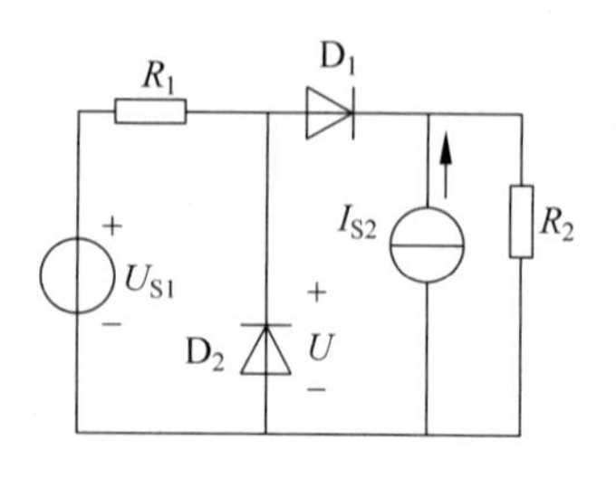

图 8.3　习题 8.3 的图

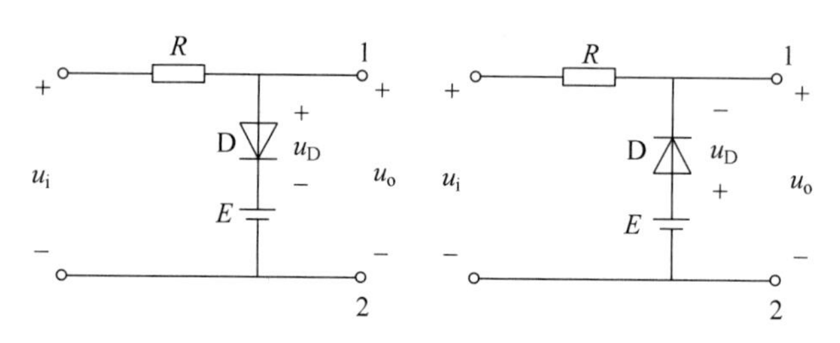

图 8.4　习题 8.4 的图

8.5　在如图 8.5 所示的各电路中，试求下列几种情况下输出端电位 V_Y 和各元件（R、D_A、D_B）中通过的电流：(1) $V_A=V_B=0$；(2) $V_A=+3\text{V}$，$V_B=+1.5\text{V}$；(3) $V_A=V_B=+6\text{V}$。二极管是理想二极管。

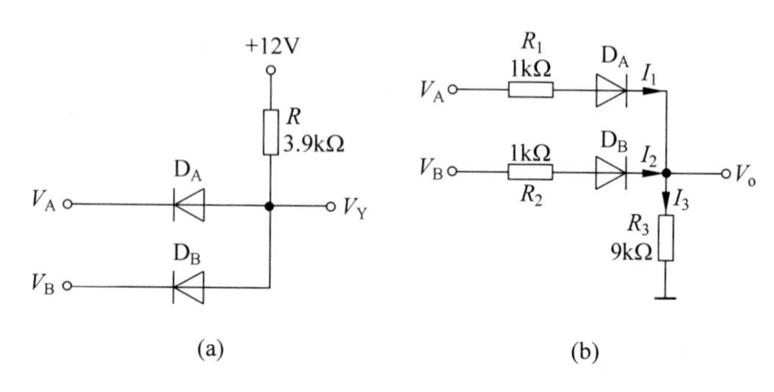

图 8.5　习题 8.5 的图

8.6　在如图 8.6 所示电路中，已知 $R_1=3\text{k}\Omega$，$R_2=1\text{k}\Omega$，$R_3=0.5\text{k}\Omega$，$E=5\text{V}$，$i_s=\sqrt{2}\sin(314t)\text{mA}$，画出 u_D、i_2、i_3 的波形图。

8.7　如图 8.7 所示的线圈（RL 串联电路）与一个理想二极管反并联，开关断开前电路已处于稳态，$t=0$ 时开关断开，$U_S=10\text{V}$，$R=1\Omega$，$L=0.5\text{H}$，求 i_L 并画出 i_L 和 U 的波形图。

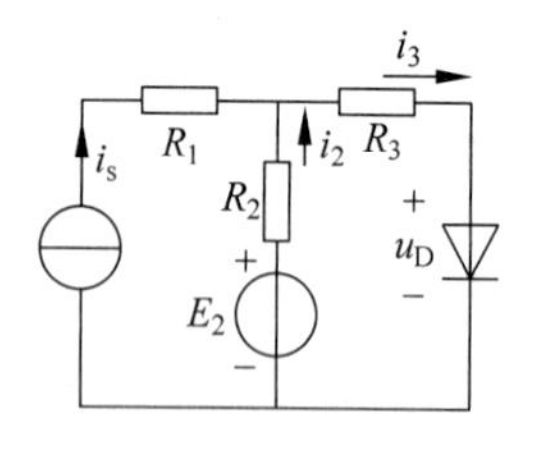

图 8.6　习题 8.6 的图

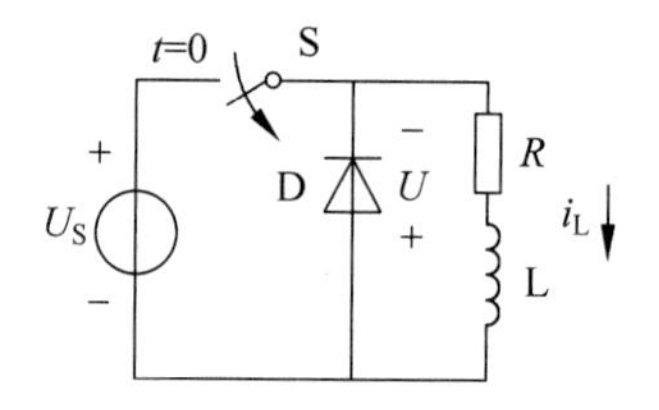

图 8.7　习题 8.7 的图

8.8　有两个稳压二极管 D_{Z1} 和 D_{Z2}，其稳定电压分别是 4.5V 和 8.5V，正向压降都是 0.5V：(1) 如何得到 5V、9V 两种稳定电压，画出稳压电路；(2) 求图 8.8 中各电路的输出电压。

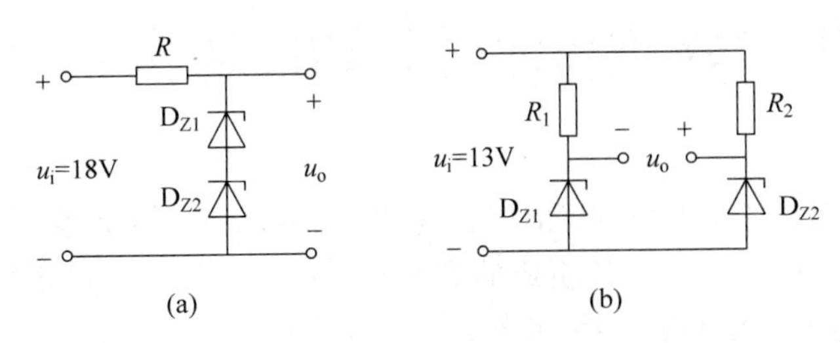

图 8.8 习题 8.8 的图

8.9 在如图 8.9 所示的各电路中，判断晶体管的工作状态。

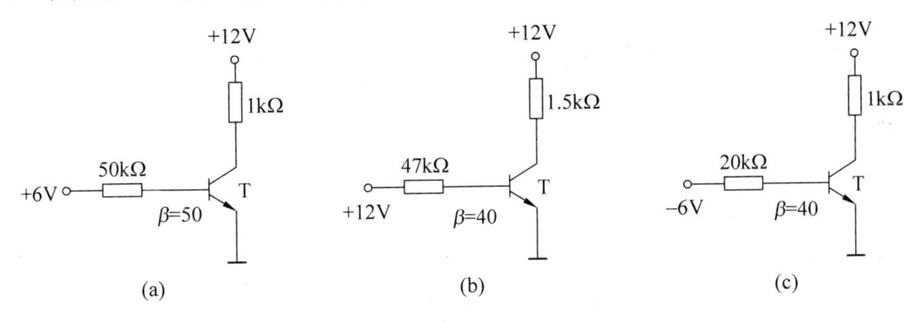

图 8.9 习题 8.9 的图

8.10 图 8.10 是一声光报警电路。在正常情况下，B 端电位为 0V；若前接装置发生故障时，B 端电位上升到＋5V。试分析该电路的工作原理。

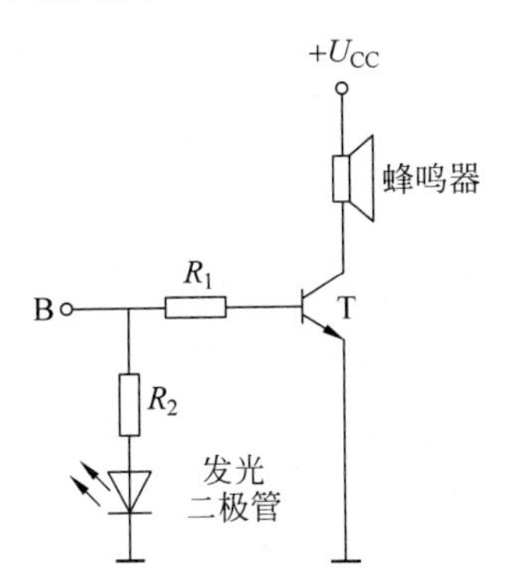

图 8.10 习题 8.10 的图

第9章　分立元件组成的基本放大电路

在前面的章节中介绍了二极管、晶体管、场效应晶体管等半导体器件的工作原理和特性曲线。本章将介绍由这些分立元件组成的基本放大电路。虽然在电子技术快速发展的今天，集成放大电路占了主导地位，分立元件的放大电路在实际应用中已不多见。但基本放大电路是电子线路中常见的单元。所以，从分立元件组成的基本放大电路入手，掌握一些基本放大电路的基本概念、原理与分析方法是非常重要的。

9.1　共发射极放大电路

9.1.1　基本放大电路的组成

放大电路能够利用晶体管电流控制作用，将微弱的电信号进行放大，从而得到有一定功率的信号来推动负载工作。所谓放大，就是在不改变信号形状的情况下，信号的电压、功率都放大了。放大信号所需的能量由直流电源提供，晶体管控制此电源的能量转换，使其输出较大能量的信号并与输入信号变化规律相同，从而推动负载做功。

典型的基本放大电路示意图如图9.1.1所示，放大信号还要保证晶体管处于放大工作状态，即其发射结应正向偏置，集电结应反向偏置。

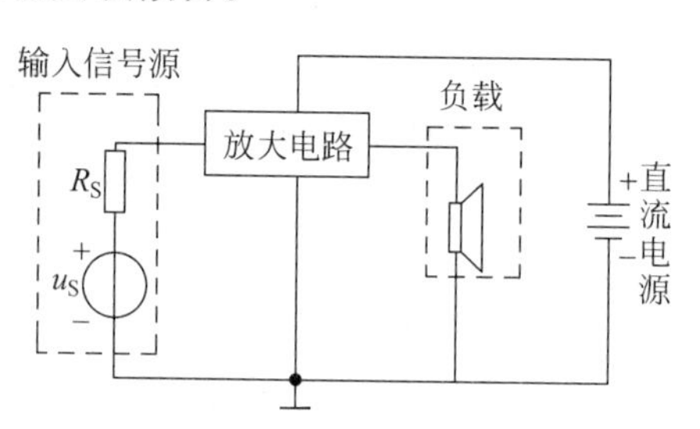

图9.1.1　放大电路示意图

图9.1.2(a)是一个以NPN型晶体管为核心的单管共发射极放大电路，由信号源提供的信号 u_i 加在晶体管的基极与发射极之间，放大后的信号 u_o 从晶体管的集电极与发射极之间输出。电路是以晶体管的发射极作为输入与输出回路的公共端，故称为共发射极放大电路。

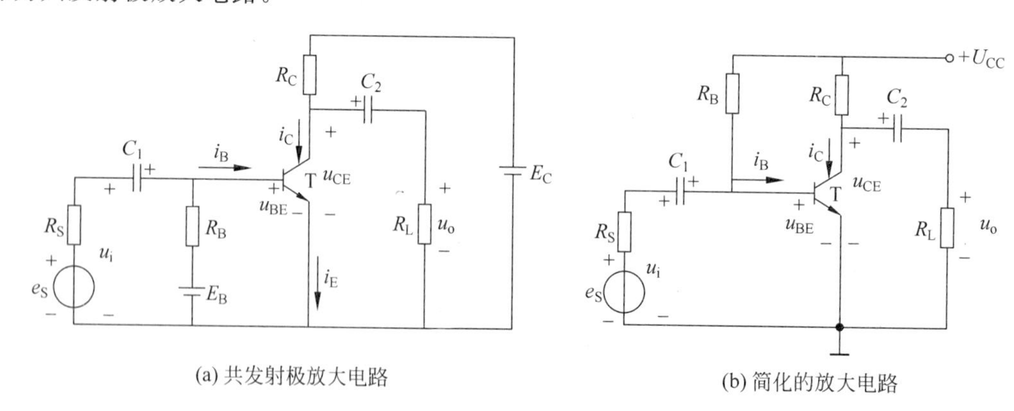

(a) 共发射极放大电路

(b) 简化的放大电路

图9.1.2　共发射极放大电路的组成

电路中各元件作用如下：

晶体管T：晶体管具有电流放大作用，是整个电路的控制元件。

集电极直流电源 E_C 和基极电阻 R_B：直流电源 E_C 不但起着给放大电路提供能量的作用，而且与基极电阻 R_B 一起用来保证晶体管的发射结正向偏置，集电结反向偏置，以使晶体管处于放大工作状态。

集电极电阻 R_C：集电极电阻 R_C 能将集电极电流 i_C 的变化转换成集-射极间电压 u_{CE} 的变化，以实现电压放大。

耦合电容 C_1、C_2：耦合电容一方面既可以隔断放大电路与信号源以及负载之间的直流联系；另一方面又起到交流耦合的作用，传递交流信号。

在放大电路中，通常公共端接地，共发射极放大电路是以发射极为公共点，共用一个直流电源 E_C，可简化电路后如图 9.1.2(b)所示，忽略实际电源的内阻，则有 $U_{CC}=E_C$。

9.1.2 放大电路的静态分析

为了保证放大电路的输出信号不失真，除了晶体管处于放大区，还要使晶体管工作在输入和输出特性曲线合适的工作点上，即确定静态工作点。放大电路是交、直流共存的电路，尽管晶体管是非线性元件，但在一定的条件下，仍可用叠加定理来分析。当输入信号 $u_i=0$ 时，电路中的电压、电流都是直流电源 E_C 的响应，称此时放大电路为静态。静态分析就是确定晶体管各电极的直流电压 U_{BE}、U_{CE} 和直流电流 I_B、I_C(I_E)的数值。静态分析的主要方法分为图解法和估算法。

1. 静态工作值的估算

静态值既然是直流值，就可用放大电路的直流通路来分析。所谓直流通路，就是只有直流电源作用时的放大电路，输入信号短路，电容 C_1、C_2 隔直通交开路，得如图 9.1.3 所示放大电路的直流通路。

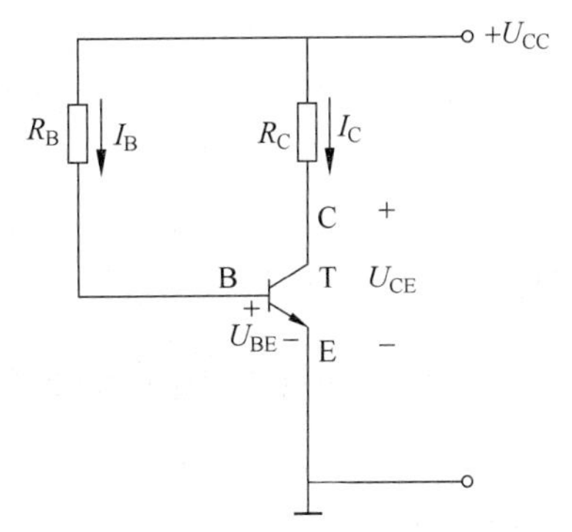

图 9.1.3 图 9.1.2 所示电路的直流通路

由晶体管的输入特性可知，当三极管正常导通的情况下，硅管的 U_{BE} 为 0.6V，锗管的 U_{BE} 为 0.3V，可忽略不计，由图 9.1.3 可知

$$I_B=\frac{U_{CC}-U_{BE}}{R_B}\approx\frac{U_{CC}}{R_B} \qquad (9.1.1)$$

$$I_C=\bar{\beta}I_B \qquad (9.1.2)$$

$$U_{CE}=U_{CC}-R_CI_C \qquad (9.1.3)$$

【例 9.1.1】 试估算图 9.1.2 放大电路的静态工作点，已知 $U_{CC}=12\text{V}$，$R_B=30\text{k}\Omega$，$R_C=4\text{k}\Omega$，$\bar{\beta}=37.5$。

解 根据式(9.1.1)～式(9.1.3)可知

$$I_B\approx\frac{U_{CC}}{R_B}=\frac{12}{300}\text{mA}=40\mu\text{A}$$

$$I_C=\bar{\beta}I_B=37.5\times0.04\text{mA}=1.5\text{mA}$$

$$U_{CE}=U_{CC}-I_CR_C=(12-1.5\times4)\text{V}=6\text{V}$$

2. 用图解法确定静态工作值

根据晶体管的输出特性曲线，用作图的方法求静态值称为图解法。设晶体管的输入、输出特性曲线如图 9.1.4 所示。

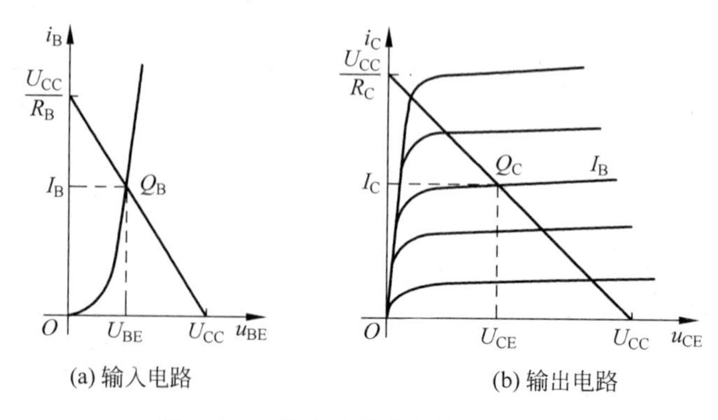

图 9.1.4　静态工作情况的图解分析

图解法的步骤如下：

对于输入电路，描述 I_B 和 U_{BE} 关系的是一条直线，称为输入负载线。它可以由两个点 $\left(0,\frac{U_{CC}}{R_B}\right)$ 与 $(U_{CC},0)$ 确定。输入负载线与输入特性曲线的交点 Q_B 就称为输入电路的静态工作点，Q_B 点对应的坐标分别为 U_{BE} 与 I_B。所以，I_B 又称为偏置电流，用来调整 I_B 大小的电阻 R_B 称为偏置电阻。

对于输出电路，描述 I_C 与 U_{CE} 的关系也是一条直线，称为输出负载线，它同样也可以由点 $\left(0,\frac{U_{CC}}{R_C}\right)$ 与 $(U_{CC},0)$ 确定，输出负载线为

$$I_C=\frac{1}{R_C}(U_{CC}-U_{CE})=-\frac{1}{R_C}U_{CE}+\frac{1}{R_C}U_{CC} \tag{9.1.4}$$

与输出特性曲线的交点 Q_C 就称为输出电路的静态工作点，Q_C 对应的坐标分别为 U_{CE} 与 I_C。有时也只对输出电路采用作图法，确定 U_{CE} 与 I_C。输出负载线也称直流负载线，显然，当 R_B 和 U_{CC} 发生变化时，Q_B 和 Q_C 的位置都要变化，即放大电路的静态工作值会发生变化。

9.1.3　放大电路的动态分析

放大电路即有直流电源又有信号输入时的工作状态称为动态。此时，晶体管的各个电流和电压都含有直流分量和交流分量。交流分量是叠加在直流分量上的，为便于加以分析区别，特将放大电路电压、电流的符号列于表 9.1.1 中。

表 9.1.1　放大电路中的电压和电流符号

名　称	直流分量	交流分量		总电压或总电流	关　系　式
		瞬时值	有效值		
基极电流	I_B	i_b	I_b	i_B	$i_B=I_B+i_b$
集电极电流	I_C	i_c	I_c	i_C	$i_C=I_C+i_c$
发射极电流	I_E	i_e	I_e	i_E	$i_E=I_E+i_e$
集-射极电压	U_{CE}	u_{ce}	U_{ce}	u_{CE}	$u_{CE}=U_{CE}+u_{ce}$
基-射极电压	U_{BE}	u_{be}	U_{be}	u_{BE}	$u_{BE}=U_{BE}+u_{be}$

动态分析不论采用图解分析法还是微变等效电路法，都需要画出电路的交流通路图。交流通路图就是只有信号作用时交流分量的流通路径。此时直流电源 U_{CC} 不作用对地短接，忽略电容 C_1、C_2 的容抗，如图 9.1.5 所示。

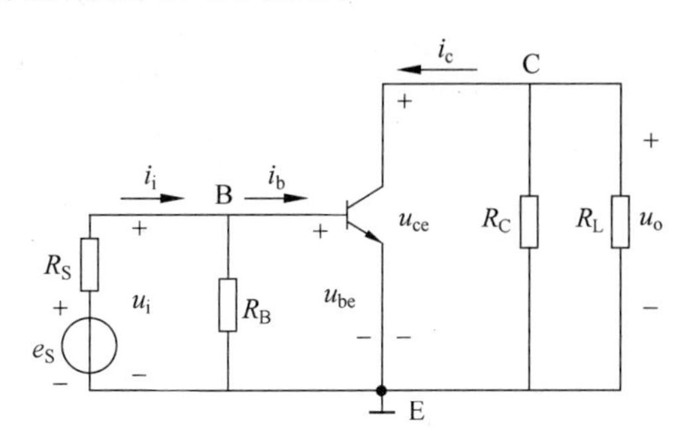

图 9.1.5　图 9.1.2 的交流通路图

1. 图解分析法

图解分析法是利用晶体管的输入、输出特性曲线，通过作图的方法分析动态工作情况，它可以形象、直观地看出信号传递过程以及各个电压、电流输入信号在 u_i 作用下的变化情况和相互关系。

(1) 确定交流负载线

根据静态分析法，作图 9.1.2 电路的直流负载线时，直流负载线的斜率为 $-1/R_C$。而交流负载线反映的是动态分量 i_C 和 u_{CE} 之间的关系，在交流通路图中，交流(信号) $u_{ce} = -(R_L//R_C)i_C = -R'_L i_C$，得交流负载线

$$i_C - I_C = -\frac{1}{R'_L}(u_{CE} - U_{CE}) \tag{9.1.5}$$

故交流负载线的斜率为 $-1/(R_L//R_C)$。如图 9.1.6 所示，交流负载线要比直流负载线陡。当输入信号为零时，放大电路工作在静态工作点上，即交流负载线也要通过 Q 点。据此两点可以确定出交流负载线。

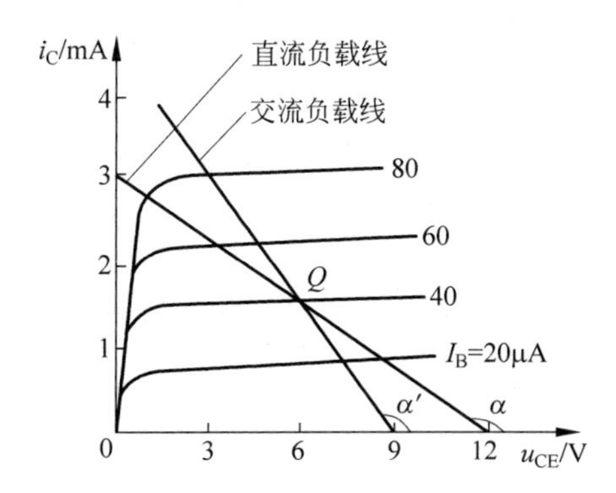

图 9.1.6　图 9.1.2 电路的交、直流负载线

(2) 图解分析

在已给出的晶体管输出特性曲线和输入特性曲线上确定合适的静态工作点 Q，如图 9.1.7 所示。

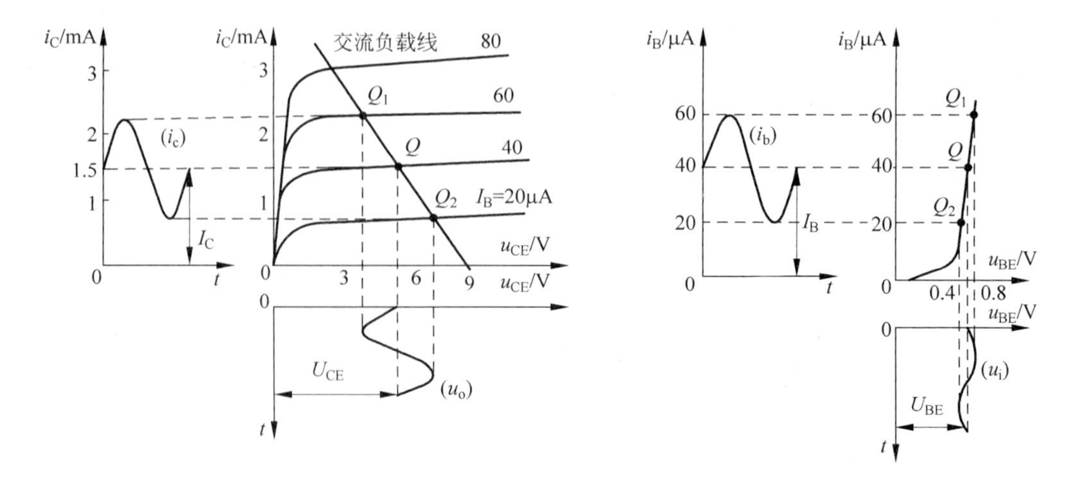

图 9.1.7 放大电路有输入信号时的图解分析

假设输入正弦信号 u_i，晶体管处于线性放大区，则 u_{BE}、i_B、u_{CE}、i_C 都将围绕各自的静态值变化。由于交流信号输出的路径是 $u_i=u_{be}\to i_b\to i_c\to u_{ce}=u_o$，而动态信号是交流分量与直流分量的叠加，即

$$u_{BE}=U_{BE}+u_{be},\quad i_B=I_B+i_b,\quad u_{CE}=U_{CE}+u_{ce},\quad i_C=I_C+i_c$$

如图 9.1.7 所示，在输入特性曲线上，i_B 的值随 u_{BE}的变化在 Q_1 点和 Q_2 点之间移动。在输出特性曲线上，交流负载线上对应于 Q_1 和 Q_2 点之间移动，从而可以确定出 i_C 和 u_{CE}的变化情况。由于耦合电容 C_1、C_2 隔直通交，所以输入信号 $u_i=u_{be}$，输出信号为 $u_o=u_{ce}$。注意，u_o 虽为正弦量，但相位与 u_i 正好相反。从图 9.1.7 中也可以估算电压放大倍数，它等于输出正弦电压的幅值与输入正弦电压的幅值之比。R_L 的阻值越小，交流负载线越陡，电压放大倍数下降得也越多。

图解法的主要优点是直观、形象，便于理解，但不适用于较为复杂的电路。

2. 微变等效电路法

由上述图解分析法可知，当静态工作点合适且输入信号较小时，放大电路的输出信号基本保持为正弦波形，而晶体管的工作情况接近于线性状态，因而可以把晶体管这个非线性元件组成的电路当作线性电路来处理，这就是微变等效分析法。将晶体管等效为线性元件的条件是晶体管在小信号(微变量)情况下工作。

(1) 晶体管的微变等效电路

晶体管处于线性放大区时，可认为在静态工作点 Q 附近的小范围，其输入特性曲线近似于直线，即 ΔU_{BE}与 ΔI_B 成正比，即

$$r_{be}=\frac{\Delta U_{BE}}{\Delta I_B}=\frac{u_{be}}{i_b} \tag{9.1.6}$$

其中，r_{be}称为晶体管的输入电阻，它表示晶体管的输入特性。常温下小功率晶体管的 r_{be}为

$$r_{be}=200+(1+\beta)\frac{26(\text{mV})}{I_E(\text{mA})} \tag{9.1.7}$$

由于晶体管是由基极电流控制集电极电流的，故其电路模型应为电流控电流源，简称流控流源，与理想电流源的区别是 i_S 是激励，为已知量；而受控电流源的电流为 βi_b，受控制量 i_b

的控制。并且两者符号上的也有区别，注意受控源一定要将控制量表示出来，否则无法分析。相同的是其端电压都由 KVL 确定。综上所述，图 9.1.8(b)为图 9.1.8(a)的微变等效电路。

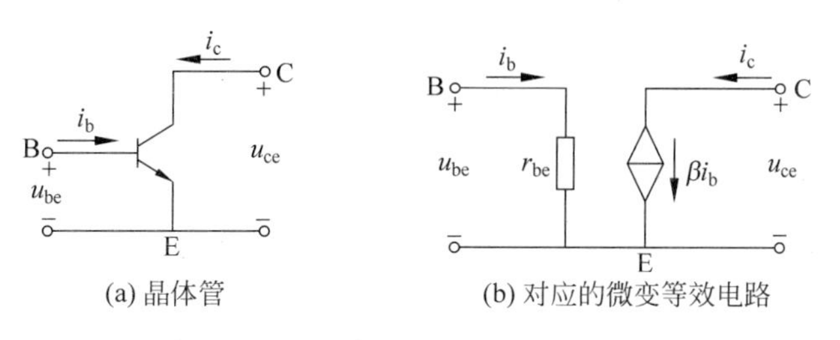

(a) 晶体管　　(b) 对应的微变等效电路

图 9.1.8　晶体管及其微变等效电路

注意：r_{be}是动态电阻，切不能用来求静态值。

(2) 放大电路的微变等效电路

将晶体管的微变等效电路代入放大电路的交流通路中，注意晶体管的三个电极的位置，就得到放大电路的微变等效电路，如图 9.1.9 所示。

利用放大电路的微变等效电路这个线性电路，就可以计算放大电路的电压放大倍数、输入电阻和输出电阻。

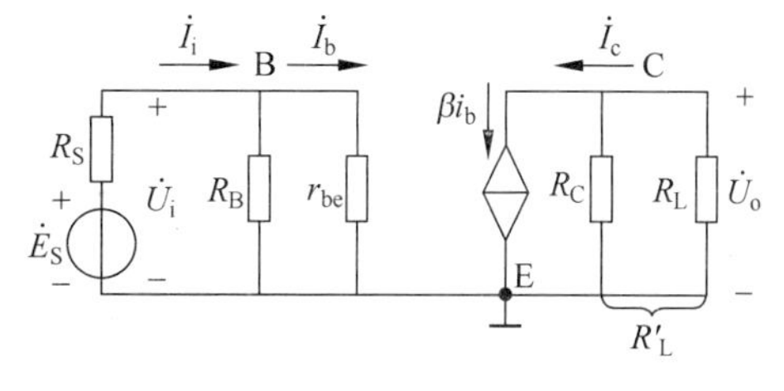

图 9.1.9　放大电路的微变等效电路

① 电压放大倍数

电压放大倍数是衡量放大电路对于输入信号放大能力的主要指标。设输入信号是正弦信号，电压放大倍数 A_u(A_{us})定义为输出电压信号与输入电压(电动势)信号的相量之比，即

$$A_u = \frac{\dot{U}_o}{\dot{U}_i} \tag{9.1.8}$$

或

$$A_{us} = \frac{\dot{U}_o}{\dot{E}_S} \tag{9.1.9}$$

以图 9.1.9 所示放大电路为例，可知

$$\dot{U}_i = r_{be}\dot{I}_b$$

$$\dot{U}_o = -R'_L\dot{I}_c = -\beta R'_L\dot{I}_b$$

式中 $R'_L = R_C // R_L$。所以，电路的电压放大倍数为

$$A_u = -\beta\frac{R'_L}{r_{be}} \tag{9.1.10}$$

式中的负号表示输出电压$\dot{U}_o$与输入电压$\dot{U}_i$ 的相位相反。当放大电路的输出端开路(空载)时，$A_u = -\beta R_C / r_{be}$。可见空载时电压放大倍数(绝对值)最大，$R_L$ 越小，负载越重，则电压放大倍数越低。A_u 除与 R_L 有关外，还与晶体管的放大倍数 β 和晶体管的输入电阻 r_{be}有关。

② 放大电路的输入电阻

放大电路的输入信号是由信号源提供的，对于信号源来说，放大电路相当于它的负载，可以用一个电阻来表示，这个电阻就是放大电路的输入电阻。输入电阻定义为放大电路输

入电压与输入电流之比，当输入信号为正弦信号时，r_i 为

$$r_i = \frac{\dot{U}_i}{\dot{I}_i} \tag{9.1.11}$$

注意：输入电阻只能按式(9.1.11)来求，因为放大电路中有受控源，切不可将受控源除去后用电阻串并联来求。

信号源的电动势为$\dot{E}_S$，内阻为 R_S，由图 9.1.10(b)得放大电路的输入电压为

$$\dot{U}_i = \frac{r_i}{r_i + R_S}\dot{E}_S \tag{9.1.12}$$

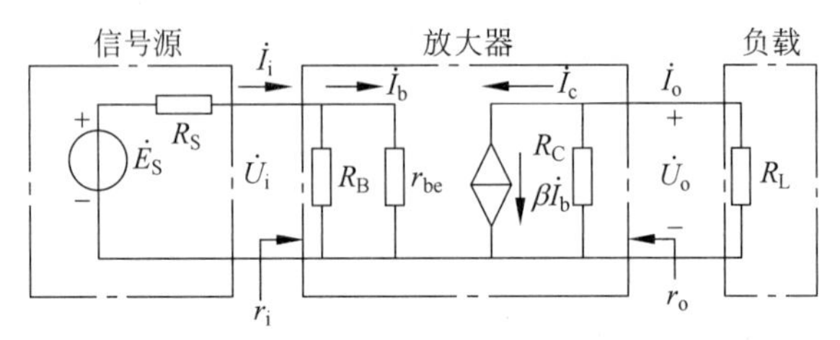

(a) 放大电路的输入电阻与输出电阻的定义

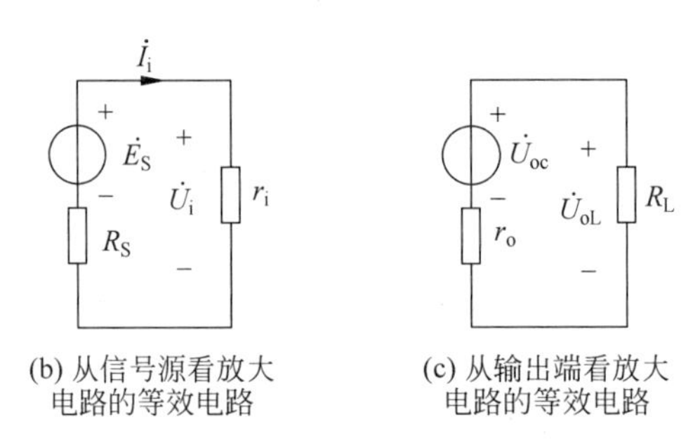

(b) 从信号源看放大电路的等效电路

(c) 从输出端看放大电路的等效电路

图 9.1.10 放大电路的输入电阻与输出电阻

放大电路从信号源获得的输入电流为

$$\dot{I}_i = \frac{\dot{E}_S}{r_i + R_S} \tag{9.1.13}$$

从以上两式可知，在信号源的电动势及其内阻确定时，放大电路的输入电阻越大，放大电路从信号源获得的输入电压越大，信号源流出的电流就越小，从而减轻信号源的负担。因此，对于一般的放大电路，通常希望输入电阻尽量大一些，最好远远大于信号源的内阻。

注意：r_i 为放大电路的输入电阻，r_{be} 为晶体管的输入电阻，两者不可混淆。

有了输入电阻的定义后，两个电压放大倍数的关系就明确了，即为

$$A_{us} = \frac{\dot{U}_o}{\dot{E}_S} = \frac{r_i}{r_i + R_S}A_u$$

应当说 A_{us} 更好地表示电路的放大倍数，但常用的还是 A_u。

③ 放大电路的输出电阻

放大电路输出要带上负载，从负载往前看，放大电路(包括输入信号源)是一个有源二端网络。该网络可以用戴维宁等效电路来表示，其开路电压就是负载 $R_L = \infty$时的输出电压，等效电阻就是放大电路的输出电阻。

输出电阻 r_o 可由戴维宁等效内阻的方法获得。在信号源短路并且负载开路的条件下求出。如图 9.1.9 所示，当$\dot{E}_S=0$ 时，I_b 和 βI_b 也为零，相当于 βI_b 支路开路。可知此放大电路的输出电阻为

$$r_o = R_C \tag{9.1.14}$$

R_C 一般为几千欧姆，由此可知共发射极放大电路的输出电阻较高。

输出电阻也可以通过实验的方法测得。放大电路的输出端在空载和带负载 R_L 时，其输出电压将发生变化，分别测得空载时的输出电压$\dot{U}_{OC}$和接入负载时的输出电压$\dot{U}_{OL}$，由图 9.1.10(c)可得

$$\dot{U}_{OL} = \frac{R_L}{R_L + r_o}\dot{U}_{OC}$$

所以有

$$r_o = \left(\frac{\dot{U}_{OC}}{\dot{U}_{OL}} - 1\right)R_L \tag{9.1.15}$$

输出电阻 r_o 可用来衡量放大电路带负载的能力。r_o 越小，放大电路带负载的能力越强。

9.1.4 分压式放大电路

1. 静态工作点 Q 对放大性能的影响

通过对放大电路的静态分析知道，可以调节电路中的有关参数，如调 R_B 来设置放大电路的静态工作点。设置静态工作点的目的是为了避免产生非线性失真。所谓失真，是指输出信号的波形不能复现输入波形的畸变现象。引起非线性失真的原因有多种，其中最主要的就是由于静态工作点选择不合适或者输入信号太大，使放大电路的工作范围超出了晶体管特性曲线上的线性范围。

如在图 9.1.11 中，若静态工作点 Q_1 的位置选择得太低，当基极电流过小时，晶体管进入截止区工作，i_b 的负半周和 u_o的正半波被削平，这是由于晶体管的截止而引起的，故称为

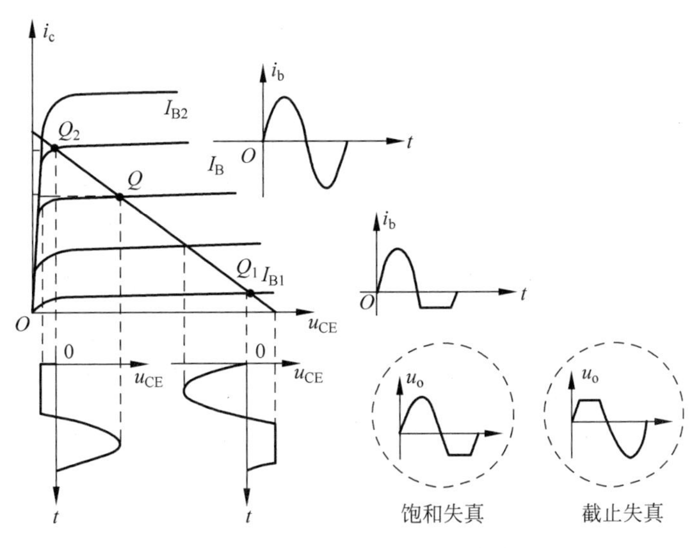

图 9.1.11 截止失真与饱和失真

截止失真。若静态工作点 Q_2 的位置选择得太高，当基极电流过大时，晶体管进入饱和区工作，这时 i_b 虽不失真，但是 u_o 却已严重失真。此时，失真是由于晶体管的饱和而引起的，故称为饱和失真。

因此，要放大电路不产生非线性失真，必须要有一个合适的静态工作点，工作点应大致选在交流负载线的中点。此外，输入信号 u_i 的幅值不能太大，以避免放大电路的工作范围超过特性曲线的线性范围。在小信号放大电路中，此条件一般都能满足。

2. **静态工作点的稳定**

由于静态工作点不仅与波形的失真有关，而且也影响放大电路的放大倍数，因此，如何选取合适的静态工作点，并使其稳定是非常重要的。但是，由于晶体管对外界环境的变化非常敏感，晶体管的参数 I_{CEO}、U_{BE}、β 随温度变化而变化。在如图 9.1.2 所示的放大电路中，$I_B=(U_{CC}-U_{BE})/R_B$，当 U_{CC} 和 R_B 一定时，I_B 基本固定，称这种放大电路为固定偏置电路。当 β 随温度变化时，静态电流 $I_C=\beta I_B$ 也随之变化。所以，温度变化会导致固定偏置式放大电路的静态工作点变化，影响放大电路的正常稳定工作。

环境温度改变时，如何使静态工作点自动稳定，对于放大电路而言极其重要。如图 9.1.12 所示的射极偏置电路(或称为分压偏置电路)就是一种常见的静态工作点稳定的放大电路，它与固定式偏置电路相区别的是，基极电路采用 R_{B1}、R_{B2} 组成分压电路，并在发射极接入反馈电阻 R_E 和旁路电容 C_E。

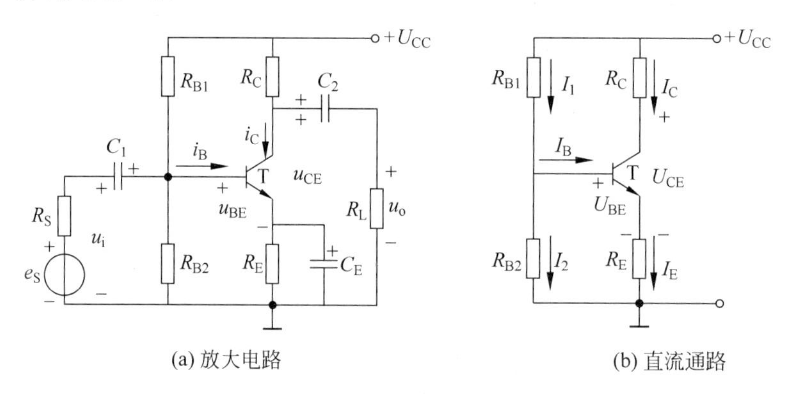

图 9.1.12　射极偏置电路及其直流通路

如果 R_{B1}、R_{B2} 取值适当，使得 $I_1 \gg I_B$，则基极对地电位为

$$V_B \approx \frac{R_{B2}}{R_{B1}+R_{B2}} U_{CC} \tag{9.1.16}$$

可见当温度变化时，基极电位 V_B 基本不变，仅由 R_{B1}、R_{B2} 组成的分压电路确定。而

$$I_C \approx I_E = \frac{V_B - U_{BE}}{R_E} \tag{9.1.17}$$

若 $V_B \gg U_{BE}$，I_C 基本不受温度的影响，并且与晶体管参数 I_{CEO}、U_{BE}、β 无关。所以，分压偏置电路的静态工作点近似不变，只取决于外电路参数。

通过以上分析可知，分压式偏置电路稳定静态工作点的物理过程是：当温度升高时，I_C 与 I_E 增大，发射极电阻上电压 $I_E R_E$ 也增大，而基极电位 V_B 由式(9.1.16)确定，基本不变，可知 U_{BE} 将下降，从而导致基极电流 I_B 减小，并抑制集电极 I_C 的增加。这种通过电路的自动调节作用以抑制电路工作状态变化的技术称为负反馈，发射极电阻 R_E 将输出电流的变化反馈至输入端，起到抑制静态工作点变化的作用，所以称其为反馈电阻。

反馈电阻 R_E 越大，调节效果越显著。但 R_E 的存在同样会对变化的交流信号产生影响，使放大倍数下降。旁路电容 C_E 可以消除 R_E 对交流信号的影响。

【例 9.1.2】 在如图 9.1.12(a)所示的分压式偏置放大电路中，已知 $U_{CC}=12V$，$R_C=2k\Omega$，$R_E=2k\Omega$，$R_{B1}=20k\Omega$，$R_{B2}=10k\Omega$，$R_L=6k\Omega$，$\bar{\beta}=37.5$。(1)试求静态值；(2)画出微变等效电路；(3)计算该电路的 A_u、r_i 和 r_o。

解 (1) $V_B\approx\frac{R_{B2}}{R_{B1}+R_{B2}}U_{CC}=\frac{10}{10+20}\times12V=4V$

$$I_C\approx I_E=\frac{V_B-U_{BE}}{R_E}=\frac{4-0.6}{2\times10^3}A=1.7mA$$

$$I_B=\frac{I_C}{\bar{\beta}}=\frac{1.7}{37.5}mA=0.045mA$$

$$U_{CE}=U_{CC}-I_C(R_C+R_E)=[12-(2+2)\times10^3\times1.7\times10^{-3}]V=5.2V$$

(2) 微变等效电路如图 9.1.13 所示。

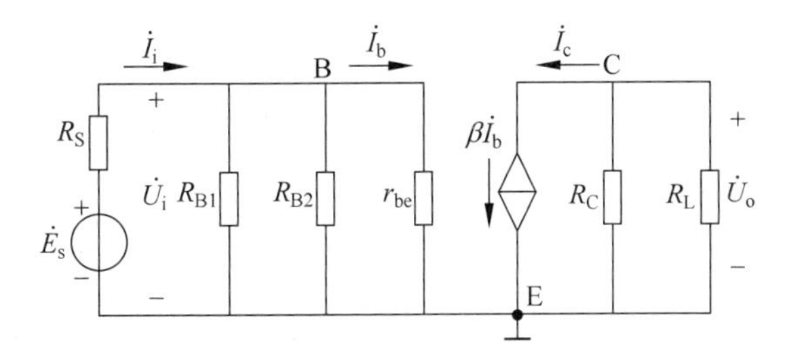

图 9.1.13　例 9.1.2 的微变等效电路

(3) $r_{be}\approx200+(1+\beta)\frac{26}{I_E}=\left[200+(1+37.5)\times\frac{26}{1.7}\right]\Omega=0.79k\Omega$

$$A_u=-\beta\frac{R'_L}{r_{be}}=-37.5\times\frac{1.5}{0.79}=-71.2$$

其中

$$R'_L=\frac{R_CR_L}{R_C+R_L}=\frac{2\times6}{2+6}k\Omega=1.5k\Omega$$

$$r_i=R_{B1}//R_{B2}//r_{be}\approx r_{be}=0.79k\Omega$$

$$r_o=R_C=2k\Omega$$

【例 9.1.3】 在上例中，如图 9.1.12(a)中的 R_E 未全被旁路，而尚有一段 R''_E，$R''_E=0.2k\Omega$。(1)用戴维宁定理求静态值；(2)画出微变等效电路；(3)计算该电路的 A_u、r_i 和 r_o，并与上例比较。

解 (1) 为便于应用戴维宁定理，将图 9.1.14 的直流通路改画成图 9.1.15。

从晶体管的基极和接地端向左看，可以用戴维宁定理来等效，得

$$E_B\approx\frac{R_{B2}}{R_{B1}+R_{B2}}U_{CC}=\frac{10}{10+20}\times12V=4V$$

$$R_B=\frac{R_{B1}R_{B2}}{R_{B1}+R_{B2}}=\frac{10\times20}{10+20}k\Omega=6.66k\Omega$$

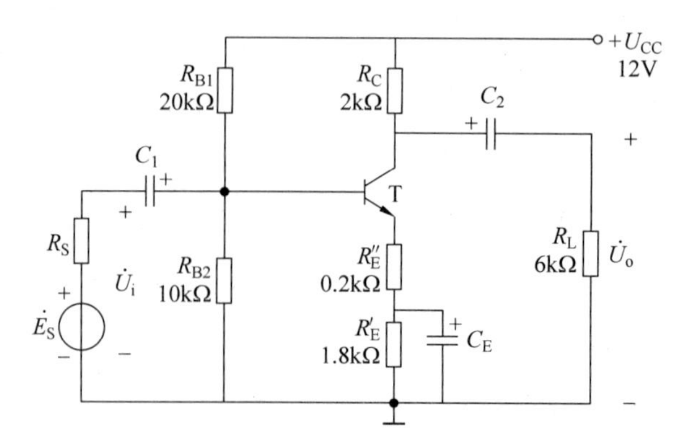

图 9.1.14　例 9.1.3 的电路图

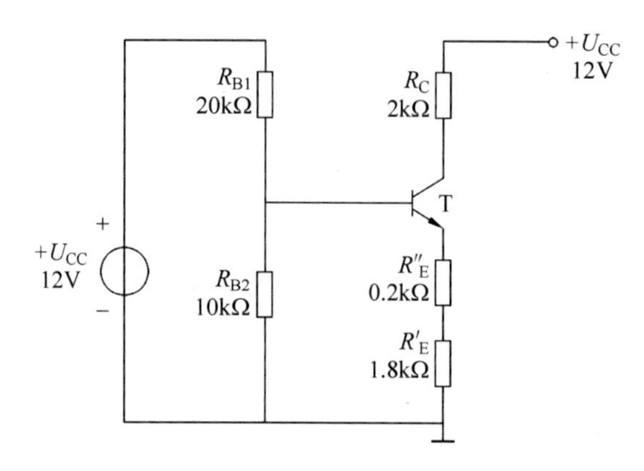

图 9.1.15　图 9.1.14 电路的直流通路图

对等效后的输入回路列 KVL 方程，得

$$R_B I_B + R_E I_E + U_{BE} = E_B$$

$$I_B = \frac{E_B - U_{BE}}{R_B + (1+\beta)R_E}$$

由该式可见，当$(1+\beta)R_E \gg R_B$ 时，估算公式较准确。代入数据得

$$I_B = \frac{4-0.6}{6.66+(1+37.5)\times 2}\text{mA} = 41\mu\text{A}$$

$$I_C = \beta I_B = 1.6\text{mA}$$

$$U_{CE} = U_{CC} - I_C(R_C + R_E) = [12-(2+2)\times 10^3 \times 1.6 \times 10^{-3}]\text{V} = 5.6\text{V}$$

(2) 微变等效电路如图 9.1.16 所示。

(3) 由图 9.1.16 可得

$$\dot{U}_i = r_{be}\dot{I}_b + R''_E\dot{I}_e = r_{be}\dot{I}_b + (1+\beta)R''_E\dot{I}_b = [r_{be} + (1+\beta)R''_E]\,\dot{I}_b$$

$$\dot{U}_o = -R'_L\dot{I}_C = -\beta R'_L\dot{I}_b$$

故电压放大倍数为

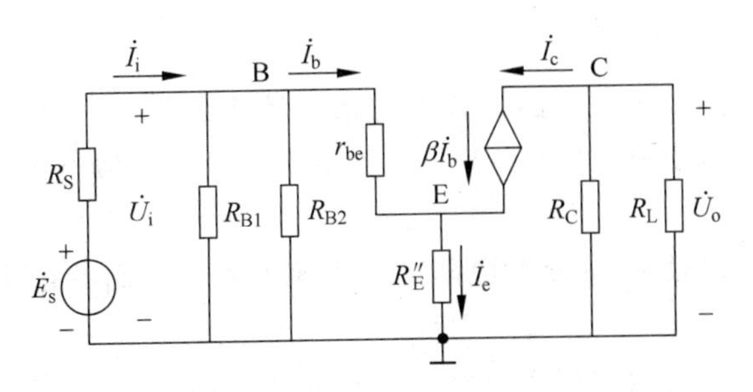

图 9.1.16　例 9.1.3 的微变等效电路

$$A_u = \frac{\dot{U}_o}{\dot{U}_i} = -\frac{\beta R'_L}{r_{be} + (1+\beta)R''_E} \tag{9.1.18}$$

将所给数据代入得

$$A_u = -37.5 \times \frac{1.5}{0.79 + (1+37.5) \times 0.2} = -6.63$$

$$r_i = R_{B1} // R_{B2} // [r_{be} + (1+\beta)R''_E] = 3.74\text{k}\Omega$$

$$r_o = R_C = 2\text{k}\Omega$$

在式(9.1.18)中,由于$(1+\beta)R''_E \gg r_{be}$,因此该电路的放大倍数大大降低了,但却改善了放大电路的工作性能,包括提高了放大电路的输入电阻。

【例 9.1.4】 以例 9.1.3 的电路为例,分析 A_u、A_{uo}与 r_o 的关系。

解　A_u 就是带负载时的放大倍数,而 A_{uo}是当 $R_L=\infty$时的放大倍数。共发射极放大电路的 A_u 的分子都与 R'_L成正比,而 $R'_L=R_L//R_C$。当 $R_L=\infty$时,$|A_u|$最大,此时的输出电压为$\dot{U}_{OC}$,有以下三个关系式

$$\dot{U}_{OL} = \frac{R_L}{R_L + r_o}\dot{U}_{OC}$$

$$\dot{U}_O = \frac{-\beta R'_L}{r_{be} + (1+\beta)R''_E}\dot{U}_i$$

$$\dot{U}_{OC} = \frac{-\beta R_C}{r_{be} + (1+\beta)R''_E}\dot{U}_i$$

可得

$$r_o = R_C$$

放大电路的 A_u、A_{us}和 r_i 有关,放大电路的 A_u、A_{uo}和 r_o 也有一定关系。这就是 A_u、r_i 和 r_o 三者的内在联系。

练习与思考

9.1.1　分析图 9.1.4,设 U_{CC}和 R_C 为定值,当 I_B 增加时,I_C 是否成正比地增加?最后接近何值?这时 U_{CE}的大小如何?当 I_B 减小时,I_C 做何变化?最后达到何值?这时 U_{CE}约等于多少?

9.1.2　画出 PNP 型晶体管组成的共发射极基本放大电路的电路图。要求在图上标出电源电压及隔直耦合电容 C_1、C_2 的极性,并标出直流电量 I_B、I_C 的实际方向和 U_{BE}、U_{CE}的实际方向。

9.1.3　如图 9.1.3 所示的电路中,如果调节 R_B 使基极电位升高,试问此时 I_C、U_{CE}将

如何变化?

9.1.4　晶体管用微变等效电路来代替的条件是什么?

9.1.5　能否通过增加 R_C 来提高放大电路的电压放大倍数?当 R_C 过大时对放大电路的工作有何影响?

9.1.6　r_{be}、r_{ce}、r_i 以及 r_o 是交流电阻还是直流电阻?它们各是什么电阻?r_o 中是否包括 R_L?

9.1.7　如图 9.1.2 所示的放大电路在工作时用示波器观察,发现输出波形严重失真,当用直流电压表测量时:(1)若测得 $U_{CE} \approx U_{CC}$,试分析管子工作在什么状态?怎样调节 R_B 才能使电路正常工作?(2)若测得 $U_{CE} < U_{BE}$,这时管子又是工作在什么状态?怎样调节 R_B 才能使电路正常工作?

9.1.8　如果发现输出电压波形失真,是否说明静态工作点一定不合适?

9.2　共集电极放大电路

放大电路有时放大的是正弦交流信号,或是缓慢变化的直流信号,有时放大的是电压信号,有时还需要放大电流信号和信号的功率。随着放大器放大对象的不同,电路的结构也有所不同。根据输入与输出回路公共端的不同,基本放大电路有三种不同的基本类型。除了 9.1 节讨论过的共发射极放大电路,还包括共集电极和共基极放大电路。这三种类型的放大电路在结构和性能上各有特点,但其基本分析方法一样。

9.2.1　共集电极放大电路的基本组成

共集电极放大电路的信号是从发射极对地输出,所以共集电极电路又称为射极输出器,其电路结构如图 9.2.1(a)所示。对于交流来说,电源 U_{CC} 相当于短路,所以,集电极是放大电路输入回路和输出回路的公共端。

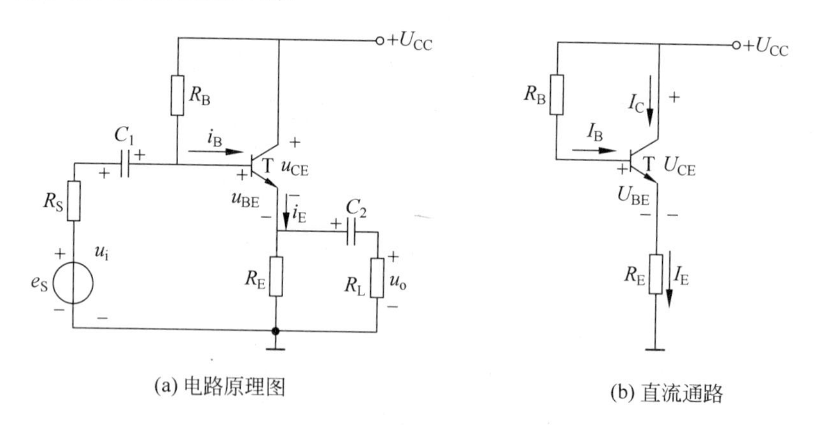

图 9.2.1　共集电极放大电路

9.2.2　共集电极放大电路的工作原理

1. 静态分析

共集电极电路的直流通路如图 9.2.1(b)所示,所以有

$$I_B = \frac{U_{CC} - U_{BE}}{R_B + (1+\bar{\beta})R_E} \tag{9.2.1}$$

$$I_C \approx \bar{\beta} I_B \tag{9.2.2}$$

$$I_E = I_B + I_C = (1+\bar{\beta}) I_B \approx I_C \tag{9.2.3}$$

$$U_{CE} = U_{CC} - R_E I_E \tag{9.2.4}$$

2. 动态分析

(1) 电压放大倍数

射极输出器的微变等效电路如图 9.2.2 所示。电路的电压放大倍数和输入、输出电阻可由微变等效电路得出，输入回路方程为

$$\dot{U}_i = r_{be}\dot{I}_b + R'_L\dot{I}_e = [r_{be} + (1+\beta)R'_L]\dot{I}_b \tag{9.2.5}$$

其中 $R'_L = R_E // R_L$，输出回路方程为

$$\dot{U}_o = R'_L\dot{I}_e = (1+\beta)R'_L\dot{I}_b \tag{9.2.6}$$

所以电压放大倍数为

$$A_u = \frac{\dot{U}_o}{\dot{U}_i} = \frac{(1+\beta)R'_L}{r_{be} + (1+\beta)R'_L} \tag{9.2.7}$$

由式(9.2.7)可知：

① $A_u > 0$，输出电压与输入电压同相。

② 通常$(1+\beta)R'_L \gg r_{be}$，所以 $A_u < 1$，并接近于 1。说明射极输出器的输出波形与输入波形相同，输出电压总是跟随输入电压变化，所以射极输出器又称为电压跟随器。

(2) 输入电阻 r_i

由图 9.2.2 的微变等效电路可知

$$r_i = \frac{\dot{U}_i}{\dot{I}_i} = R_B // r'_i \tag{9.2.8}$$

其中 $r'_i = \dot{U}_i / \dot{I}_b = r_{be} + (1+\beta)R'_L$。所以，与共发射极基本放大电路相比，射极输出器的输入电阻要大得多。

(3) 输出电阻

共集电极放大电路的输出电阻可按有源二端网络求等效电阻的方法求解。如图 9.2.3 所示，将信号源$\dot{E}_S$ 短路，并除去负载电阻 R_L，并在输出端外加电压$\dot{U}_o$。在外加电压$\dot{U}_o$作用下，设流入的电流为$\dot{I}_o$，则

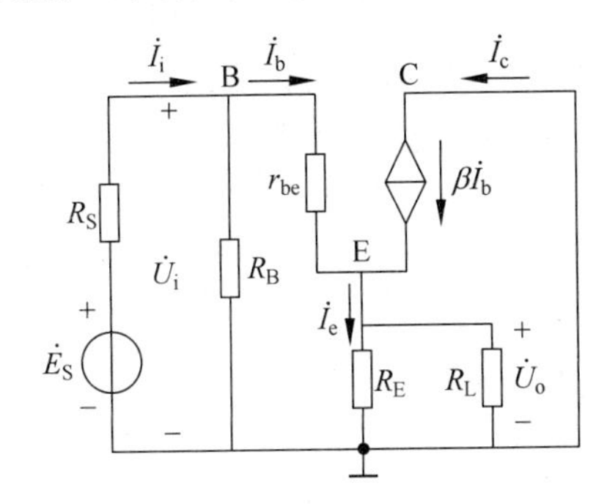

图 9.2.2　射极输出器的微变等效电路

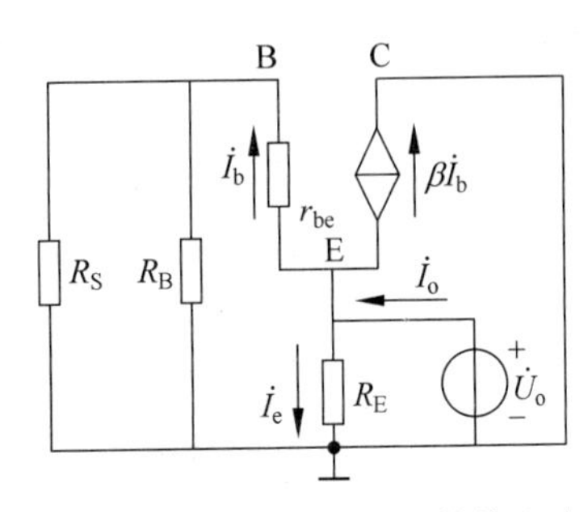

图 9.2.3　求输出电阻的等效电路

$$\dot{I}_o = \dot{I}_b + \beta \dot{I}_b + \dot{I}_e = (1+\beta)\frac{\dot{U}_o}{r_{be}+R'_S} + \frac{\dot{U}_o}{R_E}$$

其中 $R'_S = R_S // R_B$。所以

$$r_o = \frac{\dot{U}_o}{\dot{I}_o} = \frac{1}{\dfrac{1+\beta}{r_{be}+R'_S} + \dfrac{1}{R_E}} = R_E // \frac{r_{be}+R'_S}{1+\beta}$$

通常

$$(1+\beta)R_E \gg r_{be} + R'_S, \quad \beta \gg 1$$

则有

$$r_o \approx \frac{r_{be}+R'_S}{\beta} \tag{9.2.9}$$

【例 9.2.1】 在如图 9.2.1 所示的放大电路中，已知 $\beta=40$，$r_{be}=0.8\text{k}\Omega$，$R_S=50\Omega$，$R_B=120\text{k}\Omega$，$R'_L=1\text{k}\Omega$，求：

(1) 放大电路的 A_u、r_i 和 r_o；(2) 如果 $R'_L=0.5\text{k}\Omega$，则 A_u 变化多少？

解 (1) $A_u = \dfrac{(1+\beta)R'_L}{r_{be}+(1+\beta)R'_L} = 0.98$

$$\begin{aligned} r_i &= R_B // [r_{be} + (1+\beta)R'_L] \\ &= 120 // [0.8 + (1+40)\times 1]\text{k}\Omega \\ &= 31.0\text{k}\Omega \end{aligned}$$

$$R'_S = R_S // R_B = [50 // (120 \times 10^3)]\Omega \approx 50\Omega$$

$$r_o \approx \frac{r_{be}+R'_S}{\beta} = \frac{800+50}{40}\Omega = 21.25\Omega$$

(2) $R'_L = 0.5\text{k}\Omega$，$A_u = \dfrac{(1+\beta)R'_L}{r_{be}+(1+\beta)R'_L} = \dfrac{41}{41.8} = 0.96$

如果共发射极的放大电路中 R'_L 减半，A_u 也会减半。而现在只减少约 2%，输出电压非常稳定，这与 r_o 有直接的关系；从反馈的角度来说，电压负反馈可以稳定输出电压。

9.2.3 射极输出器的主要特点

射极输出器的输出电压跟随输入电压的变化而变化，并且电压的放大倍数近似为 1。射极输出器的输入电阻很高，输出电阻较低。这样，当射极输出器用在多级放大电路的输入级时，可以减小对信号源的影响；当射极输出器用在多级放大电路的输出级时，可以提高放大器的带负载能力。而用在多级放大电路的中间级时，不仅使前级提供的信号电流小，而且还可以提高前级共发射极电路的电压放大倍数。对后级共发射极电路而言，它的低输出电阻正好与共发射极电路的低输入电阻相配合，实现阻抗变换作用，故又称它为中间隔离级。射极输出器的输出电阻低，带负载能力强，有一定的功率放大作用，故它也是一种最基本的功率输出电路。

练习与思考

9.2.1 如何看出射极输出器是共集电极电路？

9.2.2 射极输出器有何特点？有何用途？

9.3　场效应晶体管放大电路

由于场效应晶体管具有高输入电阻的特点，它适用于作为多级放大电路的输入级，尤其是对高内阻信号源，采用场效应晶体管才能有效地放大。

和双极型晶体管比较，场效应晶体管的源极、漏极、栅极相当于它的发射极、集电极、基极。两者放大电路也类似，场效管有共源极放大电路和源极输出器等。同理场效应晶体管放大电路也必须设置合适的工作点，同样要对放大电路进行静态分析，然后再进行动态分析。

如图 9.3.1 所示的是共源极放大电路，图中各元件的作用如下：

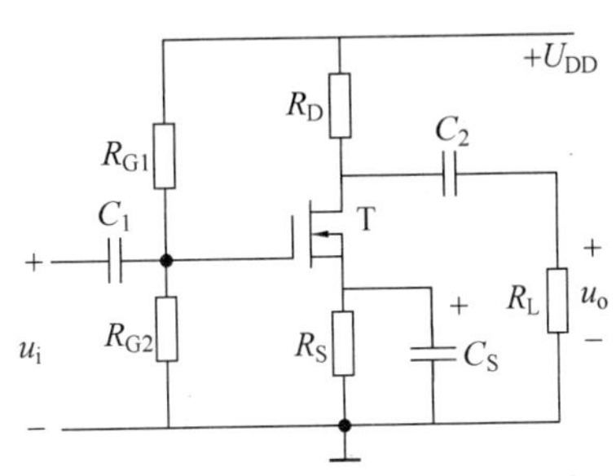

图 9.3.1　共源极放大电路

T 为场效应晶体管，电压控制器件，用栅源电压控制漏极电流；

R_D 为漏极负载电阻，用来获得随 u_i 变化的电压；

R_S 为源极电阻，用来稳定工作点；

R_{G1}、R_{G2} 为分压电阻，与 R_S 配合获得合适的偏压 U_{GS}；

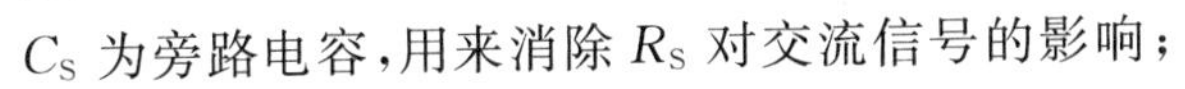
C_S 为旁路电容，用来消除 R_S 对交流信号的影响；

C_1、C_2 为耦合电容，起隔直和传递信号的作用；

U_{DD} 为电源，用来提供能量。

9.3.1　静态分析

场效应晶体管放大电路的原理与晶体管放大电路十分相似：晶体管放大电路是用 i_B 控制 i_C，当 U_{CC} 和 R_C（负载线）确定后，其静态工作点由 I_B 决定；场效应晶体管放大电路是用 u_{GS} 控制 i_D，因而 U_{DD} 和 R_D、R_S 确定后，其静态工作点由 U_{GS} 决定。

由于栅极电位为

$$V_G = \frac{R_{G2}}{R_{G1} + R_{G2}} U_{DD}$$

源极电位为

$$V_S = R_S I_S = R_S I_D$$

则

$$U_{GS} = V_G - V_S$$

对于 N 沟道耗尽型场效应晶体管，通常使用在 $U_{GS} < 0$ 的区域；对于 N 沟道增强型场效应晶体管，应使 $U_{GS} > 0$。

静态分析（求 I_D、U_{DS}）可采用估算法，设 $U_{GS} = 0$，则

$$V_S = V_G$$

$$I_D = \frac{V_S}{R_S} = \frac{V_G}{R_S}$$

$$U_{DS}=U_{DD}-(R_D+R_S)I_D \qquad (9.3.1)$$

N沟道耗尽型场效应晶体管也可采用称为自给偏压的放大电路，如图9.3.2所示，在静态时 R_G 上无电流，则

$$V_G=0$$

$$U_{GS}=-R_SI_S=-R_SI_D \qquad (9.3.2)$$

为耗尽型场效应晶体管提供一个正常工作所需要的负偏压。

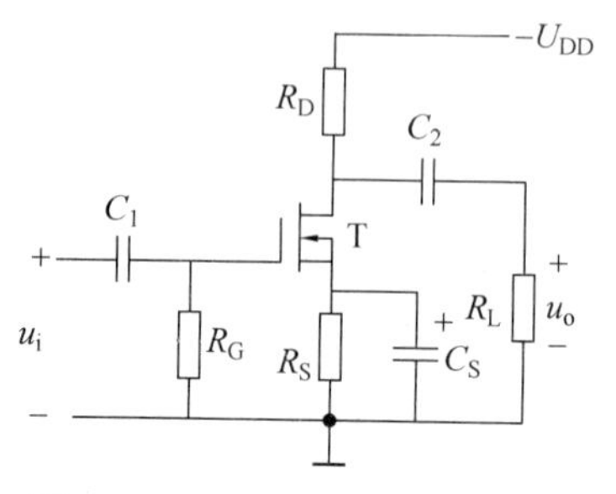

图9.3.2　自给偏压的放大电路

9.3.2　动态分析

如图9.3.1所示场效应晶体管放大电路的交流通路如图9.3.3(a)所示。场效应晶体管用微变等效电路代替，便可得到放大电路的微变等效电路，见图9.3.3(b)。其中，栅极G与源极S之间的动态电阻 r_{gs} 认为无穷大，相当于开路。漏极电流 i_d 只受 u_{gs} 控制，而与 u_{ds} 无关，因而漏极D与源极S之间相当于一个受 u_{gs} 控制的电源 g_mu_{gs}。

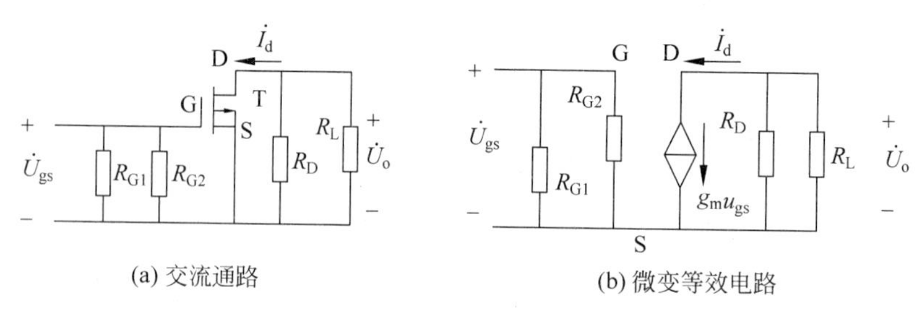

图9.3.3　场效应晶体管的交流通路及微变等效电路

1. 电压放大倍数

输出电压为

$$\dot{U}_o=-R'_L\dot{I}_d=-R'_Lg_m\dot{U}_{gs}$$

式中

$$R'_L=R_D//R_L$$

则

$$A_u=\frac{\dot{U}_o}{\dot{U}_i}=-R'_Lg_m \qquad (9.3.3)$$

即放大倍数与跨导和交流负载电阻成正比，且输出电压与输入电压 u_i 反向。

2. 输入电阻

输入电阻为

$$r_i=R_{G1}//R_{G2} \qquad (9.3.4)$$

r_{gs} 认为是无穷大，但分压电阻 R_{G1}、R_{G2} 使输入电阻大大降低了。为了提高 r_i，有时采用如图9.3.4所示电路，在静态时 R_G 上无电流，因而引入 R_G 不会影响放大电路的静态工作点，但此时的输入电阻为

$$r_i=R_G+(R_{G1}//R_{G2}) \qquad (9.3.5)$$

R_G 的阻值一般取几兆欧，从而使输入电阻大大提高。

3. 输出电阻

输出电阻为

$$r_o = R_D \tag{9.3.6}$$

R_D 一般在几千欧到几十千欧，输出电阻较高。

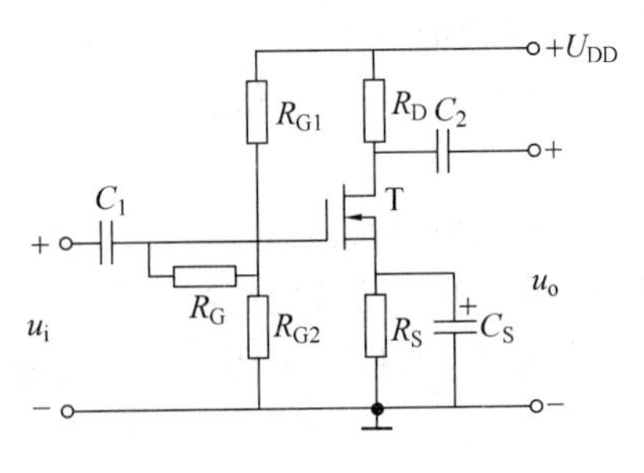

图 9.3.4 分压式偏置电路

【例 9.3.1】 在如图 9.3.4 所示的电路中，已知 $U_{DD}=24V$，$R_{G1}=300k\Omega$，$R_{G2}=100k\Omega$，$R_G=2M\Omega$，$R_D=5k\Omega$，$R_S=5k\Omega$，$R_L=5k\Omega$，$g_m=5mA/V$。试求放大电路的静态工作点、电压放大倍数、输入电阻和输出电阻。

解 静态工作点为

$$V_G = \frac{R_{G2}}{R_{G1}+R_{G2}}U_{DD} = \frac{100}{300+100}\times 24V = 6V$$

$$I_D = \frac{V_S}{R_S} = \frac{V_G}{R_S} = \frac{6}{5}mA = 1.2mA$$

$$\begin{aligned} U_{DS} &= U_{DD} - (R_D + R_S)I_D \\ &= [24-(5+5)\times 1.2]V = 12V \end{aligned}$$

电压放大倍数为

$$R'_L = R_D // R_L = \frac{5\times 5}{5+5}k\Omega = 2.5k\Omega$$

$$A_u = -g_m R'_L = -5\times 2.5 = 12.5$$

输入电阻为

$$r_i = R_G + (R_{G1}//R_{G2}) = \left(2000 + \frac{300\times 100}{300+100}\right)k\Omega = 2075k\Omega$$

输出电阻为

$$r_o = R_D = 5k\Omega$$

练习与思考

9.3.1 比较场效应晶体管放大电路与晶体管放大电路的不同点和共同点。

9.3.2 在如图 9.3.2 所示的自给偏压偏置电路中，电阻 R_G 起什么作用？如果在 $R_G=0$（短路）和 $R_G=\infty$（开路）两种情况下，则后果如何？在如图 9.3.4 所示的分压式偏置电路中，R_G 又起何作用？

9.3.3 如何进一步提高如图 9.3.1 所示共源极放大电路的输入电阻？

9.4 多级放大电路

1. 多级放大电路的组成

前述单级放大电路的电压放大倍数通常只有几十倍。然而，在实际应用中，被放大的输入信号都是很微弱的，一般是毫伏或微伏数量级，输入功率在 1mW 以下，往往要将这一微弱的信号放大成千上万倍，才能推动负载工作。为此，需要将两个以上的单级放大电路连接起来，组成多级放大电路对输入信号进行多次、连续放大，方能使输出端获得必要的电压幅值和足够大的功率输出。

如图 9.4.1 所示为多级放大电路组成的框图。第 1 级是输入级，用来接收输入信号，并初步加以放大。输入级应有较高的输入电阻，以减小从信号源吸取的电流，因此，常用高输入电阻的放大电路，如射极输出器。中间级的主要任务是放大信号的电压幅值，故称为电压放大级，要求电路有较高的电压放大倍数，常采用电压放大倍数较高的共发射极电路。输出级为功率放大级，常采用甲乙类互补对称射极输出电路。

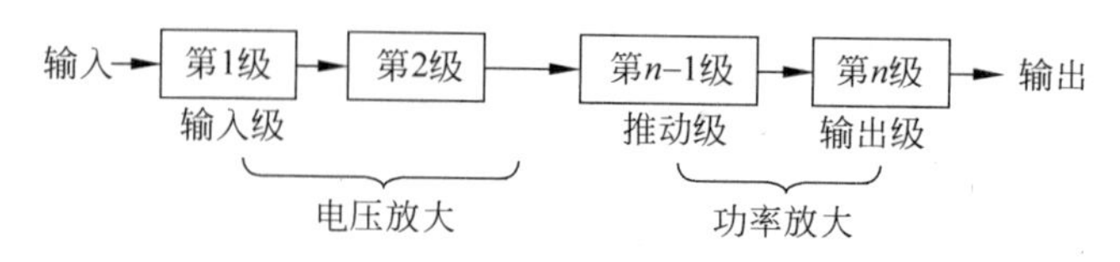

图 9.4.1　多级放大电路的组成框图

2. 级间耦合方式及其特点

在多级放大电路中，各个单级放大电路之间的连接称为耦合。常用的级间耦合方式有阻容耦合、直接耦合和变压器耦合三种，其中变压器耦合在放大电路中已经很少应用，所以本节只讨论前两种耦合方式的特点。

(1) 阻容耦合放大电路

① 电路组成。如图 9.4.2 所示为两级阻容耦合放大电路。耦合电容 C_1、C_2、C_3 把两级放大电路及信号源与负载连接在一起，它们既能顺利传递交流信号，又能使各级直流工作状态互不影响。为了减小传递过程中的信号损失，要求耦合电容有足够大的容量。

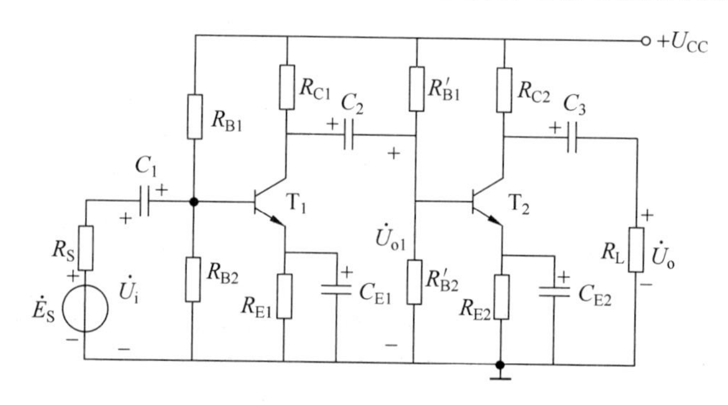

图 9.4.2　两级阻容耦合放大电路

阻容耦合在一般多级分立元件交流放大电路中得到广泛应用。但在集成电路中，由于难于制造容量较大的电容，因而这种耦合方式几乎无法采用。

② 电压放大倍数、输入电阻、输出电阻。在多级放大电路中，前一级的输出就是后一级的输入，因此，多级放大电路的电压放大倍数就等于各单级放大电路电压放大倍数的乘积，即

$$A_u = A_{u_1} A_{u_2} \cdots A_{u_{(n-1)}} \cdot A_{u_n} \tag{9.4.1}$$

但在计算各级放大电路的电压放大倍数时，必须考虑到后一级电阻对它的影响，因为后一级的输入电阻即为前一级的负载电阻，$r_{i(n+1)} = r_{L(n)}$。

多级放大电路的输入电阻即为第一级(输入级)的输入电阻，$r_i = r_{i1}$；多级放大电路的输出电阻即为其最后一级(输出级)的输出电阻，$r_o = r_{o(n)}$。

【例 9.4.1】 在如图 9.4.2 所示的两级阻容耦合放大电路中，已知 $R_{B1}=30\text{k}\Omega$，$R_{B2}=15\text{k}\Omega$，$R'_{B1}=20\text{k}\Omega$，$R'_{B2}=10\text{k}\Omega$，$R_{C1}=3\text{k}\Omega$，$R_{C2}=2.5\text{k}\Omega$，$R_{E1}=3\text{k}\Omega$，$R_{E2}=2\text{k}\Omega$，$R_L=5\text{k}\Omega$，$C_1=C_2=C_3=50\mu\text{F}$，$C_{E1}=C_{E2}=100\mu\text{F}$。如果晶体管的 $\beta_1=\beta_2=40$，集电极电源电压 $U_{CC}=12\text{V}$。试求：(1)各级的静态值；(2)两级放大电路的电压放大倍数。

解 (1) 各级的静态值。

第一级为

$$E_{B1}=\frac{U_{CC}}{R_{B1}+R_{B2}}R_{B2}=\frac{12}{(30+15)\times10^3}\times15\times10^3\text{V}=4\text{V}$$

$$R_B=\frac{R_{B1}R_{B2}}{R_{B1}+R_{B2}}=\frac{30\times10^3\times15\times10^3}{(30+15)\times10^3}\Omega=10\times10^3\Omega=10\text{k}\Omega$$

$$I_{B1}=\frac{E_{B1}-U_{BE1}}{R_B+(1+\beta_1)R_{E1}}=\frac{4-0.6}{10\times10^3+(1+40)\times3\times10^3}\text{A}$$

$$=25\times10^{-6}\text{A}=0.025\text{mA}$$

$$I_{C1}=\beta_1I_{B1}=40\times0.025\text{mA}=1.00\text{mA}$$

$$U_{CE1}=U_{CC}-(R_{C1}+R_{E1})I_{C1}=[12-(3+3)\times10^3\times1.0\times10^{-3}]\text{V}=6\text{V}$$

第二级为

$$E_{B2}=\frac{U_{CC}}{R'_{B1}+R'_{B2}}R'_{B2}=\frac{12}{(20+10)\times10^3}\times10\times10^3\text{V}=4\text{V}$$

$$R'_B=\frac{R'_{B1}R'_{B2}}{R'_{B1}+R'_{B2}}=\frac{20\times10^3\times10\times10^3}{(20+10)\times10^3}\Omega=6.7\text{k}\Omega$$

$$I_{B2}=\frac{E_{B2}-U_{BE2}}{R'_B+(1+\beta_2)R_{E2}}=\frac{4-0.6}{6.7\times10^3+(1+40)\times2\times10^3}\text{A}=0.038\text{mA}$$

$$I_{C2}=\beta_2I_{B2}=40\times0.038\text{mA}=1.52\text{mA}$$

$$U_{CE2}=U_{CC}-(R_{C2}+R_{E2})I_{C2}=[12-(2.5+2)\times10^3\times1.52\times10^{-3}]\text{V}=5.2\text{V}$$

(2) 电压放大倍数。

先画出图 9.4.2 所示的微变等效电路，如图 9.4.3 所示。

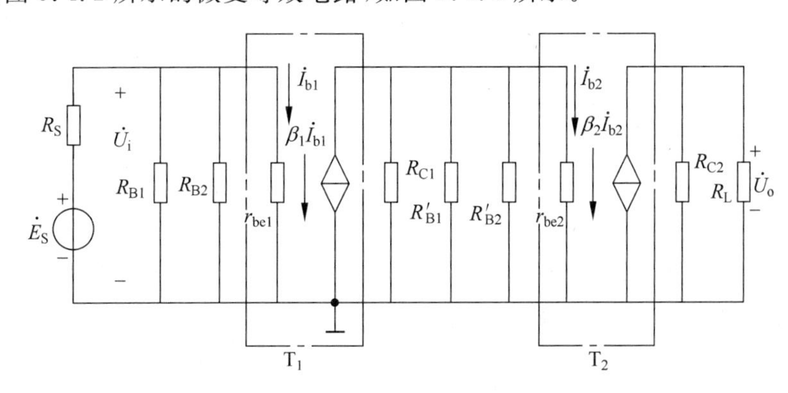

图 9.4.3　图 9.4.2 电路的微变等效电路

晶体管 T_1 的输入电阻为

$$r_{be1}=200+(1+\beta_1)\frac{26}{I_{E1}}=\left[200+(1+40)\times\frac{26}{1}\right]\Omega\approx1266\Omega\approx1.27\text{k}\Omega$$

晶体管 T_2 的输入电阻为

$$r_{be2}=200+(1+\beta_2)\frac{26}{I_{E2}}=\left[200+(1+40)\times\frac{26}{1.52}\right]\Omega\approx901\Omega\approx0.90\text{k}\Omega$$

第二级输入电阻为

$$r_{i2}=R'_{B1}//R'_{B2}//r_{be2}\approx0.83\text{k}\Omega$$

第一级负载电阻为

$$R'_{L1}=R_{C1}//r_{i2}=\frac{3\times0.83}{3+0.83}\text{k}\Omega\approx0.65\text{k}\Omega$$

第二级负载电阻为

$$R'_{L2}=R_{C2}//R_L=\frac{2.5\times5}{2.5+5}\text{k}\Omega\approx1.7\text{k}\Omega$$

第一级电压放大倍数为

$$A_{u1}=-\beta_1\frac{R'_{L1}}{r_{be1}}=-\frac{40\times0.65}{1.27}\approx-20.5$$

第二级电压放大倍数为

$$A_{u2}=-\beta_2\frac{R'_{L2}}{r_{be2}}=-\frac{40\times1.7}{0.90}\approx-75.6$$

两级电压放大倍数为

$$A_u=A_{u1}A_{u2}=(-20.5)\times(-75.6)=1549.8$$

(2) 直接耦合放大电路

前面已经讨论了阻容耦合的交流放大电路，但在生产和实践中常要求放大缓慢变化的信号或直流量变化的信号(直流信号)，因为这种信号频率低，耦合电容的容抗 $X_C=\frac{1}{2\pi fC}$太大，信号不能通过，对于这种信号只能采取直接耦合方式，即把前级的输出端直接接到后级的输入端，如图 9.4.4 所示。

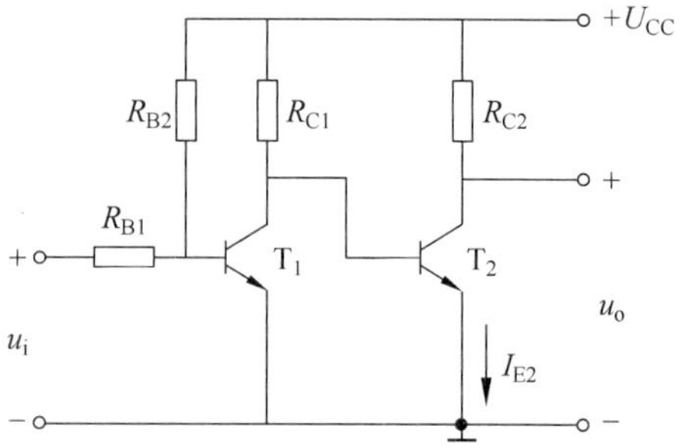

图 9.4.4　两级直接耦合放大电路

直接耦合放大电路既能放大直流信号，也能放大交流信号。由于它不需要耦合电容，易于集成，广泛应用于现代生产及科学实验中。

直接耦合似乎很简单，其实不然，它所带来的问题远比阻容耦合严重。其中主要有两个问题需要解决：一个是前、后级的静态工作点互相影响问题；另一个是零点漂移问题。

① 前后级静态工作点的相互影响。在阻容耦合交流放大电路中，各级直流通路相互隔离，静态工作点互不影响，但在直接耦合放大电路中，各级的直流分量也构成了级间通路、各级的静态工作点互相牵制和影响，不再彼此孤立(见图 9.4.4)。图中 T_2 的 U_{BE2} 约为 0.6V (硅管)，而 $U_{CE1}=U_{BE2}$，故 T_1 的 U_{CE1} 也被限制在 0.6V 左右，这时晶体管 T_1 已经达到了饱和状态，无法进行正常的线性放大。同时，T_2 的基极电流 I_{B2} 是由电源电压 U_{CC} 经 R_{C1} 提供的，故 T_2 的静态工作点也受到了前级的影响。

因此，在直流耦合放大电路中必须采取一定的措施，以保证既能有效地传递信号，又要使每一级有合适的静态工作点。常用的办法是提高后级发射极电位。

提高后级 T_2 的发射极电位，是兼顾前、后级工作点和放大倍数的简单有效的措施。在图 9.4.5 中，是利用电阻 R_{E2} 上的电压降来提高发射极的电位。这一方面能够提高 T_1 的集电极电位，增大其输出的幅度；另一方面又能使 T_2 获得合适的工作点。R_{E2} 的大小可根据静态时前级的集-射极电压 U_{CE1} 和后级的发射极电流 I_{E2} 来决定，即

$$R_{E2}=\frac{U_{CE1}-U_{BE2}}{I_{E2}}$$

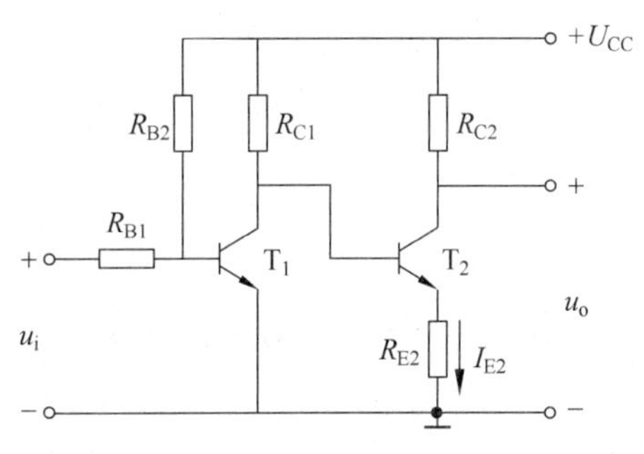

图 9.4.5　提高 U_{C1} 电位的直接耦合放大电路

② 零点漂移。所谓零点漂移，是指直接耦合放大电路，即使把其输入端短路，用直流毫伏表测量放大电路的输出端，也会有缓慢变化的电压输出，如图 9.4.6 所示，这种现象叫零点漂移，简称零漂，也是指输出电压偏离原来的起始值作上下漂动，看上去似乎像个输出信号，其实是个假信号。

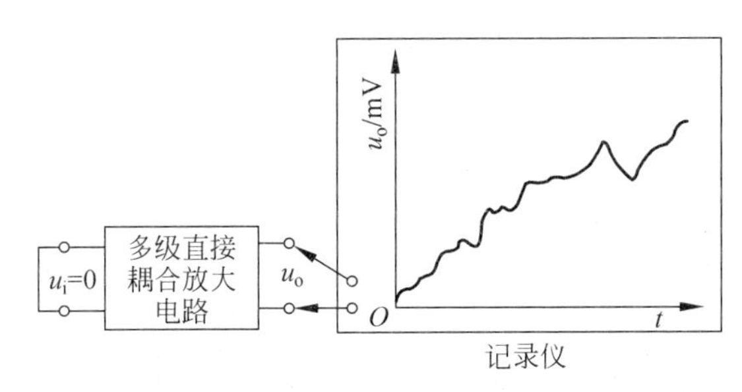

图 9.4.6　零点漂移现象

当放大电路输入信号后，这种漂移就伴随着信号共存于放大电路中，两者在缓慢地变动着，一真一假，互相纠缠于一起，难于分辨。如果当漂移量大到足以和信号量相比时，放大电路就无法正常工作了。

产生零点漂移的原因是，在直接耦合放大电路中，由于温度、电源电压和元器件参数变动的影响(主要是温度的影响)，使各级静态工作点变动，前级工作点的微小变化将会逐渐传递、放大，而在输出端产生一个缓慢变化的漂移信号电压，放大电路的级数愈多，放大倍数越高，零点漂移就越大。在各级的漂移当中，又以第一级漂移影响最为严重。因为由于是直接耦合，第一级的漂移被逐渐放大，以致影响到整个放大电路的工作。所以，抑制漂移的关键是第一级。

作为评价放大电路零点漂移的指标，只看其输出端漂移电压的大小是不充分的，必须考虑到放大倍数的不同。也就是说，只有把输出端的漂移电压折合到输入端才能真正说明问题，即

$$u_{id}=\frac{u_{od}}{|A_u|}$$

式中：u_{id} 为输入端等效漂移电压；$|A_u|$ 为电压放大倍数；u_{od} 为输出漂移电压。

直接耦合放大电路中抑制零点漂移最有效的电路结构是差分放大电路，将在第 10 章介绍。

练习与思考

9.4.1　与阻容耦合放大电路相比，直接耦合放大电路有哪些特殊问题？

9.4.2　如何计算多级放大的电压放大倍数？

9.4.3　对于直接耦合放大电路，它的直流通路、交流通路是否相同？

本章小结

本章着重分析了共发射极和共集电极(射极输出器)的放大电路，对多级放大电路和场效应晶体管放大电路也做了相应的介绍。放大电路的分析方法分为静态分析和动态分析两部分，静态分析应掌握直流通路图和估算公式计算静态工作点，了解直流负载线与图解法；动态分析应掌握交流通路图、放大电路的微变等效电路和计算 A_u、r_i 和 r_o 的公式，了解交流负载线与图解法。

习　　题

9.1　放大电路为什么要设置静态工作点？

9.2　通常希望放大电路的输入电阻大一些还是小一些？为什么？通常希望放大电路的输出电阻大一些还是小一些？为什么？

9.3　多级放大电路的放大倍数如何计算？

9.4　放大直流信号为什么不采用交流放大电路？

9.5　晶体管放大电路如图 9.1 所示，已知 $U_{CC}=12V$，$R_C=3k\Omega$，$R_B=240k\Omega$，晶体管的 $\beta=40$。(1)试用直流通路估算各静态值 I_B、I_C、U_{CE}；(2)晶体管的输出特性如图 9.1(b)所示，试用图解法求放大电路的静态工作点；(3)在静态时($u_i=0$)，C_1 和 C_2 的电压各是多少？并标出极性。

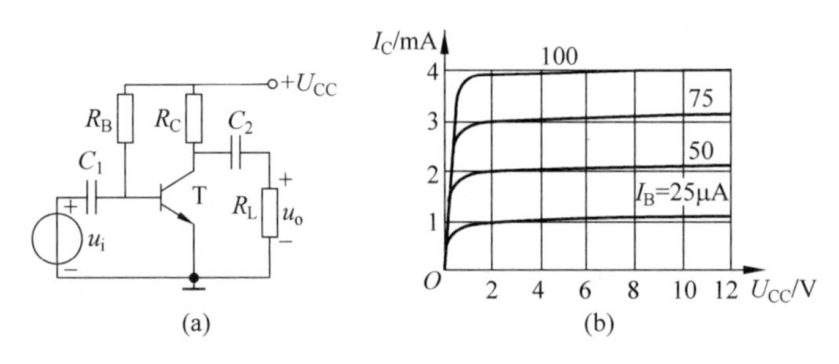

图 9.1　习题 9.5 的图

9.6　在习题 9.5 中，如改变 R_B，使 $U_{CE}=3V$，试用直流通路求 R_B 的大小；如改变 R_B，使 $I_C=1.5mA$，R_B 又等于多少？并分别用图解法做出静态工作点。

9.7　在图 9.1(a)中，若 $U_{CC}=10V$，现要求 $U_{CE}=5V$，$I_C=2mA$，试求 R_C 和 R_B 的阻值。设晶体管的 $\beta=40$。

9.8　在图 9.2 中，晶体管是 PNP 型锗管。

(1) U_{CC}和 C_1、C_2 极性如何考虑？请在图上标出。

(2) 设 $U_{CC}=-12V$，$R_C=3k\Omega$，$\beta=75$，如果要将静态值 I_C 调到 1.5mA，问 R_B 应调到多大？

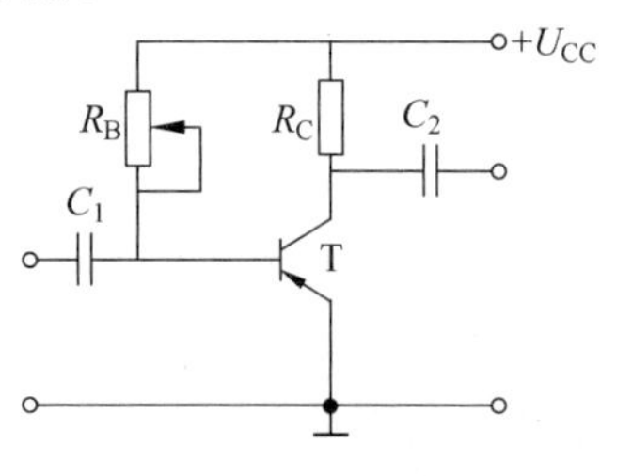

图 9.2　习题 9.8 的图

(3) 在调整静态工作点时，如不慎将 R_B 调到零，对晶体管有无影响？为什么？通常采取何种措施来防止发生这种情况？

9.9　在如图9.1(a)所示的固定偏置放大电路中，$U_{CC}=12V$，晶体管的 $\beta=20$，$I_C=1mA$。现要求 $|A_u|\leqslant 100$，试计算 R_C、R_B 及 U_{CE}。

9.10　已知某放大电路的输出电阻为3.3kΩ，输出端的开路电压的有效值 $U_o=2V$，试问该放大电路接有负载电阻 $R_L=5.1k\Omega$ 时，输出电压将下降多少？

9.11　在图9.3中，$U_{CC}=12V$，$R_C=2k\Omega$，$R_E=2k\Omega$，$R_B=300k\Omega$，晶体管的 $\beta=50$。试求：(1)确定静态工作点；(2)求电压放大倍数 A_u、输入电阻 r_i 和输出电阻 r_o。

9.12　在图9.4所示的射极输出器中，已知 $R_S=50\Omega$，$R_{B1}=100k\Omega$，$R_{B2}=30k\Omega$，$R_E=1k\Omega$，晶体管的 $\beta=40$，$U_{CC}=12V$，试求：(1)确定静态工作点；(2)求电压放大倍数 A_u、输入电阻 r_i 和输出电阻 r_o。

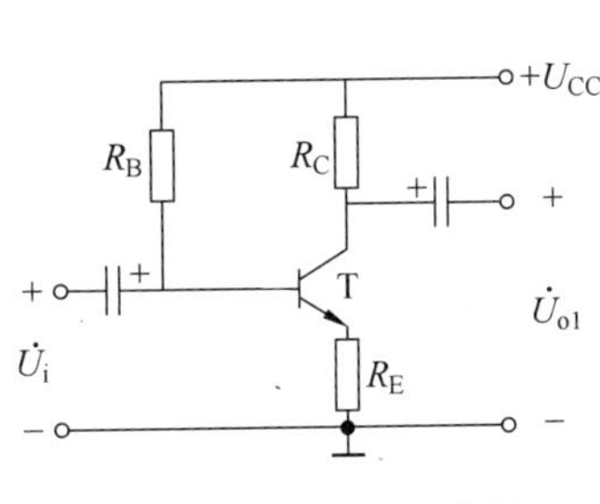

图9.3　习题9.11的图

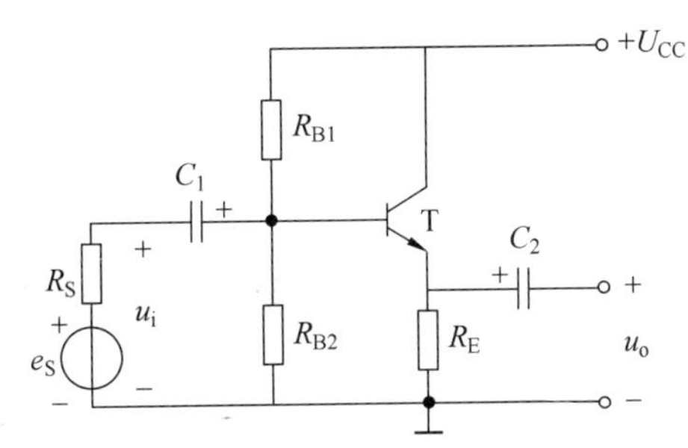

图9.4　习题9.12的图

9.13　在图9.5中，已知晶体管的电流放大系数 $\beta=60$，输入电阻 $r_{be}=1.8k\Omega$，信号源的输入信号电压 $E_S=15mV$，内阻 $R_S=0.6k\Omega$，各个电阻和电容的数值也已标在电路中。(1)试求该放大电路的输入电阻和输出电阻；(2)试求输出电压 U_o；(3)如果 $R''_E=0$，则 U_o 等于多少？

9.14　两极放大电路如图9.6所示，晶体管的 $\beta_1=\beta_2=40$，$r_{be1}=1.37k\Omega$，$r_{be2}=0.89k\Omega$。(1)画出直流通路，并估算各级电路的静态值(计算 U_{CE1} 时忽略 I_{B2})；(2)画出微变等效电路，并计算 A_{u1}、A_{u2} 和 A_u。

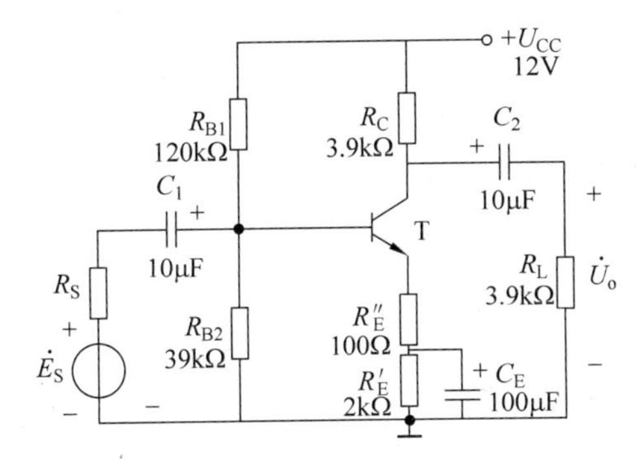

图9.5　习题9.13的图

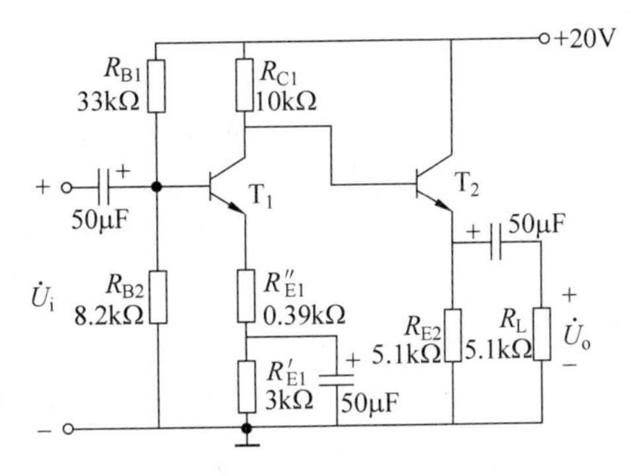

图9.6　习题9.14的图

第10章 集成运算放大器

上一章所介绍的分立电路，就是由各种单个元器件连接起来的电子电路。集成电路是相对于分立电路而言的，它是把整个电路的各个元器件以及相互之间的连接同时制造在一块半导体芯片上，组成一个不可分割的整体。模拟集成电路自20世纪60年代初期问世以来，在电子技术应用领域中得到了广泛的应用，其中最主要的代表器件就是运算放大器。运算放大器在早期应用于模拟信号的运算，故名运算放大器。目前，运算放大器的应用已远远超出了模拟运算的范围，广泛应用于信号的处理和测量、信号的产生和转换以及自动控制等诸多方面。同时，许多具有特定功能的模拟集成电路也在电子技术领域中得到了广泛的应用。

本章主要介绍集成运算放大器的基本组成、特性、反馈方式及应用。

10.1 集成运算放大器概述

10.1.1 集成运算放大器的基本组成

集成运算放大器(简称集成运放)是一种具有很高的电压放大倍数、性能优越、集成化的多级放大器。由于集成运放的类型、性能和用途不同，其内部电路结构也有很大的差异。但不管内部电路多么复杂，其基本组成主要有四个部分：输入级、中间级、输出级和偏置电路，如图10.1.1所示。

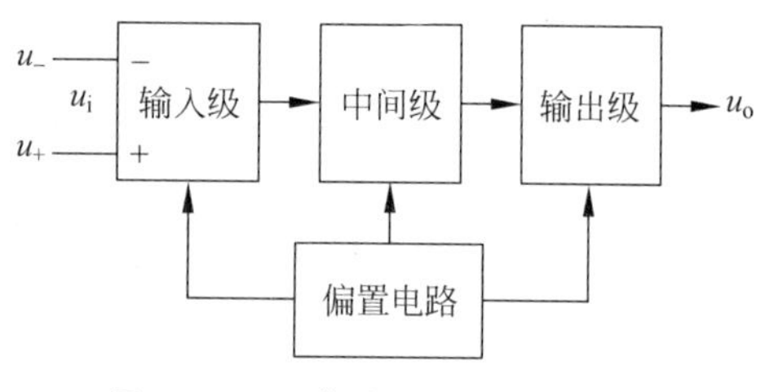

图10.1.1 集成运放的基本组成

输入级是提高运算放大器质量的关键部分，要求其输入电阻高，能减小零点漂移和抑制干扰信号。输入级一般都采用差动放大，有同相和反相两个输入端。

中间级也称电压放大级，主要进行电压放大，要求它的电压放大倍数高，常由一级或多级共发射极电压放大电路组成。

输出级与负载相接，要求输出级能提供一定的输出电压和输出电流，并且要求输出电阻低，使输出电压稳定。一般由互补对称电路或射极输出器构成。

偏置电路用于设置集成运放各级放大电路的静态工作点。与分立元件不同，集成运放采用恒流源电路为各级提供合适的集电极(或发射极、漏极)静态工作电流，从而确定了合适的静态工作点。

在应用集成运算放大器时，需要知道它的引脚的用途以及放大器的主要参数，至于它的内部结构并不特别重要。集成运算放大器可用图10.1.2(c)所示的符号来表示。图中所示是F007(5G24)集成运算放大器的外形、引脚和符号图。它有双列直插式(见图10.1.2(a))和圆壳式(见图10.1.2(b))两种封装。这种运算放大器用7个引脚与外电路相接，各引脚功能分别如下：

- 2是反相输入端。由此端接入信号时，输出与输入反相。

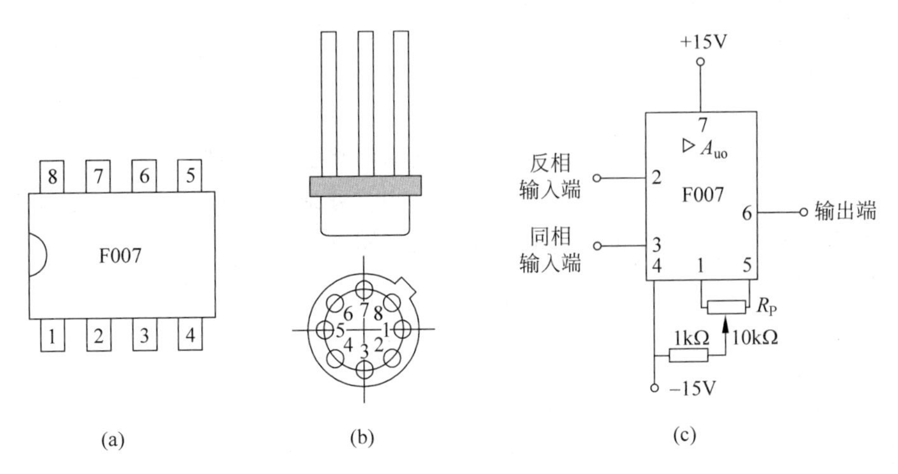

图 10.1.2 F007 集成运算放大器的外形、引脚和符号图

- 3 是同相输入端。由此端接入信号时，输出与输入同相。
- 4 是负电源端。接－15V 稳压电源。
- 7 是正电源端。接＋15V 稳压电源。
- 6 是输出端。
- 1 和 5 为外接调零电位器(通常为 10kΩ)的两个端子。
- 8 为空脚。

10.1.2 差分放大电路

集成运算放大器的输入级采用差分放大电路，它能较好地抑制零点漂移。图 10.1.3 是基本的差分电路原理图。图中晶体管 T_1 和 T_2 的特性相同，组成对称电路。T_3、D_Z 和 R_1、R_2 组成恒流源，其中 R_1 和稳压管 D_Z 使 T_3 基极电位固定。当因某种因素(如温度变化)使 i_{C3} 增加(或减小)时，R_2 两端的电压也增加(或减小)，但因 V_{B3} 固定，所以 U_{BE3} 将减小(或增加)，i_{B3} 也随之减小(或增加)，因此起到抑制 i_{C3} 变化的作用，使 i_{C3} 基本不变，故具有恒流源的作用。输入信号从 T_1 和 T_2 的基极加入，输出信号在 T_1 和 T_2 的集电极之间取出，电路具有两个输入端和两个输出端，常称双端输入-双端输出。

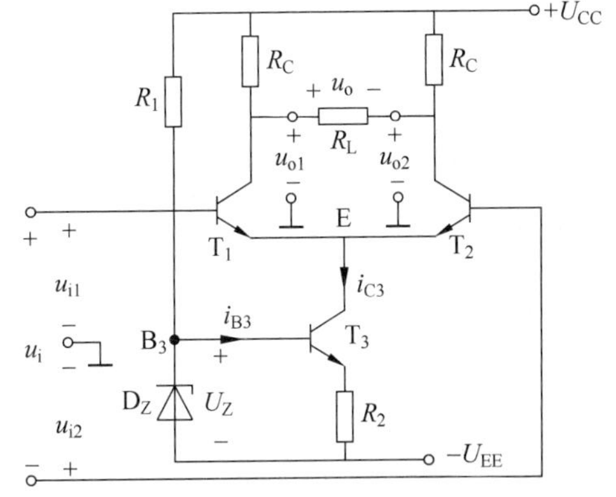

图 10.1.3 基本的差分放大电路

1. 静态分析

当输入信号 u_{i1} 和 u_{i2} 为零(即静态)时，T_1 和 T_2 的基极对地电位为零，此时 T_1 和 T_2 的基极相对于对地短接，由直流电源 $-U_{EE}$ 提供基极电流 I_{B1} 和 I_{B2}，由于电路两边对称，因此 T_1 和 T_2 的静态集电极电流为

$$I_{C1}=I_{C2}\approx\frac{1}{2}I_{C3}\approx\frac{1}{2}I_{E3}=\frac{1}{2}\frac{U_Z-U_{BE3}}{R_2} \tag{10.1.1}$$

静态集电极对地电压为

$$U_{C1}=U_{C2}=U_{CC}-R_C I_{C1} \tag{10.1.2}$$

故静态时输出电压为

$$u_o=U_{C1}-U_{C2}=0$$

此外，晶体管 T_1 和 T_2 由于温度等因素引起的漂移也相同，即 $i'_{B1}=i'_{B2}$，$i'_{C1}=i'_{C2}$，$U'_{C1}=U'_{C2}$，所以由漂移引起的输出电压 $u'_o=U'_{C1}-U'_{C2}=0$。可见，电路采用对称结构和双端输出后，可保证输入为零时输出也为零，并且能很好地抑制零点漂移。

2. **动态分析**

(1) 差模信号输入

当两个输入端对地分别加入输入信号 u_{i1} 和 u_{i2} 时，若 u_{i1} 与 u_{i2} 大小相等、极性相反，即 $u_{i1}=-u_{i2}$，则称为差模信号。由于晶体管 T_3 的恒流作用(i_{C3}恒定)和 T_1、T_2 特性的对称，使得在差模信号的作用下，T_1 和 T_2 的集电极电流变化量大小相等而方向相反，集电极对地的电压变化量 u_{o1} 和 u_{o2} 亦大小相等、极性相反，从而在晶体管 T_1 与 T_2 的集电极之间得到输出电压。

由于 T_1 和 T_2 的集电极对地电位变化量大小相等而极性相反，则负载电阻 R_L 的中点电位不变，电位变化量为零，因此对于差模信号，R_L 的中点相当于接地；此外，因 T_3 等组成恒流源，i_{C3} 恒定不变，T_3 集电极电流的变化量为零，故此时的 T_3 集电极支路相当于断路。因此可得基本差分放大电路(见图 10.1.3)差模输入时的交流通路和微变等效电路，如图 10.1.4 所示。

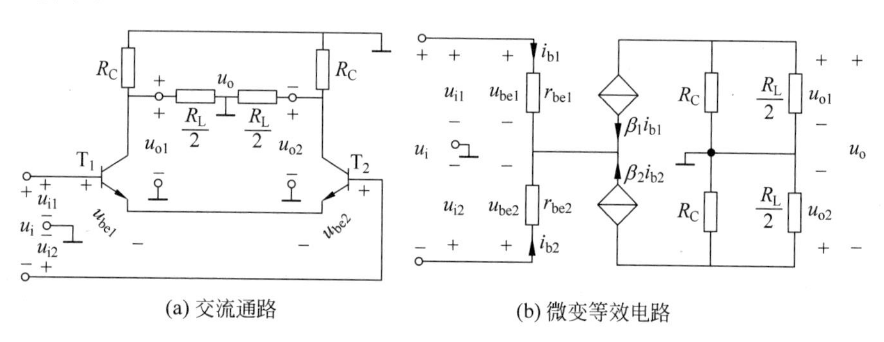

图 10.1.4　图 10.1.3 电路差模输入时的交流通路和微变等效电路

在差模信号输入时，$u_{i1}=-u_{i2}$，故 $u_i=u_{i1}-u_{i2}=2u_{i1}$，即 $u_{i1}=\frac{1}{2}u_i$，$u_{i2}=-\frac{1}{2}u_i$。图 10.1.4(b)的输入回路可写出

$$i_{b1}=-i_{b2},\quad u_i=r_{be1}i_{b1}-r_{be2}i_{b2} \tag{10.1.3}$$

因 $r_{be1}=r_{be2}=r_{be}$，$\beta_1=\beta_2=\beta$，故

$$u_i=2r_{be1}i_{b1}=2u_{be1},\quad u_{be1}=u_{i1} \tag{10.1.4}$$

在图 10.1.4 放大电路的输出回路中

$$\beta_1 i_{b1}=-\beta_2 i_{b2}$$

$$u_o=-\beta_1 i_{b1}\times\left(R_C//\frac{R_L}{2}\right)+\beta_2 i_{b2}\times\left(R_C//\frac{R_L}{2}\right)=-2\beta i_{b1}\times\left(R_C//\frac{R_L}{2}\right)=2u_{o1} \tag{10.1.5}$$

故由式(10.1.4)和式(10.1.5)可得差模电压放大倍数为

$$A_d = \frac{u_o}{u_i} = \frac{2u_{o1}}{2u_{i1}} = \frac{u_{o1}}{u_{i1}} = A_{u1} = -\beta\frac{R_C // \frac{R_L}{2}}{r_{be}} \tag{10.1.6}$$

即与单管放大电路的电压放大倍数相同。式中负号表示在图示参考方向下输出电压与输入电压反相。

(2) 共模输入信号

在差分放大电路中，两个输入端输入大小相等、极性相同的信号(即 $u_{i1}=u_{i2}$)，称为共模信号。通常也可以把零点漂移看成是在输入端施加的共模信号。差分放大电路在共模信号作用下的输出电压与输入共模电压之比称为共模电压放大倍数，用 A_C 表示。

在理想情况下，电路完全对称，共模信号作用时，由于恒流源的作用，每管集电极电流和集电极电压均不变化，因此，$u_o=0$，即 $A_C=0$。

实际上由于每管的零点漂移依然存在，电路不可能完全对称，因此共模放大倍数并不为零。通常将差模电压放大倍数 A_d 与共模电压放大倍数 A_C 之比定义为共模抑制比(Common Mode Rejection Ratio)，用 K_{CMRR} 表示，即

$$K_{CMRR} = \frac{A_d}{A_C} \tag{10.1.7}$$

或用对数形式表示为

$$K_{CMRR} = 20\lg\left(\frac{A_d}{A_C}\right)(\text{dB})$$

共模抑制比反映了差分放大电路放大差模信号和抑制共模信号的能力，其值越大，电路抑制共模信号(零点漂移)的能力越强。

10.1.3　运算放大器的特点分析

1. 集成运算放大器的传输特性

集成运放的电压传输特性是指输出电压与输入电压的关系曲线，如图10.1.5所示，包含一个线性区和两个饱和区。

当运放工作在线性区时，输出电压 u_o 与输入电压($u_+ - u_-$)呈线性关系。线性区的斜率取决于 A_{uo} 的大小。由于受电源电压的限制，输出电压不可能随输入电压的增加而无限增加，因此，当 u_o 增加到一定值后，就进入了饱和区。正、负饱和区的输出电压 $\pm U_{om}$ 一般略低于正、负电源电压。

由于集成运放的开环电压放大倍数很大，而输出电压为有限值，所以线性区很窄。因此，要使运放稳定地工作在线性区，必须引入深度负反馈。

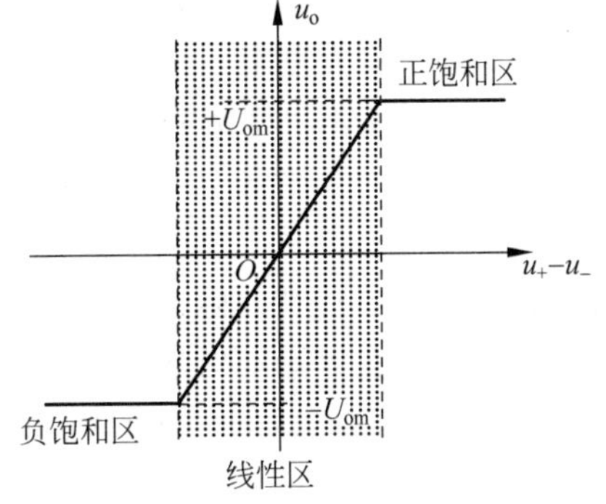

图10.1.5　电压传输特性

2. 集成运算放大器的主要参数

集成运算放大器的性能通常通过其参数表示。为了合理地选用和正确地使用运算放大器，必须了解其主要参数的意义。

(1) 最大输出电压 U_{OPP}

U_{OPP} 是指能使输出电压和输入电压保持不失真关系时的最大输出电压，一般略低于电

源电压。当电源电压为±15V时，U_{OPP}一般为±13V左右。

(2) 开环电压放大倍数 A_{uo}

A_{uo}是指集成运放的输出端和输入之间无外加回路(开环)时的差模电压放大倍数。常用运放的 A_{uo}很高，通常在$10^4 \sim 10^7$之间，即开环增益 $A_{uo} = 20\lg\left(\frac{U_o}{U_i}\right)$(dB)，为 80～140dB。$A_{uo}$越高，所构成的运算电路越稳定，运算精度也越高、越理想。

(3) 差模输入电阻 r_{id}与输出电阻 r_o

运算放大器的差模输入电阻 r_{id}很高，一般为$10^5 \sim 10^{11}\Omega$；输出电阻 r_o很低，通常只有几十欧至几百欧。

(4) 共模抑制比 K_{CMRR}

因为运放的输入级采用差动放大电路，所以有很高的共模抑制比增益，一般为70～130dB。

(5) 最大共模输入电压 U_{iCM}

U_{iCM}是指运放所能承受的共模输入电压的最大值。超出此值，将会造成共模抑制比下降，甚至造成器件损坏。

(6) 输入失调电压 U_{io}

对于理想的运算放大器，当输入端的信号为0(即把两输入端同时接地)时，输出电压为0。但由于制造中输入级差动电路不可能做得完全对称，所以当输入电压为0时，输出电压不一定为0。若要输出电压为0，必须在输入端加一个很小的补偿电压，它就是输入失调电压，一般为几毫伏。

以上介绍的是集成运放的几个主要参数，另外还有温度漂移、静态功耗等，这里不再赘述，需要时可查手册。

3. 理想运算放大器及其分析依据

在分析运算放大器时，一般将它看成一个理想运算放大器。理想化的条件如下：

(1) 开环电压放大倍数 $A_{uo} \to \infty$；

(2) 差模输入电阻 $r_{id} \to \infty$；

(3) 开环输出电阻 $r_o \to 0$；

(4) 共模抑制比 $K_{CMRR} \to \infty$。

由于实际运算放大器的上述技术指标接近理想条件，因此在分析运放的应用电路时，用理想运算放大器代替实际运算放大器所产生的误差并不大，在工程上是允许的，这样就使分析过程大大简化。后面对运算放大器都是根据它的理想化条件来进行分析的。

图10.1.6是理想运算放大器的图形符号。它有两个输入端和一个输出端。反相输入端标“－”号，同相输入端和输出端标“＋”号。它们对“地”电压分别用 u_-、u_+、u_o 表示。“∞”表示开环放大倍数的理想条件。

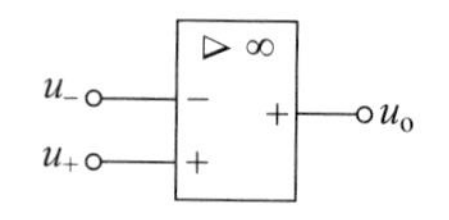

图10.1.6 运算放大器的图形符号

运算放大器工作在线性区时，分析依据有以下三条：

(1) 由于运算放大器的差模输入电阻 $r_{id} \to \infty$，故可以认为两输入端的电流为零，即

$$i_+ = i_- \approx 0 \tag{10.1.8}$$

可以称为“虚断”。

(2) 由于运算放大器的开环电压放大倍数 $A_{uo}\to\infty$，而输出电压是一个有限数值，故可以认为

$$u_{+}-u_{-}=\frac{u_{o}}{A_{uo}}\approx 0$$

即

$$u_{+}\approx u_{-} \tag{10.1.9}$$

两个输入端的电位近似相等，可以称为“虚短”。

(3) 由于 $r_{o}\to 0$，因此可以不计负载（后一级）对输出电压（前一级）的影响。

当运算放大器工作在饱和区时，分析依据也有以下三条：

(1) 同于线性区，式(10.1.8)仍成立。

(2) 这时输出 u_{o} 不是等于 $+U_{om}$ 就是等于 $-U_{om}$，即

$$\begin{cases} u_{+}>u_{-}\ \text{时},u_{o}=U_{om} \\ u_{-}>u_{+}\ \text{时},u_{o}=-U_{om} \end{cases} \tag{10.1.10}$$

(3) 与线性区的(3)相同。

运算放大器工作是在线性区还是饱和区的电路特征是：如果输出端通过电阻、电容等元件引回反相输入端，是工作在线性区；如果引回同相输入端，或者开环（输出端不引回任何输入端），是工作在饱和区。

10.2 集成运放中的负反馈

运算放大器工作在线性区必须引入负反馈。因此，在介绍运算放大器的应用之前，先介绍一下反馈的概念和应用。

10.2.1 反馈的基本概念

所谓反馈，就是将电路的输出信号（电压或电流）的一部分或全部通过一定的电路（反馈电路）送回到输入端，与输入信号一同控制电路的输出。放大电路的反馈框图如图 10.2.1 所示。其中基本放大电路和反馈电路构成一个闭合回路，常称为闭环。它们均如箭头所示，单方向传递信号。

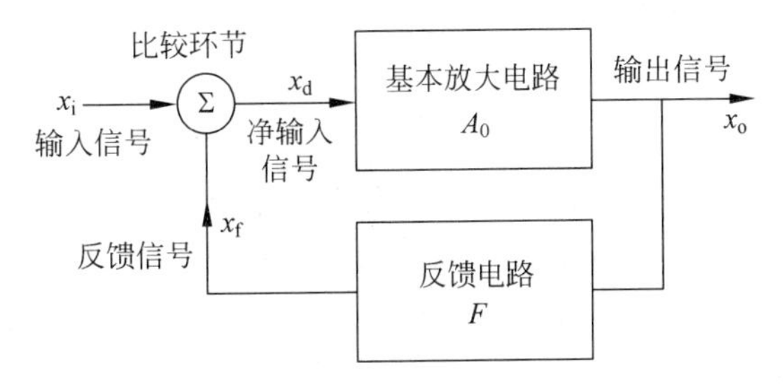

图 10.2.1 反馈放大电路的框图

图中，用 x 表示信号，它既可以表示电压，也可以表示电流。x_i、x_o 和 x_f 分别表示输入、输出和反馈信号，x_i 和 x_f 在输入端比较（叠加）后得到净输入信号 x_d。

若引回的反馈信号 x_f 使得净输入信号 x_d 减小，则为负反馈，此时

$$x_d = x_i - x_f \tag{10.2.1}$$

若引回的反馈信号 x_f 使得净输入信号 x_d 增大，则为正反馈，此时

$$x_d = x_i + x_f \tag{10.2.2}$$

在运算放大器中的负反馈就是输出引回到反相输入端，而输出引回到同相输入端的是正反馈。

基本放大电路的输出信号与净输入信号之比称为开环放大倍数，用 A_0 表示，即

$$A_0 = \frac{x_o}{x_d} \tag{10.2.3}$$

反馈信号与输出信号之比称为反馈系数，用 F 表示，即

$$F = \frac{x_f}{x_o} \tag{10.2.4}$$

引入反馈后的输出信号与输入信号之比称为闭环放大倍数，用 A_f 表示，即

$$A_f = \frac{x_o}{x_i} \tag{10.2.5}$$

综合以上几式可得

$$x_i = x_d + x_f = x_d + Fx_o = x_d + FA_0x_d = x_d(1 + FA_0)$$

$$A_f = \frac{x_o}{x_i} = \frac{A_0x_d}{x_d(1 + FA_0)} = \frac{A_0}{1 + FA_0} \tag{10.2.6}$$

放大电路引入负反馈后，使放大倍数减小，即 $|A_f| < |A_0|$，也就是 $|1+FA_0| > 1$。$|1+FA_0|$ 越大，$|A_f|$ 越小，表明负反馈越强。所以，常称 $|1+FA_0|$ 为反馈深度。当 $|1+FA_0| \gg 1$ 时，称为深度负反馈，此时式(10.2.6)可写为

$$A_f \approx \frac{A_0}{FA_0} = \frac{1}{F} \tag{10.2.7}$$

需要指出的是，由于 x_i、x_d、x_f 和 x_0 可能是电压或电流，因此 A_f、A_0 和 F 都可以具有不同量纲。当 x_i、x_d、x_f 和 x_o 均为电压时，式(10.2.6)和式(10.2.7)中的 F 量纲为 1，而 A_0、A_f 则分别是开环和闭环电压放大倍数。

10.2.2 负反馈的类型

根据反馈电路与基本放大电路在输入、输出端连接方式的不同，可将负反馈分为四种类型：电压串联负反馈、电压并联负反馈、电流串联负反馈和电流并联负反馈。下面分别进行介绍。

1. 电压串联负反馈

图 10.2.2 是电压串联负反馈电路的框图和典型电路。在图 10.2.2(a)中，比较环节的“+”、“−”号表示输入信号 u_i 与反馈信号 u_f 在求和时实际上相减。在如图 10.2.2(b)所示的电路中，集成运放即为基本放大环节，R_f 和 R 构成反馈环节，输入电压信号 u_i 通过 R_b 加于集成运放同相端。由于图中所标 u_i、u_f 的极性是参考极性，而参考极性是可以任意规定的，因此为了判断电路的反馈极性，通常采用瞬时极性法，即设定输入信号在某一瞬间的极性，从而标出电路中其他相关点在同一瞬间的极性。例如，图中设输入电压的极性为正(用“⊕”表示)，根据集成运放同相输入端的概念，得知输出电压也为正，输出电压 u_o 通过 R_f 和 R 串联分压后得到反馈电压 u_f 也为正，而 u_f 加于集成运放的反相端。可见，在输入回路中，

反馈信号(u_f)、输入信号(u_i)、净输入信号(u_d)都以电压形式进行比较求和，即 $u_d=u_i-u_f$。这一关系说明了两点：①引入反馈后使净输入电压减小，为负反馈；②反馈信号、输入信号、净输入信号在输入回路中彼此串联(即以电压量作比较)，成为串联反馈。另外，因集成运放输入端的电流很小，即忽略该电流，则 u_f 为

$$u_f=\frac{R}{R+R_f}u_o \tag{10.2.8}$$

可见，反馈电压 u_f 正比于输出电压 u_o，也就是说，反馈电压 u_f 取自输出电压 u_o，而和负载电阻 R_L 接入与否无关，称为电压反馈。因此，图 10.2.2(b)为电压串联负反馈电路。

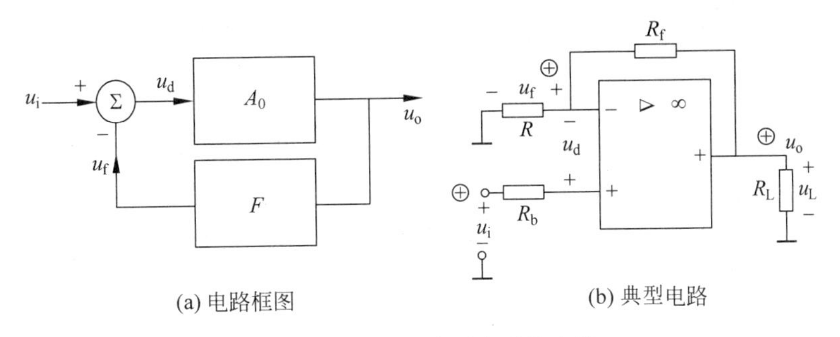

(a) 电路框图　　(b) 典型电路

图 10.2.2　电压串联负反馈电路

2. 电压并联负反馈

电压并联负反馈的框图和典型电路如图 10.2.3 所示。在如图 10.2.3(b)所示电路中，用瞬时极性法标出了 u_i 和 u_o 的相对极性以及各电流的实际方向，显然，在输入回路中，反馈信号(i_f)、输入信号(i_i)、净输入信号(i_d)都以电流量进行比较求和，即 $i_d=i_i-i_f$，且引入反馈后使净输入电流减小，称为并联负反馈，而反馈电流为

$$i_f=\frac{u_- - u_o}{R_f} \tag{10.2.9}$$

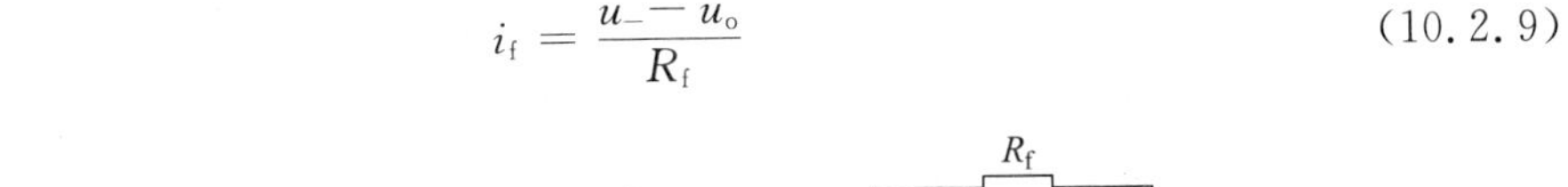

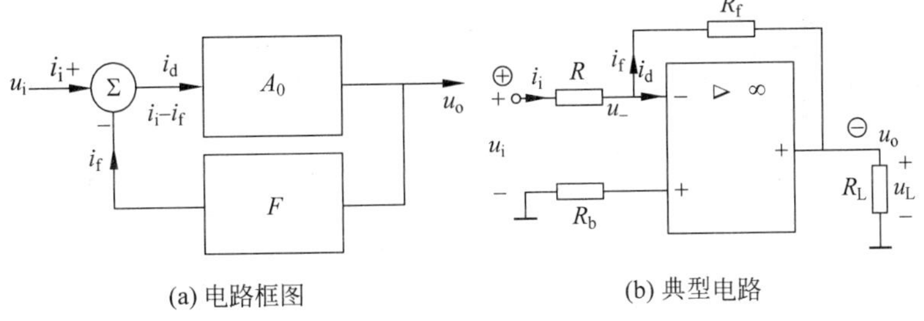

(a) 电路框图　　(b) 典型电路

图 10.2.3　电压并联负反馈电路

由于 u_- 很小，因此 i_f 取决于输出电压 u_o，而和 R_L 接入与否无关，故称为电压反馈。因此该电路为电压并联负反馈电路。

3. 电流串联负反馈

如图 10.2.4 所示为电流串联负反馈电路的框图和典型电路。在图 10.2.4(b)所示的电路中，R_L 为负载电阻。为了取得与负载电流成正比的反馈电压，用一个电阻值小于 R_L 的取样电阻 R 与 R_L 串联，构成反馈环节，把 R 上的电压降 u_f 引入反馈输入端。用瞬时极性法标出各电压极性和电流的实际方向，如图 10.2.4(b)所示。显然，$u_d=u_i-u_f$，故为串联

负反馈；由于流入反向端的电流很小，故反馈电压为

$$u_f \approx Ri_o \tag{10.2.10}$$

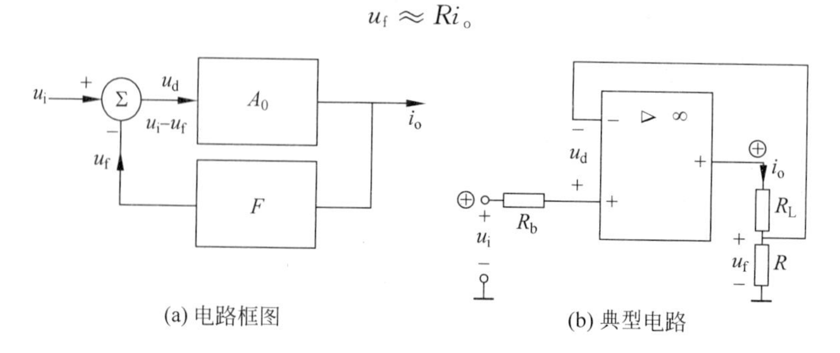

图 10.2.4　电流串联负反馈电路

为了判别是电压反馈还是电流反馈，可假设负载电阻 R_L 不接（开路），则 $i_o=0$，这时，只要有输入电压 u_i，仍会有输出电压 u_o，但 $u_f \approx Ri_o=0$，反馈量消失。可见，反馈电压 u_f 取自于输出电流 i_o，称为电流反馈。因此这个电路为电流串联负反馈电路。

4．电流并联负反馈

电流并联负反馈的框图和典型电路如图 10.2.5 所示。在图 10.2.5(b)所示的电路中，R_L 为负载电阻，它和 R_f、R 构成反馈网络。用瞬时极性法可标出输入、输出端的电压极性和对应各电流方向，如图 10.2.5 所示。可见，$i_d=i_i-i_f$，故为并联负反馈；由于 u_- 很小(接近零)，集成运放反相输入端与电阻 R 的下端视为同电位，从电流的大小关系来看，R_f 与 R 相当于并联。因此 i_f 可以看成由 i_o 对 R_f 和 R 分流得到，即

$$i_f \approx \frac{R}{R+R_f} i_o \tag{10.2.11}$$

显然，反馈电流 i_f 取决于输出电流 i_o，故为电流反馈。所以此电路为电流并联负反馈电路。

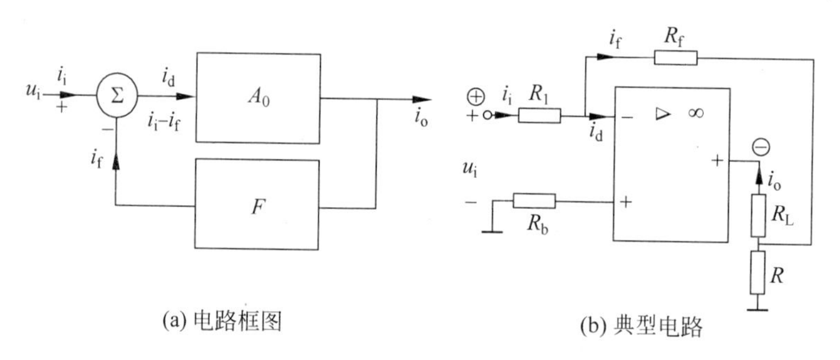

图 10.2.5　电流并联负反馈电路

综上所述，可以得出如下结论：

(1) 反馈信号直接从输出端引出的是电压反馈，从负载电阻非输出端引出的是电流反馈。

(2) 输入信号和反馈分别与两个输入端连接的是串联反馈，而同时加在一个输入端的是并联反馈。

(3) 反馈信号接到反相输入端便构成负反馈，而接到同相输入端便构成正反馈。

10.2.3 负反馈对放大电路性能的影响

在放大电路中引入负反馈可以改善放大电路的工作性能。负反馈对放大器性能的改善是以降低电压放大倍数为代价换来的,但放大倍数的下降容易弥补。

1. 降低放大倍数

由如图10.2.1所示的反馈放大电路的框图和式(10.2.3)容易得出,引入负反馈后,其闭环电压放大倍数为

$$A_f=\frac{x_o}{x_i}=\frac{x_o}{x_d+x_f}=\frac{\frac{x_o}{x_d}}{\frac{x_d}{x_d}+\frac{x_f}{x_d}}=\frac{A_0}{1+A_0F} \tag{10.2.12}$$

通常,将 $1+A_0F$ 称为反馈深度,其值越大,反馈作用越强。因为 $|1+A_0F|>1$,所以引入负反馈后放大倍数降低,反馈越深,放大倍数下降越大。

2. 提高放大倍数的稳定性

在放大电路中,由于温度的变化等因素会引起放大倍数的变化,而放大倍数的不稳定会影响放大电路的准确性和可靠性。放大倍数的稳定性通常用它的相对变化率来表示。无反馈时放大倍数的变化率为 $\frac{dA_0}{A_0}$,有反馈的变化率为 $\frac{dA_f}{A_f}$,由式(10.2.12)可得

$$\frac{dA_f}{dA_0}=\frac{d\left(\frac{A_0}{1+A_0F}\right)}{dA_0}=\frac{1}{1+A_0F}-\frac{A_0F}{(1+A_0F)^2}=\frac{1}{(1+A_0F)^2}=\frac{A_f}{A_0}\frac{1}{1+A_0F}$$

$$\frac{dA_f}{A_f}=\frac{1}{1+A_0F}\frac{dA_0}{A_0} \tag{10.2.13}$$

上式说明,引入负反馈后,放大倍数的相对变化率是为引入负反馈时的开环放大倍数的相对变化率的 $\frac{1}{1+A_0F}$。例如,当 $1+A_0F=100$ 时,若 A_0 变化了 $\pm10\%$,则 A_f 只变化 $\pm0.1\%$。反馈越深,放大倍数越稳定。当 $|1+A_0f|\gg1$ 时,闭环放大倍数为

$$A_f\approx\frac{1}{F} \tag{10.2.14}$$

此式说明,在深度负反馈的情况下,闭环放大倍数仅与反馈电路的参数有关,基本上不受开环放大倍数的影响。这时,放大电路的工作非常稳定。

3. 改善非线性失真

由于放大电路中存在非线性元件,因此输出信号会产生非线性失真,尤其是当输入信号幅度较大时,非线性失真更加严重。当引入负反馈后,非线性失真将会得到明显改善。图10.2.6定性说明了负反馈改善波形失真的情况。设输入信号 u_i 为正弦波,无反馈时,输出波形产生失真,正半周大而负半周小,如图10.2.6(a)所示。引入负反馈后,由于反馈电路由电阻构成,反馈系数 F 为常数,因而反馈信号 u_f 是和输出信号 u_o 一样的失真波形,u_f 与输入信号相减后使净输入信号 u_d 波形变成正半周小而负半周大的失真波形,从而使输出信号的正、负半周趋于对称,改善了波形失真,如图10.2.6(b)所示。

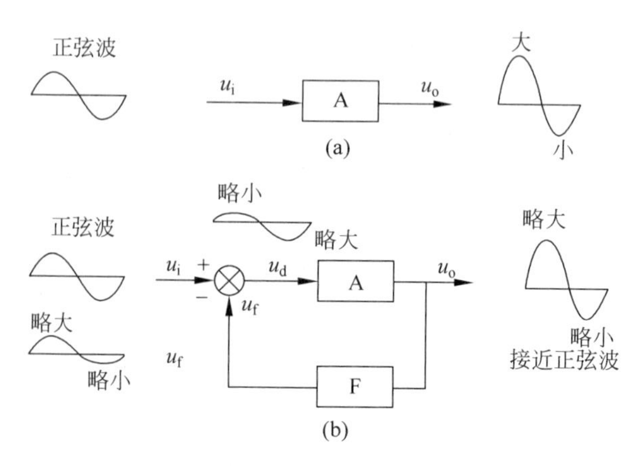

图 10.2.6　非线性失真的改善

4. 对输入、输出电阻的影响

引入负反馈后,放大电路的输入、输出电阻也将受到一定的影响。反馈类型不同,对输入、输出电阻的影响也不同。

放大器引入负反馈后,对输入电阻的影响取决于反馈电路与输入端的连接方式:串联负反馈中,输入电压信号和反馈电压信号抵消一部分,提供的电流信号就减小了,使输入电阻增加;并联负反馈中,除了信号源提供电流信号外,反馈电流信号提供另一部分,总电流信号增加了,使输入电阻减小。

放大器引入负反馈后,对输出电阻的影响取决于反馈电路与输出端的连接方式:电压负反馈具有稳定输出电压的功能。当输入一定时,电压负反馈使输出电压趋于恒定,故使输出电阻减小;电流负反馈具有稳定输出电流的功能,当输入一定时,电流负反馈使输出电流趋于恒定,故使输出电阻增大。

10.3　运算放大器的应用

集成运放的基本应用可分为两类,即线性应用和非线性应用。当集成运放外加负反馈使其闭环工作在线性区时,可构成模拟信号运算放大电路、正弦波振荡电路和有源滤波电路等;当集成运放处于开环或外加正反馈使其工作在非线性区时,可构成各种幅值比较电路和矩形波发生器等。本节介绍在线性区应用的模拟信号运算电路和在非线性区应用的基本电路电压比较器。

10.3.1　比例运算电路

所谓比例运算,就是输出电压 u_o 与输入电压 u_i 之间具有线性比例关系,即 $u_o = Ku_i$。当比例系数 $|K|>1$ 时,即为放大电路。

1. 反相输入比例运算电路

如图 10.3.1 所示为最基本的反相输入比例运算电路(即为图 10.2.3(b)所示的电压并联负反馈电路)。为了使集成运放两输入端的外接电阻对称,同相输入端所接平衡电阻 R_b 的阻值应等于反相输入端对地的等效电阻,即 $R_b = R//R_f$。

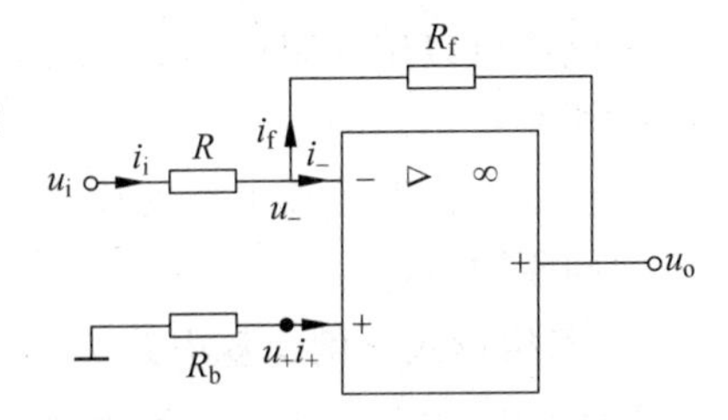

图 10.3.1 反相输入比例运算电路(1)

在理想集成运放的条件下,$i_- = i_+ = 0$,$u_- = u_+ = R_b i_+ = 0$。这种反相输入端并非直接接地,其电位为零(地)电位的现象称为"虚地"。从图 10.3.1 可得

$$u_o = u_- - R_f i_f = -R_f i_f$$

$$i_f = i_i - i_- = i_i = \frac{u_i - u_-}{R} = \frac{u_i}{R}$$

所以

$$u_o = -\frac{R_f}{R} u_i \tag{10.3.1}$$

可见,输出电压 u_o 和输入电压 u_i 成一定比例,其比例系数 $K = -\frac{R_f}{R}$。通常可用闭环电压放大倍数 A_f 来表示这种比例关系,即

$$A_f = \frac{u_o}{u_i} = -\frac{R_f}{R} \tag{10.3.2}$$

式(10.3.2)表示输出电压 u_o 与输入电压 u_i 极性相反,且其比值由电阻 R_f 和 R 决定,而与集成运放本身的参数无关。适当选配电阻,可使 A_f 的精度很高,且其大小可方便调节。通常 R_f 和 R 的取值范围为 1kΩ～1MΩ。

在图 10.3.1 所示的电路中,若取 $R_f = R$,则

$$u_o = -u_i \tag{10.3.3}$$

或

$$A_f = -1 \tag{10.3.4}$$

上两式表明,输出电压 u_o 与输入电压 u_i 大小相等,但相位相反,故此时的电路称为反相器。

在如图 10.3.1 所示电路的输入电阻为

$$r_{if} = \frac{u_i}{i_i} = R \tag{10.3.5}$$

由于电路为并联负反馈,反相输入端有电流流入,故输入电阻很小。

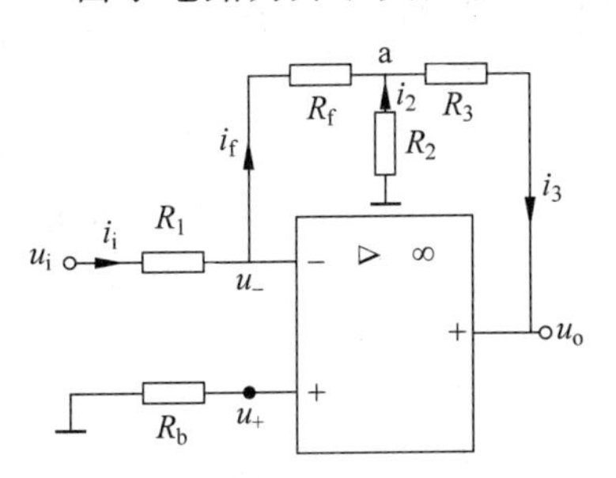

图 10.3.2 反相输入比例运算电路(2)

如图 10.3.2 所示为另一种反相输入比例运算电路。根据理想集成运放的特性和"虚地"($u_- = 0$)的概念,得

$$i_f = i_i = \frac{u_i}{R_1}$$

$$i_2 = -\frac{u_a}{R_2} = -\frac{-R_f i_f}{R_2} = \frac{R_f}{R_1 R_2} u_i$$

$$i_3 = i_f + i_2 = \frac{1}{R_1}\left(1 + \frac{R_f}{R_2}\right) u_i$$

所以 $u_o = -R_3 i_3 - R_2 i_2 = -\frac{R_3}{R_1}(1 + \frac{R_f}{R_2}) u_i - \frac{R_f}{R_1} u_i$

即

$$u_o = -\left[\frac{R_3}{R_1}\left(1 + \frac{R_f}{R_2}\right) + \frac{R_f}{R_1}\right] u_i \tag{10.3.6}$$

可见,此电路的比例系数即闭环电压放大倍数为

$$A_f = \frac{u_o}{u_i} = -\left[\frac{R_3}{R_1}\left(1 + \frac{R_f}{R_2}\right) + \frac{R_f}{R_1}\right] = -\frac{1}{R_1}\left(R_f + R_3 + \frac{R_f R_3}{R_2}\right) \tag{10.3.7}$$

该电路可以用低阻值的 R_f 获得很高的放大倍数，例如 $R_1=2\text{k}\Omega$，$R_2=100\Omega$，$R_3=R_f=10\text{k}\Omega$，则 $A_f=-510$。

反相输入比例运算电路的输入电阻通常较小，欲希望比例运算电路有较大的输入电阻，可采用同相输入。

2. 同相输入比例运算电路

基本的同相输入比例运算电路如图 10.3.3 所示(即为图 10.2.2(b)所示的电压串联负反馈电路)。在理想运放条件下，有

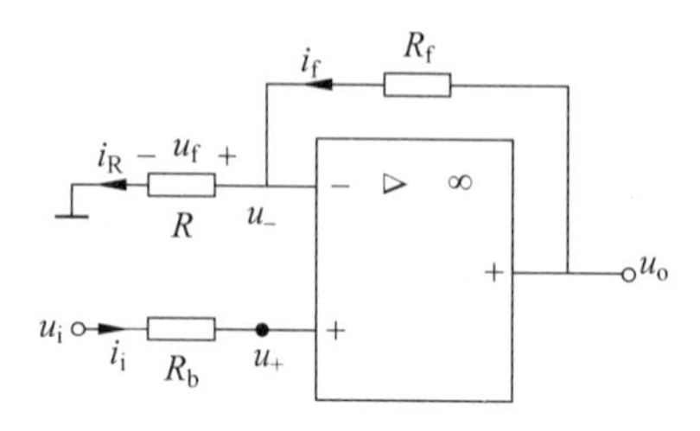

图 10.3.3 同相输入比例运算电路

$$u_- = u_+ = u_i - R_b i_i = u_i$$

$$u_o = u_- + R_f i_f = u_i + R_f i_f$$

$$i_f = i_R = \frac{u_-}{R} = \frac{u_+}{R}$$

所以

$$u_o = u_i + \frac{R_f}{R}u_i = \left(1+\frac{R_f}{R}\right)u_i \tag{10.3.8}$$

可见比例系数 $K=1+\dfrac{R_f}{R}$，用闭环电压放大倍数表示，即为

$$A_f = \frac{u_o}{u_i} = 1 + \frac{R_f}{R} \tag{10.3.9}$$

式(10.3.9)表明，输出电压 u_o 与输入电压 u_i 极性相同，调节 R_f/R 的比值，可方便调节 A_f 的值。

若使电路的 $R_f=0$ 或 $R=\infty$，则

$$u_o = u_i \tag{10.3.10}$$

或

$$A_f = 1 \tag{10.3.11}$$

上两式表明，输出电压 u_o 与输入电压 u_i 大小相等且相位相同，故此时的电路称为电压跟随器。

同相输入比例运算电路是串联负反馈，其同相输入端的 $i_+\approx 0$，输入电阻很大；且是电压负反馈，输出电阻很小。

需要注意的是，图 10.3.3 所示电路集成运放的两输入端电压 $u_-=u_+=u_i$，即两输入端承受共模电压。在选用集成运放时，应使其“最大共模输入电压 $U_{ic\,max}$”这一参数值大于 u_i 的值。

10.3.2 加、减运算电路

1. 加法运算电路

如图 10.3.4 所示为具有三个输入信号的加法运算电路。图中平衡电阻 $R_b=R_1//R_2//R_3//R_f$。

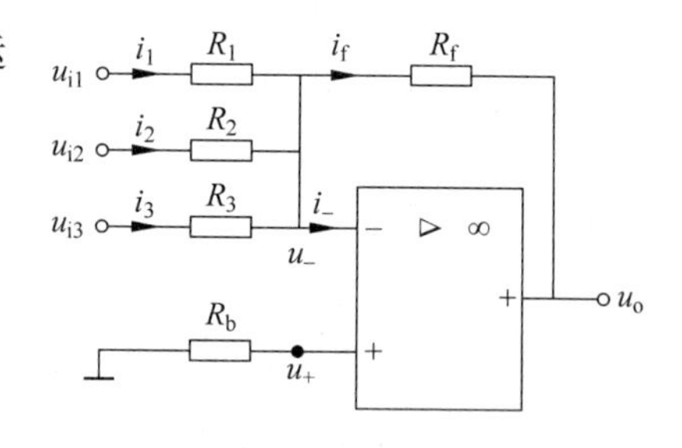

图 10.3.4 加法运算电路

由于理想运放输入电流 $i_-=0$，故

$$i_1 + i_2 + i_3 = i_f$$

即

$$\frac{u_{i1}-u_-}{R_1} + \frac{u_{i2}-u_-}{R_2} + \frac{u_{i3}-u_-}{R_3} = \frac{u_- - u_o}{R_f}$$

根据反相输入方式反相端“虚地”的概念，有

$$\frac{u_{i1}}{R_1}+\frac{u_{i2}}{R_2}+\frac{u_{i3}}{R_3}=-\frac{u_o}{R_f}$$

故

$$u_o=-\left(\frac{R_f}{R_1}u_{i1}+\frac{R_f}{R_2}u_{i2}+\frac{R_f}{R_3}u_{i3}\right) \tag{10.3.12}$$

上式表示输出电压等于各输入电压按不同比例相加。当 $R_1=R_2=R_3=R$ 时

$$u_o=-\frac{R_f}{R}(u_{i1}+u_{i2}+u_{i3}) \tag{10.3.13}$$

即输出电压与各输入电压之和成比例，实现“和放大”。

若 $R_1=R_2=R_3=R_f$，则

$$u_o=-(u_{i1}+u_{i2}+u_{i3}) \tag{10.3.14}$$

即输出电压等于各输入电压之和，实现了加法运算。

加法电路的输入信号也可以从同相端输入，但由于运算关系和平衡电阻的选取比较复杂，并且同相输入时集成运放的两输入端承受共模电压，它不允许超过集成运放的最大共模输入电压。因此一般很少使用同相输入的加法电路。

【例 10.3.1】 在如图 10.3.5 所示的电路中，已知 $R_1=R_2=30\text{k}\Omega$，$R_3=15\text{k}\Omega$，$R_4=20\text{k}\Omega$，$R_5=10\text{k}\Omega$，$R_6=20\text{k}\Omega$，$R_7=5\text{k}\Omega$，$u_{i1}=0.5\text{V}$，$u_{i2}=-1\text{V}$。求输出电压 u_o。

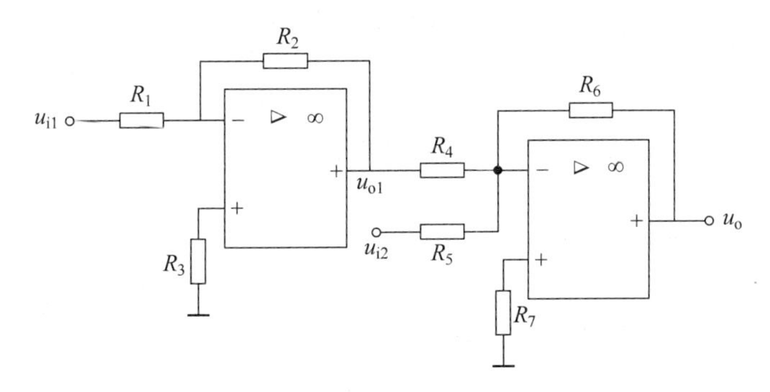

图 10.3.5 例 10.3.1 的电路

解 第一级为反相器，不计第二级对第一级的负载效应时，其输出电压为

$$u_{o1}=-\frac{R_2}{R_1}u_{i1}=-u_{i1}=-0.5\text{V}$$

第二级为反相输入的加法电路，故输出电压为

$$u_o=-\left(\frac{R_6}{R_4}u_{o1}+\frac{R_6}{R_5}u_{i2}\right)=-\left[\frac{20}{20}\times(-0.5)+\frac{20}{10}\times(-1)\right]\text{V}=2.5\text{V}$$

2. **减法运算电路**

如图 10.3.6 所示的电路有两个输入信号 u_{i1} 和 u_{i2}，其中 u_{i1} 经 R_1 加入反相输入端，u_{i2} 经 R_2、R_3 分压后加在同相输入端。输出电压 u_o 经 R_f 反馈至反相输入端，构成电压负反馈，使集成运放工作在线性区。因此，输出电压 u_o 可由 u_{i1} 和 u_{i2} 分别作用产生的输出电压叠加而得。

当只有 u_{i1} 作用时(令 $u_{i2}=0$)，即为反相输入比例运算电路，由式(10.3.1)得此时的输出电压为

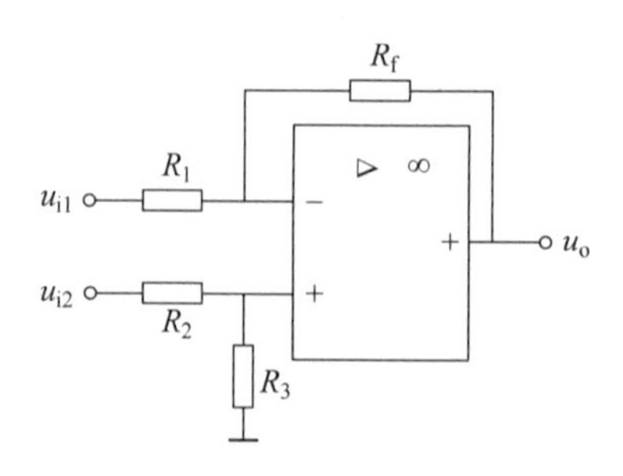

图 10.3.6 差分输入运算电路

$$u_o' = -\frac{R_f}{R_1}u_{i1}$$

当只有 u_{i2} 作用时(令 $u_{i1}=0$),类似同相输入比例运算电路,由式(10.3.8)得此时的输出电压为

$$u_o'' = \frac{R_1+R_f}{R_1}u_+ = \frac{R_1+R_f}{R_1}\frac{R_3}{R_2+R_3}u_{i2}$$

因此,当 u_{i1} 和 u_{i2} 共同作用时,输出电压为

$$u_o = u_o' + u_o'' = -\frac{R_f}{R_1}u_{i1} + \frac{R_1+R_f}{R_1}\frac{R_3}{R_2+R_3}u_{i2} \tag{10.3.15}$$

为使集成运放两输入端的外接电阻平衡,常取 $R_1=R_2$,$R_3=R_f$,则式(10.3.15)简化为

$$u_o = \frac{R_f}{R_1}(u_{i2}-u_{i1}) \tag{10.3.16}$$

可见,输出电压 u_o 与两输入电压之差成正比,这种输入方式便是差分输入方式,故此电路称为差分输入运算电路或差值放大电路。若使式(10.3.16)中的 $R_1=R_f$,则有

$$u_o = u_{i2}-u_{i1} \tag{10.3.17}$$

此时电路便成为减法运算电路。

如图 10.3.6 所示电路中集成运放的两输入端也存在共模电压,其值 $u_c=u_+=\frac{R_3}{R_2+R_3}u_{i2}$,此电压不能超过集成运放所能承受的最大共模输入电压 $U_{ic\,max}$。

差分输入运算电路在测量和自动控制系统中得到了广泛的应用。

【例 10.3.2】 如图 10.3.7 所示是由差分输入运算电路和电桥组成的测温电路。其中 R_T 为热敏电阻,设电阻温度系数 $\theta=4\times10^{-3}(℃)^{-1}$,在 0℃时的阻值 $R_0=51\Omega$;R_1、R_2 和 R_3 为精密固定电阻,$R_1=R_2=R_3=51\Omega$;$R_4=R_5=10\text{k}\Omega$,$R_6=R_7=100\text{k}\Omega$;$U=10\text{V}$。试求当环境温度分别为 25℃和 −5℃时的输出电压 u_o。

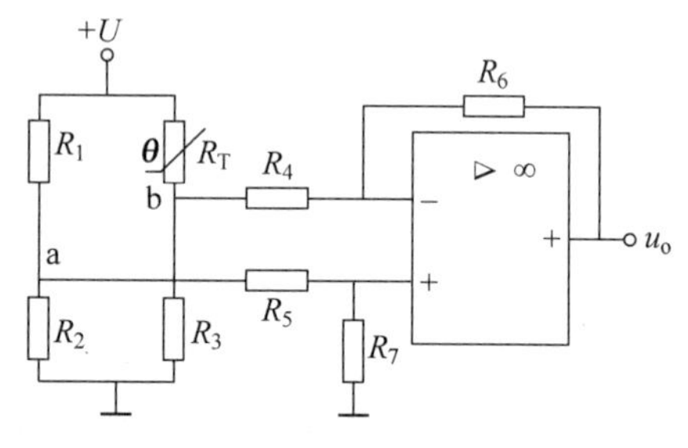

图 10.3.7 例 10.3.2 的电路

解 在 25℃时,R_T 的阻值为

$$R_T = (1+\theta T)R_0 = (1+4\times10^{-3}\times25)\times51\Omega = 56.1\Omega$$

由于 R_4、R_5、R_6 和 R_7 的阻值比电桥的电阻大得多,因此可忽略它们对 u_a 和 u_b 的影响(工程应用中有时采取隔离措施),则

$$u_a = \frac{R_2}{R_1+R_2}U = \frac{51}{51+51}\times10\text{V} = 5\text{V}$$

$$u_b = \frac{R_3}{R_3+R_T}U = \frac{51}{51+56.1}\times10\text{V} = 4.762\text{V}$$

根据式(10.3.16)可得

$$u_o = \frac{R_6}{R_4}(u_a-u_b) = \frac{100}{10}\times(5-4.762)\text{V} = 2.38\text{V}$$

同理,在 −5℃时,R_T 的阻值为

$$R_T = (1-4\times10^{-3}\times5)\times51\Omega = 49.98\Omega$$

则

$$u_{b} = \frac{51}{51+49.98} \times 10\text{V} = 5.051\text{V}$$

$$u_{o} = \frac{100}{10} \times (5-5.051)\text{V} = -0.51\text{V}$$

用差分输入方式构成的减法运算电路的两个输入端都有电流流入，输入电阻较低。为了提高减法运算电路的输入电阻，可采用双运放同相输入减法运算电路，如图10.3.8所示。从图可得

$$u_{o1} = \frac{R_1+R_2}{R_2}u_{i1}$$

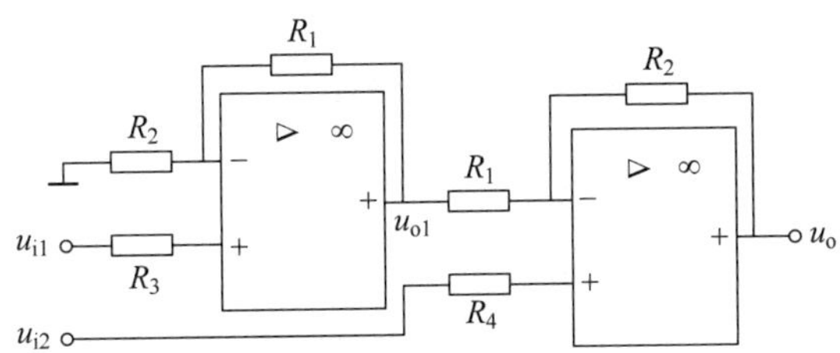

图10.3.8 双运放同相输入减法运算电路

当u_{o1}单独作用时，输出电压分量为

$$u_o' = -\frac{R_2}{R_1}u_{o1} = -\frac{R_2}{R_1}\frac{R_1+R_2}{R_2}u_{i1} = -\left(1+\frac{R_2}{R_1}\right)u_{i1}$$

当u_{i2}单独作用时，输出电压分量

$$u_o'' = \left(1+\frac{R_2}{R_1}\right)u_{i2}$$

所以

$$u_o = u' + u_o'' = \left(1+\frac{R_2}{R_1}\right)(u_{i2}-u_{i1}) \tag{10.3.18}$$

可见，输出电压与两个输入电压的差值成比例。由于此电路的两个输入信号直接加在两集成运放的同相端，$i_+ \approx 0$，因此输入电阻很高。

10.3.3 积分、微分运算电路

1. 积分运算电路

如图10.3.9(a)所示为反相输入积分运算电路，由于理想集成运放的$i_-=0$，$u_-=u_+=0$，并设电容电压$u_C(0)=0$，因此

$$u_o = u_- - u_C = -u_C = -\frac{1}{C}\int i_C \mathrm{d}t = -\frac{1}{C}\int i_i \mathrm{d}t$$

由于

$$i_1 = \frac{u_i}{R}$$

因此

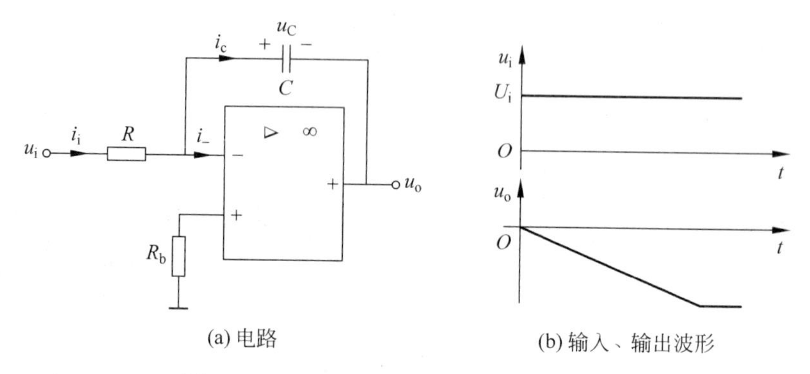

(a) 电路　　(b) 输入、输出波形

图 10.3.9　积分运算电路及输入、输出波形

$$u_o = -\frac{1}{RC}\int u_i \mathrm{d}t \tag{10.3.19}$$

可见输出电压与输入电压的积分成比例。

当 u_i 为直流电压 U_i，且从 $t=0$ 时开始作用，则 $u_o=\frac{U_i}{RC}t$，即输入直流电压 U_i 形成的电流 U_i/R 对电容器恒流充电，输出电压 u_o 在一定时间内呈线性变化，随着时间的增加，输出电压逐渐趋于饱和。其波形如图 10.3.9(b)所示。

将比例运算和积分运算结合在一起，就成为比例-积分运算电路，如图 10.3.10(a)所示。电路的输出电压为

$$u_o = -\left(R_F i_i + \frac{1}{C}\int i_i \mathrm{d}t\right) = -\left(\frac{R_F}{R_1}u_i + \frac{1}{R_1 C}\int u_i \mathrm{d}t\right) \tag{10.3.20}$$

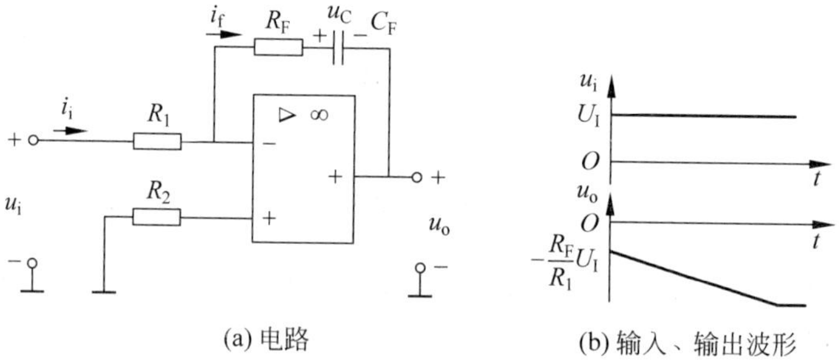

(a) 电路　　(b) 输入、输出波形

图 10.3.10　比例-积分运算电路及输入、输出波形

当输入电压 u_i 为直流电压 U_I，且从 $t=0$ 时开始作用，则输出电压为

$$u_o = -\left(\frac{R_F}{R_1}U_I + \frac{U_I}{R_1 C}t\right)$$

在 U_I 刚加入($t=0$)时，u_o 的起始电压为 $-\frac{R_F}{R_1}U_I$，输入直流电压 U_I 形成的电流 U_I/R_1 对电容器恒流充电，输出电压 u_o 在一定时间内线性变化。输入、输出波形如图 10.3.10(b)所示。

若将加法运算电路与积分运算电路结合，便成为和-积分运算电路，如图 10.3.11 所示。设电容电压 $u_C(0)=0$，电路的输出电压为

$$u_o = -\frac{1}{C}\int i_C \mathrm{d}t$$

$$= -\frac{1}{C}\int (i_1 + i_2)\mathrm{d}t$$

$$= -\frac{1}{C}\int \left(\frac{u_{i1}}{R_1} + \frac{u_{i2}}{R_2}\right)\mathrm{d}t$$

当 $R_1 = R_2 = R$ 时

$$u_o = -\frac{1}{RC}\int (u_{i1} + u_{i2})\mathrm{d}t \qquad (10.3.21)$$

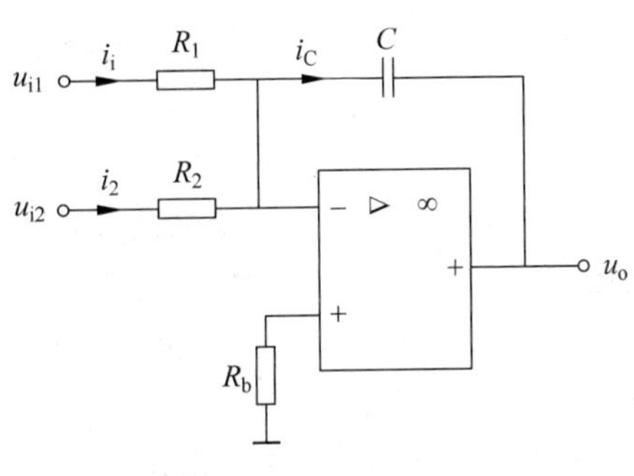

图 10.3.11　和-积分运算电路

【例 10.3.3】　在如图 10.3.9(a)所示电路中，设 $R=100\text{k}\Omega$，$C=10\mu\text{F}$(无初始储能)，在 $t=0$ 时输入电压 u_i，其波形如图 10.3.12(a)所示。试写出 $0 \leqslant t < 5\text{s}$ 期间输出电压 u_o 的表达式，并画出其波形图。

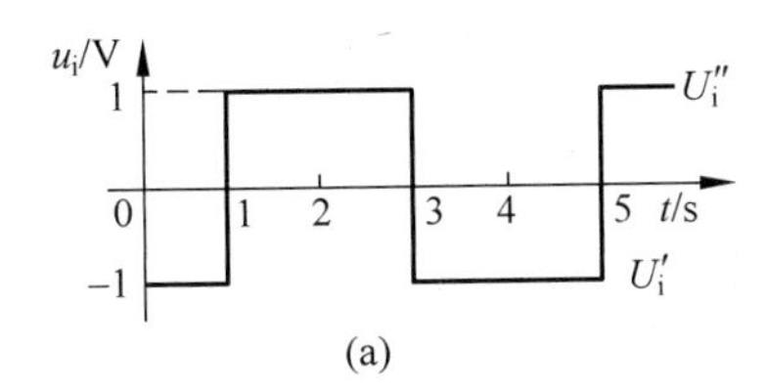

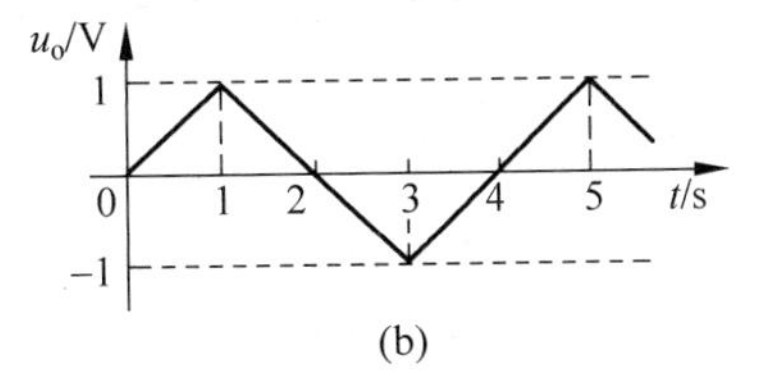

图 10.3.12　例 10.3.3 的波形

解　(1) 在 $0 \leqslant t < 1\text{s}$，$u_i = U_i' = -1\text{V}$，故

$$u_o(t) = -\frac{U_i'}{RC}t = -\frac{-1}{100 \times 10^3 \times 10 \times 10^{-6}}t = t$$

当 $t=1\text{s}$ 时，$u_o(1)=1\text{V}$。

(2) 在 $1\text{s} \leqslant t < 3\text{s}$，$u_i = U_i'' = 1\text{V}$，故

$$u_o(t) = u_o(1) - \frac{U_i''}{RC}(t-1)$$

$$= 1 - (t-1) = 2 - t$$

当 $t=3\text{s}$ 时，$u_o(3) = -1\text{V}$。

(3) 在 $3\text{s} \leqslant t < 5\text{s}$，$u_i = U_i' = -1\text{V}$，故

$$u_o(t) = u_o(3) - \frac{U_i'}{RC}(t-3) = -1 + (t-3) = -4 + t$$

当 $t=5\text{s}$ 时，$u_o(5)=1\text{V}$。

u_o 的波形如图 10.3.12(b)所示。

可见，利用积分运算电路能将方波电压变换为三角波电压。

2. 微分运算电路

如图 10.3.13 所示为微分运算电路。利用集成运放的理想特性可得

$$u_o = u_- - R_f i_f = -R_f i_f = -R_f i_C$$

而

$$i_C = C\frac{\mathrm{d}u_C}{\mathrm{d}t} = C\frac{\mathrm{d}u_i}{\mathrm{d}t}$$

$$u_C = u_i - u_- = u_i$$

所以

$$u_o = -R_f C \frac{du_i}{dt} \qquad (10.3.22)$$

可见，输出电压与输入电压的微分成比例。

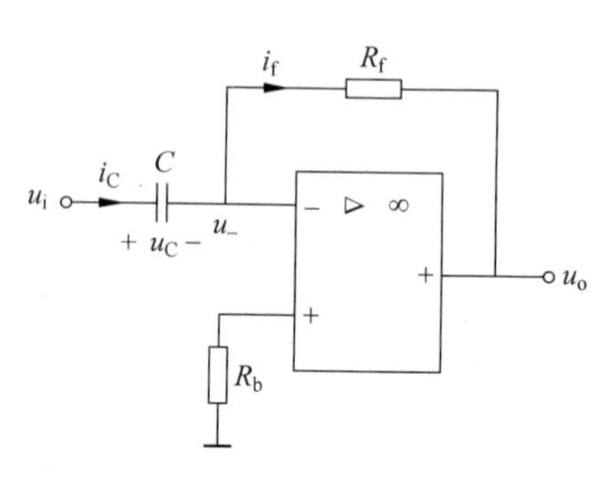

图 10.3.13　微分运算电路

与积分电路类似，微分电路和比例电路结合可构成比例-微分运算电路；微分电路和加法电路结合便组成微分-求和运算电路。此外，还可组成比例-积分-微分电路。

通过以上电路分析可得出如下结论：从反相输入端单端输入的优点是无共模电压，缺点是输入电阻小；从同相输入端单端输入，且通过两个电阻串联分压接入同相输入端的，输入电阻仍小；如果是一个电阻直接进入同相端，则输入电阻大。同相输入端的缺点是有共模电压。如果采用双端输入，既有共模电压，输入电阻也小。

10.3.4　电压比较器

电压比较器的基本功能是对两个输入端的信号进行比较，以输出端的正、负表示比较的结果。其在测量、通信和波形变换等方面得到了广泛应用。

1. 基本电压比较器

如果在运算放大器的一个输入端加上输入信号 u_i，另一输入端上为固定的基准电压 U_R，就构成了基本电压比较器，如图 10.3.14 所示。此时，$u_- = U_R$，$u_+ = u_i$。

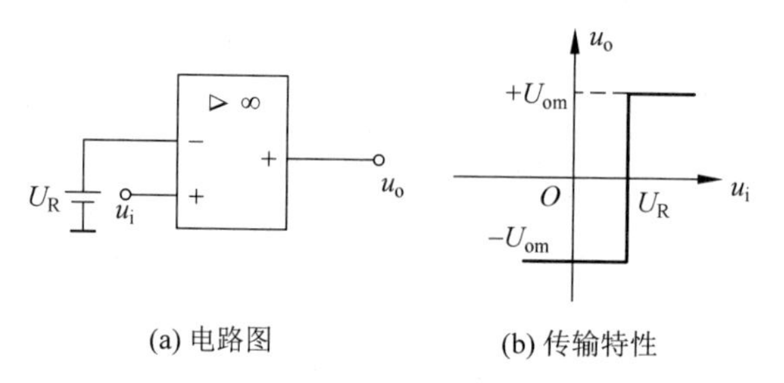

(a) 电路图　　(b) 传输特性

图 10.3.14　基本电压比较器及其传输特性

当 $u_i > U_R$ 时，$u_o = +U_{om}$；当 $u_i < U_R$ 时，$u_o = -U_{om}$。电压比较器的传输特性如图 10.3.14(b)所示。

若取 $u_- = u_i$，$u_+ = U_R$，则当 $u_i > U_R$ 时，$u_o = -U_{om}$；当 $u_i < U_R$ 时，$u_o = +U_{om}$。

此时电路图与传输特性如图 10.3.15 所示。

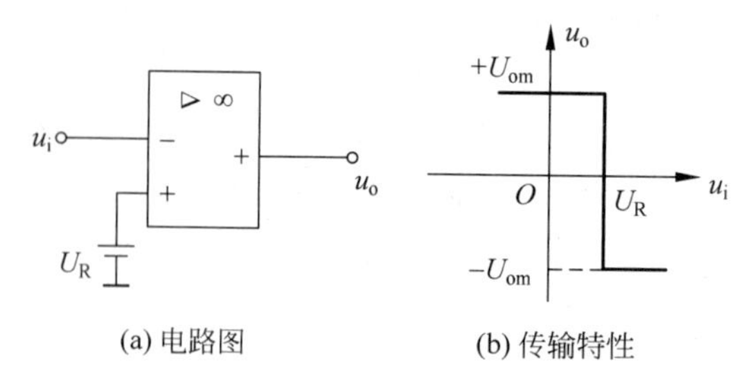

(a) 电路图　　(b) 传输特性

图 10.3.15　电压比较器及其传输特性

【例 10.3.4】 如图 10.3.16 所示为过零比较器(基准电压为零)。试画出其传输特性;当输入为正弦电压时,画出输出电压的波形。

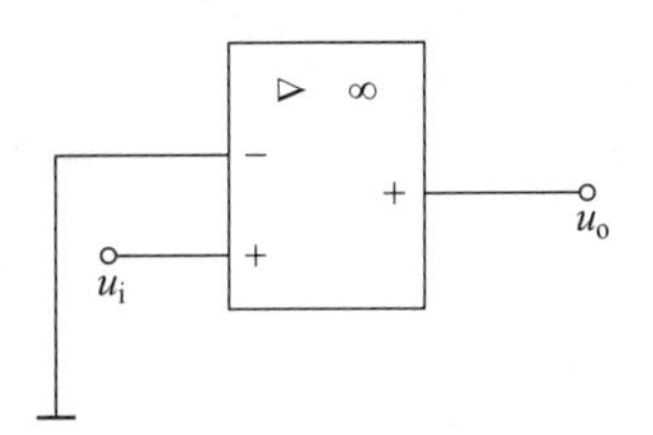

图 10.3.16 过零比较器

解 过零比较器的传输特性如图 10.3.17(a)所示,波形图如图 10.3.17(b)所示。由图可见,通过过零比较器可以将输入的正弦波转换成矩形波。

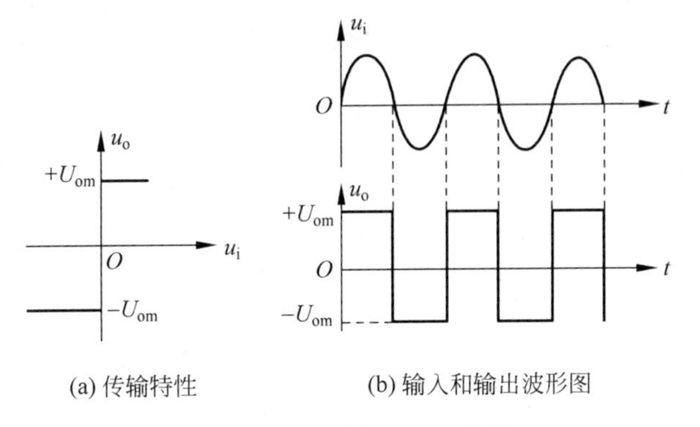

(a) 传输特性 (b) 输入和输出波形图

图 10.3.17 例 10.3.4 的图

2. 有限幅电路的电压比较器

有时为了与输出端的数字电路的电平配合,通常需要将比较器的输出电压限制在某一特定的数值上,这就需要在比较器的输出端接上限幅电路。限幅电路是利用稳压管的稳压功能来实现的,将稳压管稳压电路接在比较器的输出端,如图 10.3.18(a)所示。图中的稳压管是双向稳压管,其稳定电压为$\pm U_Z$。电路的传输特性如图 10.3.18(b)所示。电压比较器的输出被限制在$+U_Z$和$-U_Z$之间。这种输出由双向稳压管限幅的电路称为双向限幅电路。

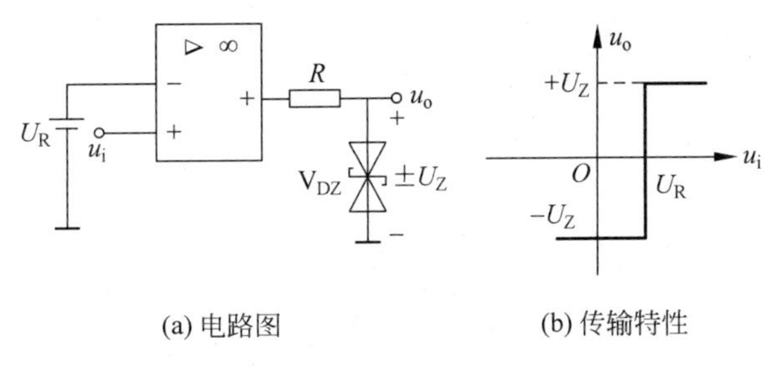

(a) 电路图 (b) 传输特性

图 10.3.18 双向限幅电路及其传输特性

如果只需要将输出稳定在$+U_Z$上,则可采用正向限幅电路。设稳压管的正向导通压降为 0.6V,这时电路和传输特性如图 10.3.19 所示。如果需要反向限幅电路,只需将稳压管的阳极和阴极作一交换即可。

3. 迟滞电压比较器

输入电压u_i加到运算放大器的反相输入端,通过R_2引入串联电压正反馈,就构成了迟滞电压比较器,电路如图 10.3.20(a)所示。其中,U_R是比较器的基准电压,该基准电压与输出有关。当输出为正饱和值时,$u_o=+U_{om}$,则

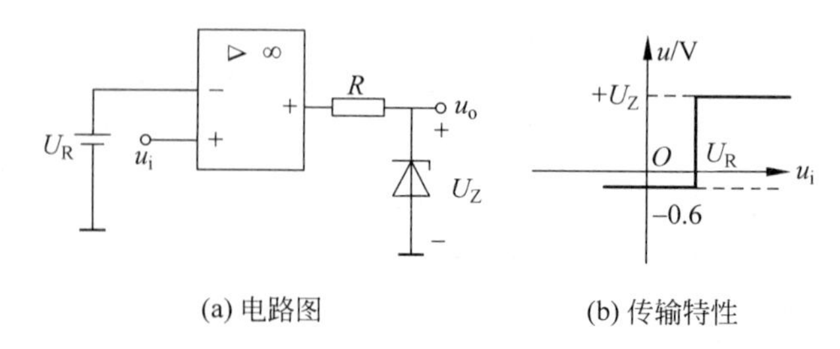

(a) 电路图　　(b) 传输特性

图 10.3.19　正向限幅电路及其传输特性

$$U'_R = U_{om}\frac{R_1}{R_1+R_2} = U_{+H} \tag{10.3.23}$$

当输出电压为负饱和值时，$u_o = -U_{om}$，则

$$U''_R = -U_{om}\frac{R_1}{R_1+R_2} = U_{+L} \tag{10.3.24}$$

设某一瞬间，$u_o = +U_{om}$，基准电压为 U_{+H}，输入电压只有增大到 $u_i \geqslant U_{+H}$ 时，输出电压才能由 $+U_{om}$ 跃变到 $-U_{om}$；此时，基准电压为 U_{+L}，若 u_i 持续减少，只有减小到 $u_i \leqslant U_{+L}$ 时，输出电压才会跃变至 $+U_{om}$。由此得出迟滞比较器的传输特性如图 10.3.20(b)所示。$U_{+H} - U_{+L}$ 称为回差电压。改变 R_1 或 R_2 的数值，就可以方便地改变 U_{+H}、U_{+L} 和回差电压。

迟滞电压比较器由于引入了正反馈，因而可以加速输出电压的转换过程，改善输出波形；由于回差电压的存在，因而提高了电路的抗干扰能力。

当输入电压是正弦波时，输出矩形波如图 10.3.20(c)所示，将正弦波转换成矩形波。

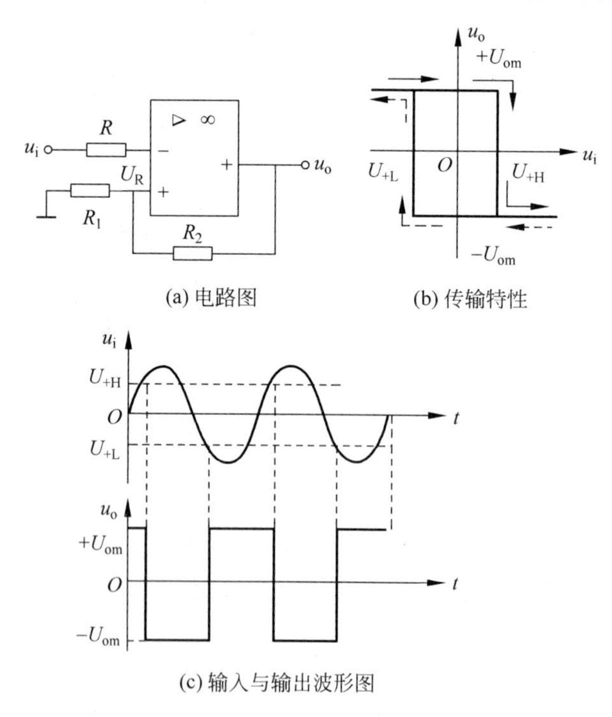

(a) 电路图　　(b) 传输特性

(c) 输入与输出波形图

图 10.3.20　迟滞电压比较器

10.4 正弦波振荡电路

从能量的观点看，正弦波振荡电路能将直流电能转换成频率和幅值一定的正弦交流信号。该电路由放大、反馈、选频和稳幅环节组成，属于正反馈电路。探讨正弦波振荡电路原理的关键就是要找到保证振荡电路从无到有地建立起振荡的起振条件，保证振荡电路产生等幅持续振荡的平衡条件，以及如何确定振荡电路的振荡频率。

10.4.1 正弦波振荡电路的基本原理

1. 自激振荡条件

图 10.4.1(a)是正反馈放大电路的原理方框图。电路在输入端接入一定频率和幅值的正弦信号$\dot{U}_s$，反馈信号$\dot{U}_f$ 的极性和$\dot{U}_s$ 相同(正反馈)，故净输入$\dot{U}_i=\dot{U}_s+\dot{U}_f$。如果增大$\dot{U}_f$、减少$\dot{U}_s$，最终达到$\dot{U}_s=0$，$\dot{U}_f=\dot{U}_i$，即$\dot{U}_f$ 与$\dot{U}_i$ 大小相等且相位相同，那么此时撤去$\dot{U}_s$ 后，放大电路仍保持输出电压不变。这时正反馈放大电路就变成自激振荡电路，其原理框图如图 10.4.1(b)所示。

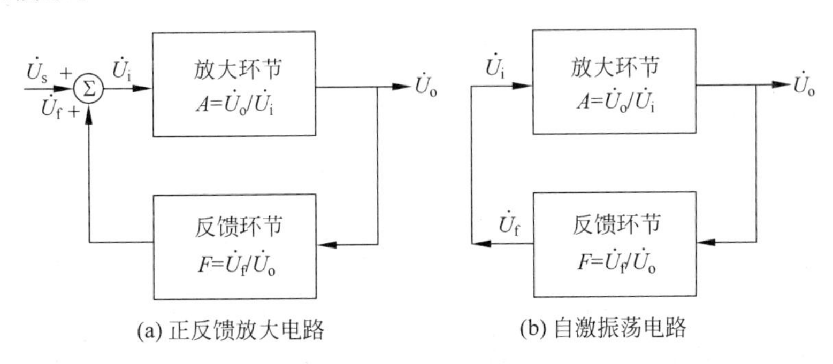

图 10.4.1 正反馈放大电路和自激振荡电路的原理框图

显然，电路要维持自激振荡，就必须做到

$$\dot{U}_f=\dot{U}_i$$

而

$$\dot{U}_i=\frac{\dot{U}_o}{A},\quad \dot{U}_f=\dot{U}_oF$$

故

$$\dot{U}_oAF=\dot{U}_o$$

因$\dot{U}_o$ 不等于 0，所以维持自激振荡的平衡条件为

$$AF=1 \tag{10.4.1}$$

由于 $A=|A|\angle\varphi_A$，$F=|F|\angle\varphi_F$，故从式(10.4.1)可得出两个平衡条件。

(1) 相位平衡条件

$$\varphi_A+\varphi_F=2n\pi, n=0,1,2,\cdots \tag{10.4.2}$$

(2) 幅值平衡条件

$$|AF|=1 \tag{10.4.3}$$

相位平衡条件保证反馈极性为正反馈，而幅值平衡条件保证反馈有足够的强度。这两个平衡条件是指振荡已经建立，输出的正弦波已经产生，电路已经进入稳态的情况下，为维持等幅自激振荡必须满足的条件。它只是必要条件，但不是充分的。因为在电路刚接通电源，又无输入$\dot{U}_s$的作用时，由于$\dot{U}_i$、$\dot{U}_o$、$\dot{U}_f$均近似为0，在$|AF|=1$的条件限制下，电路就会维持这个初始的状态而不能起振。因此，电路接通电源时，要保证电路从小到大建立起振荡的幅值条件为

$$|AF|>1 \tag{10.4.4}$$

而相位条件不变。将式(10.4.2)、式(10.4.4)称为振荡电路的起振条件。对于如图10.4.1(b)所示电路在满足起振条件和平衡条件的状况下，若放大环节或反馈环节中含有选频电路，则可产生某一频率的正弦波。

2. 振荡的建立和稳定

在接通电源后，电路中总会出现一些噪声或瞬时的扰动。这些微弱的信号，在满足起振条件时，便会通过放大-正反馈-再放大的循环过程而不断加强，振荡幅度不断增大。这个过程不会无限制地持续下去，最终会因放大环节的电子器件进入非线性区而使$|AF|=1$，或因电路外加稳幅措施，使$|A|$随振荡的加大而减小至$|AF|=1$，而电子器件仍工作在线性区。此时整个电路维持稳定的等幅振荡。

刚开始起振时，电路中的噪声或扰动信号含有丰富的频谱成分，不同频率的信号只要满足振荡条件，都可以产生自激振荡，这样输出端就不是单一频率的正弦波了。由于正弦波振荡电路含有选频电路，可将某一频率的正弦信号挑选出来，使其满足振荡条件，而其他频率成分因不满足振荡条件被衰减，因此振荡电路只产生单一频率的正弦波。

按振荡电路中选频电路的不同，正弦波振荡电路可分为RC振荡电路和LC振荡电路。

10.4.2 RC正弦波振荡电路

图10.4.2是一个用集成运放组成的RC串并联正弦波振荡电路。电阻R和电容C构成串并联选频网络；Z_1、Z_2连接到集成运放同相输入端，提供正反馈。电阻R_f、R_1连接到

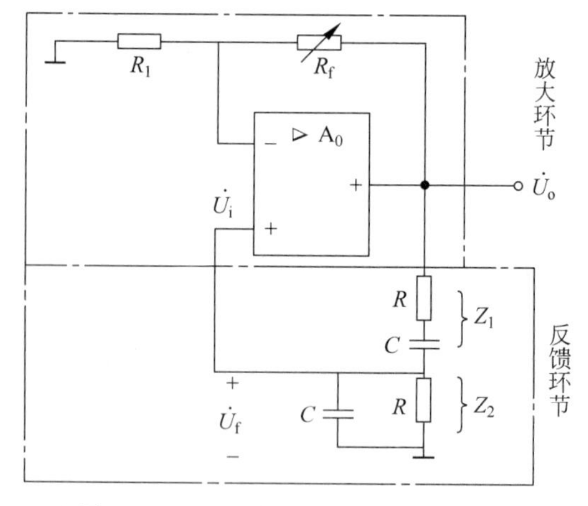

图10.4.2 RC串并联正弦波振荡电路

集成运放反相输入端，引入负反馈，作为稳幅环节。由于 RC 串并联网络中的 Z_1、Z_2 和负反馈网络中的 R_f、R_1 构成电桥，电桥的输入是集成运放的输出$\dot{U}_o$，电桥的输出分别与集成运放的两个输入端相连，因此这种电路也成为文氏电桥正弦波振荡电路。

RC 串并联网络既控制着集成运放正反馈量的大小，又决定了电路的振荡频率，当信号频率为

$$f_0 = \frac{1}{2\pi RC} \tag{10.4.5}$$

时，Z_2 的电压 $U_f = \frac{1}{3}U_o$，且$\dot{U}_f$ 与$\dot{U}_o$ 同相。从图 10.4.2 可以看出，$\dot{U}_f$ 即为$\dot{U}_i$。显然，频率为 f_0 的信号满足自激振荡的相位平衡条件。而当反馈系数 $F = \frac{U_f}{U_o} = \frac{1}{3}$时，能够满足幅值平衡条件。由于放大电路接成同相输入比例放大形式，故电压放大倍数 $A = 1 + \frac{R_f}{R_1}$。因此为了满足自激振荡的幅值平衡条件，应有 $A = 3$，故 $R_f = 2R_1$。

考虑到起振条件$|AF| > 1$，一般选取 R_f 略大于 $2R_1$。如果这个比值取得过大，会引起振荡波形严重畸变。

实际电路中，稳定振荡幅度的方法有多种。其中一种是 R_f 采用负温度系数的热敏电阻。它的工作原理是：刚接通电源时 R_f 略大于 $2R_1$，$|AF| > 1$，负反馈较弱，随着振荡幅度的不断加强，U_o 增大，流过 R_f 的电流也增加，R_f 的温度上升，电阻值下降，负反馈加强，使得 A 下降，最后稳定于$|AF| = 1$，不再增大。

图 10.4.3 是采用二极管实现稳幅的电路，它利用二极管伏安特性的非线性特点进行自动稳幅。图中把 R_f 反馈电阻分成 R_{f1} 和 R_{f2} 两部分，它们之和略大于 $2R_1$。当振荡幅度较小时，两个二极管基本上不导通，呈现较大的电阻。这时二极管与 R_{f1} 并联后的等效电阻 R'_{f1} 近似等于 R_{f1}。由于 $R_{f1} + R_{f2} > 2R_1$，$A > 3$，满足起振条件，因此电路开始增幅振荡。随着振荡幅度的加大，二极管逐渐导通，流过的电流增加，R'_{f1}减小，A 自动下降，直到满足维持等幅振荡的幅值条件，达到自动稳幅的目的。R_{f1} 并联两个极性反接的二极管的目的是保证正弦波正负半周总有一个二极管导通。

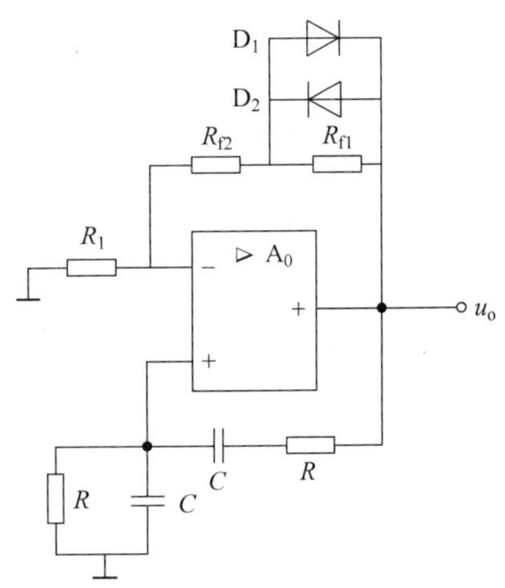

图 10.4.3 用二极管稳幅的振荡电路

RC 串并联正弦波振荡电路不是靠集成运放内部的晶体管进入非线性区域来稳幅的，而是通过集成运放外部电路引入负反馈来达到稳幅的目的。由于集成运放工作在线性运行区，因此波形失真小，输出电压幅值稳定。但若希望振荡频率 f_0 提高，则要求 R 和 C 数值减少。而 R 过小将使放大电路的输出电流过大，C 过小将使振荡频率易受电路寄生电容的影响而不稳定。此外，普通集成运放的通频带较窄也限制了振荡频率的提高。因此，RC 正弦波振荡电路所产生的频率通常在 200kHz 以下。

10.4.3 LC 正弦波振荡电路

LC 正弦波振荡电路以 LC 谐振回路作为选频网络，可产生频率高于 1GHz（即 1000MHz）的正弦波形。由于 LC 谐振回路的品质因数高，故振荡频率的稳定性好。LC 正弦波振荡电路常用分立元件组成，常见的形式有三点式和变压器反馈式两类。这里仅介绍三点式 LC 振荡电路。三点式 LC 振荡电路有电容三点式振荡电路（又称 Colpitts 振荡电路）和电感三点式振荡电路（又称 Hartly 振荡电路）两种。

1. 电容三点式振荡电路

电容三点式振荡电路如图 10.4.4(a)所示，它是在分压式偏置的共发射极放大电路基础上做了如下改动：将放大电路中的负载电阻 R_L 用电感 L 和电容 C_1、C_2 组成的谐振回路取代，谐振回路的三个端点 1、2、3 分别接到晶体管集极、发射极、基极（通过耦合电容 C_B），将电容 C_2 两端的电压作为反馈信号，引入正反馈。图 10.4.4(b)是其交流通路（因 C_B、C_E 容量比 C_1、C_2 大得多，对交流可视为短路）。根据前面介绍的并联谐振电路的特点，当回路谐振时，电路是电阻性的，总电流很小，且支路电流总比总电流大很多，即流过 L、C_1、C_2 的电流比晶体管三个电极的电流大得多，因此在分析时可忽略流过晶体管电路的影响。电容 C_2 与电感 L 串联，且 $\omega L > \frac{1}{\omega C_2}$，即串联电路仍是感性的，串联电流 i 滞后电压 u_{CE} 90°，电容 C_2 上的电压（反馈电压）再滞后电流 90°，与正好 u_{CE} 反相，根据图中所标的各电压对地的瞬时极性，$u_o(u_{CE})$ 与 $u_i(u_{BE})$ 反相，u_f 与 u_{CE} 反相，因此 u_i 与 u_f 同相，满足自激振荡的相位平衡条件。

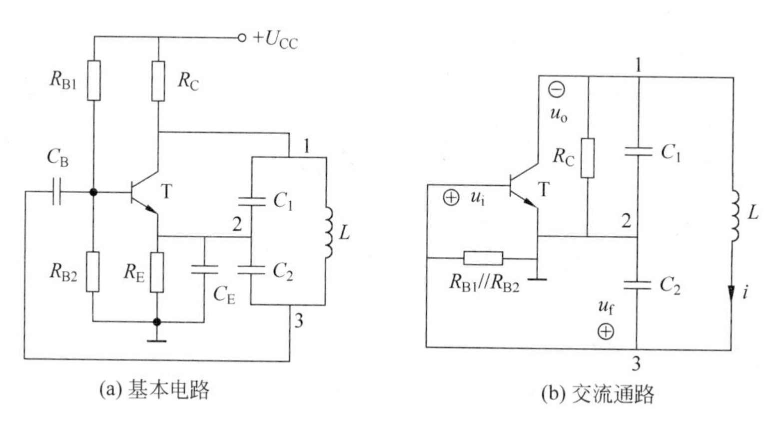

图 10.4.4　电容三点式正弦波振荡电路

通过选择合适的静态工作点（影响 A）和选取适当的电抗参数（影响 F），使得起振时 $|AF|>1$。随着振荡幅度的不断加大，晶体管逐渐进入非线性区，A 下降。当满足幅值平衡条件 $|AF|=1$ 时，振荡稳定下来。若忽略回路中的损耗和晶体管参数的影响，则可认为振荡频率近似等于 LC 回路的谐振频率，电容 C_1 是容性负载，电容 C_2 与电感 L 串联是感性负载，两者并联后组成 LC 并联谐振，当

$$\omega_0 L - \frac{1}{\omega_0 C_2} = \frac{1}{\omega_0 C_1}$$

时发生谐振，且

$$f_0 = \frac{\omega_0}{2\pi}$$

$$f_0 \approx \frac{1}{2\pi\sqrt{LC}} = \frac{1}{2\pi\sqrt{L\dfrac{C_1C_2}{C_1+C_2}}} \tag{10.4.6}$$

但调节 f_0 要同时调节 C_1、C_2，并保持 C_1、C_2 的比值不变，很不方便，故该电路常用作固定频率输出，频率可达 100MHz。

为了能调节 f_0，又能进一步提高振荡频率，有时采用如图 10.4.5 所示的改进型电容三点式振荡电路（又称 Clapp 振荡电路）。该电路中在电感支路串联一电容 C_3，选取 C_3 的容量比 C_1 和 C_2 小得多，所以电容 C_1 和 C_2 主要起分压和反馈作用，而振荡频率主要由 L 和 C_3 决定，可推得

$$f_0 \approx \frac{1}{2\pi\sqrt{LC_3}} \tag{10.4.7}$$

调节 C_3 就可调节输出信号的频率。

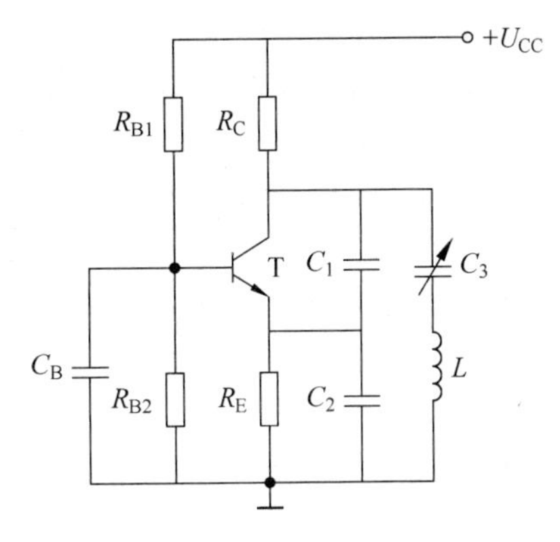

图 10.4.5　改进型电容三点式振荡电路

另外，图 10.4.4 和图 10.4.5 还有一个差别，前者是共发射极接法，后者为共基极接法（在交流通路中基极是公共端）。由于晶体管在共基极接法时的截止频率是共发射极接法时的 $\beta+1$ 倍，因此改进型电容三点式振荡电路输出的正弦波频率可以很高，能达到 1000MHz 以上。

2. 电感三点式振荡电路

电感三点式振荡电路如图 10.4.6(a)所示，图中，谐振回路三个端点中的 1、3 接晶体管的集电极、基极，而端点 2 接至直流电源 $+U_{CC}$。由于 $+U_{CC}$ 可通过 L_1 流过集电极电流，故不需要接入集电极电阻 R_C。图 10.4.6(b)是它的交流通路，图中，端点 2 是接地的，反馈信号由电感分压后从 L_2 两端获得。若线圈 1—2 和 2—3 的自感为 L_1 和 L_2，两个线圈之间的互感为 M，则两个线圈的总电感为 $L=L_1+L_2+2M$。可以近似认为，电路的振荡频率等于 LC 回路的谐振频率，即

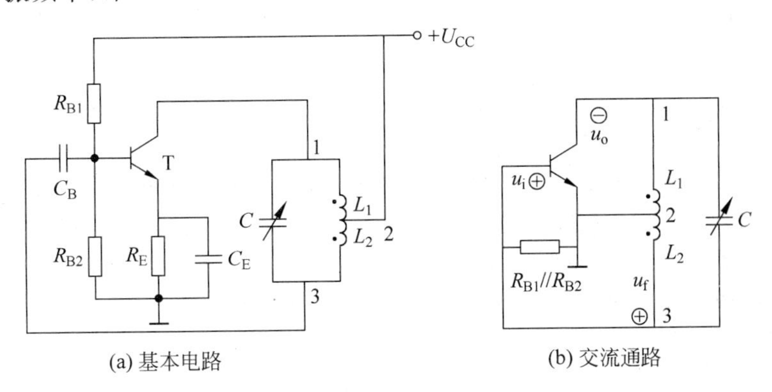

图 10.4.6　电感三点式振荡电路

$$\omega_0(L_1+M)=\frac{1}{\omega_0 C}-\omega_0(L_2+M)$$

$$f_0\approx\frac{1}{2\pi\sqrt{(L_1+L_2+2M)C}} \tag{10.4.8}$$

从图 10.4.6 和式(10.4.8)可知,在电感三点式振荡电路中,通过调节 C 就可以调节振荡频率。但由于反馈电压取自电感 L_2,对高次谐波阻抗大,反馈电压中高次谐波成分大,易产生高次谐波自激振荡,表现为有毛刺叠加在波形上,使输出波形产生失真,故工作频率不宜太高,常在几十兆赫以下。电容三点式振荡电路则不存在上述缺点,因为反馈电路取自 C_2,所以高次谐波分量小,输出波形好。

从图 10.4.4~图 10.4.6 可以看出,它们的共同点都是从 LC 谐振回路引出三个端点,分别与放大管的三个电极相连接,故取名“三点式”。

综上所述,三点式 LC 正弦波振荡电路的幅值平衡条件主要通过提供合适的直流通路和选取恰当的电抗参数来加以满足。而相位平衡条件必须遵循以下原则:

(1) 发射极两侧支路的电抗应为同一性质(均为感性或均为容性);

(2) 基极与集电极之间支路的电抗应与发射极两侧支路的电抗不同性质。

任何违背这两个原则的连接,电路都不能满足相位条件,因而也不能成为三点式正弦波振荡电路。

严格地说,三点式 LC 振荡电路的振荡频率不仅与 L、C 有关,还与晶体管参数有关。而晶体管参数受温度影响,当温度发生变化时,振荡频率也会变化。

10.5 集成运算放大器的选择和使用

10.5.1 选用元器件

集成运算放大器按其技术指标可分为通用型、高速型、高阻型、低功耗型、大功率型、高精度型等;按其内部电路可分为双极型(由晶体管组成)和单极型(由场效晶体管组成);按每一集成片中运算放大器的数目可分为单运放、双运放和四运放。

通常是根据实际要求来选用运算放大器。例如,测量放大器的输入信号微弱,它的第一级应选用高输入电阻、高共模抑制比、高开环电压放大倍数,低失调电压及低温度漂移的运算放大器。选好后,根据引脚图和图形符号连接外部电路,包括电源、外界偏置电阻、消振电路及调零电路等。

10.5.2 消振

由于运算放大器内部晶体管的极间电容和其他寄生参数的影响,很容易产生自激振荡,破坏正常工作,为此,在使用时要注意消振。通常是外接消振电路或消振电容,用它来破坏产生自激振荡的条件。是否已消振,可将输入端接“地”,用示波器观察输出端有无自激振荡。目前由于集成工艺水平的提高,运算放大器内部有消振元件,无须外部消振。

10.5.3 调零

由于运算放大器内部参数不可能完全对称,以致输入信号为零时仍有输出信号。为此,在使用时要外接调零电路。如图 10.1.2 所示的 F007 运算放大器,它的调零电路由 -15V、

1kΩ 和调零电位器组成。先消振，再调零，调零时应将电路接成闭环。调零的方法有两种：一种是在无输入时调零，即将两个输入端接地，调节调零电位器，使输出电压为零；另一种是在有输入时调零，即按已知输入信号电压计算输出电压，而后将实际值调整到计算值。

10.5.4　保护

1. 电源保护

为了防止正、负电源接反造成运放损坏，通常接入二极管进行电源保护，如图 10.5.1 所示。当电源极性正确时，两个二极管导通，对电源无影响；当电源接反时，二极管截止，电源与运放不能接通。

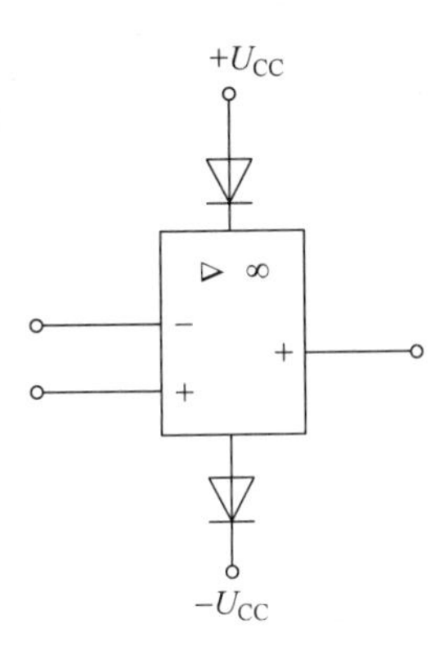

图 10.5.1　电源保护

2. 输入端保护

当输入端所加的差模或共模电压过高时会损坏输入级的晶体管。为此，应在输入端接入两个反向并联的二极管，如图 10.5.2 所示，将输入电压限制在二极管的正向压降以下。

3. 输出端保护

为了防止运放的输出电压过大，造成器件损坏，可应用限幅电路将输出电压限制在一定的幅度上，电路如图 10.5.3 所示。

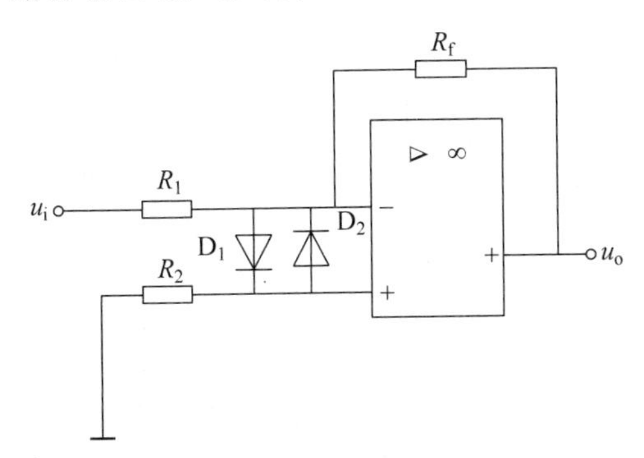

图 10.5.2　输入保护

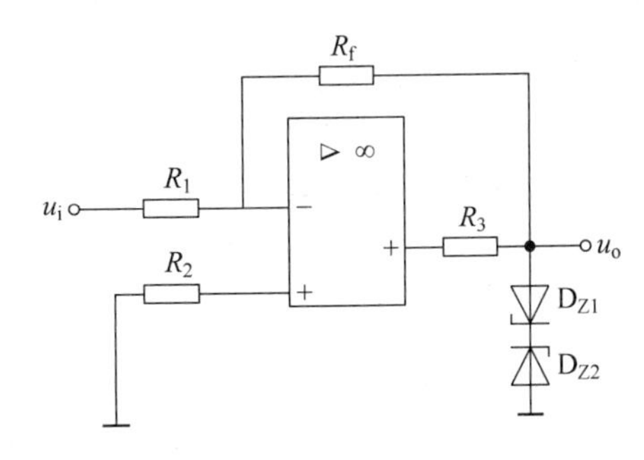

图 10.5.3　输出保护

本 章 小 结

本章首先介绍了集成运算放大器的组成、参数和模型，以集成运算放大器电路为例，分析了放大电路的反馈。掌握集成运算放大器的理想模型和分析依据，学会分析运算放大器的电路，特别是工作在线性区的电路。掌握放大电路反馈的概念、类型和负反馈对放大电路的影响，了解正弦波振荡电路和集成运算放大器的选择。

习　　题

10.1　在如图 10.1 所示的差分放大电路中，已知 $U_{CC}=12\text{V}$，$-U_{EE}=-12\text{V}$，$R_C=30\text{k}\Omega$，$R_1=3\text{k}\Omega$，$R_2=20\text{k}\Omega$，$\beta_1=\beta_2=\beta_3=50$，稳定管 D_Z 的稳定电压 $U_Z=6\text{V}$。试求：

(1) 静态时的 I_{C1}、I_{C2}、I_{C3} 和 U_{C1}、U_{C2}，设 $U_{BE3}=0.7\text{V}$；

（2）输出端不接 R_L 时的差模电压放大倍数 A_d；

（3）输出端接 $R_L=30\text{k}\Omega$ 时的差模电压放大倍数 A_d。

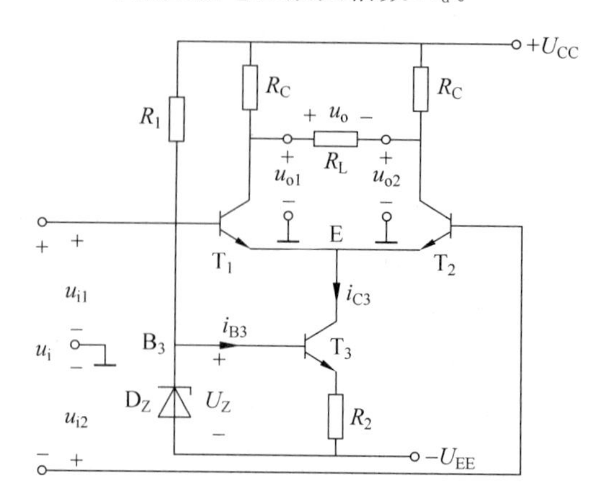

图 10.1　习题 10.1 的电路

10.2　已知 F007 运算放大器的开环电压放大倍数 $A_{uo}=100\text{dB}$，差模输入电阻 $r_{id}=2\text{M}\Omega$，最大输出电压 $U_{PP}=\pm13\text{V}$。为保证工作在线性区，试求：

（1）u_+ 和 u_- 的最大允许差值；

（2）输入端电流的最大允许值。

10.3　按下列各运算关系式，画出实现运算的最简电路，并计算各电阻的阻值（括号中的反馈电阻或反馈电容已给定）。

（1）$u_o=-3u_i(R_f=100\text{k}\Omega)$

（2）$u_o=-(u_{i1}+0.4u_{i2})(R_f=100\text{k}\Omega)$

（3）$u_o=10u_i(R_f=50\text{k}\Omega)$

（4）$u_o=-200\int u_{i1}\,\text{d}t(C_f=1\mu\text{F})$

（5）$u_o=-10\int u_{i1}\,\text{d}t-5\int u_{i2}\,\text{d}t(C_f=1\mu\text{F})$

（6）$u_o=u_{i2}-u_{i1}(R_1=R_2,R_3=R_f=10\text{k}\Omega)$

10.4　在如图 10.2 所示的同相比例运算电路中，已知 $R_1=2\text{k}\Omega$，$R_f=10\text{k}\Omega$，$R_2=2\text{k}\Omega$，$R_3=18\text{k}\Omega$，$u_i=1\text{V}$，求 u_o。

10.5　试求如图 10.3 所示加法电路的输出电压 u_o。

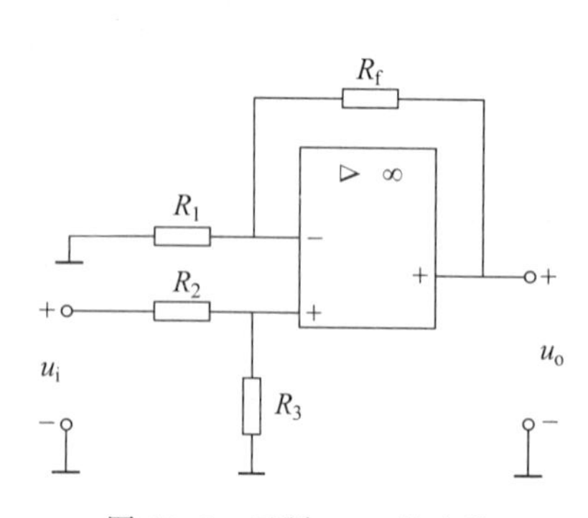

图 10.2　习题 10.4 的电路

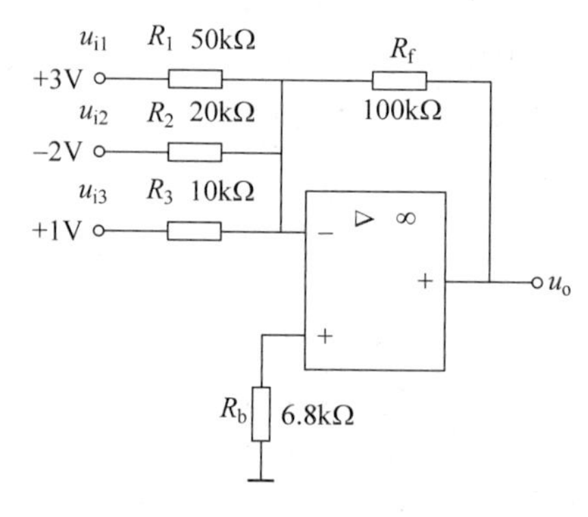

图 10.3　习题 10.5 的电路

10.6　电路如图 10.4 所示，已知 $u_{i1}=1\text{V}$，$u_{i2}=2\text{V}$，$u_{i3}=3\text{V}$，$u_{i4}=4\text{V}$，$R_1=R_2=2\text{k}\Omega$，$R_3=R_4=R_f=1\text{k}\Omega$，试计算输出电压 u_o。

10.7　求如图 10.5 所示电路的 u_o 与 u_i 的运算关系式。

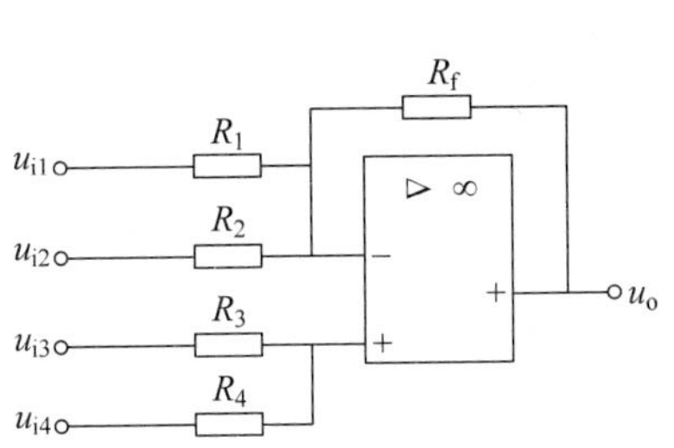

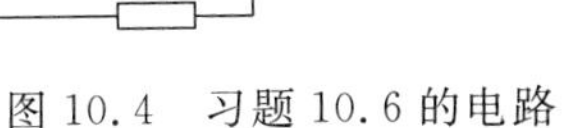

图 10.4　习题 10.6 的电路

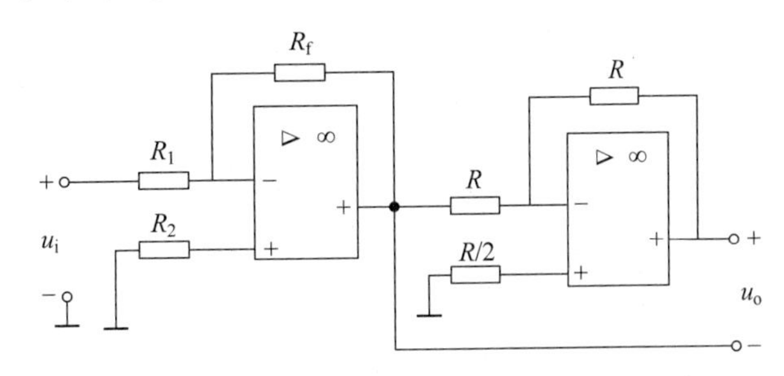

图 10.5　习题 10.7 的电路

10.8　有一个两信号相加的反相运算加法电路(见图 10.6)，其电阻 $R_1=2R_2=R_f$。如果 $u_{i1}=3\text{V}$ 和 $u_{i2}=2.5\sin 314t\,\text{V}$，试写出 u_o 并画出其波形。

10.9　在图 10.7 中，已知 $R_f=4R_1$，$u_o=-2\text{V}$，试求输入电压 u_i。

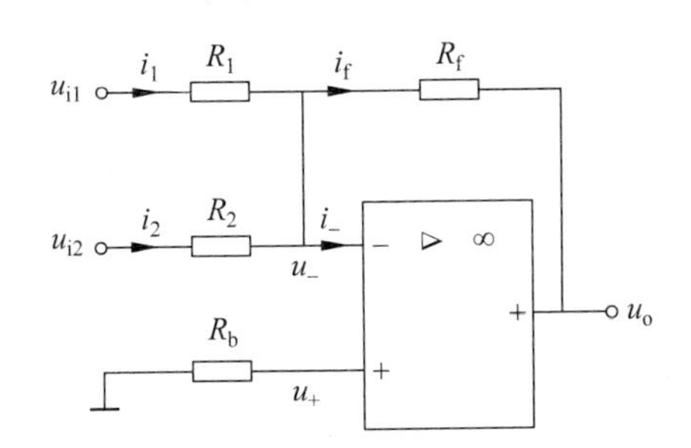

图 10.6　习题 10.8 的电路

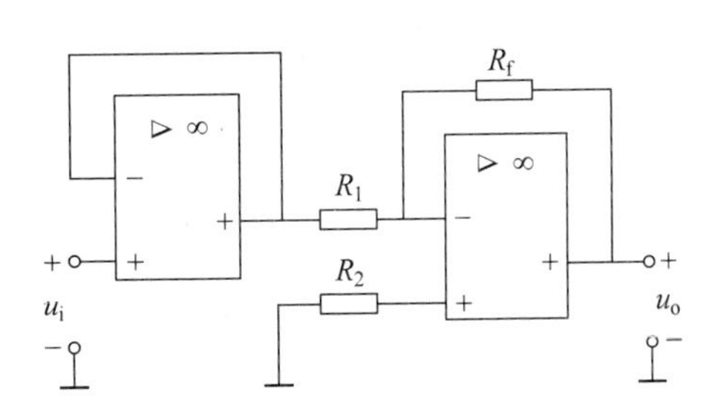

图 10.7　习题 10.9 的电路

10.10　在如图 10.8 所示的电路中，$u_{i2}=2\text{mV}$，$u_{i3}=3\text{mV}$，要使 $u_o=-10\text{mV}$，则 $u_{i1}=?$

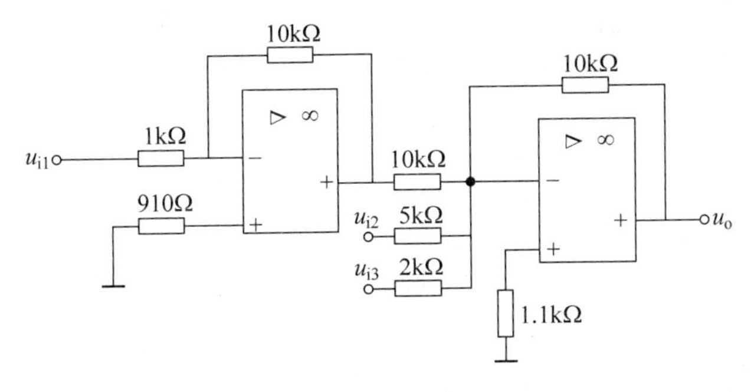

图 10.8　习题 10.10 的电路

10.11　如图 10.9 所示是利用两个运算放大器组成的具有较高输入电阻的差动放大电路。

(1) 试求出 u_o 与 u_{i1}、u_{i2} 的运算关系式。

(2) 说明该电路为何有较高输入电阻。

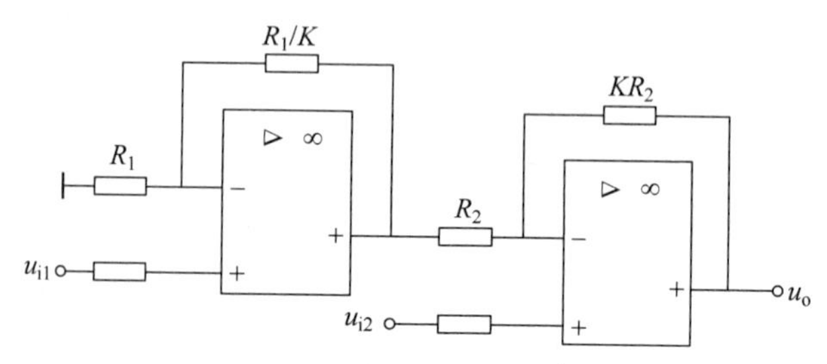

图 10.9 习题 10.11 的电路

10.12 在如图 10.10 所示的电路中，试求 u_o 与 u_i 的关系式。

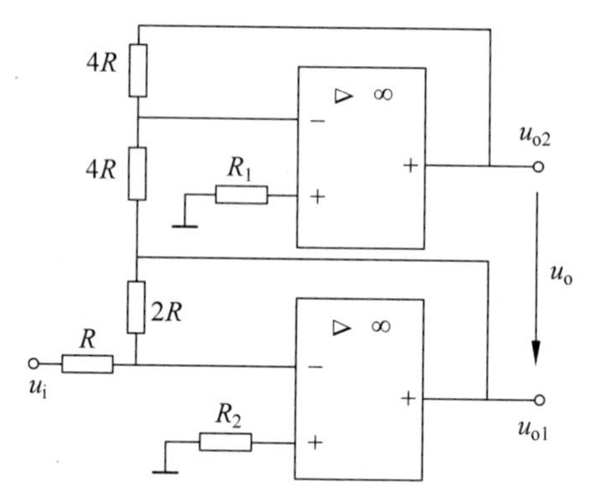

图 10.10 习题 10.12 的电路

10.13 在如图 10.11 所示的电路中，电源电压为 ±15V，$u_{i1}=1.1\text{V}$，$u_{i2}=1\text{V}$。试问接入电源电压后，输出电压 u_o 由 0 上升到 10V 所需的时间。

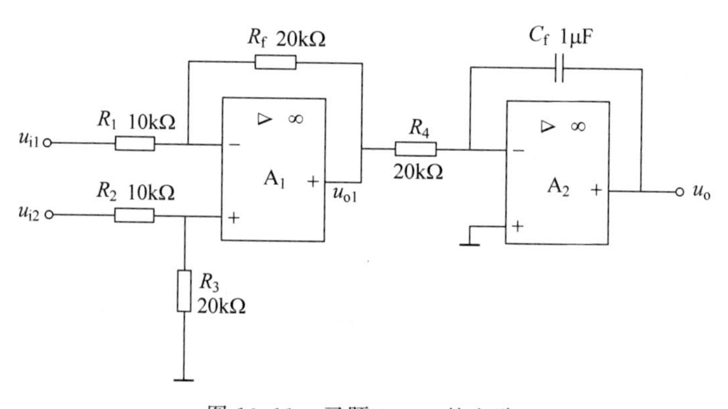

图 10.11 习题 10.13 的电路

10.14 电路如图 10.12 所示，试求 u_o 与 u_{i1}、u_{i2} 的关系式。

10.15 在图 10.13 中，求 u_o 和 u_i 的关系式。

10.16 如图 10.14 所示是应用运算放大器测量电阻的原理图，输出端接有满量程 5V、500μA 的电压表。当电压表指示为 5V 时，试计算被测电阻 R_f 的阻值。

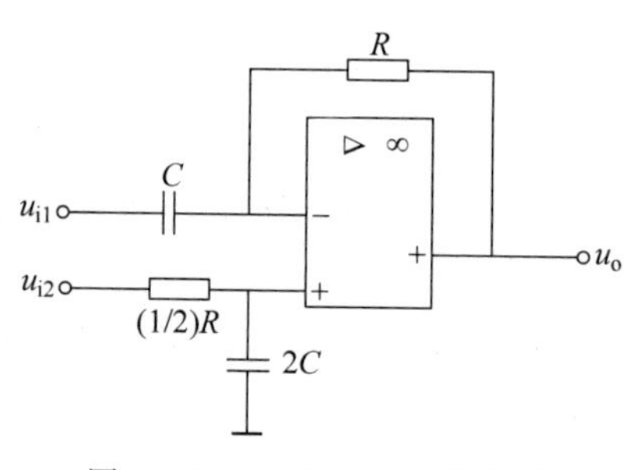

图 10.12 习题 10.14 的电路

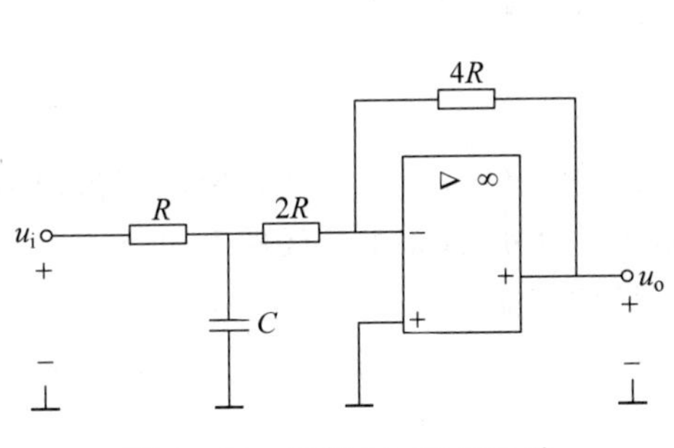

图 10.13 习题 10.15 的电路

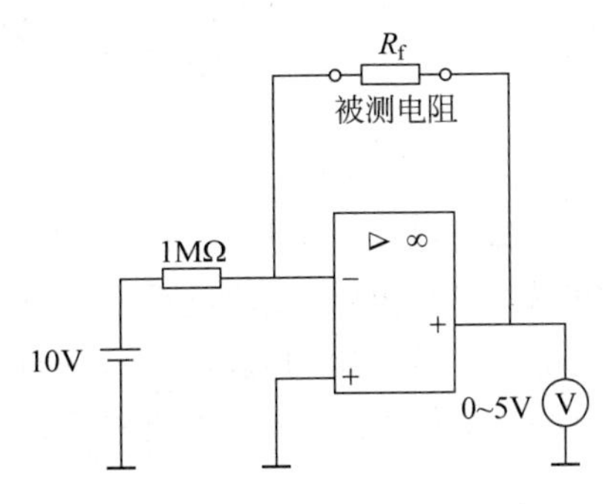

图 10.14 习题 10.16 的电路

10.17 电路如图 10.15 所示,求 u_o 与 u_{i1} 和 u_{i2} 的关系。

10.18 如图 10.16 所示是监控报警装置,如需对某一参数(如温度、压力等)进行监控时,可由传感器取得监控信号 u_i、u_R 是参考电压。当超过正常值时,报警灯亮,试说明其工作原理。二极管 D 和电阻 R_3 在此起何作用?

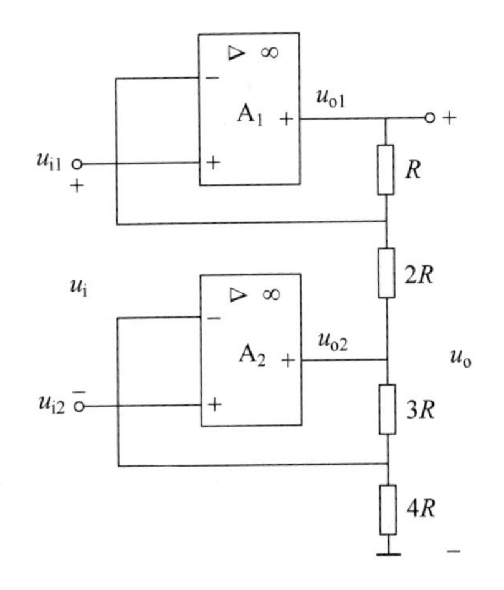

图 10.15 习题 10.17 的电路

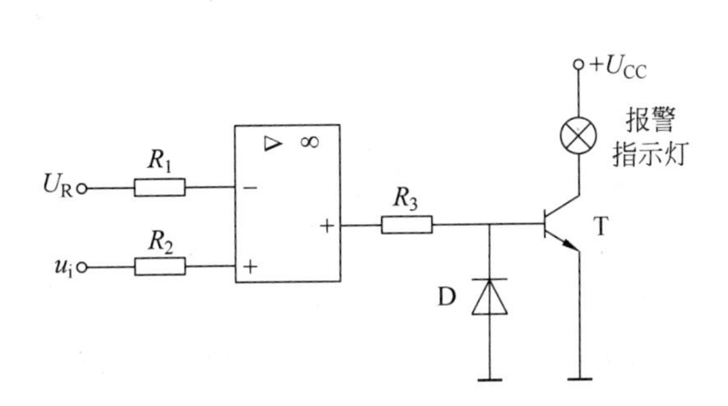

图 10.16 习题 10.18 的电路

第 11 章　直流稳压电源

电源是电路的能量提供者。除了广泛使用的交流电源外，有时还需要使用直流电源供电，例如电解、电镀、直流电动机以及给蓄电池充电等；另外，许多电子线路和电子产品也需要用电压非常稳定的直流电源，它们一般都采用半导体直流电源。

图 11.0.1 是半导体直流电源的原理方框图，它表明了交流电源变换为直流电源的各个环节。

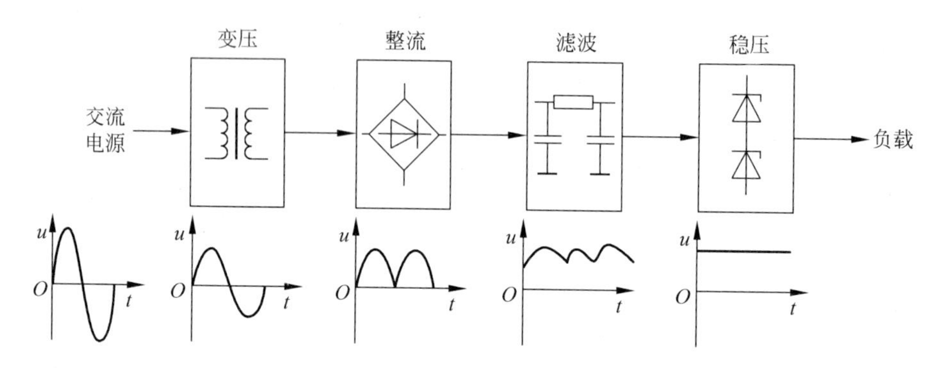

图 11.0.1　半导体直流电源的原理方框图

其中各环节的功能说明如下：

(1) 变压环节。将电网电压变成整流电路所需要的交流电压。

(2) 整流环节。利用整流二极管或晶闸管的单向导电性，将交流电压变换为单向脉动电压。

(3) 滤波环节。减少整流电压的脉动成分，满足负载对直流电源的要求。

(4) 稳压环节。在交流电源电压或负载变化时，使输出的直流量基本不变。

11.1　单相桥式整流电路

图 11.1.1 是单相桥式整流电路，它是应用最广的单相整流电路。该电路包括整流变压器 Tr、整流二极管 D_1～D_4 构成整流桥及负载电阻 R_L，如图 11.1.1(a)所示，图 11.1.2(b)是其简化画法。

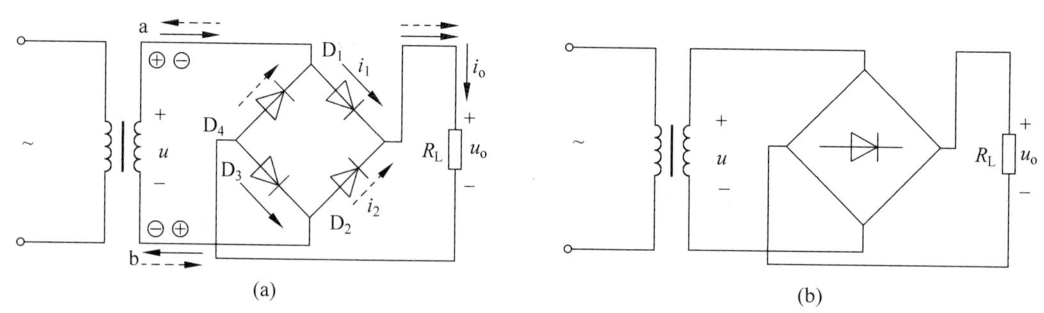

图 11.1.1　单相桥式整流电路

设变压器副边电压 $u=\sqrt{2}U\sin\omega t$，其波形如图 11.1.2(a)所示。当 u 处于正半周时，a 点较 b 点电位高，D_1 和 D_3 承受正向电压导通，而 D_2 和 D_4 受反向电压截止。电流 i_1 从 a 点经 $D_1 \to R_L \to D_3 \to$ b 形成回路，此时 $u_o=u$；而当 u 的负半周时，b 点较 a 点电位高，D_2 和 D_4 承受正向电压导通，D_1 和 D_3 受反向电压截止。电流 i_2 从 b 点经 $D_2 \to R_L \to D_4 \to$ a 形成回路，此时 $u_o=-u$(大于零)。由此可得，不论 u 处于正半周或负半周，负载电压 u_o 是一个方向不变、大小变化的单向脉动直流电压，其波形如图 11.1.2(b)所示。

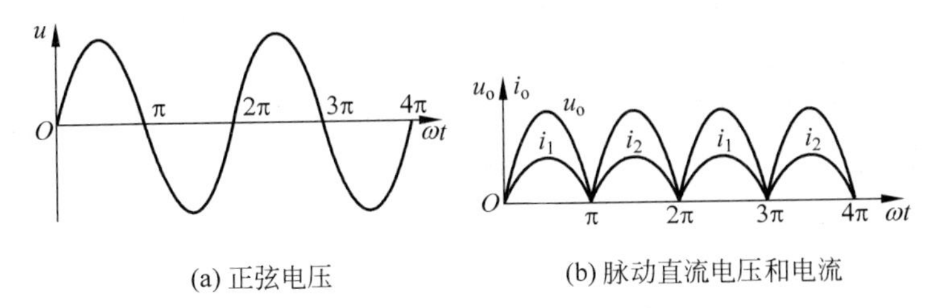

(a) 正弦电压　　(b) 脉动直流电压和电流

图 11.1.2　单相桥式整流电路中的波形图

为衡量脉动直流电压的大小，常用一个周期的平均值来定义，这个平均值就是它的直流分量，用直流电压表测量，即

$$U_0 = \frac{1}{2\pi}\int_0^{2\pi} u_o \mathrm{d}\omega t = \frac{1}{\pi}\int_0^{\pi} \sqrt{2}U\sin\omega t\,\mathrm{d}\omega t = \frac{2\sqrt{2}}{\pi}U = 0.9U \tag{11.1.1}$$

$$I_0 = \frac{U_0}{R_L} = \frac{0.9U}{R_L} \tag{11.1.2}$$

上两式表示桥式整流电路输出电压和输出电流的平均值与输入电压有效值的关系。

整流二极管的平均电流是负载电流的 1/2，即

$$I_D = \frac{1}{2}I_0 \tag{11.1.3}$$

截止的二极管所承受的反向电压为变压器副边电压的最大值，即

$$U_{RM} = \sqrt{2}U \tag{11.1.4}$$

从图 11.1.2(b)可见，此时变压器的副边电流仍为正弦波，这也是全波整流的优点(提高整流变压器的利用率)，其正弦电流的有效值为

$$I = \frac{U}{R_L} = 1.11I_0 \tag{11.1.5}$$

【例 11.1.1】 已知负载电阻 $R_L=80\Omega$，负载电压 $U_0=100$V，如采用单相桥式整流电路，交流电源电压为 380V。(1)如何选用晶体二极管？(2)求变压器的副边电压和电流有效值。

解 (1) 负载电流为

$$I_0 = \frac{U_0}{R_L} = \frac{100}{80}\text{A} = 1.25\text{A}$$

每个二极管通过的平均电流为

$$I_D = \frac{1}{2}I_0 = 0.625\text{A}$$

变压器副边电压的有效值为

$$U = \frac{U_0}{0.9} = \frac{100}{0.9} = 111.1\text{V}$$

考虑到变压器绕组及管子上的压降，副边电压大约要高出10%，即111×1.1V=122.2V，于是$U_{RM}=\sqrt{2}\times 122.2\text{V}=172.8\text{V}$。

因此可选用2CZ55E二极管，其最大整流电流为1A，反向工作峰值电压为300V。

(2) 变压器的副边电流为

$$I = 1.11I_0 = 1.11 \times 1.25\text{A} = 1.39\text{A}$$

由于单相桥式整流电路应用普遍，现已生产出集成的硅桥堆，就是将四个二极管集成在一个硅片上，引出四根线，如图11.1.3所示。在使用中，应注意引脚不能接错，否则可能发生短路，烧坏整流桥。

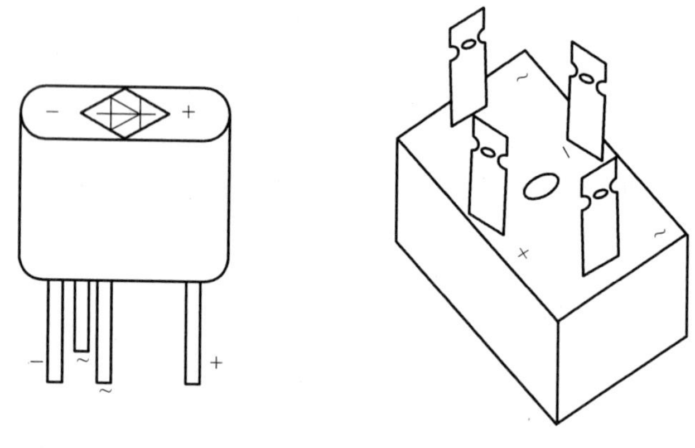

图11.1.3 硅桥堆

11.2 电容滤波器

经过整流后的电压，仍有较大的脉动成分，可以作为电镀和蓄电池充电电路的电源。但在多数的电子设备中，还需要在整流电路后加接滤波器，以减少输出电压的脉动程度。下面仅介绍最常见的电容滤波器。

图11.2.1中与负载并联的电容器就是电容滤波器。它是根据电容的电压在电路状态改变时不能跃变的原理制成的。下面分析电容滤波器的工作情况。

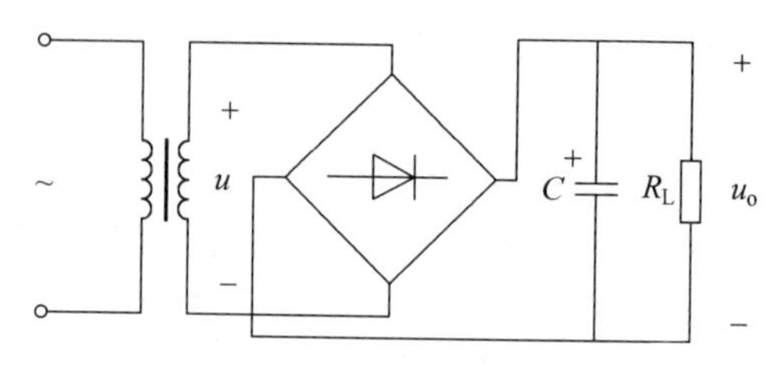

图11.2.1 桥式整流加电容滤波电路

设电容器原先未充电，当$0<\omega t<\frac{\pi}{2}$时，$u>u_C$，二极管D_1和D_3导通，电容被充电，忽略二极管的压降，$u_o=u$。当$\omega t=\frac{\pi}{2}$时，u_C充至$\sqrt{2}U$为最大，到达图中的b点(当电路稳定后，波形图中就没有这段了)，此后u按正弦规律下降，但在到达c点之前电容仍按正弦规律放电，即D_1和D_3导通，$u_o=u$；到达c点之后，正弦下降已快于指数衰减，二极管D_1和D_3截止，电容器通过负载放电，此时u_o按指数规律变化；在u负半周，到达 d 点时，再对电容器按正弦规律充电，二极管 D_2 和 D_4 导通，u_o 又按正弦规律上升，这样在一个周期内，电容器充放电两次，反复循环，得到图 11.2.2(b)中的实线波形（虚线为不接电容滤波的波形）。

从工作原理上看，电容越大，滤波效果越好。因此 u_o 的脉动程度与电容放电的时间常数 R_LC 有关。一般要求

$$R_LC \geqslant (3 \sim 5)\frac{T}{2} \tag{11.2.1}$$

式中，T 为交流电压的周期。而电容器的耐压值应取输出电压的两倍左右，并用极性电容器。

该滤波电路简单，且效率较好，输出电压平均值也较高，一般单相桥式整流带电容滤波取

$$U_o = 1.2U \tag{11.2.2}$$

图 11.2.3 是电容滤波器的外特性。当负载开路时，输出电压为$\sqrt{2}U$。随着输出电流的增大(R_L 减小)，放电常数 R_LC 减小，放电加快，U_o下降，即外特性变差，或说带负载能力较差。

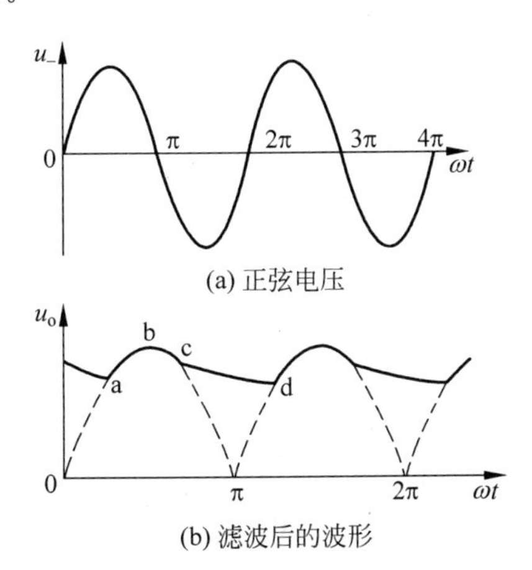

(a) 正弦电压

(b) 滤波后的波形

图 11.2.2　电容滤波器的波形图

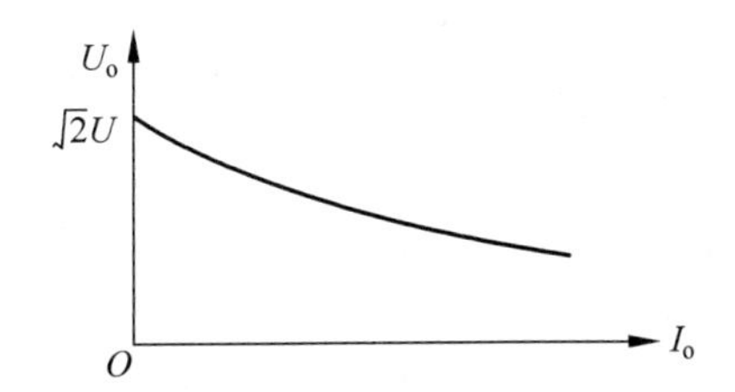

图 11.2.3　单相桥式整流带电容滤波和电阻性负载的外特性曲线

所以该滤波适用于要求输出电压高，负载电流小且变化不大的场合。

【例 11.2.1】　有一单相桥式带电容滤波电路，已知交流电源频率 50Hz，负载电阻 $R_L=200\Omega$，要求输出 $U_o=20$V。请选择整流二极管及滤波电容器。

解　(1) 选择整流二极管。

$$I_D = \frac{1}{2}I_o = \frac{1}{2}\times\frac{U_o}{R_L} = \frac{1}{2}\times\frac{20}{200}\text{A} = 50\text{mA}$$

取 $U_o=1.2U_2$，二极管承受最高反向工作电压为

$$U_{RM} = \sqrt{2}U = \sqrt{2}\times\frac{20}{1.2}\text{V} = 23.6\text{V}$$

可选用二极管 2CZ52B，其最大整流电流为 100mA，反向工作峰值工作电压为 50V。

（2）选择滤波电容器。取 $R_L C = 5\times T/2$，得

$$C = \frac{5\times 0.01}{200}\mathrm{F} = 250\mu\mathrm{F}$$

选用 250μF、耐压为 50V 的极性电容器。

11.3 串联型稳压电路

经过整流和滤波后的电压，会因为交流电压的波动和负载的变化而发生变化。在精密的电子仪器、自动控制、计算装置等都要求很稳定的直流电源供电，所以还必须有稳压电路。本节介绍串联型稳压电路和集成稳压电路。

11.3.1 串联型稳压电路概述

图 11.3.1(a)是串联型稳压电路的原理框图。它由取样电路、比较放大电路、基准电压电路和调整管四部分组成，如图 11.3.1(b)所示。U_i 为整流滤波后的电压；R_1 和 R_2 组成取样电路，其 $U_- = \frac{R_1'' + R_2}{R_1 + R_2}U_o$；$R_3$ 与 D_Z 提供基准电压 U_Z，运算放大器构成比较放大电路，其输出 $U_B = A_{U_o}(U_+ - U_-)$；而 U_{CE} 是调整管的管压降；U_o 是该电路的稳压输出直流电压，$U_o = U_i - U_{CE}$。

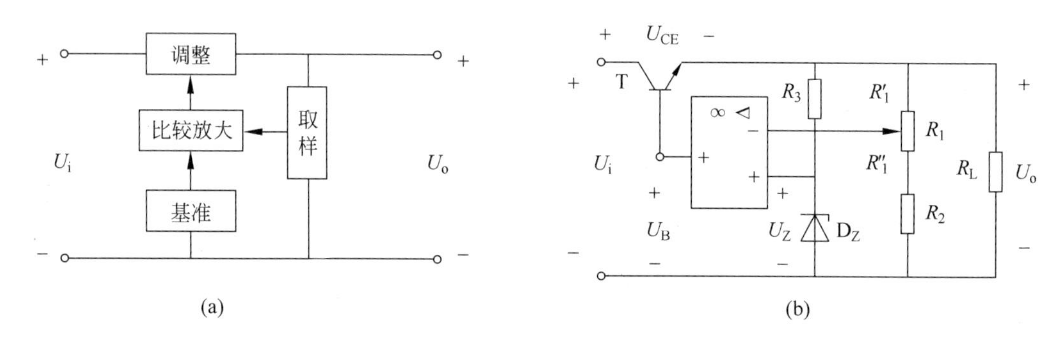

图 11.3.1 串联型稳压电路

稳压原理如下：当 U_i 增大或 R_L 增大使 U_o 升高时，则电阻 $R_1'' + R_2$ 上串联所分的电压随之升高，反相输入电压提高，而同相输入不变，则输出 U_B 下降，调整管的 U_{BE} 下降，I_C 下降，从而 U_{CE} 上升，$U_o = U_i - U_{CE}$ 也下降，使 U_o 保持稳定。这个过程实际上是一个负反馈过程。根据同相比例运算，有

$$U_o \approx U_B = \left(1 + \frac{R_1'}{R_1'' + R_2}\right)U_Z \tag{11.3.1}$$

11.3.2 集成稳压芯片的应用

将上述电路集成在一个芯片上，就构成集成稳压电路。它具有体积小、可靠性高、使用方便、价格低等优点。

本节主要讨论的是 W7800 系列（输出正电压）和 W7900 系列（输出负电压）稳压器的使用。对于某器件，符号中的“00”用数字代替，表示输出电压值。图 11.3.2 是 W7800 系列稳

压管的外形、引脚和接线图。该稳压器有输入端 1、输出端 2 和公共端 3 三个引出端，又称为三端集成稳压器。使用时在输入端 1 和公共端 3 接入 C_i，用以抵消输入端接较长线的电感效应(若接线不长也可不用)；在输出端 2 和公共端 3 接入 C_o，使输出电压减少波动。C_i 一般在 0.1～1μF 之间，C_o 可用 1μF。W7800 系列的输出固定正电压有 5V、8V、12V、15V、18V、24V 等多种，最大输出电流是 2.2A。要保证稳压电路正常工作，就必须使输入电压的绝对值至少高于输出 2～3V，最高输入电压为 35V。W7900 系列输出固定负电压，其参数与 W7800 基本相同。

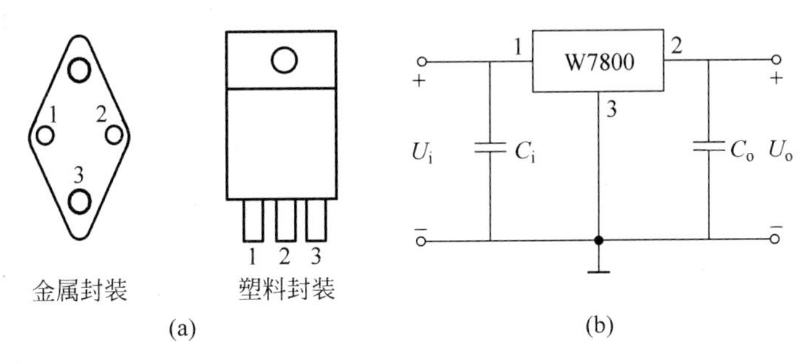

图 11.3.2 W7800 系列稳压器

三端集成稳压器的使用十分方便、灵活，有以下几种常用电路。

(1) 正负电压同时输出的电路。

正负电压同时输出的电路如图 11.3.3 所示。

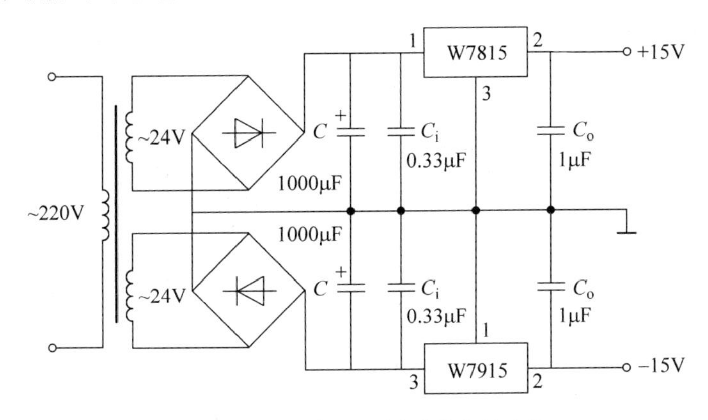

图 11.3.3 正负电压同时输出的电路

(2) 提高输出电压的电路。

如图 11.3.4 所示的电路能使输出电压高于固定输出电压。图中 $U_{\times\times}$ 为 $W78\times\times$ 稳压器的固定输出电压，显然 $U_o = U_{\times\times} + U_Z$。

(3) 扩大输出电流的电路。

在图 11.3.5 所示的电路中，可扩大输出电流。I_2 为稳压器输出电流，I_C 为功率管的集电极电流，I_R 是电阻 R 上的电流，忽略 I_3。可得

$$I_2 \approx I_1 = I_R + I_B = -\frac{U_{BE}}{R} + \frac{I_C}{\beta}$$

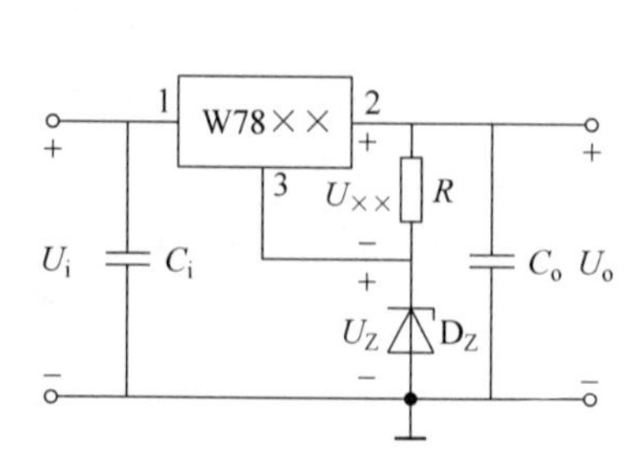

图 11.3.4 提高输出电压的电路

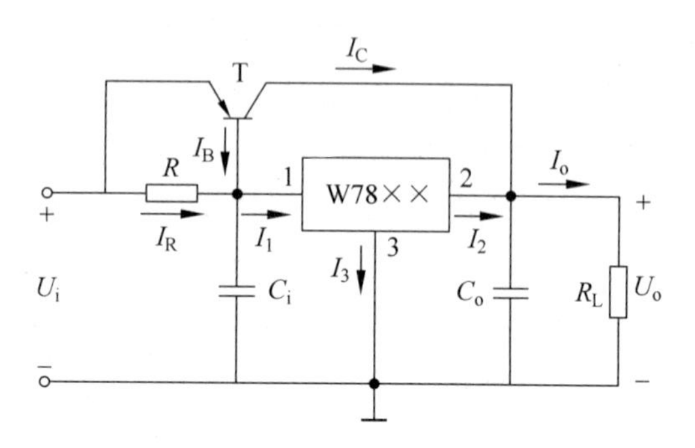

图 11.3.5 扩大输出电流的电路

设 $\beta=10, U_{BE}=-0.3\text{V}, R=0.5\Omega, I_2=1\text{A}$，则 $I_C=4\text{A}$。可见，输出 $I_o=I_2+I_C$，它比 I_2 扩大了。图中，电阻 R 的阻值要使功率管只能在输出电流较大时才导通。

(4) 输出电压可调的电路。

在图 11.3.6 中，由 $U_-=U_+$，可得

$$U_o-\frac{R_3}{R_3+R_4}U_{\times\times}=\frac{R_2}{R_1+R_2}U_o$$

$$\frac{R_3}{R_3+R_4}U_{\times\times}=\frac{R_1}{R_1+R_2}U_o$$

$$U_o=\left(1+\frac{R_2}{R_1}\right)\cdot\frac{R_3}{R_3+R_4}U_{\times\times}$$

用可调电阻调整电阻 R_2 与 R_1 的比值，便可调节输出电压 U_o 的大小。

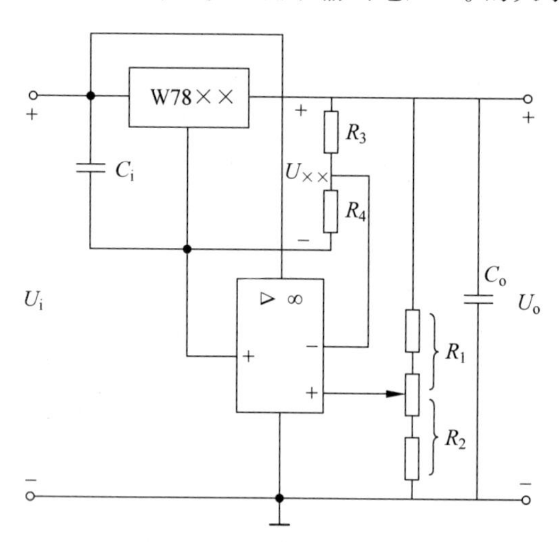

图 11.3.6 输出电压可调的电路

练习与思考

11.3.1 在如图 11.1.1 所示的单相桥式整流电路中，如果①D_3 接反；②因过电压 D_3 被击穿短路；③D_3 断开，试分别说明其后果如何。

11.3.2 简述负载增大时，串联式稳压电路的稳压原理。

本章小结

本章介绍了直流稳压电源中的单相桥式整流、电容滤波和串联型稳压电路及其集成电路的应用。掌握各种电路的工作原理，了解元器件的选择及集成稳压器的应用电路。

习 题

11.1 在如图11.1.1所示的单相桥式整流电路中，已知变压器二次侧电压有效值$U=100\text{V}$，$R_L=100\Omega$。试问：(1)输出电压和输出电流的平均值U_o和I_o各为多少？(2)若电源电压波动±10%，则二极管承受的最高反向电压为多少？

11.2 有一整流电路如图11.1所示。(1)试求负载电阻R_{L1}和R_{L2}上整流电压的平均值U_{o1}和U_{o2}，并标出极性。(2)试求二极管D_1、D_2、D_3中的平均电流I_{D1}、I_{D2}、I_{D3}以及各管所承受的最高反向电压。

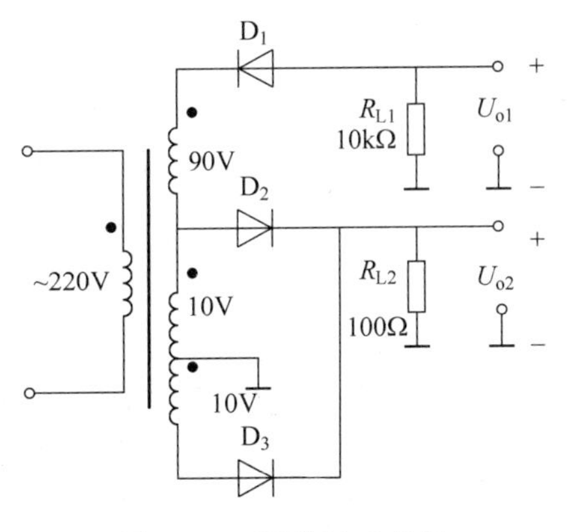

图11.1 习题11.2的图

11.3 试分析如图11.2所示的变压器二次绕组有中心抽头的单相整流电路，二次绕组两段的电压有效值为U。

(1) 试分析在交流电压的正半周和负半周时电流的通路，并标出负载电阻R_L上电压u_o和滤波极性电容器C的极性。

(2) 分别画出无滤波电容器和有滤波电容器两种情况下负载电阻上电压u_o的波形，是全波还是半波整流？

(3) 如无滤波电容器，负载整流电压的平均值U_o和变压器二次绕组每段的有效值U之间的数值关系如何？如有滤波电容，则又如何？

(4) 如果把D_2的极性接反，则能否正常工作？会出现什么问题？

(5) 如果把图中的D_1和D_2都反接，则是否仍有整流作用？二者不同是什么？

11.4 今要求负载电压$U_o=30\text{V}$，负载电流$I_o=150\text{mA}$，采用单相桥式整流带电容滤波器。试选用管子型号和滤波电容器，已知交流频率为50Hz。

11.5 在如图11.3所示电路中，用晶体管的输出特性解释当U_i增大时，电路如何稳压？并写出输出电压U_o的表达式。

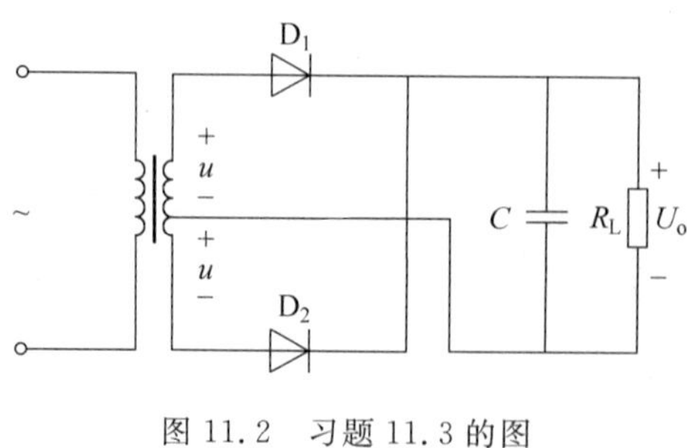

图 11.2 习题 11.3 的图

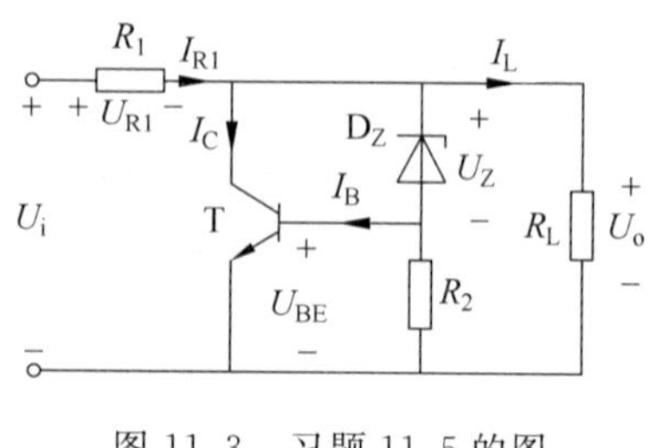

图 11.3 习题 11.5 的图

11.6 试求出如图 11.4 所示电路的输出电压 U_o 的可调范围是多大?

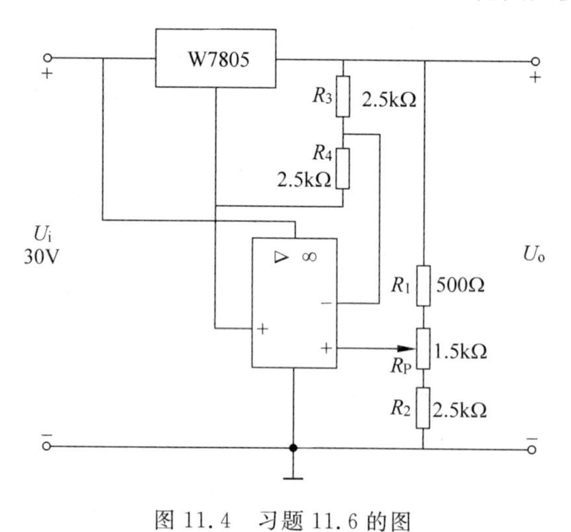

图 11.4 习题 11.6 的图

11.7 用三端集成稳压器设计一个输出±15V 电压的直流稳压电源,画出完整的电路图,并选择合适的电路元件。

第 12 章　门电路与组合逻辑电路

电子技术中所分析的信号分为两类：一类是随着时间连续变化的模拟信号；另一类是离散的、不连续变化的数字信号。数字信号要用数字电路来分析，而数字电路的功能和分析方法也有别于模拟电路。数字电路又分为组合逻辑电路与时序逻辑电路两大类。

本章介绍基本逻辑门电路的功能及组合逻辑电路的分析与设计，以及常用组合逻辑电路模块的功能和使用。

12.1　脉冲信号

在数字电路中，信号是脉冲信号，且持续时间短暂。常见的脉冲波形有如图 12.1.1 所示的矩形波和尖顶波。实际的矩形脉冲波形如图 12.1.2 所示。

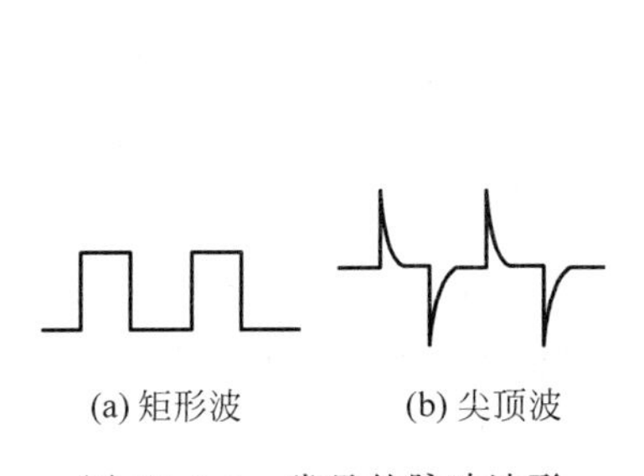

图 12.1.1　常见的脉冲波形

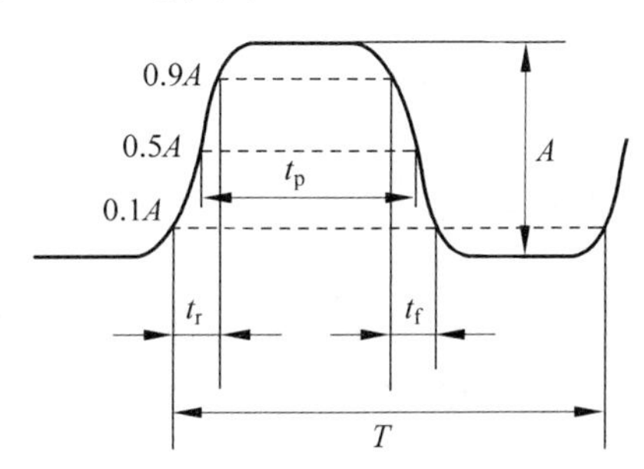

图 12.1.2　实际的矩形脉冲波形

下面以图 12.1.2 所示的实际矩形波为例来介绍脉冲信号波形的参数。

(1) 脉冲幅度 A：脉冲信号变化的最大值。

(2) 脉冲上升时间 t_r：从脉冲幅度的 10%上升到 90%所需的时间。

(3) 脉冲下降时间 t_f：从脉冲幅度的 90%下降到 10%所需的时间。

(4) 脉冲宽度 t_p：从上升沿的脉冲幅度的 50%到下降沿的脉冲幅度的 50%所需的时间。

(5) 脉冲周期 T：周期性脉冲信号相邻两个上升沿(或下降沿)的脉冲幅度的 10%两点之间的时间间隔。

(6) 脉冲频率 f：单位时间内的脉冲数，$f=\frac{1}{T}$。

正、负脉冲信号如图 12.1.3 所示。图 12.1.3(a)中，变化后比变化前的电平值高的称为正脉冲；图 12.1.3(b)中，变化后比变化前的电平值低的称为负脉冲。如果把高电平用逻辑值 1 表示，低电平用逻辑 0 表示，称为正逻辑。

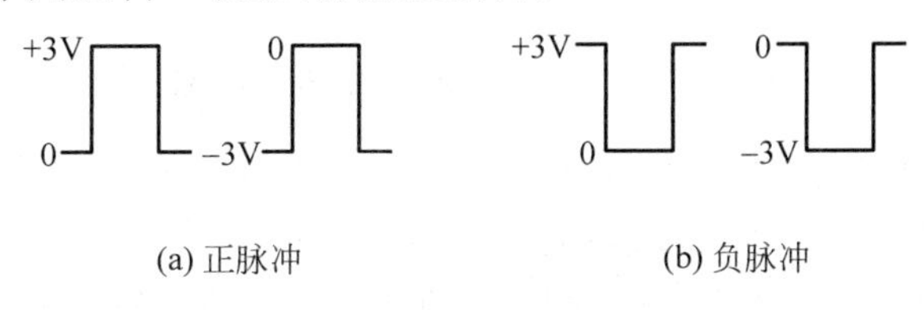

图 12.1.3　正、负脉冲

12.2 逻辑代数与逻辑函数

12.2.1 逻辑代数的基本运算

逻辑代数(又称布尔代数)是分析与设计逻辑电路的数学工具。虽然它和普通代数一样,也用字母表示变量,但变量的取值只有“0”、“1”两种,分别称为逻辑“0”和逻辑“1”。这里“0”和“1”并不表示数量的大小,而是表示两种相互对立的逻辑状态。

逻辑代数所表示的是逻辑关系,而不是数量关系。这是它与普通代数的本质区别。

1. 基本的逻辑运算

逻辑代数有三种基本的运算,即逻辑与(逻辑乘)运算、逻辑或(逻辑加)运算和逻辑非运算。

逻辑与运算可表示为

$$Y = A \cdot B$$(“·”表逻辑乘,可省略不写)

逻辑或运算可表示为

$$Y = A + B$$

逻辑非运算可表示为

$$Y = \overline{A}$$

用图 12.2.1 可直观表示各种逻辑运算。在图 12.2.1(a)中,开关 A 和 B 串联,只有当 A 与同 B 同时接通(条件),电灯才亮(结果)。全部条件同时具备时,结果才发生,这就是与逻辑。

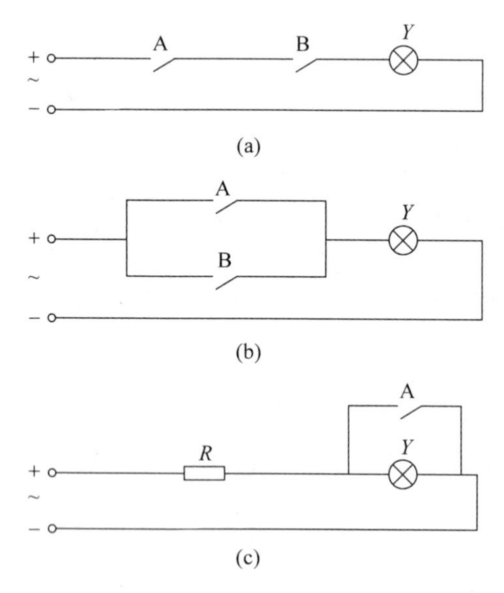

图 12.2.1 由开关组成的逻辑门电路

在图 12.2.1(b)中,开关 A 和 B 并联,只要有一个开关闭合,则电灯就亮。只要有一个或以上条件具备时,结果就发生,这就是或逻辑。

在图 12.2.1(c)中,开关 A 与电灯并联,只有当开关 A 断开时,电灯才亮。当条件具备时，结果不发生；而条件不具备时，结果却发生了，这就是非逻辑。

基本逻辑运算的法则如表12.2.1所示。

表12.2.1　基本逻辑运算的法则

逻　辑　与	逻　辑　或	逻　辑　非
$A\cdot 1=A$	$A+0=A$	$\overline{\overline{A}}=A$
$A\cdot 0=0$	$A+1=1$	
$A\cdot\overline{A}=0$	$A+\overline{A}=1$	
$A\cdot A=A$	$A+A=A$	

2. 逻辑代数的基本定律

根据逻辑代数的基本运算法则，可以推导出如下基本定律：

交换律

$$A+B=B+A \tag{12.2.1}$$

$$AB=BA \tag{12.2.2}$$

结合律

$$A+B+C=A+(B+C) \tag{12.2.3}$$

$$ABC=A(BC)=(AB)C \tag{12.2.4}$$

分配律

$$A(B+C)=AB+AC \tag{12.2.5}$$

$$A+BC=(A+B)(A+C) \tag{12.2.6}$$

吸收律

$$AB+A\overline{B}=A \tag{12.2.7}$$

$$(A+B)(A+\overline{B})=A \tag{12.2.8}$$

$$A+AB=A \tag{12.2.9}$$

$$A(A+B)=A \tag{12.2.10}$$

$$A+\overline{A}B=A+B \tag{12.2.11}$$

$$A(\overline{A}+B)=AB \tag{12.2.12}$$

反演律

$$\overline{A+B}=\overline{A}\,\overline{B} \tag{12.2.13}$$

$$\overline{AB}=\overline{A}+\overline{B} \tag{12.2.14}$$

3. 几种常用的逻辑运算

除了基本的逻辑运算以外，在逻辑问题中还常用到与非、或非、异或、同或等逻辑运算。

与非运算

$$Y=\overline{AB} \tag{12.2.15}$$

或非运算

$$Y=\overline{A+B} \tag{12.2.16}$$

异或运算

$$Y=A\overline{B}+\overline{A}B \tag{12.2.17}$$

同或运算

$$Y=AB+\overline{A}\,\overline{B} \tag{12.2.18}$$

12.2.2　逻辑函数的表示方法

一个逻辑函数可以用逻辑表达式、逻辑图、逻辑状态表（又称逻辑真值表）和卡诺图四种形式表示，本书介绍前三种。用逻辑表达式、逻辑图和逻辑状态表三种形式表示的常用逻辑函数如表 12.2.2 所示。

表 12.2.2 常用逻辑函数的几种表示形式

逻辑函数	逻辑表达式	逻辑图	逻辑真值表					特点
逻辑与	$Y=AB$	A, B —[&]— Y	A	0	0	1	1	A、B 全为 1 时,Y 为 1
			B	0	1	0	1	
			Y	0	0	0	1	
逻辑或	$Y=A+B$	A, B —[≥1]— Y	A	0	0	1	1	A、B 全为 0 时,Y 为 0
			B	0	1	0	1	
			Y	0	1	1	1	
逻辑非	$Y=\overline{A}$	A —[1]o— Y	A	0		1		Y 与 A 状态相反
			Y	1		0		
逻辑与非	$Y=\overline{AB}$	A, B —[&]o— Y	A	0	0	1	1	A、B 全为 1 时,Y 为 0
			B	0	1	0	1	
			Y	1	1	1	0	
逻辑或非	$Y=\overline{A+B}$	A, B —[≥1]o— Y	A	0	0	1	1	A、B 全为 0 时,Y 为 1
			B	0	1	0	1	
			Y	1	0	0	0	
逻辑异或	$Y=\overline{A}B+A\overline{B}$	A, B —[=1]— Y	A	0	0	1	1	A、B 不同时,Y 为 1
			B	0	1	0	1	
			Y	0	1	1	0	
逻辑同或	$Y=AB+\overline{A}\overline{B}$	A, B —[=1]o— Y	A	0	0	1	1	A、B 相同时,Y 为 1
			B	0	1	0	1	
			Y	1	0	0	1	

逻辑表达式可分为多种形式,如与或表达式、或与表达式、与非-与非表达式、或非-或非表达式、与或非表达式等。各种形式之间可以相互转换,采用何种形式与最终实现逻辑函数的门电路有一定关系。

一个逻辑变量有两种取值可能,将各逻辑变量的各种取值可能进行运算与对应的结果一一列出来的表格为逻辑状态表。在研究事物的逻辑关系时,直接写出逻辑表达式有一定困难,但容易列写出逻辑状态表。

1. 逻辑状态表转换为与或表达式

由逻辑状态表转换为与或表达式的方法如下:将逻辑状态表中使函数值为 1 的每一组变量写成一个与项,其中逻辑值为 1 的变量采用原变量,将逻辑值为 0 的变量取非变量,最后将所得的几个与项取或运算,就得到函数的与或表达式。

例如,将逻辑同或的逻辑状态表转换为与或表达式,由表 12.2.2 可知,使 Y 为 1 的 A 和 B 取值的组合有两种:第一是 $A=0,B=0$,则对应的与项为 $\overline{A}\overline{B}$;第二是 $A=1,B=1$,则对应的与项为 AB。所以,同或的表达式 $Y=\overline{A}\overline{B}+AB$。

2. 由逻辑表达式列写逻辑状态表

把函数中变量的各种取值组合有序地填入逻辑状态表中,再计算出变量各种组合时对应的函数值,也填入表中,就完成了逻辑表达式向逻辑状态表的转换。当有 n 个变量时,就有 2^n 个取值组合。

3. 逻辑表达式与逻辑图的转换

常用逻辑表达式的逻辑图要牢记，特别是表 12.2.2 中的前四项。

12.2.3 逻辑表达式的化简

逻辑函数也需要化简，以便实现它的逻辑电路更为简单。对不同形式的表达式，最简的标准是不一样的。以与或表达式为例，首先要求化简后的表达式中所包含的或项要最少，每个与项中变量的个数也要最少。

用逻辑公式化简逻辑表达式的方法称为公式法。用公式法时，需熟练掌握逻辑代数的基本公式。

【例 12.2.1】 化简表达式 $Y=AB+\overline{A}\overline{B}+A\overline{B}$。

解

$$
\begin{aligned}
Y &= AB+(\overline{A}+A)\overline{B} \\
&= AB+\overline{B} && (\text{利用 } A+\overline{A}=1) \\
&= A+\overline{B} && (\text{利用式}(12.2.11))
\end{aligned}
$$

【例 12.2.2】 化简表达式 $Y=A+\overline{A}B+\overline{A}\overline{B}C+\overline{A}\overline{B}\overline{C}D$。

解

$$
\begin{aligned}
Y &= (A+\overline{A}B)+\overline{A}\overline{B}(C+\overline{C}D) && (\text{利用式}(12.2.3)) \\
&= A+B+\overline{A}\overline{B}(C+D) && (\text{利用式}(12.2.11)) \\
&= \overline{\overline{A}\overline{B}}+\overline{A}\overline{B}(C+D) && (\text{利用式}(12.2.13)) \\
&= \overline{\overline{A}\overline{B}}+C+D && (\text{利用式}(12.2.11)) \\
&= A+B+C+D && (\text{利用式}(12.2.14))
\end{aligned}
$$

【例 12.2.3】 化简表达式 $Y=ABC+ABD+\overline{A}B\overline{C}+CD+B\overline{D}$。

解

$$
\begin{aligned}
Y &= ABC+\overline{A}B\overline{C}+CD+AB+B\overline{D} && (\text{利用式}(12.2.11)) \\
&= AB+\overline{A}B\overline{C}+CD+B\overline{D} && (\text{利用式}(12.2.9)) \\
&= AB+B\overline{C}+CD+B\overline{D} && (\text{利用式}(12.2.11)) \\
&= AB+CD+B\,\overline{CD} && (\text{利用式}(12.2.14)) \\
&= AB+CD+B && (\text{利用式}(12.2.11)) \\
&= B+CD && (\text{利用式}(12.2.9))
\end{aligned}
$$

12.2.4 逻辑表达式的变换

当用不同电路来实现逻辑函数时，其逻辑表达式也不同，这就需要将不同形式的逻辑表达式进行变换。下面介绍最常用的与或表达式和与非-与非表达式的互相转换，主要运用式(12.2.13)和式(12.2.14)的反演律。

【例 12.2.4】 将与或表达式 $Y=A+B+C$ 转换为与非-与非表达式。

解

$$
\begin{aligned}
Y &= \overline{\overline{A+B+C}} \\
&= \overline{\overline{A}\cdot\overline{B}\cdot\overline{C}}
\end{aligned}
$$

【例 12.2.5】 将与非-与非表达式 $Y=\overline{\overline{AB}\cdot\overline{CD}}$ 转换为与或表达式。

解

$$
\begin{aligned}
Y &= \overline{\overline{AB}\cdot\overline{CD}} \\
&= AB+CD
\end{aligned}
$$

练习与思考

12.2.1 如何将逻辑状态表转换成与或表达式？请将异或逻辑的逻辑状态表转换成与或表达式。

12.2.2 如何将逻辑表达式转换为逻辑状态表？请写出 $Y=\overline{A+B+C}$的逻辑状态表。

12.3 逻辑门电路

逻辑门电路是组合电路中的单元电路，它的输入与输出之间满足一定的逻辑关系，所以可以用它来实现各种逻辑函数。门电路可以由分立元件组成，也可以是集成电路。

12.3.1 分立元件的门电路

在图 12.3.1(a)中，输入信号 A 和 B 中只要有一个为 0，输出就为 0；只有 A 和 B 全为 1 时，Y 才为 1。输出 Y 与输入 A、B 之间符合与的逻辑关系，该电路能实现与逻辑运算，是与门电路。

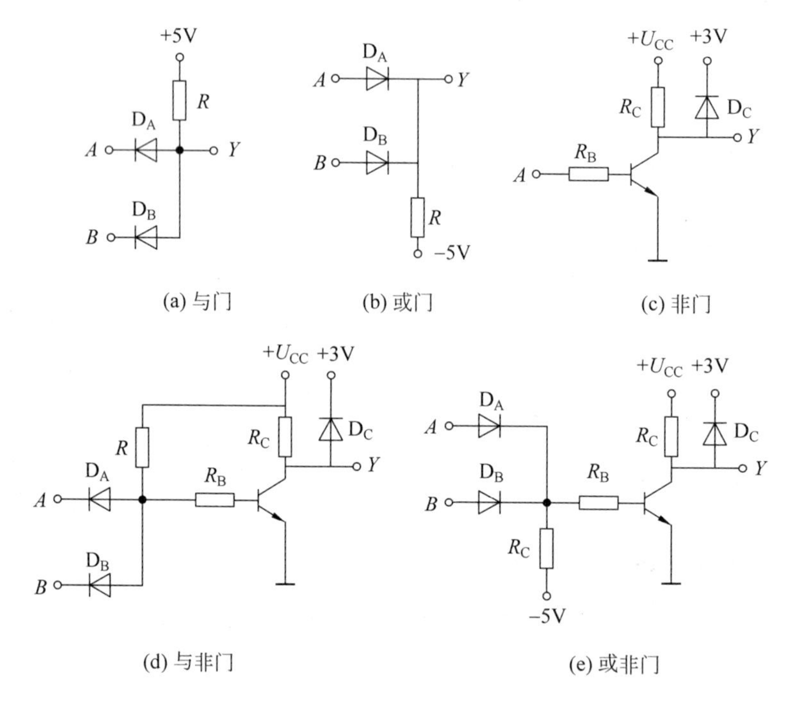

图 12.3.1 分立元件组成的各种门电路

在图 12.3.1(c)中，当输入信号为 0 时，晶体管截止，输出 Y 为 1；当 A 为 1 时，晶体管饱和导通，Y 为 0。输出 Y 与输入 A 之间符合非逻辑关系，为非门电路。其余电路，请自行分析。

12.3.2 集成逻辑门电路

集成门电路体积小，可靠性高，耗电低，速度快，易于连接，这里只介绍 TTL 门电路。使用集成门电路，要掌握其逻辑功能，了解相关特性和主要参数。

在TTL门电路中，常用集成与非门电路。一块集成电路可以封装多个与非门电路。如图12.3.2所示是74LS20双与非门的外引线排列图。

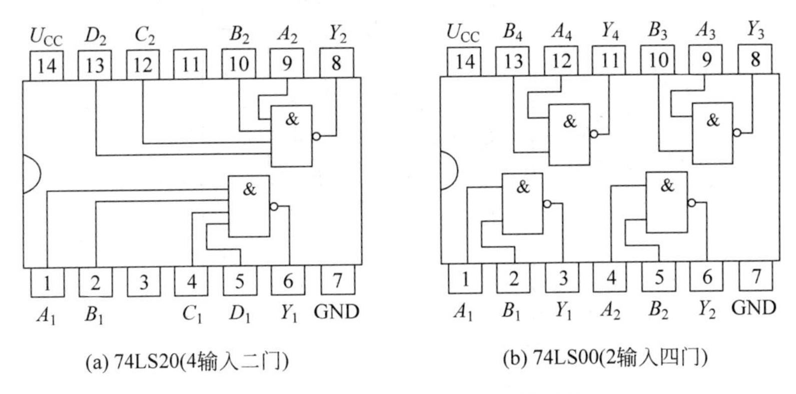

图12.3.2　TTL与非门引脚排列图

1. **电压传输特性**

电压传输特性描述了门电路的输入电压和输出电压之间的关系。图12.3.3所示的是TTL与非门的电压传输特性。当u_i从零开始逐渐增大时，在u_i的一定范围内输出保持高电平基本不变。当u_i上升到一定数值之后，输出很快下降为低电平，此后即使u_i继续增加，输出也保持低电平基本不变。

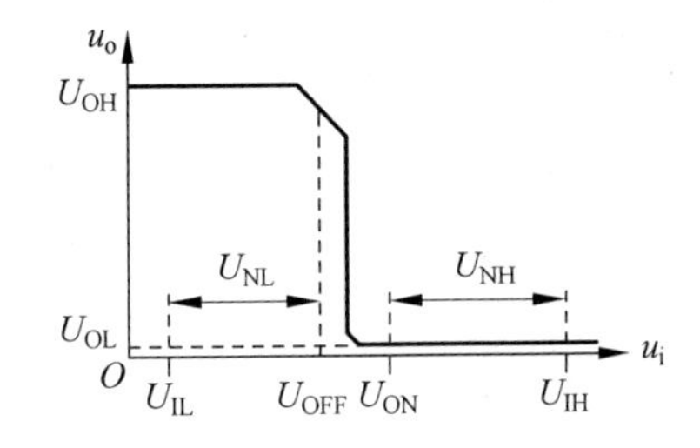

图12.3.3　TTL与非门的电压传输特性

2. **主要参数**

(1) 输入高电平U_{IH}和输入低电平U_{IL}

U_{IH}是与逻辑1对应的输入电平，其典型值为3.6V。U_{IL}是与逻辑0对应的输入电平，其典型值是0.3V。

(2) 输出高电平U_{OH}和输出低电平U_{OL}

U_{OH}是指与非门至少有一个低电平时的输出高电平。U_{OL}是指当与非门输入全为高电平时的输出低电平。对TTL与非门，当U_{CC}为5V时，$U_{OH} \geqslant 2.4V$，$U_{OL} \leqslant 0.4V$。

(3) 开门电平U_{ON}和关门电平U_{OFF}

开门电平U_{ON}是保证与非门输出为低电平的最少输入高电平。关门电平U_{OFF}时保证与非门输出为高电平的最大输入低电平。一般TTL与非门的$U_{ON}=1.8V$，$U_{OFF}=0.8V$。

(4) 扇出系数N_0

扇出系数是指一个与非门带同类的最大数目，它体现带负载能力。TTL与非门的$N_0 \geqslant 8$。

3. **三态输出与非门**

三态输出与非门简称为三态门。三态门有三个输出状态，即高电平、低电平和高阻态(开路状态)。在高阻态时，其输出与外接电路呈断开状态。图12.3.4是三态门的图形符号，其中E为控制端。

图12.3.4(a)所示的三态门是控制端为高电平时有效。当$E=1$时，与普通与非门的逻辑功能相同；当$E=0$时，不论A、B为何状态，输出均为高阻态(与外电路隔断)。

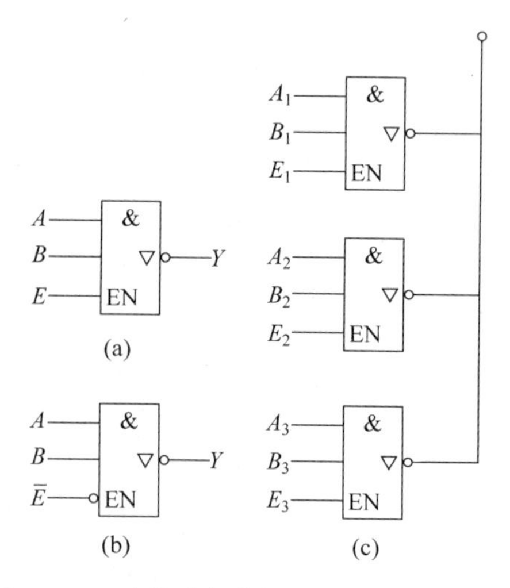

图 12.3.4　三态输出与非门电路的图形符号及应用

图 12.3.4(b)所示的三态门是控制端为低电平时有效。当 $E=0$ 时，与普通与非门的逻辑功能相同；当 $E=1$ 时，不论 A、B 的状态如何，输出为高阻态。

使用三态门可以实现一条总线分时传送多路信号，如图 12.3.4(c)所示。工作时，分时使各门的控制端为 1，即同一时间只让一个门处于有效状态，而其余门处于高阻态。用总线结构传送信号的方法，在计算机和数字系统中被广泛应用。

练习与思考

12.3.1　什么是 TTL 与非门的开门电平 U_{ON} 和关门电平 U_{OFF}？

12.3.2　三态门有哪几种输出状态？为什么使用三态门时可以实现一条总线分时地传送多个信号？

12.4　组合逻辑电路的分析与设计

组合逻辑电路的特点是：其输出状态只取决于当前的输入状态，而与以前输出状态无关。本节介绍组合逻辑电路的分析与设计问题。

12.4.1　组合逻辑电路的分析

在实际工作中需要分析一些逻辑电路图。逻辑电路的分析就是分析一个组合逻辑电路的逻辑功能。其一般方法为：根据已知逻辑电路图写出逻辑表达式，然后化简或变换逻辑表达式，再写出逻辑状态表，最后总结出电路的逻辑功能。

【例 12.4.1】　某一组合逻辑电路如图 12.4.1 所示，试分析其逻辑功能。

解　(1) 由逻辑图写出逻辑表达式。

从输入端到输出端，依次写出各个门的逻辑表达式，最后写出输出变量的逻辑表达式

$$Y_1 = \overline{ABC}$$

$$Y_2 = A\,\overline{ABC}$$

$$Y_3 = B\,\overline{ABC}$$

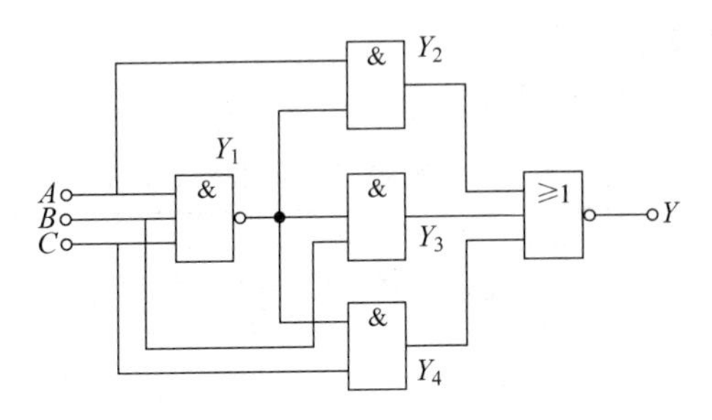

图 12.4.1　例 12.4.1 的图

$$Y_4 = C\overline{ABC}$$

$$\begin{aligned} Y &= \overline{Y_1 + Y_2 + Y_3} \\ &= \overline{\overline{ABC} \cdot A + \overline{ABC} \cdot B + \overline{ABC} \cdot C} \\ &= \overline{\overline{ABC}(A+B+C)} \\ &= \overline{\overline{ABC}} + \overline{(A+B+C)} \\ &= ABC + \overline{A}\,\overline{B}\,\overline{C} \end{aligned}$$

(2) 由逻辑式写出逻辑状态表(见表 12.4.1)。

表 12.4.1　例 12.4.1 的逻辑状态表

A	B	C	Y
0	0	0	1
0	0	1	0
0	1	0	0
0	1	1	0
1	0	0	0
1	0	1	0
1	1	0	0
1	1	1	1

(3) 分析逻辑功能。

从逻辑状态表可以看出，只有 A、B、C 全为 0 或全为 1 时，输出 Y 才为 1，否则为 0。故该电路的逻辑功能是判一致功能，可用于判断三个输入端的状态是否一致。

12.4.2　组合逻辑电路的设计

根据实际的逻辑问题设计出能够满足要求的电路，这是组合逻辑电路设计的任务。其方法为：设定事物不同状态的逻辑值，根据逻辑要求列写逻辑状态表，再由逻辑状态表写出逻辑表达式，化简或变换该表达式，用适当的门电路来实现逻辑表达式。

【例 12.4.2】 试设计一个举重判决器。判定举重运动员是否成功由三个裁判决定。其中一名主裁(A)和两名副裁(B、C)。只有这三名裁判中至少有两个且有一名主裁认为成功，才判为成功。如果认为成功用 1 表示，而不成功则用 0 表示。

解 (1) 由题意列出逻辑状态表。

共有八种组合,$Y=1$ 的有三种情况。逻辑状态表如表 12.4.2 所示。

表 12.4.2 例 12.4.2 的逻辑状态表

A	B	C	Y
0	0	0	0
0	0	1	0
0	1	0	0
0	1	1	0
1	0	0	0
1	0	1	1
1	1	0	1
1	1	1	1

(2) 由逻辑状态表写出逻辑式并化简。

$$\begin{aligned} Y &= A\bar{B}C + AB\bar{C} + ABC \\ &= (A\bar{B}C + ABC) + (AB\bar{C} + ABC) \\ &= AC(B+\bar{B}) + AB(C+\bar{C}) \\ &= A(B+C) \end{aligned}$$

(3) 由上式可画出逻辑图,如图 12.4.2 所示。

【例 12.4.3】 在集成电路中,与非门是基本元件之一。在上例中试用与非门来构成逻辑图。

解

$$\begin{aligned} Y &= AB+AC \\ &= \overline{\overline{AB+AC}} \\ &= \overline{\overline{AB}\cdot\overline{AC}} \end{aligned}$$

由上式可画出逻辑图如图 12.4.3 所示。

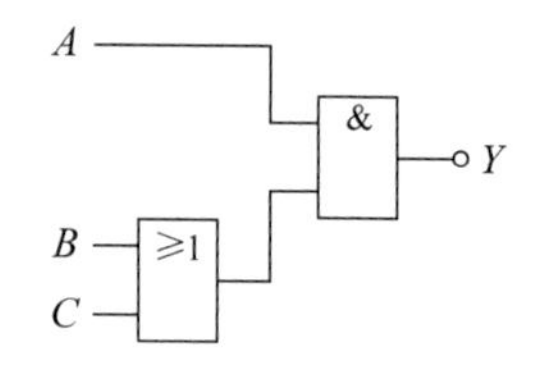

图 12.4.2 例 12.4.2 的逻辑图

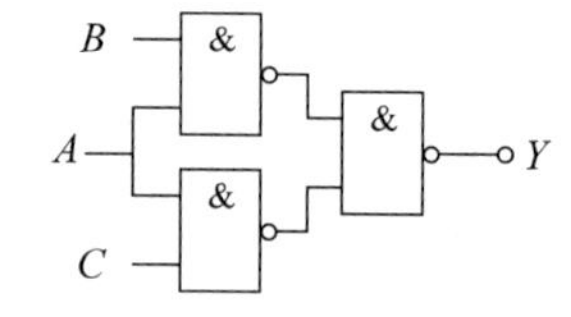

图 12.4.3 例 12.4.3 的逻辑图

一般而言,要用与非门实现逻辑函数,先将函数化简成与或表达式,两次取非后,用式(12.2.13)实现。

【例 12.4.4】 某同学选修四门课程,规定如下:

(1) 课程 A 及格得 1 学分,不及格得 0 学分;

(2) 课程 B 及格得 2 学分,不及格得 0 学分;

(3) 课程 C 及格得 4 学分,不及格得 0 学分;

(4) 课程 D 及格得 5 学分,不及格得 0 学分。

若总得分大于等于 8 学分,就可结业。试用与非门实现上述要求的逻辑电路。

解　A、B、C、D 分别表示各课程的考试状态，及格为 1，不及格为 0；总学分大于等于 8 学分，则 Y 为 1；否则 Y 为 0。

(1) 按题意列出逻辑状态表(见表 12.4.3)。

表 12.4.3　例 12.4.4 的逻辑状态表

A	B	C	D	Y
0	0	0	0	0
0	0	0	1	0
0	0	1	0	0
0	0	1	1	1
0	1	0	0	0
0	1	0	1	0
0	1	1	0	0
0	1	1	1	1
1	0	0	0	0
1	0	0	1	0
1	0	1	0	0
1	0	1	1	1
1	1	0	0	0
1	1	0	1	1
1	1	1	0	0
1	1	1	1	1

(2) 由逻辑状态表写出逻辑式并化简。

$$
\begin{aligned}
Y &= \overline{A}\overline{B}CD + \overline{A}BCD + A\overline{B}CD + AB\overline{C}D + ABCD \\
&= \overline{A}CD(\overline{B} + B) + A\overline{B}CD + ABD(\overline{C} + C) \\
&= \overline{A}CD + A\overline{B}CD + ABD \\
&= D(\overline{A}C + A\overline{B}C + AB) \\
&= D(\overline{A}C + AB + AC) \\
&= \overline{\overline{ABD + DC}} \\
&= \overline{\overline{ABD} \cdot \overline{DC}}
\end{aligned}
$$

(3) 由逻辑式画出逻辑图，如图 12.4.4 所示。

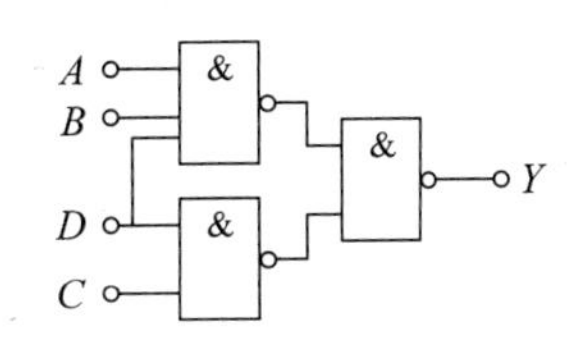

图 12.4.4　例 12.4.4 的逻辑图

练习与思考

12.4.1　某机床电动机由电源开关 S_1、过载保护开关 S_2 和安全开关 S_3 控制。三个开关同时闭合时，电动机转动；任一开关断开时，电动机停转。试用逻辑门实现，画出控制电路。

12.4.2　列写逻辑函数 $Y=\overline{A}BC+A\overline{B}C+AB\overline{C}$ 的逻辑状态表，并说明其具有判偶的逻辑功能。

12.5 常用的组合逻辑模块

在现实逻辑电路中，集成电路也得到广泛的应用。其中，中规模集成模块有全加器、编码器、译码器、数据分配器、数据选择器和数据比较器等。本节只从使用者的角度介绍这些常用逻辑模块电路中前三者的原理和功能。

12.5.1 全加器

在数字系统中，二进制加法器是基本部件之一。

【例 12.5.1】 设计一个能实现两个一位二进制全加器的逻辑电路。

解 设加数、被加数和低位的进位分别为 A_n、B_n、C_{n-1}，而输出变量为和 S_n、本位进位 C_n。按二进制加法原理列出全加运算的逻辑状态表，如表 12.5.1 所示。

表 12.5.1 全加器的逻辑状态表

加数 A_n	被加数 B_n	低位进位 C_{n-1}	本位和 S_n	本位进位 C_n
0	0	0	0	0
0	0	1	1	0
0	1	0	1	0
0	1	1	0	1
1	0	0	1	0
1	0	1	0	1
1	1	0	0	1
1	1	1	1	1

$$\begin{aligned}
S_n &= \overline{A}_n\overline{B}_nC_{n-1} + \overline{A}_nB_n\overline{C}_{n-1} + A_n\overline{B}_n\overline{C}_{n-1} + A_nB_nC_{n-1} \\
&= \overline{A}_n(B_n \oplus C_{n-1}) + A_n(\overline{B_n \oplus C_{n-1}}) \\
&= A_n \oplus B_n \oplus C_{n-1} \\
C_n &= \overline{A}_nB_nC_{n-1} + A_n\overline{B}_nC_{n-1} + A_nB_n\overline{C}_{n-1} + A_nB_nC_{n-1} \\
&= A_nB_n + (A_n \oplus B_n)C_{n-1}
\end{aligned}$$

由上两式画出一位全加器的逻辑图，如图 12.5.1(a)所示。图 12.5.1(b)是全加器的图形符号。

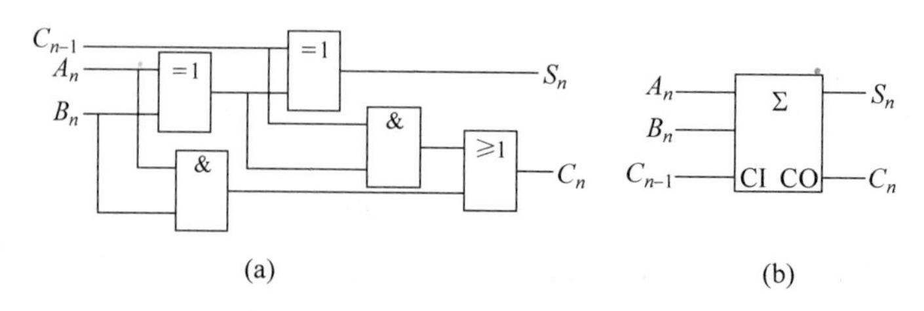

图 12.5.1 全加器的逻辑电路图及图形符号

12.5.2 编码器

用数字或某种文字和符号来表示某一对象或信号的过程，称为编码。

1. 二进制编码器

二进制编码器是将编码信息编成二进制代码的电路。n 位二进制代码有 2^n 种代码组，最多可以对 2^n 个被编码信息进行编码，可称为 $2^n/n$ 线编码器。

设被编码对象为 N，二进制代码为 n 位，则应满足 $N\leqslant 2^n$。

【例 12.5.2】 把 I_0、I_1、I_2、I_3、I_4、I_5、I_6、I_7 八个输入信号编成对应的二进制代码输出。

解 (1) 因为输入有八个信号，所以输出是三位($2^n=8,n=3$)，称为 8/3 线编码器。

(2) 确定编码方案，建立编码器的逻辑状态表，逻辑状态表在编码器中又叫编码表。表 12.5.2 是三位二进制的编码表。

表 12.5.2　三位二进制编码器的编码表

输　入	输　出		
	Y_2	Y_1	Y_0
I_0	0	0	0
I_1	0	0	1
I_2	0	1	0
I_3	0	1	1
I_4	1	0	0
I_5	1	0	1
I_6	1	1	0
I_7	1	1	1

(3) 写出逻辑式。

$$Y_2=I_4+I_5+I_6+I_7=\overline{\overline{I_4+I_5+I_6+I_7}}=\overline{\bar{I}_4\cdot\bar{I}_5\cdot\bar{I}_6\cdot\bar{I}_7}$$

$$Y_1=I_2+I_3+I_6+I_7=\overline{\overline{I_2+I_3+I_6+I_7}}=\overline{\bar{I}_2\cdot\bar{I}_3\cdot\bar{I}_6\cdot\bar{I}_7}$$

$$Y_0=I_1+I_3+I_5+I_7=\overline{\overline{I_1+I_3+I_5+I_7}}=\overline{\bar{I}_1\cdot\bar{I}_3\cdot\bar{I}_5\cdot\bar{I}_7}$$

(4) 由逻辑式画出逻辑图。

三位二进制编码器的逻辑图如图 12.5.2 所示。此电路不允许两个或以上的信号同时出现。

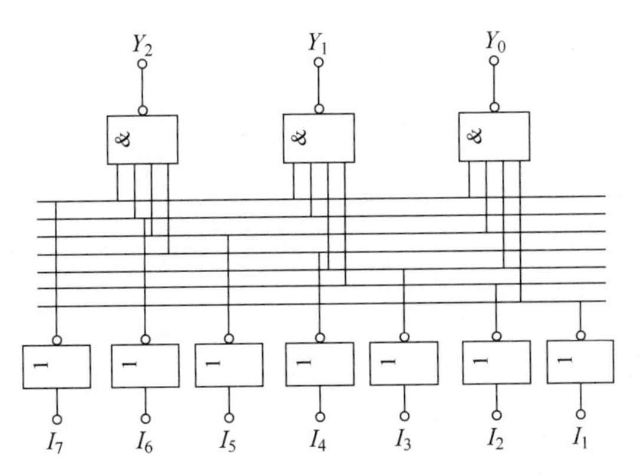

图 12.5.2　三位二进制编码器的逻辑图

2. 二-十进制编码

二-十进制编码器是将十个数码 0、1、2、3、4、5、6、7、8、9 编成二进制代码的电路。输入的是 0～9 十个数码，输出的是对应的二进制代码。这种代码也简称 BCD 码。

由于输入有十个数码，所以取四位二进制数代码输出($2^n>10$，取 $n=4$)。

四位二进制代码共有 16 种状态，所以有多种编码方案。最常用的是 8421 编码方式，取四位二进制代码的前十种状态，表示 0～9 十个数码，如表 12.5.3 所示。由于四位二进制代码中各位的 1 所代表的十进制数从高位到低位为 8、4、2、1。

表 12.5.3　8421 码编码表

输　入	输　出			
十进制数	Y_3	Y_2	Y_1	Y_0
0(I_0)	0	0	0	0
1(I_1)	0	0	0	1
2(I_2)	0	0	1	0
3(I_3)	0	0	1	1
4(I_4)	0	1	0	0
5(I_5)	0	1	0	1
6(I_6)	0	1	1	0
7(I_7)	0	1	1	1
8(I_8)	1	0	0	0
9(I_9)	1	0	0	1

例如“1001”，这个二进制代码就是表示

$$1\times8+0\times4+0\times2+1\times1=9$$

以上编码器每次只允许一个输入端有信号，而实际上还常常出现多个输入端上同时有信号的情况，这就需要优先编码器。74LS147 型 10/4 线优先编码器的引脚排列图和逻辑符号如图 12.5.3 所示，其功能表如表 12.5.4 所示，由表可见，有九个输入变量 $\bar{I}_1\sim\bar{I}_9$，四个输出变量 $\bar{Y}_0\sim\bar{Y}_3$，它们都是反变量。输入的反变量对低电平有效，即有信号时，输入为 0。输出的反变量组成反码，对应于 0～9 十个二进制数码。输入信号的优先次序为 $\bar{I}_9\sim\bar{I}_1$。当

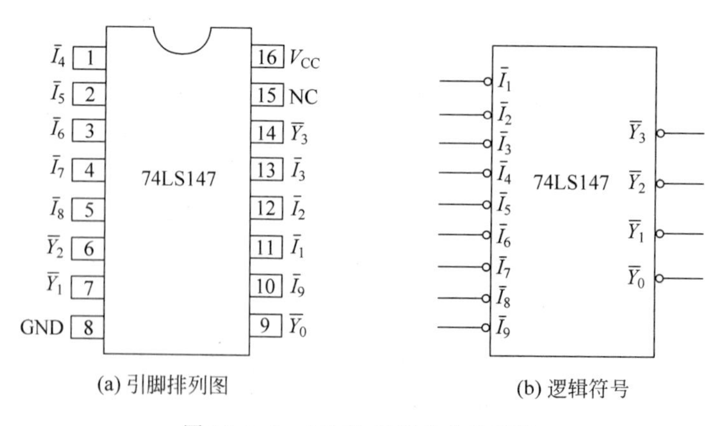

图 12.5.3　74LS147 型优先编码器

$\overline{I}_9=0$ 时，无论其他输入端为何值，输出端只对 $\overline{I}_9$ 编码，输出为 0110（原码为 1001）。当 $\overline{I}_9=1$，$\overline{I}_8=0$，无论其他输入端为何值，输出端只对 $\overline{I}_8$ 编码，输出为 0111（原码为 1000），以此类推。

表 12.5.4　74LS147 型优先编码器的功能表

输入									输出			
$\overline{I}_9$	$\overline{I}_8$	$\overline{I}_7$	$\overline{I}_6$	$\overline{I}_5$	$\overline{I}_4$	$\overline{I}_3$	$\overline{I}_2$	$\overline{I}_1$	$\overline{Y}_3$	$\overline{Y}_2$	$\overline{Y}_1$	$\overline{Y}_0$
1	1	1	1	1	1	1	1	1	1	1	1	1
0	×	×	×	×	×	×	×	×	0	1	1	0
1	0	×	×	×	×	×	×	×	0	1	1	1
1	1	0	×	×	×	×	×	×	1	0	0	0
1	1	1	0	×	×	×	×	×	1	0	0	1
1	1	1	1	0	×	×	×	×	1	0	1	0
1	1	1	1	1	0	×	×	×	1	0	1	1
1	1	1	1	1	1	0	×	×	1	1	0	0
1	1	1	1	1	1	1	0	×	1	1	0	1
1	1	1	1	1	1	1	1	0	1	1	1	0

图 12.5.4 是十键 8421 码编码器的逻辑图，按下某个按键，就输入相应的一个十进制数码。例如，按下 S_6 键，输入 6，即 $\overline{I}_6=0$，输出为 0110。

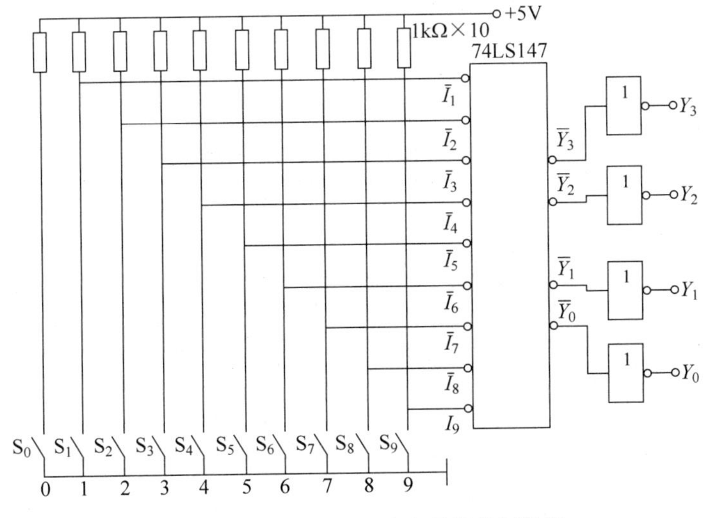

图 12.5.4　十键 8421 码编码器的逻辑图

12.5.3　译码器和数字显示

译码是编码的逆过程，是将具有特定含义的代码翻译成相应的状态或信息。实现译码功能的电路称为译码器。

1. 二进制译码器

二进制译码器的输入是 n 位二进制代码。n 位二进制代码有 2^n 种代码组合，每组输入代码对应一个输出端，所以 n 位二进制译码器有 2^n 个输出端，或称二进制译码器可译出 2^n 种状态。设输入代码的位数为 n，则称该二进制译码器为 $n/2^n$ 译码器。当 $n=3$ 时，则称为

3/8 线译码器。

【例 12.5.3】 图 12.5.5 是 74LS139 型双 2/4 线译码器的逻辑图和逻辑符号。该译码器内部有两个独立的 2/4 线译码器，图 12.5.5(a)是一个译码器的逻辑图。A_0、A_1 是输入端，$\overline{Y}_0 \sim \overline{Y}_3$ 是输出端。$\overline{S}$ 是使能端，低电平有效，当 $\overline{S}=0$ 时，可以译码；$\overline{S}=1$ 时，无论 A_0 和 A_1 是何值，禁止译码，输出全为 1。试写出逻辑式和逻辑功能表。

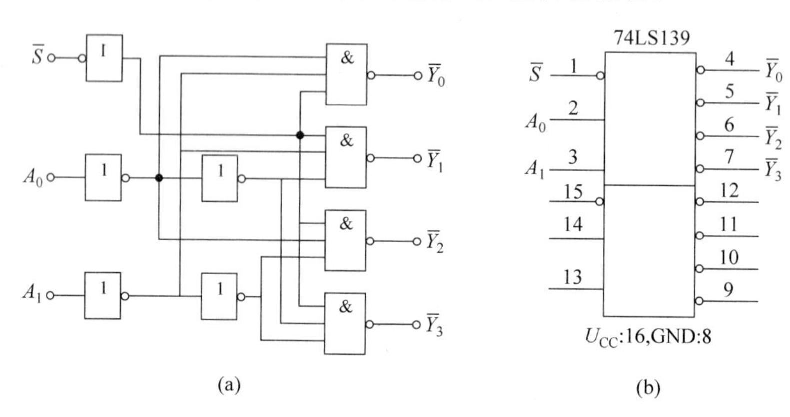

图 12.5.5 74LS139 型译码器逻辑图和逻辑符号

解 由图 12.5.5(a)的逻辑式为

$$\overline{Y}_0 = \overline{S\overline{A}_1\overline{A}_0} \quad \overline{Y}_1 = \overline{S\overline{A}_1 A_0}$$

$$\overline{Y}_2 = \overline{SA_1\overline{A}_0} \quad \overline{Y}_3 = \overline{SA_1 A_0}$$

表 12.5.5 是其功能表，将 $\overline{S}$、A_1 和 A_0 作为输入，算出 $\overline{Y}_3$、$\overline{Y}_2$、$\overline{Y}_1$、$\overline{Y}_0$ 并列入表中。

表 12.5.5 74LS139 型译码器的功能表

输　入			输　出			
$\overline{S}$	A_1	A_0	$\overline{Y}_0$	$\overline{Y}_1$	$\overline{Y}_2$	$\overline{Y}_3$
1	×	×	1	1	1	1
0	0	0	0	1	1	1
0	0	1	1	0	1	1
0	1	0	1	1	0	1
0	1	1	1	1	1	0

【例 12.5.4】 用 74LS138 型译码器和与非门实现例 12.5.1 中的全加器。

解 由于全加器的输出 S_n 和 C_n 都用三个变量 A_n、B_n、C_{n-1} 表示，故可选用 74LS138 型 3/8 线译码器，该译码器能译码，要求同时满足：(1)$S_1=1$，即使能端高电平有效；(2)$\overline{S}_1=\overline{S}_2=0$，控制端 $\overline{S}_1$、$\overline{S}_2$ 低电平有效。否则，译码器不工作，输出高电平。

$$S_n = \overline{A}_n\overline{B}_n C_{n-1} + \overline{A}_n B_n \overline{C}_{n-1} + A_n\overline{B}_n\overline{C}_{n-1} + A_n B_n C_{n-1}$$

将输入变量 A_n、B_n、C_{n-1} 对应地接到译码器的输入端 A_2、A_1、A_0。由表 12.5.6 的功能表可得出

$$\overline{Y}_1 = \overline{\overline{A}_n\overline{B}_n C_{n-1}} \quad \overline{Y}_2 = \overline{\overline{A}_n B_n \overline{C}_{n-1}}$$

$$\overline{Y}_4 = \overline{A_n\overline{B}_n\overline{C}_{n-1}} \quad \overline{Y}_7 = \overline{A_n B_n C_{n-1}}$$

表 12.5.6 74LS138 型译码器的功能表

使能	控制		输入			输出							
S_1	$\bar{S}_2$	$\bar{S}_3$	A_2	A_1	A_0	$\bar{Y}_0$	$\bar{Y}_1$	$\bar{Y}_2$	$\bar{Y}_3$	$\bar{Y}_4$	$\bar{Y}_5$	$\bar{Y}_6$	$\bar{Y}_7$
0 × ×	× 1 ×	× × 1	×	×	×	1	1	1	1	1	1	1	1
1	0	0	0	0	0	0	1	1	1	1	1	1	1
1	0	0	0	0	1	1	0	1	1	1	1	1	1
1	0	0	0	1	0	1	1	0	1	1	1	1	1
1	0	0	0	1	1	1	1	1	0	1	1	1	1
1	0	0	1	0	0	1	1	1	1	0	1	1	1
1	0	0	1	0	1	1	1	1	1	1	0	1	1
1	0	0	1	1	0	1	1	1	1	1	1	0	1
1	0	0	1	1	1	1	1	1	1	1	1	1	0

注意，写 Y_n 时，找出使 $Y_n=1$ 的那些输入变量组合，而写 $\bar{Y}_n$ 时，找出使 $\bar{Y}_n=0$ 的那些输入变量组合即可。

同样

$$C_n=\bar{A}_nB_nC_{n-1}+A_n\bar{B}_nC_{n-1}+A_nB_n\bar{C}_{n-1}+A_nB_nC_{n-1}$$

也可以写出

$$\bar{Y}_3=\overline{\bar{A}_nB_nC_{n-1}}\qquad \bar{Y}_5=\overline{A_n\bar{B}_nC_{n-1}}$$

$$\bar{Y}_6=\overline{A_nB_n\bar{C}_{n-1}}\qquad \bar{Y}_7=\overline{A_nB_nC_{n-1}}$$

因此可得

$$S_n=Y_1+Y_2+Y_4+Y_7=\overline{\bar{Y}_1\cdot\bar{Y}_2\cdot\bar{Y}_4\cdot\bar{Y}_7}$$

$$C_n=Y_3+Y_5+Y_6+Y_7=\overline{\bar{Y}_3\cdot\bar{Y}_5\cdot\bar{Y}_6\cdot\bar{Y}_7}$$

用 74LS138 实现的全加器的逻辑图如图 12.5.6 所示。

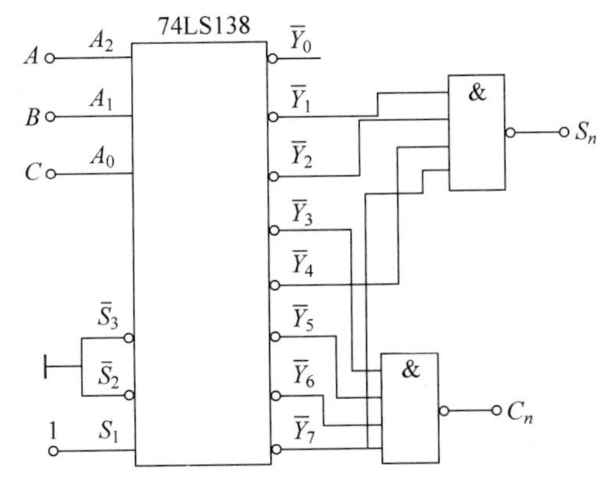

图 12.5.6 用 74LS138 实现的全加器的逻辑图

2. 二-十进制显示译码器

在数字系统中，常常要把测量的数据和运算结果用十进制显示出来，这就要用显示译码器，它能够把“8421”二-十进制代码译成能显示的十进制数。下面介绍半导体数码管显示器件。

(1) 半导体数码管

半导体数码管(LED数码管，如图12.5.7(a)所示)的基本单元是发光二极管LED，它将十进制数码分为七个字段，每段为一发光二极管，其字形结构如图12.5.7(b)所示。选择不同字段发光，可显示出不同的字形。例如，当a、b、c、d、e、f、g七段全亮时，显示出8；当a、b、g、c、d段亮时，显示出3。

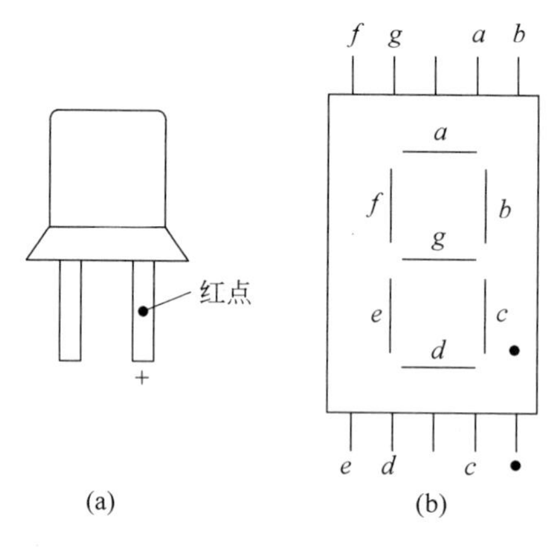

图12.5.7 半导体数码管

半导体数码管中七个发光二极管有共阴极和共阳极两种接法，如图12.5.8所示。前者，某一段接高电平时发光；后者，某一段接低电平时发光。每个管子在使用时要串限流电阻。

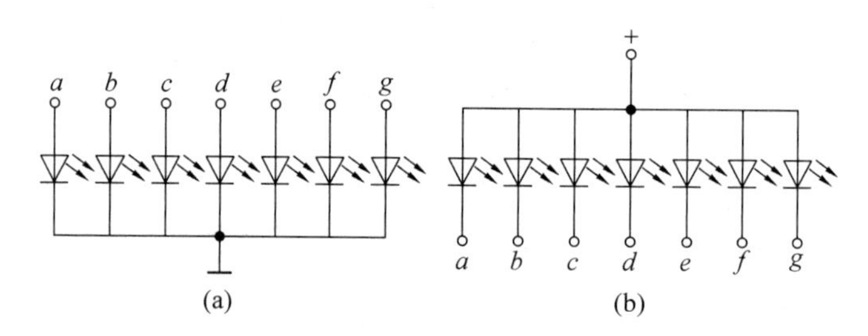

图12.5.8 半导体数码管的两种接法

(2) 七段显示器

七段显示译码器的功能是把“8421”二-十进制代码译成对应数码管的七个字段信号，驱动数码管，并将对应的十进制数码显示。如果是表12.5.7所示74LS247型七段译码器配合共阳极数码管，输出低电平有效；如果采用共阴极数码管，则输出状态应和表12.5.7所示相反，即0和1对换。

表 12.5.7 74LS247 型七段译码器的功能表

功能和十进制数	输入							输出							显示
	$\overline{LT}$	$\overline{RBI}$	$\overline{BI}$	A_3	A_2	A_1	A_0	$\overline{a}$	$\overline{b}$	$\overline{c}$	$\overline{d}$	$\overline{e}$	$\overline{f}$	$\overline{g}$	
试灯	0	×	1	×	×	×	×	0	0	0	0	0	0	0	8
灭灯	×	×	0	×	×	×	×	1	1	1	1	1	1	1	全灭
灭 0	1	0	1	0	0	0	0	1	1	1	1	1	1	1	灭 0
0	1	1	1	0	0	0	0	0	0	0	0	0	0	1	0
1	1	×	1	0	0	0	1	1	0	0	1	1	1	1	1
2	1	×	1	0	0	1	0	0	0	1	0	0	1	0	2
3	1	×	1	0	0	1	1	0	0	0	0	1	1	0	3
4	1	×	1	0	1	0	0	1	0	0	1	1	0	0	4
5	1	×	1	0	1	0	1	0	1	0	0	1	0	0	5
6	1	×	1	0	1	1	0	0	1	0	0	0	0	0	6
7	1	×	1	0	1	1	1	0	0	0	1	1	1	1	7
8	1	×	1	1	0	0	0	0	0	0	0	0	0	0	8
9	1	×	1	1	0	0	1	0	0	0	0	1	0	0	9

图 12.5.9 是 74LS247 译码器的外引线排列图。它有四个输入端 A_0、A_1、A_2、A_3 和七个输出端$\overline{a}\sim\overline{g}$(低电平有效),后者经限流电阻后接数码管七段。七段译码器和数码管的连接如图 12.5.10 所示。

三个输入控制端的功能如下:

① 试灯输入端$\overline{LT}$。用来检验数码管的七段是否正常工作。当$\overline{BT}=1$,$\overline{LT}=0$ 时,无论 A_0、A_1、A_2、A_3 为何状态,输出$\overline{a}\sim\overline{g}$均为 0,数码管七段全亮,显示 8。

② 灭灯输入端$\overline{BT}$。当$\overline{BI}=0$,无论其他输入信号如何,输出$\overline{a}\sim\overline{g}$均为 1,七段全灭,无显示。

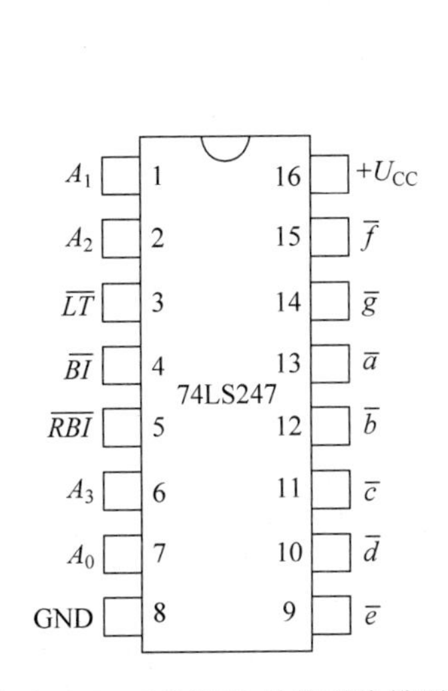

图 12.5.9 74LS247 的外引线排列图

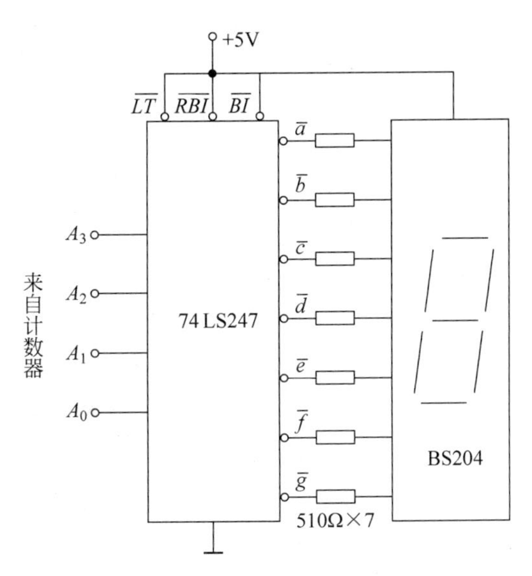

图 12.5.10 七段译码器和数码管的连接

③ 灭 0 输入端$\overline{RBI}$。当$\overline{LT}=1$，$\overline{RBI}=0$，只有当 $A_3A_2A_1A_0=0000$ 时，输出$\overline{a}\sim\overline{g}$均为1，不显示 0 字；这时，如果$\overline{RBI}=1$，则译码器正常输出，显示 0 字。当 $A_3A_2A_1A_0$ 为其他组合时，不论$\overline{RBI}$为 0 或 1，译码器均正常输出。此输入控制信号常用来消除无效 0，例如，将 00.01 前多余 0 消除，只显示出 0.01。

上述三个输入控制端均为低电平有效，正常工作时均接高电平。

练习与思考

12.5.1　欲对 12 个信息进行二进制编码，至少需用几位二进制代码？

12.5.2　二进制译码（编码）和二-十进制译码（编码）有何不同？

本章小结

本章在介绍逻辑代数和逻辑门电路等知识的基础上，重点进行了组合逻辑电路的分析与设计，以及全加器、编码器、译码器常用组合逻辑模块的介绍。

习　　题

12.1　用公式法化简下列逻辑函数。

(1) $Y=A\overline{B}C+\overline{A}BC+ABC+\overline{A}\overline{B}C$；

(2) $Y=\overline{A}\overline{B}+AB+\overline{A}\overline{B}C+ABC$；

(3) $Y=AB+\overline{B}C+B\overline{C}+\overline{A}B$；

(4) $Y=(A+\overline{A}C)(A+AB+D)$；

(5) $Y=A\overline{D}(\overline{A}+D)+ABC+BCD+CD+AB\overline{C}$；

(6) $Y=\overline{\overline{A}C+BC+\overline{A}\overline{B}C}+\overline{\overline{A}BC+\overline{B}C+AC}$；

(7) $Y=AD+A\overline{D}+AB+\overline{A}C+BD+A\overline{B}EF+\overline{B}EF$；

(8) $Y=\overline{A}B\overline{C}+\overline{A}BC+\overline{A}BC+AB\overline{C}$；

(9) $Y=\overline{A}\overline{B}\overline{C}\overline{D}+\overline{A}\overline{B}C\overline{D}+A\overline{B}\overline{C}\overline{D}+A\overline{B}C\overline{D}$；

(10) $Y=\overline{A}+\overline{A}\overline{B}+BC\overline{D}+B\overline{D}$。

12.2　应用逻辑代数证明。

(1) $\overline{A\overline{B}+B\overline{C}+C\overline{A}}=ABC+\overline{A}\overline{B}\overline{C}$；

(2) $A\overline{B}+\overline{A}B=\overline{AB+\overline{A}\overline{B}}$；

(3) $A\overline{B}+BD+AD+CDEF+D\overline{A}=A\overline{B}+D$。

12.3　列写：

(1) $Y=AB+\overline{B}C+B\overline{C}+\overline{A}B$ 的逻辑状态表；

(2) $Y=\overline{A}\overline{B}C+\overline{A}B\overline{C}+A\overline{B}\overline{C}$ 的逻辑状态表，并分析其逻辑功能。

12.4　用逻辑状态表证明

$$A\oplus(B\oplus C)=(A\oplus B)\oplus C$$

12.5　设有四种组合逻辑电路，输入 A、B、C、D 如图 12.1 所示，其对应的输出波形 W，写出的简化逻辑表达式。

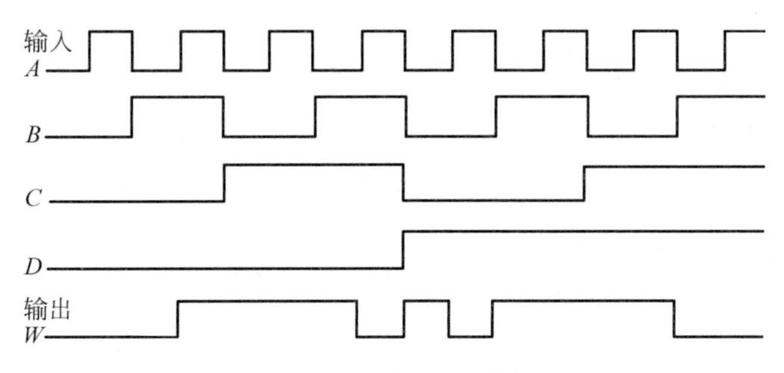

图 12.1 习题 12.5 的图

12.6 将图 12.2 化简后的逻辑函数转换成与非-与非形式，并画出它们的逻辑图和分析图 12.2 所示电路的功能。

12.7 对于图 12.3 所示的电路，当 A、B 和 C 为何值时 $Y=0$？

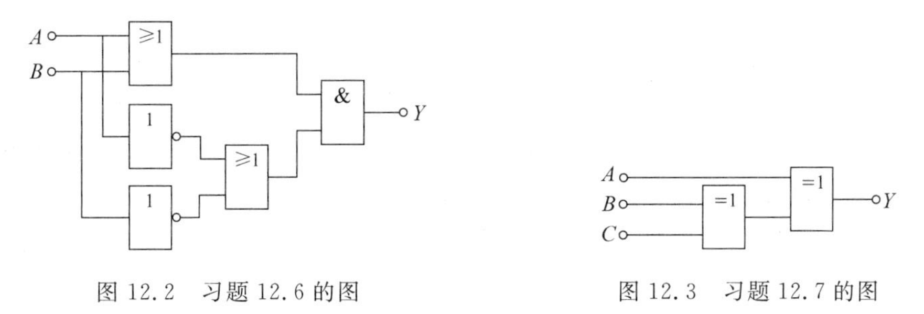

图 12.2 习题 12.6 的图　　　　图 12.3 习题 12.7 的图

12.8 (1)证明图 12.4 所示两电路图的逻辑功能相同；(2)并用 74LS139 2 线-4 线译码器和与非门组成电路。

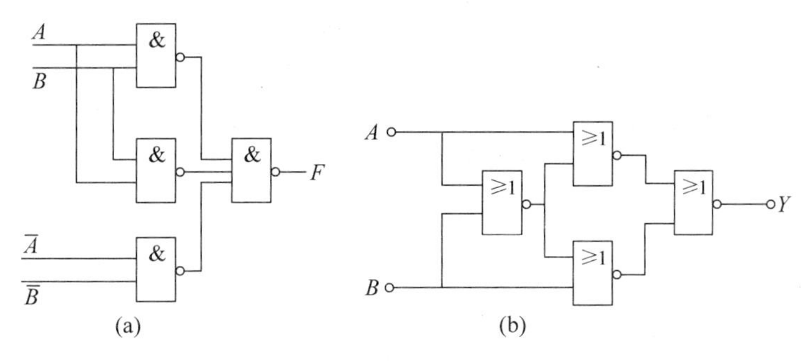

图 12.4 习题 12.8 的图

12.9 (1) 分析如图 12.5 所示的组合逻辑电路，写出其输出逻辑函数表达式；

(2) 并分析 LS138 3 线-8 线译码器和与非门组成的电路。

12.10 组合逻辑电路如图 12.6 所示。指出该电路在下列两种情况下所实现的逻辑功能。

(1) 当 S_1、S_0 为控制输入变量，$I_0 \sim I_3$ 为数据输入变量时。

(2) 当 $I_0 \sim I_3$ 为控制输入变量，S_1、S_0 为数据输入变量时。

12.11 有三台电动机 A、B、C。现要求：A 开机则 B 必须开机；B 开机则 C 必须开机。若不满足上述要求应发出报警信号。开机设为 1，不开机设为 0；报警为 1，不报警为 0。

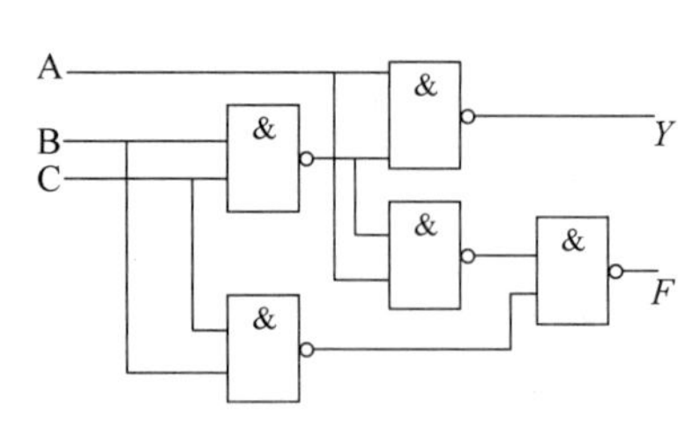

图 12.5　习题 12.9 的图

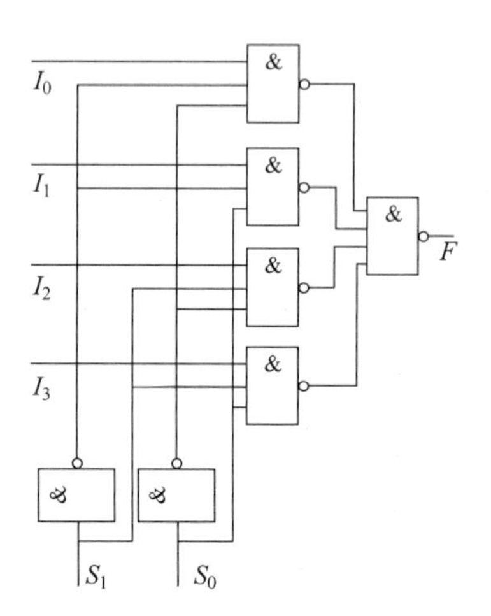

图 12.6　习题 12.10 的图

（1）试写出报警信号的逻辑表达式；

（2）画出用与非门实现的逻辑电路。

12.12　化简 $Y=AD+\overline{C}\overline{D}+\overline{A}\overline{C}+\overline{B}\overline{C}+D\overline{C}$，并用 74LS20 双输入与非门组成电路。

12.13　旅客列车分特快、直快和普快，并依次为优先通行次序。某站在同一时间只能有一趟列车从车站开出，即只能给出一个开车信号，试画出满足上述要求的逻辑电路。设 A、B、C 分别代表特快、直快、普快，开车信号分别为 Y_A、Y_B、Y_C。

12.14　设 A、B、C、D 是一个 8421 码的四位，若此码表示的数字 χ 符合 $\chi<3$ 或 $\chi>6$ 时，则输出为 1，否则为 0。试用与非门实现逻辑图。

12.15　试用 74LS138 型译码器实现习题 12.1 中的(1)、(2)、(4)小题的逻辑函数。

12.16　仿照全加器画出一位二进制数的全减器；输入被减数 A、减数 B、低位来的借位为 C、全减差为 D、向高位的借位数为 C_1。

第13章　触发器与时序逻辑电路

触发器是时序逻辑电路的基本单元，相当于组合逻辑电路中的门电路。时序逻辑电路的特点是任一时刻的输出变量不仅取决于该时刻的输入变量，而且与输入变量和输出变量的历史情况有关。在数字系统中，常需要保存一些数据和运算结果等，因而需要一些具备记忆功能的电路，由触发器组成的时序逻辑电路就可以完成这些任务。

13.1　双稳态触发器

触发器按其稳定工作状态的个数可分为双稳态触发器、单稳态触发器和无稳态触发器（多谐振荡器）等。双稳态触发器按其逻辑功能又可分为RS触发器、JK触发器和D触发器等；按其结构可分为主从型触发器和维持阻塞型触发器等。

13.1.1　RS触发器

1. 基本RS触发器

基本RS触发器由两个与非门G_1和G_2交叉连接而组成，如图13.1.1(a)所示。

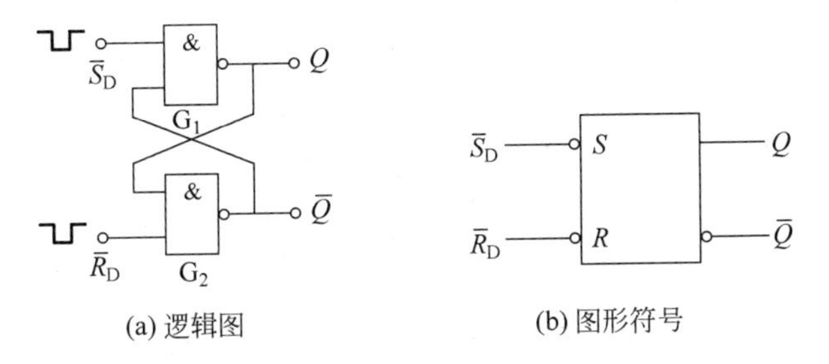

图13.1.1　基本RS触发器的逻辑图和图形符号

在图13.1.1(a)中，Q与$\bar{Q}$是触发器的输出端，正常情况下Q与$\bar{Q}$的状态是相反的，用Q表示其输出状态。基本RS触发器有两个稳定状态：一个是$Q=0$，称为复位状态（0态）；另一个是$Q=1$，称为置位状态（1态）。相应的输入端称为直接置0端（$\bar{R}_D$）和直接置1端（$\bar{S}_D$）。$\bar{R}_D$和$\bar{S}_D$平时接高电平，处于1态；加负脉冲后，由1态变0态。在图13.1.1(b)中，其输入端引线上靠近方框的小圆圈表示用负脉冲来置0或置1，低电平有效。

现按四种情况来分析触发器的逻辑功能。用Q_n表示原态，Q_{n+1}表示加触发信号后的新状（次态）。

(1) $\bar{S}_D=1$，$\bar{R}_D=0$。

当$\bar{R}_D$端给G_2门加负脉冲后，则G_2门输出高电平，故$\bar{Q}=1$；引回到G_1门的输入端，则G_1门输出低电平，故$Q=0$；再反馈到G_2门，即使输入负脉冲消失，仍有$\bar{Q}=1$。在此输入情况下，不论Q_n为何态，经触发器后翻转或保持0态，故$Q_{n+1}=0$。

(2) $\bar{S}_D=0$，$\bar{R}_D=1$。

当$\bar{S}_D$端给G_1门加负脉冲后，与情况(1)相仿。在此输入情况下，不论Q_n为何态，经触发器后翻转或保持1态，故$Q_{n+1}=1$。

(3) $\bar{S}_D=1, \bar{R}_D=1$。

这时，$\bar{S}_D$ 端和 $\bar{R}_D$ 端均未加负脉冲，触发器保持原态不变，即 $Q_{n+1}=Q_n$。

(4) $\bar{S}_D=0, \bar{R}_D=0$。

同时给 G_1 和 G_2 门加负脉冲时，两个与非门均输出 1，违反了 Q 与 $\bar{Q}$ 状态相反的逻辑关系。当负脉冲同时消失后，理论上两个门的输出都为 0，但实际输出由各种偶然因素决定其最终状态。因此这种情况在使用中应禁止出现。

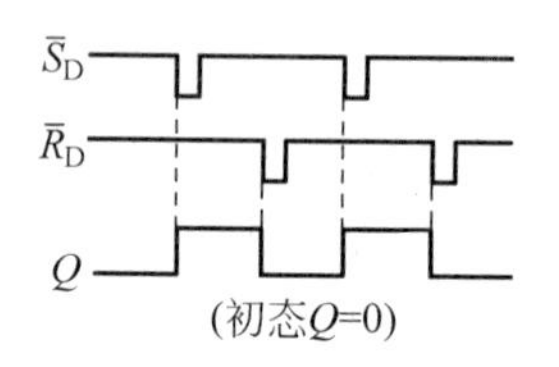

图 13.1.2 波形图

表 13.1.1 是基本 RS 触发器的逻辑状态表，可以与图 13.1.2 所示的波形图对照分析。

表 13.1.1 基本 RS 触发器的逻辑状态表

$\bar{S}_D$	$\bar{R}_D$	Q_{n+1}	功 能
1	0	0	置 0
0	1	1	置 1
1	1	Q_n	保持
0	0	不定	禁用

2. 可控 RS 触发器

在数字系统中，要求触发器的动作和其他部件相一致，就必须有一个同步信号来协调系统中各部件的工作。可控 RS 触发器是用一种正脉冲来控制触发器的翻转时刻，它就是时钟脉冲 CP。图 13.1.3(a)是可控 RS 触发器的逻辑图，它包括基本 RS 触发器和由于非门 G_3 和 G_4 组成的导引电路。R 和 S 是置 0 和置 1 信号输入端。

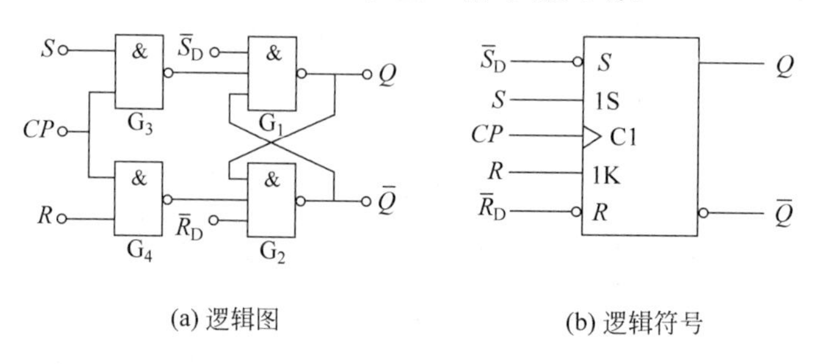

(a) 逻辑图　　(b) 逻辑符号

图 13.1.3 可控 RS 触发器

当 $CP=0$ 时，不论 R 和 S 的端电平如何变化，G_3 和 G_4 门都输出为 1，基本 RS 触发器保持原态。只有当 $CP=1$ 时，触发器才按 R、S 端的输入来控制其输出状态。

当 $CP=1$ 时，如果此时 $S=1, R=0$，则 G_3 门输出将变为 0，给 G_1 门提供一个置 1 负脉冲，触发器的输出端 Q 将翻转或保持 1 态。如果此时 $S=0, R=1$，则 G_4 门输出将变为 0，给 G_2 门提供一个置 0 负脉冲，触发器的输出端 Q 将翻转或保持 0 态。如果此时 $S=R=0$，则 G_3 门和 G_4 门均保持 1 态，不向基本触发器送负脉冲，触发器保持原态。如果此时 $S=R=1$，则 G_3 门和 G_4 门都向基本触发器送负脉冲，当时钟脉冲消失后，基本触发器的输出由偶然因素决定，应加以避免。

$\bar{R}_D$ 和 $\bar{S}_D$ 是直接复位和直接置位端，它们不经过时钟脉冲 CP 可以对基本触发器置 0 或置 1。通常用于设定初态状态，不用时让它们处于 1 态(高电平)。

表 13.1.2 是可控 RS 触发器的逻辑状态表,可以与图 13.1.4 所示的波形图对照分析。

表 13.1.2 可控 RS 触发器的逻辑状态表

S	R	Q_{n+1}	功　能
0	0	Q_n	保持
0	1	0	置 0
1	0	1	置 1
1	1	不定	禁用

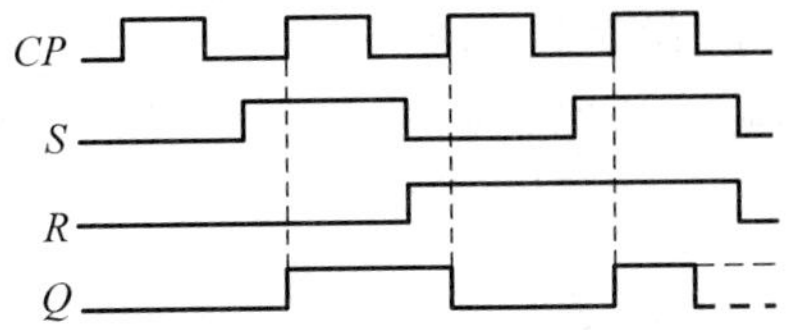

图 13.1.4 可控 RS 触发器的波形图(初态 $Q=0$)

13.1.2 JK 触发器

可控 RS 触发器只要 $CP=1$,R 和 S 输入端发生变化,触发器就要翻转。为提高触发器工作的可靠性,一般要求一个触发信号只翻转一次。

图 13.1.5(a)是主从型 JK 触发器的逻辑图,它由两个可控 RS 触发器级联组成,先后是主触发器和从触发器,主触发器的输出端接从触发器的输入端。时钟脉冲先使主触发器翻转,而后从触发器翻转。另外,还用一个非门联系两个触发器的时钟信号。J 和 K 是信号输入端,它们分别与 $\bar{Q}$ 和 Q 构成逻辑关系,成为主触发器的 S 端和 R 端,即

$$S = J\bar{Q}, \quad R = KQ$$

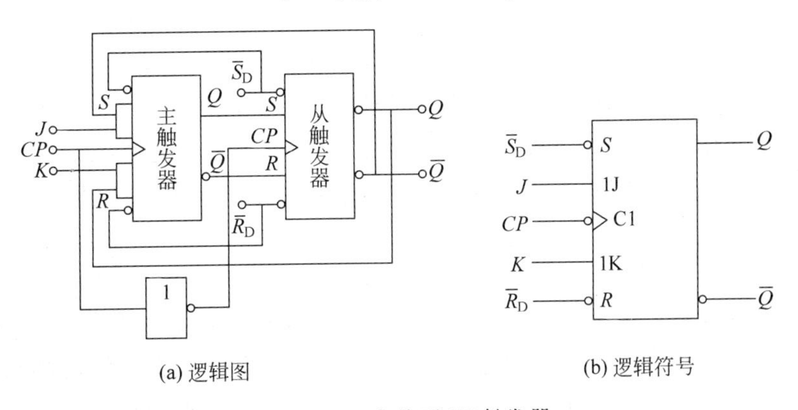

图 13.1.5 主从型 JK 触发器

下面分四种情况分析主从 JK 触发器的逻辑功能:

(1) $J=K=1$。

设时钟脉冲来到之前触发器的初始状态为 0,这时主触发器的 $S=J\bar{Q}=1$,$R=KQ=0$,当时钟脉冲到来后,即翻转为 1 态。当 CP 从 1 下跳为 0 时,从触发器动作,这样从触发器的 $S=1$、$R=0$,它也翻转为 1 态。主、从触发器状态一致。在 $J=K=1$ 的情况下,来一个时

钟脉冲，就使它翻转一次，即 $Q_{n+1}=\bar{Q}_n$，触发器具有计数功能。

(2) $J=K=0$。

设触发器初始状态为 0。当 $CP=1$ 时，由于主触发器的 $S=0,R=0$，它的状态保持不变。当 CP 下跳时，由于从触发器的 $S=0,R=1$，因此也保持原态不变。

(3) $J=1,K=0$。

设触发器初始状态为 1，当 $CP=1$ 时，由于主触发器的 $S=1,R=0$，它维持 1 态。当 CP 下跳时，由于从触发器的 $S=1,R=0$，也维持 1 态。此时触发器有置 1 功能。

(4) $J=0,K=1$。

类似于(3)分析，此时触发器有置 0 功能。

表 13.1.3 是主从型 JK 触发器的逻辑状态表，可以与图 13.1.6 所示的波形图对照分析。

表 13.1.3　主从型 JK 触发器的逻辑状态表

J	K	Q_{n+1}	功　能
0	0	Q_n	保持
0	1	0	置 0
1	0	1	置 1
1	1	$\bar{Q}_n$	计数

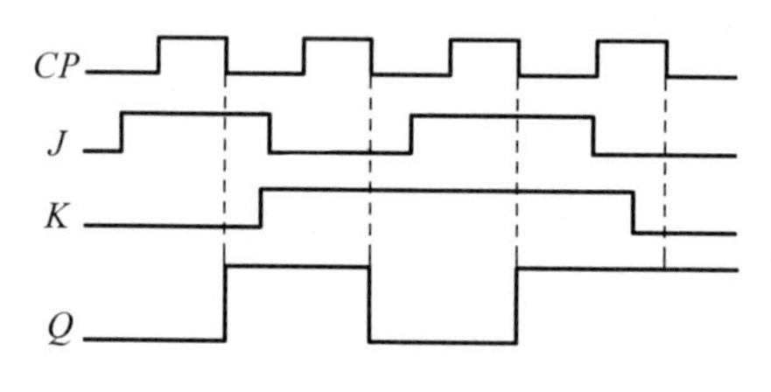

图 13.1.6　主从型 JK 触发器波形图

主从型触发器具有在 CP 从 1 下跳为 0 时翻转的特点，在图 13.1.5(b)中的 CP 输入端靠近方框处用小圆圈表示时钟下降沿触发的特点。主从 JK 触发器的 Q_{n+1} 除了与 Q_n 有关，还取决于 CP 下降沿到来瞬间 J、K 的状态，与其他瞬间 J、K 的状态无关。

13.1.3　维持阻塞型 D 触发器

主从型 JK 触发器要求主从触发器在 $CP=1$ 期间，输入信号 J、K 信号不变，否则会发生错误翻转。而维持阻塞 D 触发器是在时钟脉冲的上升沿发生翻转的，它的状态仅取决于时钟脉冲 CP 上升沿到来之前的 D 输入端状态；在 $CP=1$ 期间，D 输入端状态的变化对触发器没有影响。

在图 13.1.7 所示的维持阻塞 D 触发器中，有六个与非门组成，G_1、G_2 组成基本触发器，G_3、G_4 组成时钟控制电路，G_5、G_6 组成数据输入电路。

(1) $D=0$。

当时钟脉冲到来之前，G_3、G_4 和 G_6 输出为 1，G_5 输出为 0，这时触发器的状态不变。

当时钟脉冲的上升沿到来，G_5、G_6 和 G_3 输出保持原状态，但 G_4 的输出因全 1 输入变

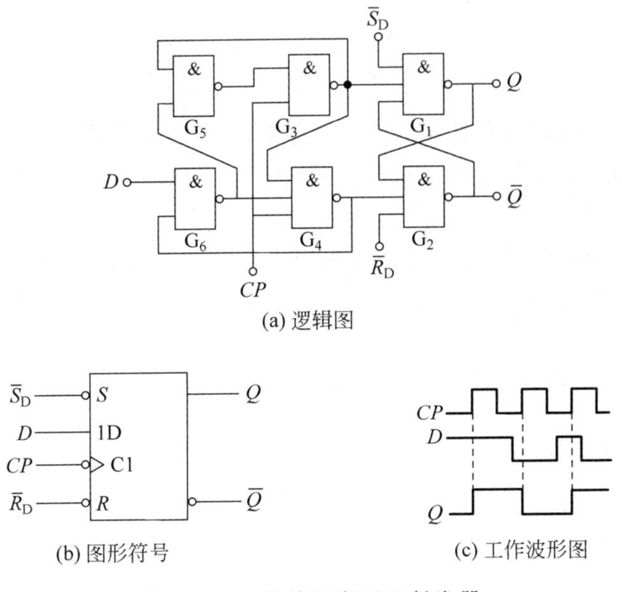

图 13.1.7　维持阻塞型 D 触发器

成 0。这个负脉冲使基本触发器置 0，同时反馈到 G_6 的输入端，使 $CP=1$ 期间不论 D 有何变化，触发器保持 0 态不变，不会发生空翻现象。

(2) $D=1$。

当时钟脉冲到来之前，G_3 和 G_4 输出为 1，G_6 输出为 0，G_5 输出为 1，这时，触发器状态不变。

当时钟脉冲的上升沿到来时，G_3 的输出由 1 变 0。该负脉冲使基本触发器置 1，同时反馈到 G_4 和 G_5 输入端，使 $CP=1$ 期间不论 D 做何变化，只能改变 G_6 的输出状态，而其他均保持不变，即触发器保持 1 态不变。

综上可知，维持阻塞型 D 触发器具有时钟脉冲上升沿触发的特点，其逻辑功能为：输出端 Q 的状态和该脉冲到来之前 D 的状态一致。于是可写成

$$Q_{n+1} = D$$

表 13.1.4 是维持阻塞型 D 触发器的逻辑状态表。

表 13.1.4　D 触发器的逻辑状态表

D	Q_{n+1}	**功　能**
0	0	置 0
1	1	置 1

在图 13.1.7(b)所示的图形符号中，时钟脉冲 CP 输入端靠方框处不加小圆圈，表示上升沿触发。

练习与思考

13.1.1　基本 RS 触发器的功能是什么？如何使触发器置 0 和置 1？

13.1.2　JK 触发器和 D 触发器的 $\overline{S}_D$ 和 $\overline{R}_D$ 有何作用？如果不用，该如何处理？

13.1.3　怎样连接能使 D 触发器和 JK 触发器具有计数功能？

13.2 寄 存 器

在数字电路中，常使用寄存器来暂时存放数据运算结果或代码等。一个触发器可以寄存一位二进制数，如果要存放 n 位二进制数，就需用 n 个触发器。常用的有四位、八位、十六位等寄存器。

寄存器存放数码的方式有并行和串行两种。并行方式就是指数码各位从各对应位输入端同时输入到寄存器中；串行方式就是数码从一个输入端逐位输入寄存器中。类似地，从寄存器中取出数码的方式也有并行和串行两种。

寄存器可分为数码寄存器和移位寄存器两种，其区别在于有无移位的功能。

13.2.1 数码寄存器

数码寄存器有寄存数码和清除原有数码的功能。如图 13.2.1 所示是用基本 RS 触发器组成的寄存四位二进制数码的寄存器，设输入二进制数是 1101，则如图 13.2.1 所示的数码寄存器的工作过程如下：

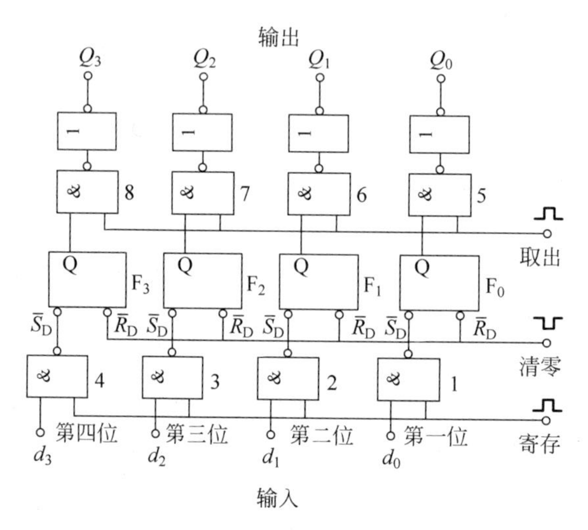

图 13.2.1　基本 RS 触发器组成四位数码寄存器

当寄存指令(正脉冲)到来以前，1～4 这四个与非门的输出全为 1。经过清零指令(负脉冲)，F_0～F_3 这四个基本 RS 触发器的输出全为 0。当寄存指令到来时，由于第一、三、四位数码输入为 1，与非门 4、3、1 的输出均为 0，输出置 1 负脉冲，使 F_3、F_2、F_0 置 1，而 F_1 状态不变。这样存数结束，若要取出时，可给与非门 5～8 发取出指令(正脉冲)，各位数码就在输出端 Q_3～Q_0 上取出。在获得取出指令时，Q_3～Q_0 均为 0。

13.2.2 移位寄存器

移位寄存器不仅能寄存数码，还能在移位指令作用下使寄存器中的各位数码依次左移、右移、双向移动。

图 13.3.2 是 JK 触发器组成的四位移位寄存器。F_0 接成 D 触发器，数据从 D 端输入。

设寄存二进制数为1010，按时钟脉冲(移位脉冲)的工作节拍从高位到低位依次串行送到D端。工作之初先清零。首先$D=1$，第一个时钟脉冲的下降沿到来后触发器F_0翻转，$Q_0=1$，其他仍保持0态。接着$D=0$，第二个时钟脉冲的下降沿到来时F_0和F_1同时翻转，此时F_1的J端为1，F_0的J端为0，所以$Q_1=1$，$Q_0=0$，Q_2和Q_3仍为0态。以后的过程如表13.2.1所示，移位一次，存入一个新数码，直到第四个脉冲的下降沿到来时，存数结束。这时，可从四个触发器的Q端并行数码输出，也可以再经四个时钟脉冲，将存放的数据从Q_3端逐位串行输出。

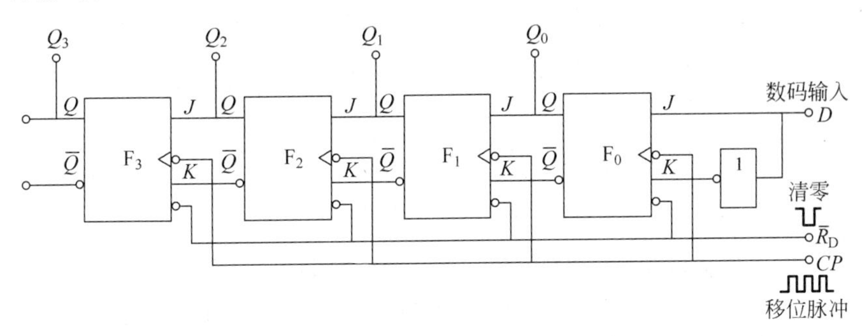

图13.2.2　JK触发器组成的四位移位寄存器

表13.2.1　移位寄存器的状态表

移位脉冲数	寄存器中的数码				移位过程
	Q_3	Q_2	Q_1	Q_0	
0	0	0	0	0	清零
1	0	0	0	1	左移一位
2	0	0	1	0	左移二位
3	0	1	0	1	左移三位
4	1	0	1	0	左移四位

图13.2.3是74LS194型双向移位寄存器的外引线排列和逻辑符号。各外引线端的功能如下：

- 1为数据清零端$\overline{R}_D$，低电平有效。
- 3～6为并行数据输入端D_3～D_0。
- 12～15为数据输出端Q_0～Q_3。
- 2为右移串行数据输入端D_{SR}。
- 7为左移串行数据输入端D_{SL}。
- 9,10为工作方式控制端S_0、S_1。
  - ◆ $S_1=S_0=1$时，数据并行输入。
  - ◆ $S_1=0,S_0=1$时，右移数据输入。
  - ◆ $S_1=1,S_0=0$时，左移数据输入。
  - ◆ $S_1=S_0=0$时，寄存器处于保持状态。
- 11为时钟脉冲输入端CP，上升沿有效($CP\uparrow$)。

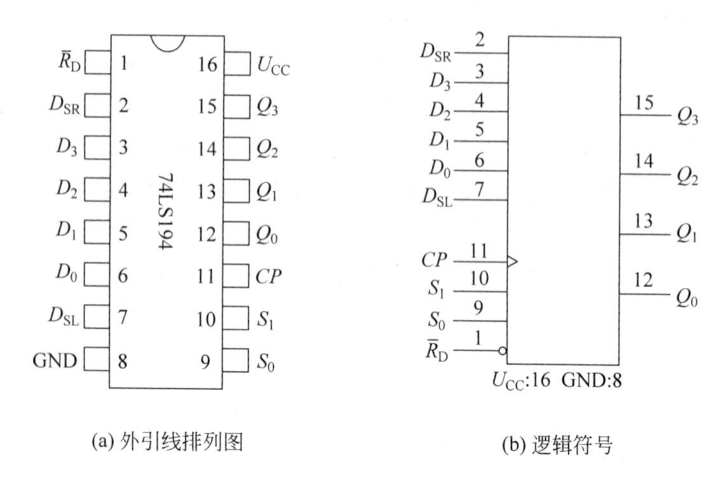

(a) 外引线排列图　　　　(b) 逻辑符号

图 13.2.3　74LS194 型双向移位寄存器

分析 74LS194 型移位寄存器的功能表(见表 13.2.2)可知,第一行清零;第二行无时钟信号保持;第三行并行输入;第四行数据右移串行输入,d 是右移数据输入的数据;第五行是数据左移串行输入,d 是左移数据输入的数据;第六行即使有时钟信号,但工作方式控制端使寄存器处于保持状态保持。

表 13.2.2　74LS194 型移位寄存器的功能表

输入										输出			
$\overline{R}_D$	CP	S_1	S_0	D_{SL}	D_{SR}	D_3	D_2	D_1	D_0	Q_3	Q_2	Q_1	Q_0
0	×	×	×	×	×	×				0	0	0	0
1	0	×	×	×	×	×				Q_{3n}	Q_{2n}	Q_{1n}	Q_{0n}
1	↑	1	1	×	×	d_3	d_2	d_1	d_0	d_3	d_2	d_1	d_0
1	↑	0	1	×	d	×				d	Q_{3n}	Q_{2n}	Q_{1n}
1	↑	1	0	d	×	×				Q_{2n}	Q_{1n}	Q_{0n}	d
1	×	0	0	×	×	×				Q_{3n}	Q_{2n}	Q_{1n}	Q_{0n}

【例 13.2.1】 如图 13.2.4 所示为用两片 74LS194 型四位移位寄存器组成的八位双向移位寄存器的电路,分析其工作原理。

解　讨论电路原理时,在众多输入中应按功能表中从左到右的顺序去分析。两片的 $\overline{R}_D=1$,两片的 $S_1=G$,$S_0=\overline{G}$,故 $G=0$ 时,数据右移;$G=1$ 时,数据左移。第Ⅰ片的 D_{SL} 端接第Ⅱ片的 Q_3 端,第Ⅱ片的 D_{SL} 端外接左移串行数据,表明第Ⅰ片的 Q_3、Q_2、Q_1、Q_0 表示高四位,而第Ⅱ片的 Q_3、Q_2、Q_1、Q_0 表示低四位。所以在右移数据输入时,第Ⅰ片的 D_{SR} 外接右移串行数据输入,第Ⅱ片的 D_{SR} 端接第Ⅰ片的 Q_0 端。

练习与思考

13.2.1　移位寄存器有几种类型?它有几种输入、输出方式?

13.2.2　数码寄存器与移位寄存器有什么区别?

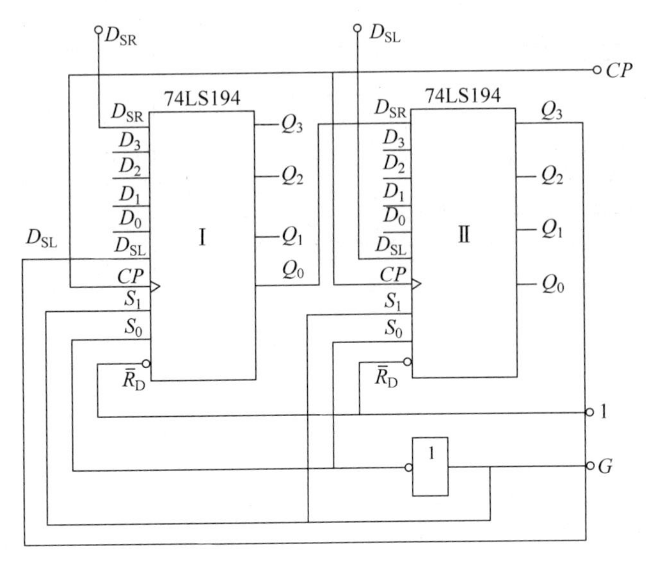

图 13.2.4 用两片 74LS194 型移位寄存器接成八位双向移位寄存器的电路

13.3 计 数 器

在数字系统中,计数器的应用十分广泛,它不仅可以累计输入脉冲的数目,还可以用于分频、产生序列脉冲、定时等操作。计数器可以进行加法计数,也可以进行减法计数,或是进行两者兼有的可逆计数。若从进位制来分,有二进制计数器、十进制计数器(也称二-十进制计数器)等多种。

13.3.1 二进制计数器

由 n 个触发器构成的计数器,可以记录 2^n 个脉冲,即为二进制计数器。表 13.3.1 所列的是三位二进制可逆计数器的状态表。其中二进制数和十进制数两大列中,第一行表示加法计数器,第二行表示减法计数器(加括号以示区别)。

表 13.3.1 三位二进制可逆计数器的状态表

计数脉冲数	二进制数			十进制数
	Q_2	Q_1	Q_0	
0	0 (0	0 0	0 0)	0 (0)
1	0 (1	0 1	1 1)	1 (7)
2	0 (1	1 1	0 0)	2 (6)
3	0 (1	1 0	1 1)	3 (5)

续表

计数脉冲数	二进制数			十进制数
	Q_2	Q_1	Q_0	
4	1 (1	0 0	0 0)	4 (4)
5	1 (0	0 1	1 1)	5 (3)
6	1 (0	1 1	0 0)	6 (2)
7	1 (0	1 0	1 1)	7 (1)
8	0 (0	0 0	0 0)	0 (0)

1. 异步二进制计数器

由表 13.3.1 可知，每来一个计数脉冲，最低位触发器翻转一次，而高位触发器是在相邻的低位触发器从 1 变为 0(加法)进位或从 0 变 1(减法)借位时才翻转。图 13.3.1(a)和(b)分别是 D 触发器构成的三位异步加法和减法计数器。

图中每个触发器的 D 端都与自己的 $\bar{Q}$ 相连，当时钟脉冲的上升沿来临时发生翻转，即 $Q_{n+1}=\bar{Q}_n$ 具有计数功能。两图中 F_0 的时钟脉冲都来源于外部输入计数脉冲，而 F_1 和 F_2 的时钟脉冲是不相同的。在图 13.3.1(a)所示的加法计数器中，$\bar{Q}_0 \to CP_1$，$\bar{Q}_1 \to CP_2$，当 $Q_0(Q_1)$由 1 变 0 时，$\bar{Q}_0(\bar{Q}_1)$由 0 变 1 时，$F_1(F_2)$发生翻转；在图 13.3.1(b)所示的减法计数器中，$Q_0 \to CP_1$，$Q_1 \to CP_2$，当 $Q_0(Q_1)$由 0 变 1 时，$F_1(F_2)$发生翻转。由于各位触发器的状态变化不会发生在同一时刻，所以称为异步计数器。图 13.3.2 是该计数器的工作波形图。

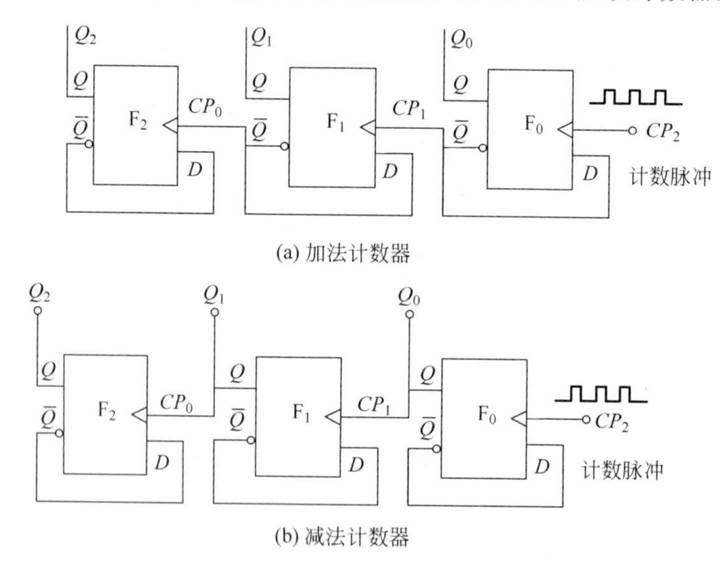

图 13.3.1　三位异步二进制加法、减法计数器

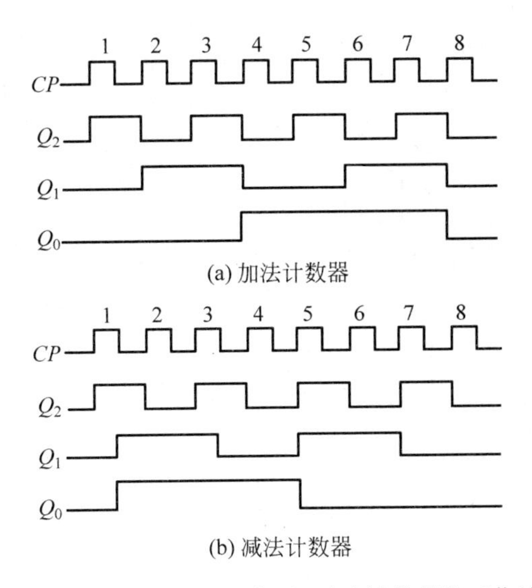

图 13.3.2 三位异步二进制加法、减法计数器的工作波形图

2. **同步二进制计数器**

异步计数器从计数脉冲进入到最后一个触发器翻转至规定的状态，需要花费较长的时间，当计数器位数越多，问题就越严重。为了提高计数器的工作速度，可采用同步计数器。

图 13.3.3 是由主从型 JK 触发器组成的四位同步二进制加法计数器，由于计数脉冲同时加到各位触发器的 CP 端，它们的状态的变化与计数脉冲同步。要实现加法计数功能，需从各位触发器的 J、K 端来设计。

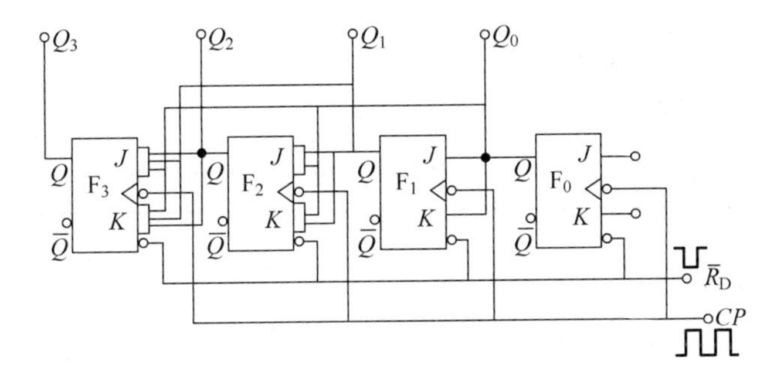

图 13.3.3 主从型 JK 触发器组成的四位同步二进制加法计数器

(1) 第一位触发器 F_0，每来一个计数脉冲就翻转一次，故 $J_0=K_0=1$。

(2) 第二位触发器 F_1，当 $Q_0=1$ 时再来一个脉冲才翻转，故 $J_1=K_1=Q_0$。

(3) 第三位触发器 F_2，当 $Q_1=Q_0=1$ 时再来一个脉冲才翻转，故 $J_2=K_2=Q_1Q_0$。

(4) 第四位触发器 F_3，在 $Q_2=Q_1=Q_0=1$ 时再来一个脉冲才翻转，故 $J_3=K_3=Q_2Q_1Q_0$。

图中触发器的输入端有多个输入时，其输入之间是与的逻辑关系。当 JK 触发器 $J=K=0$ 时，$Q_{n+1}=Q_n$ 保持；当 $J=K=1$ 时，$Q_{n+1}=\overline{Q}_n$ 计数。

图 13.3.4 是 74LS161 型四位同步二进制计数器的外引线排列和逻辑符号。

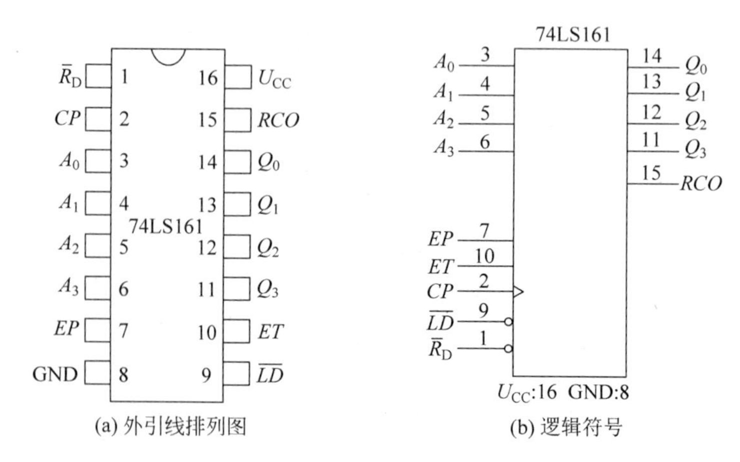

(a) 外引线排列图　(b) 逻辑符号

图 13.3.4　74LS161 型四位同步二进制计数器

各外引线的功能如下。

1 为清零端 $\bar{R}_D$，低电平有效。

2 为时钟脉冲输入端 CP，上升沿有效($CP\uparrow$)。

3～6 为数据输入端 $A_0 \sim A_3$，可预置任何一个四位二进制数。

7 和 10 为计数控制端：当两者全为高电平时，计数；只有一个低电平时，计数器保持原态。

9 为同步并行置数控制端$\overline{LD}$，低电平有效。

11～14 为数据输出端 $Q_3 \sim Q_0$。

15 为进位输出端 RCO，高电平有效。

74LS161 型同步二进制计数器的功能表如表 13.3.2 所示。

表 13.3.2　74LS161 型同步二进制计数器的功能表

输入									输出			
$\bar{R}_D$	CP	$\overline{LD}$	EP	ET	A_3	A_2	A_1	A_0	Q_3	Q_2	Q_1	Q_0
0	×	×	×	×		×			0	0	0	0
1	↑	0	×	×	d_3	d_2	d_1	d_0	d_3	d_2	d_1	d_0
1	↑	1	1	1		×				计数		
1	×	1	0	×		×				保持		
1	×	1	×	0		×				保持		

【例 13.3.1】 试用两片 74LS161 组件组成八位二进制计数器。

解 将两片 74LS161 组件的 CP 端一起接计数脉冲 CP 端。第Ⅰ片(低四位)的计数控制端 EP 和 ET 均接高电平，为计数状态；第Ⅱ片的 EP 也接高电平，但它的 ET 接入第Ⅰ片的进位输出端 RCO，只有当第Ⅰ片的 $Q_3=Q_2=Q_1=Q_0=1$，第Ⅱ片才可以计数，逢十六个计数脉冲，第Ⅱ片 74LS161 才计数一次，所以它们组成了一个八位二进制计数器，见图 13.3.5。在图中，注意引脚 1 与高电平 1 的区别。

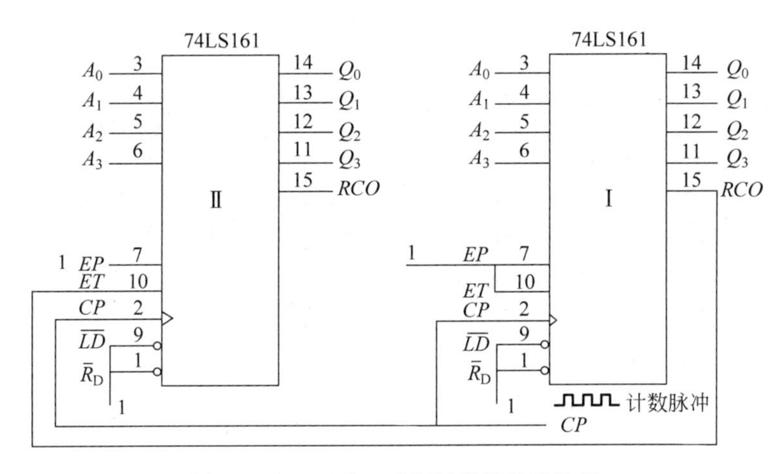

图 13.3.5 八位二进制计数器的连接图

13.3.2 十进制计数器

二进制计数器结构简单,但在许多场合采用十进制更为方便。用四位二进制数来代表十进制的每一位数,所以也称为二-十进制计数器。

通常使用 8421 编码方式,用四位二进制前面的 0000～1001 表示十进制的 0～9 十个数码,当第十个脉冲到来时,由 1001 变成 0000。

图 13.3.6 是 74LS290 型异步二-五-十进制计数器的逻辑图和外引线排列图。$R_{0(1)}$ 和 $R_{0(2)}$ 是清零输入端,由表 13.3.3 可见,当两端全为 1 时,将四位触发器清零;$S_{9(1)}$ 和 $S_{9(2)}$ 是置"9"输入端,当两端全为 1 时,$Q_3Q_2Q_1Q_0=1001$,即表示十进制数 9。清零时,$S_{9(1)}$ 和 $S_{9(2)}$ 中至少有一个端为 0,不使置 1,以保证清零可靠。它有两个时钟脉冲输入端 CP_0 和 CP_1。下面按二进制、五进制、十进制三种情况来进行分析。

表 13.3.3 74LS290 计数器的功能表

$R_{0(1)}$	$R_{0(2)}$	$S_{9(1)}$	$S_{9(2)}$	Q_3	Q_2	Q_1	Q_0
1	1	0	×	0	0	0	0
1	1	×	0	0	0	0	0
×	×	1	1	1	0	0	1
×	0	×	0	计数			
0	×	0	×	计数			
0	×	×	0	计数			
×	0	0	×	计数			

(1) 只输入计数脉冲 CP_0,由 Q_0 输出,F_1～F_3 三位触发器不用,为二进制计数器。

(2) 只输入计数脉冲 CP_1,由 $Q_3Q_2Q_1$ 输出,为五进制计数器,现分析如下:

由图可得出 F_1、F_2、F_3 三位触发器 J、K 端的逻辑关系式

$$J_1=\bar{Q}_3 \qquad K_1=1$$

$$J_2=1 \qquad K_2=1$$

$$J_3=Q_1Q_2 \qquad K_3=1$$

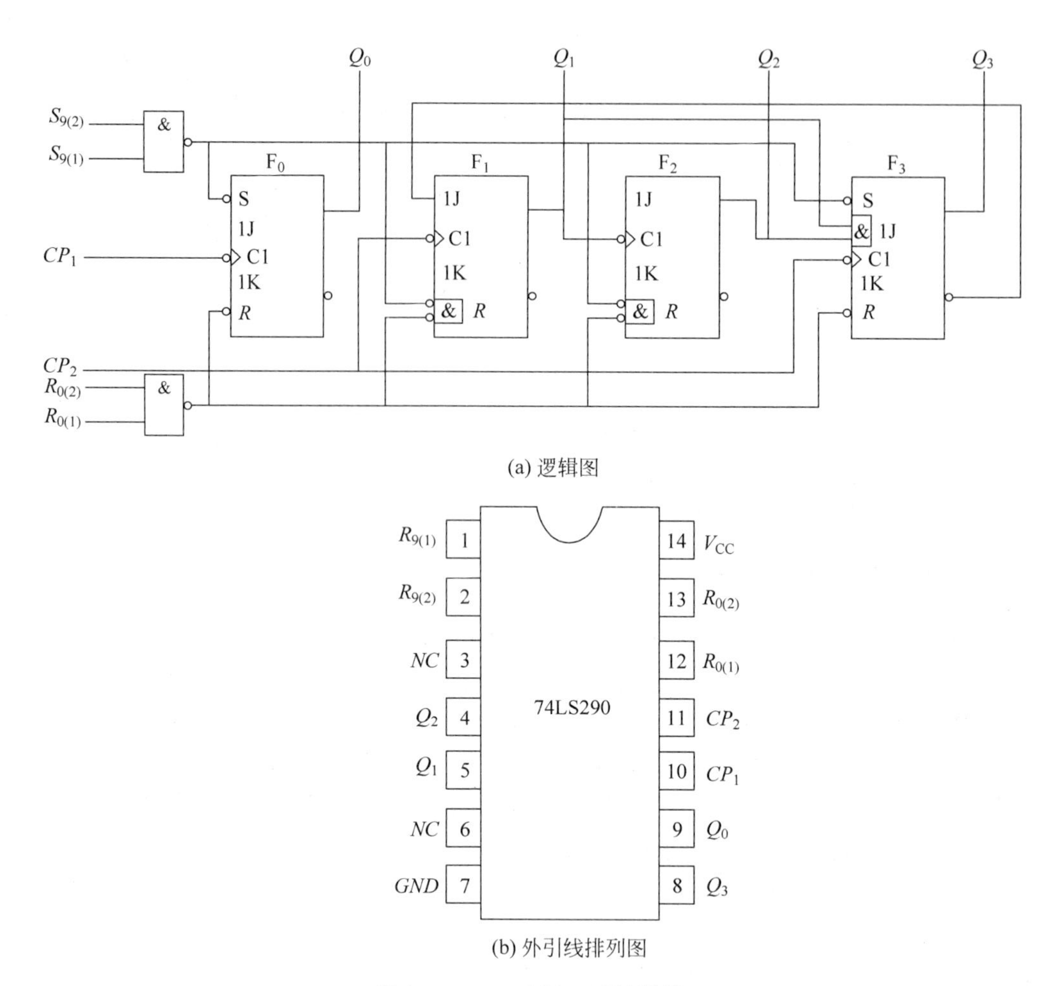

(a) 逻辑图

(b) 外引线排列图

图 13.3.6　74LS290 型计数器

将清零初始状态 $Q_3Q_2Q_1=000$ 代入，可列写表 13.3.4 所示的五进制计数器的状态分析表。

表 13.3.4　五进制计数器的状态分析表

计数脉冲数	$J_3=Q_1Q_2$	$K_3=1$	$J_2=1$	$K_2=1$	$J_1=\bar{Q}_3$	$K_1=1$	Q_3	Q_2	Q_1
0	0	1	1	1	1	1	0	0	0
1	0	1	1	1	1	1	0	0	1
2	0	1	1	1	1	1	0	1	0
3	1	1	1	1	1	1	0	1	1
4	0	1	1	1	0	1	1	0	0
5	0	1	1	1	1	1	0	0	0

由此可见，经过五个脉冲循环一次，故为五进制计数器。

(3) 将 Q_0 端与 $F_1(F_3)$ 的 CP 端连接，输入计数脉冲 CP_0。当 Q_0 由 1 变 0 时，五进制计数器工作，从 Q_3、Q_2、Q_1、Q_0 获得 8421 码的异步十进制计数器。

13.3.3 任意进制计数器

目前常用的计数器主要是二进制和十进制，当需要其他进制的计数器时，只需将现有的计数器改接可得。

若一片计数器为 M 进制，欲构成的计数器为 N 进制，构成任意进制计数器的原则是：当 $M>N$ 时，只需一片计数器即可；当 $M<N$ 时，则需要几片 M 进制计数器才可以构成 N 进制的计数器。

用计数器构成任意进制计数器常用的方法有反馈清零法、级联法和反馈置数法。下面介绍前两种改接方法。

1. 反馈清零法

将计数器适当改接，利用其清零端进行反馈置 0，可得出小于原进制的多种进制计数器。例如，图 13.3.7 就是利用 74LS290 型十进制计数器改接成的三进制和九进制计数器。在图 13.3.7(a)中，用 F_1、F_2、F_3 构成的五进制计数器，所以 CP_1 接计数脉冲，它从 000 开始，当二个脉冲后，变成 010，当第三个脉冲到来后，出现 011 状态，由于 Q_2 和 Q_1 分别接到 $R_{0(2)}$ 和 $R_{0(1)}$ 清零端，强迫清零，011 这个状态转瞬即逝，无法显示，立即回到 000。它经过三个脉冲循环一次，故为三进制计数器，其状态循环如图 13.3.8 所示。同理，图 13.3.7(b)是九进制计数器。

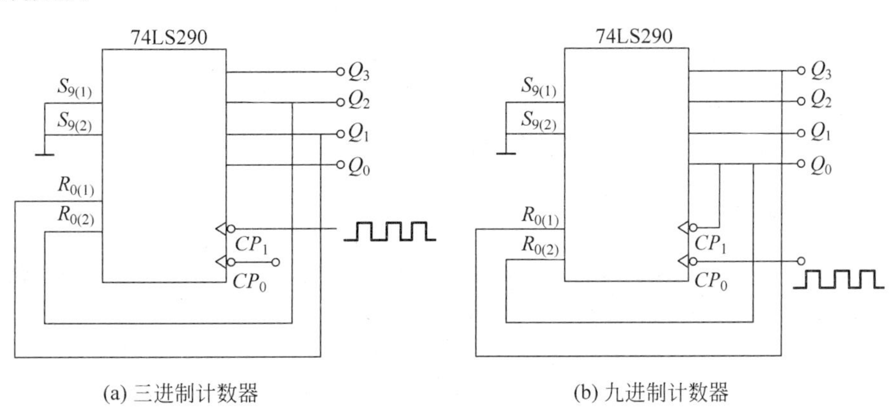

(a) 三进制计数器　　(b) 九进制计数器

图 13.3.7　74LS290 型三进制和九进制计数器

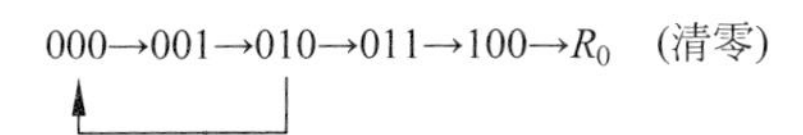

图 13.3.8　三进制计数器的状态循环图($Q_3Q_2Q_1$)

2. 级联法

当 $M<N$ 时，需用两片以上计数器才能实现任意进制计数器，这时需采用级联法。下面先看由两片 74LS290 构成的六十进制计数器，它的个位(Ⅰ)为十进制，十位(Ⅱ)为六进制，电路连接如图 13.3.9 所示。个位计数器的最高位 Q_3 连到十位计数器的 CP_0 端。

个位十进制计数器经过十个脉冲循环一次，每当第十个脉冲到来时，Q_3 由 1 变为 0，相当于一个下降沿，使十位的六进制计数器计数。个位计数器经过第一次十个脉冲，十位计数器计数为 0001；经过第二次十个脉冲，十位计数器计数为 0010；一直到第六次十个脉冲，十

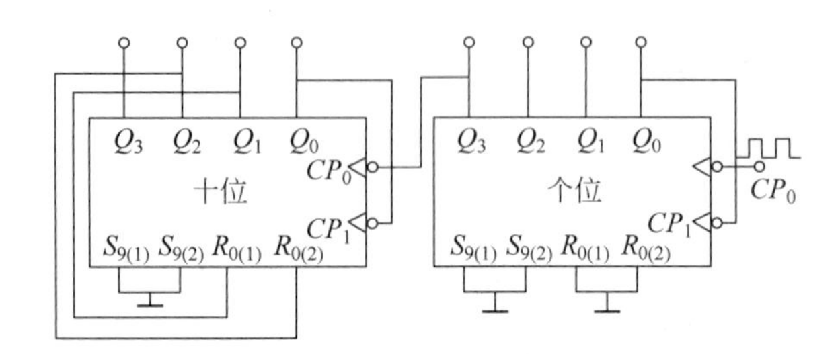

图 13.3.9　六十进制计数器的连接图

位计数器计数为 0110。接着，个位和十位计数器都清零，恢复 0000。

练习与思考

13.3.1　异步计数器和同步计数器有何区别？

13.3.2　试用两片 74LS290 型异步十进制计数器构成百进制计数器。

13.4　555 定时器及其应用

555 定时器是一种广泛应用的数字电路与模拟电路相结合的中规模集成电路。按内部组成不同，555 定时器可分为双极型（如 CB555）和 CMOS 型（如 C7555）两类。前者具有较大的驱动能力，可输出达 200mA 的电流，能直接驱动发光二极管、扬声器、继电器等负载，定时器的电源电压范围为 5～16V；后者的输入阻抗高，功耗低，定时器的电源电压为 3～18V。

555 定时器使用灵活、方便，只需连接少数电阻和电容元件就可以构成单稳态触发器、多谐振荡器。因而常用于信号的产生、变换以及检测和控制电路中。

13.4.1　555 定时器

如图 13.4.1(a)所示为 CB555 定时器的原理电路，图 13.4.1(b)所示为其引脚排列图。CB555 定时器的引脚编号及其功能是一致的。

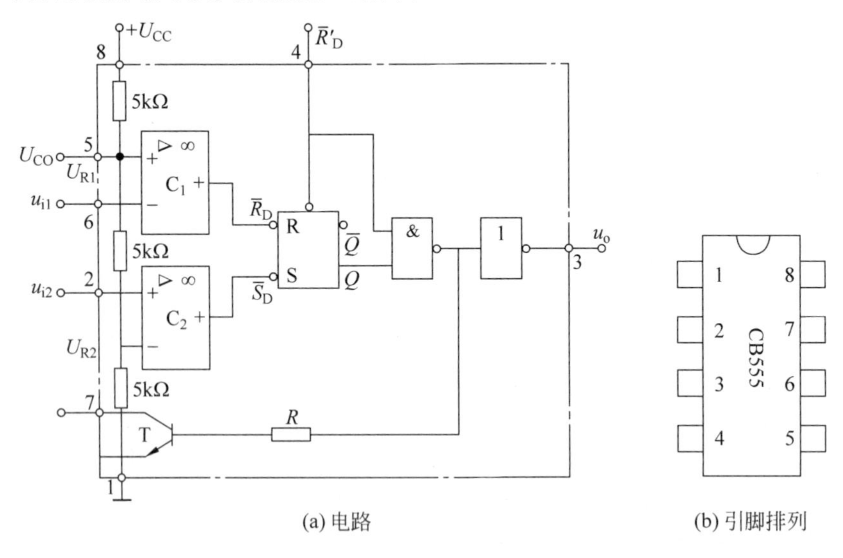

(a) 电路　　(b) 引脚排列

图 13.4.1　CB555 定时器

555 定时器的基本组成包括由三个电阻 R 组成的分压器、两个电压比较器 C_1 和 C_2、一个基本 RS 触发器及由晶体管 T 组成的放电电路。

部分引脚的作用如下：

- 引脚 2 为触发信号(脉冲或电平)输入端。
- 引脚 5 为电压控制端，可以在此端接与引脚 8 不同的电压，该端不用时一般通过 0.01μF 电容接地，以防止外部干扰。
- 引脚 6 为高电平触发端。
- 引脚 7 为放电端。

在分析 555 定时器的工作原理时，应注意以下几点：

(1) 当引脚 5 不用时，电压比较器 C_1 的参考电压为 $U_{R1}=\frac{2}{3}U_{CC}$，而电压比较器 C_2 的参考电压为 $U_{R2}=\frac{1}{3}U_{CC}$；如果 5 端外接固定电压 U_{CO} 时，则 $U_{R1}=U_{CO}$，$U_{R2}=\frac{1}{2}U_{CO}$。

(2) C_1 的输出端控制基本 RS 触发器的 $\bar{R}_D$ 端，C_2 的输出端控制 $\bar{S}_D$ 端，用两个电压比较器的输出去控制基本 RS 触发器的状态。当 $Q=0$，$\bar{Q}=1$ 时，T 饱和导通；当 $Q=1$，$\bar{Q}=0$ 时 T 截止。

(3) $\bar{R}'_D$ 是基本 RS 触发器的置 0 输入端，低电平有效，加上低电平时，输出电压 $u_o=0$，不受其他输入状态的影响。正常工作时，$\bar{R}'_D=1$。

将上述关系可归纳为表 13.4.1。

表 13.4.1　CB555 的工作原理说明表

$\bar{R}'_D$	u_{i1}	u_{i2}	$\bar{R}_D$	$\bar{S}_D$	Q	u_o	T
0	×	×	×	×	×	0	导通
1	$>U_{R1}$	$>U_{R2}$	0	1	0	0	导通
1	$<U_{R1}$	$<U_{R2}$	1	0	1	1	截止
1	$<U_{R1}$	$>U_{R2}$	1	1	保持	保持	保持

13.4.2　由 555 定时器组成的单稳态触发器

单稳态触发器只有一个稳态，在触发信号未加之前，触发器处于稳态，经信号触发后，触发器翻转，但新的状态只能暂时保持，经过一定时间后自动翻转到原来的稳定状态。

图 13.4.2(a)是其工作波形图，图 13.4.2(b)是用符号表示的电路。555 定时器接成单稳态触发器的主要特征是引脚 2 应输入触发负脉冲。

1. 单稳态触发器的工作原理

在 t_1 以前，无负脉冲输入，$u_i=1$，其电平值大于 $\frac{1}{3}U_{CC}$，故电压比较器 C_2 的输出为 1。若触发器的原状态 $Q=0$，$\bar{Q}=1$，则晶体管 T 饱和导通，$u_C\approx 0.3$V，故 C_1 输出也为 1，触发器的状态保持不变。若 $Q=1$，$\bar{Q}=0$，则 T 截止，U_{CC} 通过电阻 R 对电容 C 充电，当 u_C 上升到稍高于 $\frac{2}{3}U_{CC}$ 时，比较器 C_1 的输出为 0，使触发器翻转为 $Q=0$，$\bar{Q}=1$。

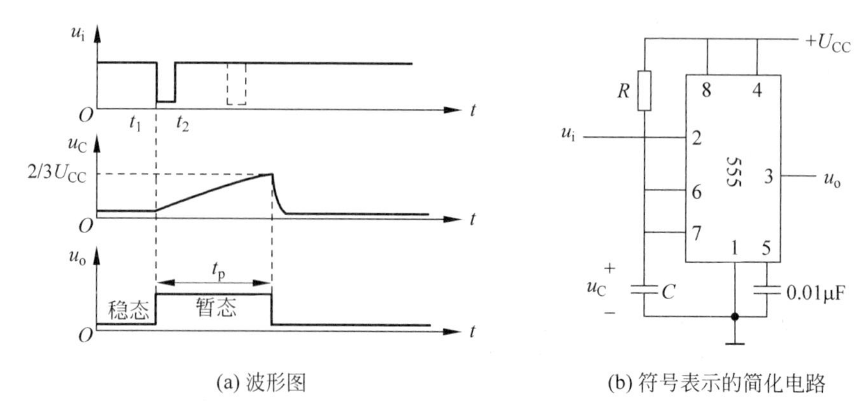

(a) 波形图　　(b) 符号表示的简化电路

图 13.4.2　用 555 定时器组成单稳态触发器

由此可见，单稳态触发器的稳定状态是 $Q=0$，即输出电压 u_o 为 0。

当 t_1 时刻负脉冲到来时，电容电压不跳变，比较器 C_1 的输出仍为 1；由于 $u_i=0$，比较器 C_2 的输出为 0，故触发器置 1。即有负脉冲输入时触发器由稳态的 0 翻转为 1，进入暂态。

当 $Q=1$，$\bar{Q}=0$ 时，放电管 T 截止，电源又开始对电容充电。在 t_2 时刻负脉冲消失，比较器 C_2 的输出变为 1。只要 u_C 不大于$\frac{2}{3}U_{CC}$，比较器 C_1 的输出仍为 1。可见在暂态期间，触发器的 $\bar{R}_D=\bar{S}_D=1$，故能保持 $Q=1$ 的暂态不变。

当电容充电至 u_C 稍大于$\frac{2}{3}U_{CC}$时，比较器 C_1 的输出变为 0，而比较器 C_2 的输出仍为 1，此时触发器置 0，故触发器又返回 $Q=0$。至此，暂态过程结束。

对于以上过程的分析，可得如下结论：

(1) 单稳态触发器是依靠负脉冲的触发而产生状态翻转的。无触发脉冲输入时，输入 u_i 高电平（大于$\frac{1}{3}U_{CC}$），触发器处于稳态，$Q=0$。

(2) 当触发负脉冲到来时，触发器进入暂态 $Q=1$，在暂态中持续的时间由 u_C 从 0 上升到$\frac{2}{3}U_{CC}$所用的时间 t_p 决定。脉冲宽度 t_p 可由下式计算

$$t_p = RC\ln 3 = 1.1RC \tag{13.4.1}$$

(3) 在暂态期间，如果又有负脉冲输入，如图 13.4.2(a)中虚线所示，则该脉冲不起作用，说明这种单稳态触发器不能重复触发。

(4) 如果触发脉冲的宽度大于 t_p，则触发器将不能返回稳态。

2. 单稳态触发器的应用

(1) 用单稳态触发器做定时器

单稳态触发器的暂态脉冲宽度可以从几个微秒到数分钟，精度也非常高，因此常用做定时器。

图 13.4.3(a)所示是单稳态触发器做定时器的电路，图 13.4.3(b)所示是其工作波形。

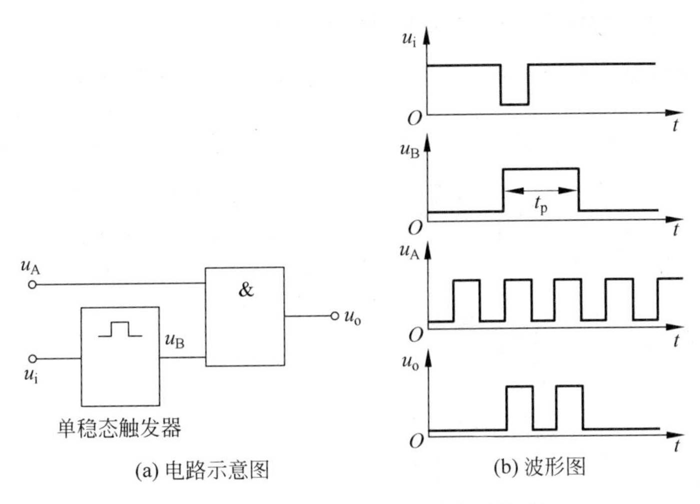

(a) 电路示意图　　(b) 波形图

图 13.4.3　单稳态触发器的定时控制

图 13.4.3(a)中的与非门是控制门，u_A 是待传送的高频脉冲信号，单稳态触发器的输出 u_B 控制着 u_A 信号。当单稳态触发器处于稳态时，u_A 信号不能通过控制门；当单稳态触发器处于暂态时，信号 u_A 可以通过控制门输出。控制门输出信号的时间长短，可以由单稳态触发器的暂态时间来确定。

(2) 用单稳态触发器组成整形电路

通常由光电管构成的脉冲源的输出波形是不规则的，边沿不陡，幅度也不齐，无法直接输入到数字装置，需要用单稳态触发器来整形，如图 13.4.4(a)所示。用图 13.4.4(b)来说明，当输入信号 u_i 小于$\frac{1}{3}U_{CC}$时，单稳态触发器进入暂态。调整宽度 t_p，使 $t_p>t_L$。经过 t_p 一段时间后，单稳态触发器返回稳态。经整形后的波形 u_o 近似为理想的矩形波。

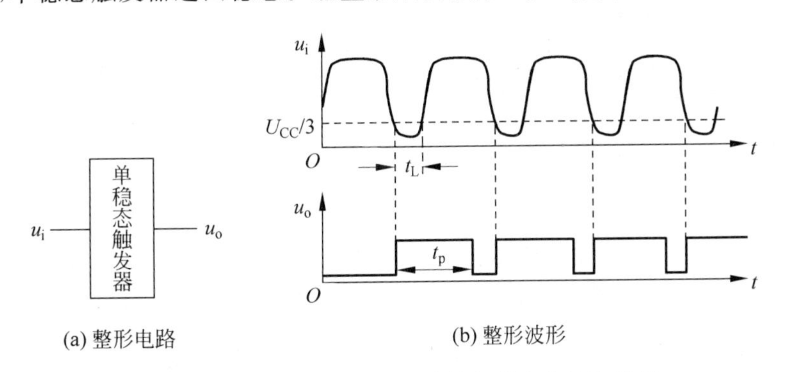

(a) 整形电路　　(b) 整形波形

图 13.4.4　单稳态触发器组成的整形电路及波形图

13.4.3　用 555 定时器组成的多谐振荡器

多谐振荡器也称为无稳态触发器，它没有稳定的状态，在无需触发的情况下，其输出状态在 1 和 0 之间周期性地转换，其输出波形为周期性变化的矩形波。由于矩形波中含有丰富的谐波成分，所以这种电路又称为多谐振荡器。

图 13.4.5(a)所示是用 555 定时器组成的多谐振荡电路，图 13.4.5(b)是其工作波形，图 13.4.5(c)是用符号表示的电路。由 555 定时器组成的多谐振荡器的主要特征是电路不需要输入信号。

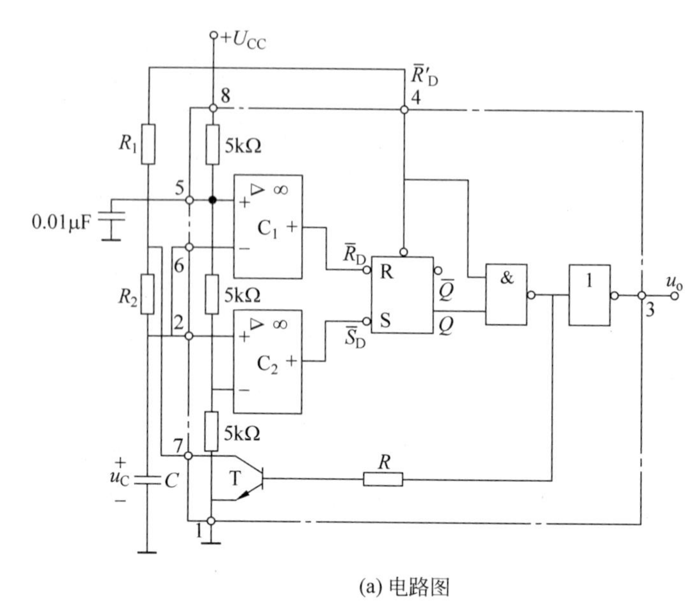

(a) 电路图

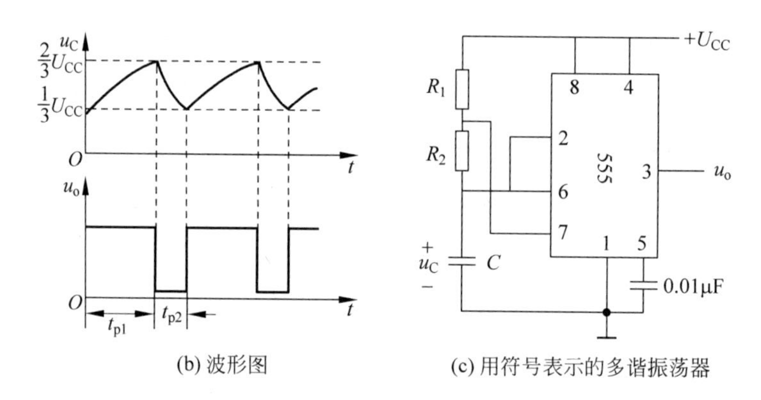

(b) 波形图

(c) 用符号表示的多谐振荡器

图 13.4.5　用 555 定时器组成的多谐振荡器

多谐振荡器的工作原理如下所述：

当 $Q=1$ 时，$\bar{Q}=0$，放电管 T 截止，电源 U_{CC} 通过电阻 R_1 和 R_2 对电容 C 开始充电，充电时间常数 $\tau_1=(R_1+R_2)C$。在电容充电期间，只要满足 $\frac{1}{3}U_{CC}<u_C<\frac{2}{3}U_{CC}$，则 $\bar{R}_D=\bar{S}_D=1$，故能保持 $Q=1$ 的状态不变。

当电容电压 u_C 稍大于 $\frac{2}{3}U_{CC}$ 时，比较器 C_1 的输出变为 0，而比较器 C_2 的输出仍为 1，此时 $\bar{R}_D=0$，$\bar{S}_D=1$，故触发器翻转为 $Q=0$ 的状态，即进入第二种暂态。

当 $Q=0$ 时，$\bar{Q}=1$，放电管 T 饱和导通，因而电容 C 停止充电并通过电阻 R_2 和放电管的集-射极开始放电，放电时间常数 $\tau_2=R_2C$。在电容放电期间，只需要满足 $\frac{1}{3}U_{CC}<u_C<\frac{2}{3}U_{CC}$，

则 $\bar{R}_D=\bar{S}_D=1$，故能保持 $Q=0$ 的状态不变。

当电容放电至 u_C 稍小于$\frac{1}{3}U_{CC}$时，比较器 C_2 的输出变为 0，而电压比较器 C_1 输出仍为 1，此时 $\bar{R}_D=1$，$\bar{S}_D=0$，故触发器翻转为 $Q=1$ 的状态，即返回到第一种暂态。

总之，电容处于不停地充电、放电状态，当电容充电电压达到$\frac{2}{3}U_{CC}$时，触发器翻转为 $Q=0$；当电容放电到$\frac{1}{3}U_{CC}$时，触发器翻转为 $Q=1$。触发器在 0 和 1 两个状态之间反复转换，其输出波形是周期性变化的矩形波。

由图 13.4.5(b)可计算出多谐振荡器输出波形的周期 $T=t_{p1}+t_{p2}$。其中，t_{p1}代表 u_C 由$\frac{1}{3}U_{CC}$上升到$\frac{2}{3}U_{CC}$所用的时间，公式如下：

$$t_{p1}=(R_1+R_2)C\ln 2=0.7(R_1+R_2)C \tag{13.4.2}$$

t_{p2}代表 u_C 由$\frac{2}{3}U_{CC}$下降到$\frac{1}{3}U_{CC}$所用的时间，公式如下：

$$t_{p2}=\ln 2R_2C=0.7R_2C \tag{13.4.3}$$

故输出波形的周期为

$$T=t_{p1}+t_{p2}=0.7(R_1+2R_2)C \tag{13.4.4}$$

振荡频率

$$f=\frac{1}{T}=\frac{1.43}{(R_1+2R_2)C} \tag{13.4.5}$$

由 555 定时器组成的振荡器，其最高工作频率可达 300kHz。

输出波形的占空比为

$$D=\frac{t_{p1}}{t_{p1}+t_{p2}}=\frac{R_1+R_2}{R_1+2R_2} \tag{13.4.6}$$

图 13.4.6 所示是占空比可调的多谐振荡器。图中用 D_1 和 D_2 两只二极管将电容 C 的充放电电路分开，并接一电位器 R_p。

充电时，$U_{CC}\to R_1'\to D_1\to C\to$ 地；放电时，$C\to D_2\to R_2'\to T\to$ 地。充电和放电的时间分别为

$$t_{p1}=0.7R_1'C,\quad t_{p2}=0.7R_2'C$$

故占空比为

$$D=\frac{t_{p1}}{t_{p1}+t_{p2}}=\frac{R_1'}{R_1'+R_2'}$$

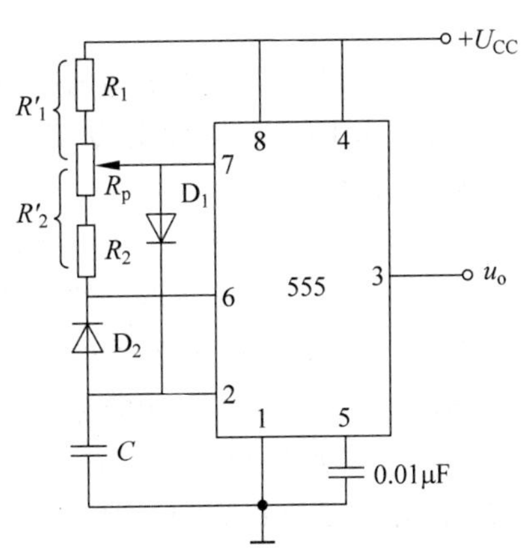

图 13.4.6 占空比可调的多谐振荡器

图 13.4.7(a)所示是由两个多谐振荡器构成的模拟声响发生器。调节定时元件 R_{11}、R_{21}、C_1，可使第 1 个振荡器的振荡频率为 1Hz，调节 R_{12}、R_{22}、C_2，可使第 2 个振荡器的振荡频率为 2kHz。由于低频振荡器的输出端 3 接到高频振荡器的置 0 输入端 4，因此当振荡器 1 输出电压 u_{o1} 为高电平时，振荡器就振荡；u_{o1} 为低电平时，振荡器 2 停止振荡。从而扬声器便发出“呜……呜……”的间隙声响。u_{o1} 和 u_{o2} 波形如图 13.4.7(b)所示。

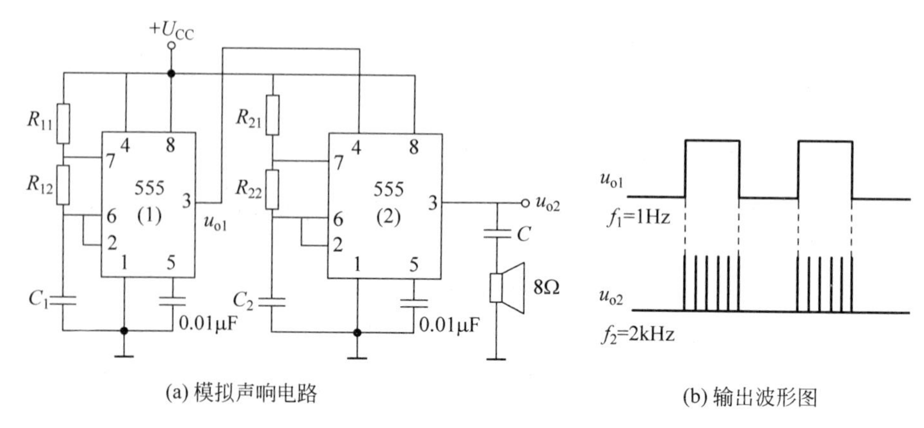

图 13.4.7　由 555 组成的模拟声响电路

练习与思考

13.4.1　由 555 定时器组成的单稳态触发器和多谐振荡器的特点是什么？

13.4.2　单稳态触发器的主要作用是什么？

13.4.3　推导式(13.4.4)，略去放电晶体管的饱和压降 $U_{CE(sat)}$。

本章小结

本章在着重介绍各种触发器逻辑功能的基础上，分析了寄存器和计数器电路的工作原理，读者应掌握由集成计数器组成的计数器的分析方法。在介绍 555 定时器的基础上，着重分析了由它组成的单稳态触发器和多谐振荡器。

习　　题

13.1　由与非门组成的基本 RS 触发器的 $\overline{R}_D$ 和 $\overline{S}_D$ 端的波形图如图 13.1 所示，试画出 Q 端的输出波形。设初始状态为 0 和 1 两种状况。

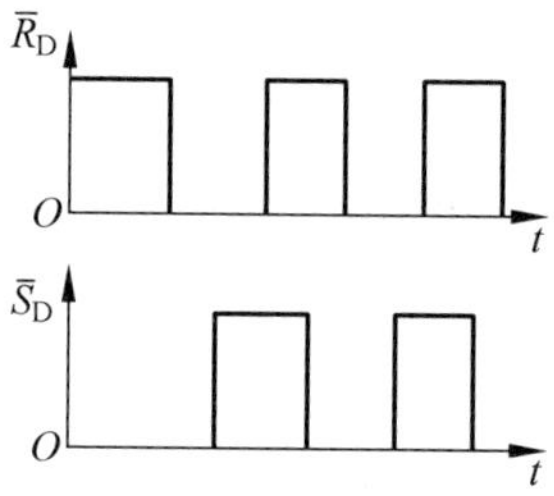

图 13.1　习题 13.1 的图

13.2　可控 RS 触发器的 CP、S 和 R 端波形如图 13.2 所示，试画出 Q 端的输出波形。初始状态为 0 和 1 两种情况。

13.3　主从型 JK 触发器的 CP、J、K 端分别加上如图 13.3 所示的波形时，试画出 Q 端的输出波形。设初始状态为 0。

13.4　在如图 13.4 所示的电路中，当 D 触发器的 CP 端分别接 JK 触发器的 Q_1 和 $\overline{Q}_1$ 时，画出 Q_1 和 Q_2 的波形，设 $Q_1=0$，$Q_2=1$。

13.5　试分析如图 13.5 所示的电路，画出 Y_1 和 Y_2 的波形，并比较时钟脉冲 CP 与 Y_2 的波形。

13.6　74LS175 型四上升沿 D 触发器和 74LS112 型双下降沿 JK 触发器的接线如图 13.6(a)所示，它们的外引线排列分别见图 13.6(b)和图 13.6(c)。(1)试画出该图的逻辑电路；(2)时钟信号 CP、$\overline{R}_D$、D_1 的波形如图 13.6(d)所示，试画出两触发器输出端 Q 的波形。两触发器的初始状态均为 0。

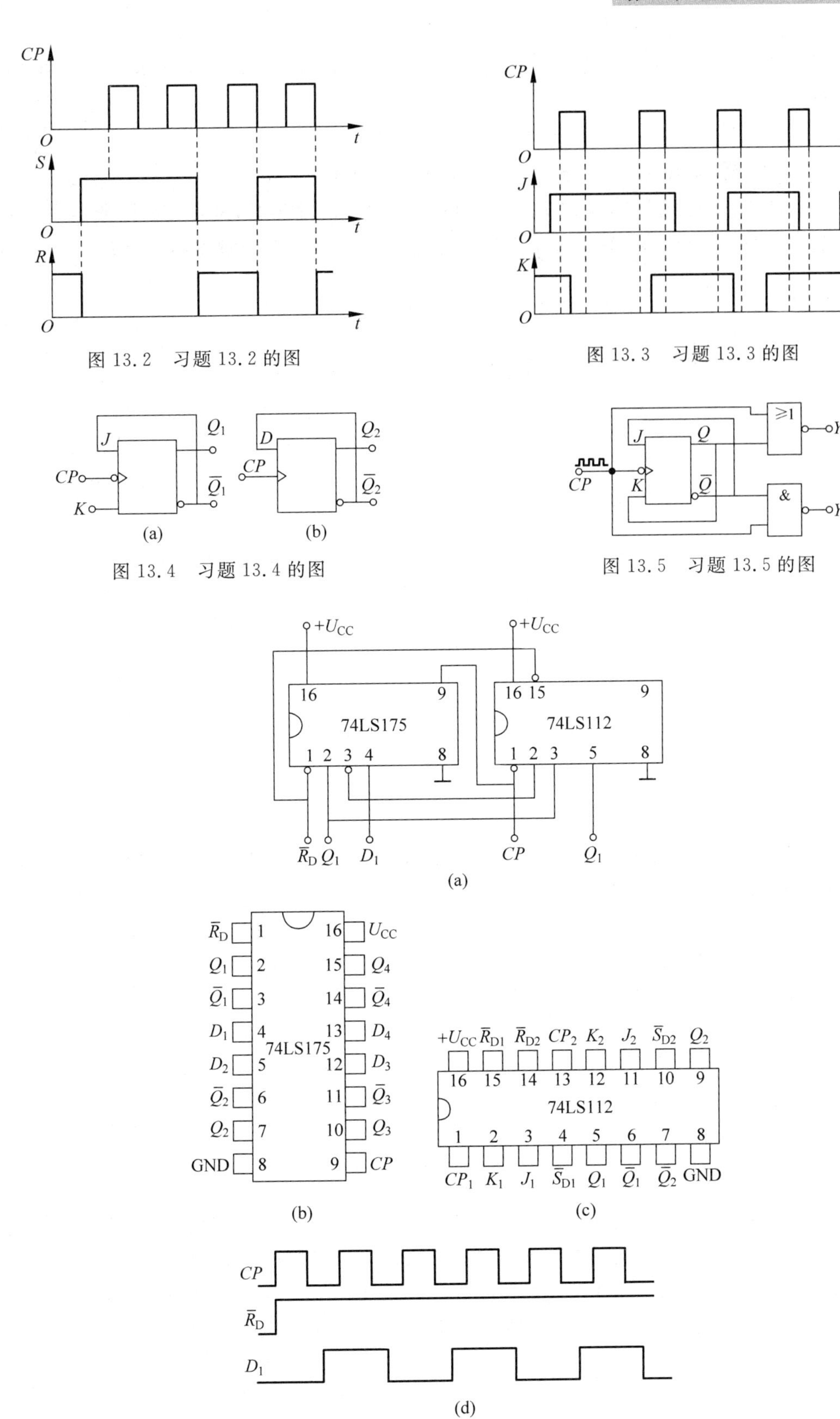

图 13.2　习题 13.2 的图

图 13.3　习题 13.3 的图

图 13.4　习题 13.4 的图

图 13.5　习题 13.5 的图

图 13.6　习题 13.6 的图

13.7　74LS293 型计数器的逻辑图、外引线排列及功能表如图 13.7 所示。它有两个时钟脉冲输入端 CP_0 和 CP_1。试问：

(1) 从 CP_0 输入，Q_0 输出时，是几进制计数器？

(2) 从 CP_1 输入，Q_3、Q_2、Q_1 输出时，是几进制计数器？

(3) 将 Q_0 端接到 CP_1 端，从 CP_0 输入，Q_3、Q_2、Q_1、Q_0 输出时，是几进制计数器？

图中 $R_{0(1)}$ 和 $R_{0(2)}$ 是清零输入端，当该两端全为 1 时，可将四个触发器清零。

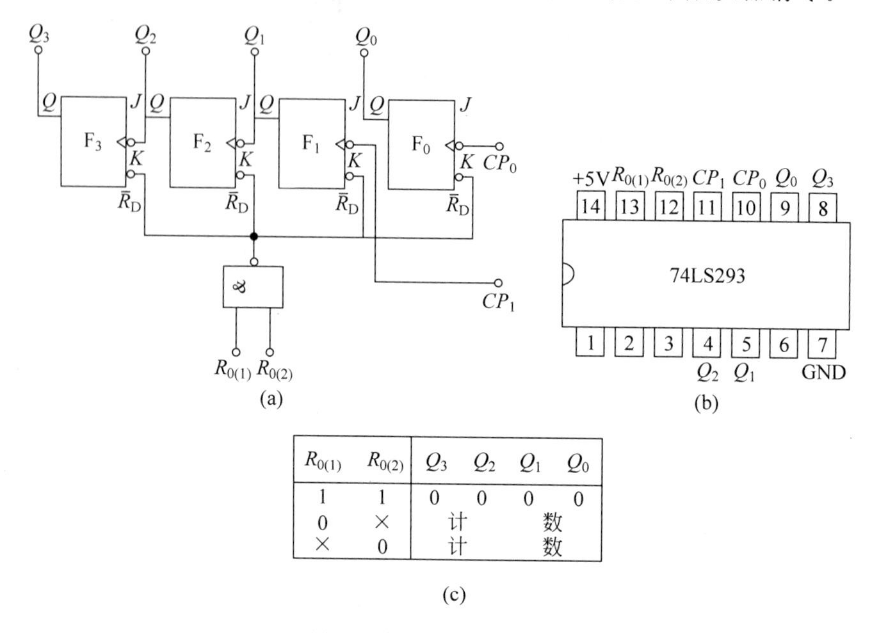

$R_{0(1)}$	$R_{0(2)}$	Q_3	Q_2	Q_1	Q_0
1	1	0	0	0	0
0	×	计			数
×	0	计			数

(c)

图 13.7　习题 13.7 的图

13.8　将 74LS293 接成如图 13.8 所示的两个电路时，各为几进制计数器？如何用它构成七进制计数器？

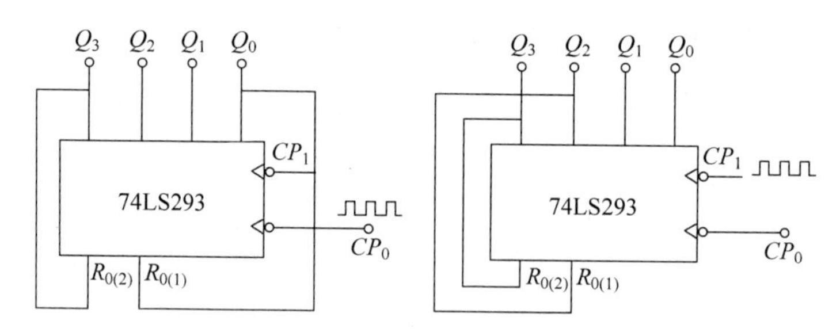

图 13.8　习题 13.8 的图

13.9　分析由 74LS161 型同步(见图 13.9)二进制计数器接成的是多少进制计数器？

13.10　试用 74LS161 型同步二进制计数器接成十三进制计数器。

13.11　试用两片 74LS290 型计数器接成两种不同的十八进制计数器。

13.12　试列写如图 13.10 所示计数器的状态表，说明它是几进制计数器。设初始状态为 000。

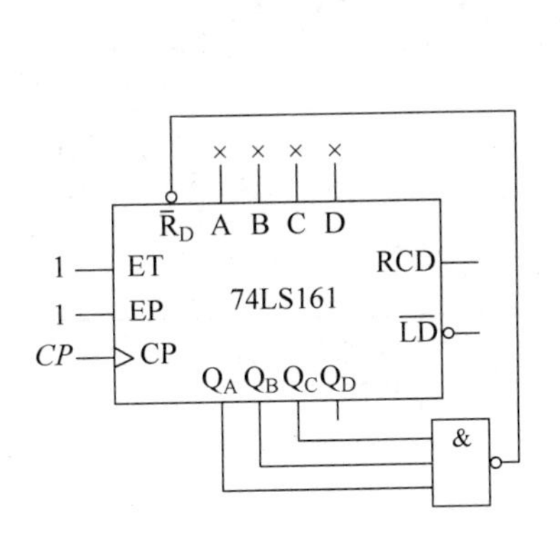

图 13.9　习题 13.9 的图

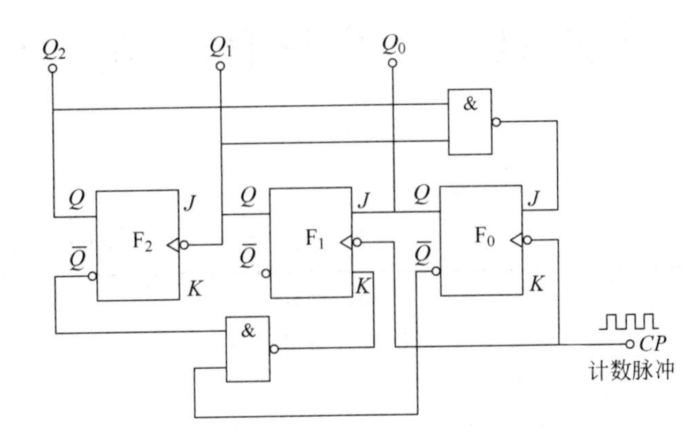

图 13.10　习题 13.12 的图

13.13　图 13.11 是一个防盗报警电路，a、b 两端被一细铜丝接通，当盗窃者闯入室将铜丝碰断后，扬声器即发出报警声（扬声器电压为 1.2V，通过电流为 40mA）。(1)试问 555 定时器接成何种电路？(2)说明本电路的工作原理。

13.14　如图 13.12 所示为一简易触摸开关电路，用手摸金属片时，发光二极管亮，经过一定时间，发光二极管熄灭，试说明其工作原理，并计算发光二极管的发光时间。

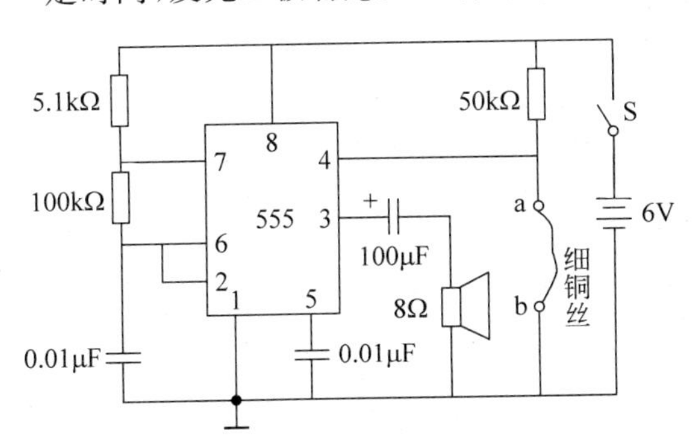

图 13.11　习题 13.13 的图

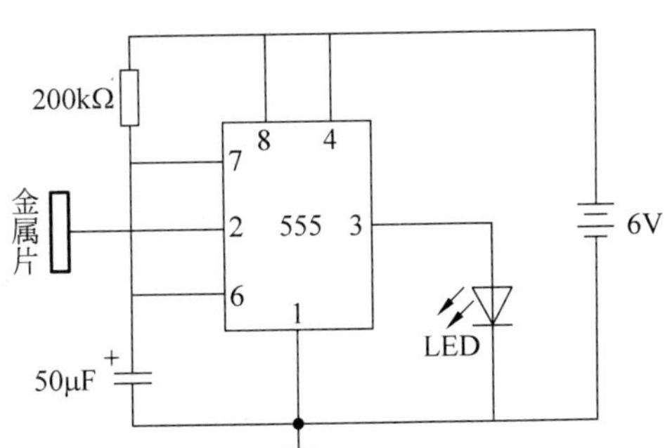

图 13.12　习题 13.14 的图

附录A 半导体分立器件型号命名方法

（国家标准 GB249—1989）

第一部分		第二部分		第三部分		第四部分	第五部分
用阿拉伯数字表示器件的电极数目		用汉语拼音字母表示器件的材料和极性		用汉语拼音字母表示器件的类别		用阿拉伯数字表示序号	用汉语拼音字母表示规格号
符号	意义	符号	意义	符号	意义		
2	二极管	A	N型，锗材料	P	小信号管		
		B	P型，锗材料	V	混频检波管		
		C	N型，硅材料	W	电压调整管和电压基准管		
		D	P型，硅材料				
3	三极管	A	PNP型，锗材料	C	变容管		
		B	NPN型，锗材料	Z	整流管		
		C	PNP型，硅材料	L	整流堆		
		D	NPN型，硅材料	S	隧道管		
		E	化合物材料	K	开关管		
				U	光电管		
				X	低频小功率管（截止频率＜3MHz，耗散功率＜1W）		
				G	高频小功率管（截止频率≥3MHz，耗散功率＜1W）		
				D	低频大功率管（截止频率＜3MHz，耗散功率≥1W）		
				A	高频大功率管（截止频率≥3MHz，耗散功率≥1W）		
				T	晶体闸流管		

示例

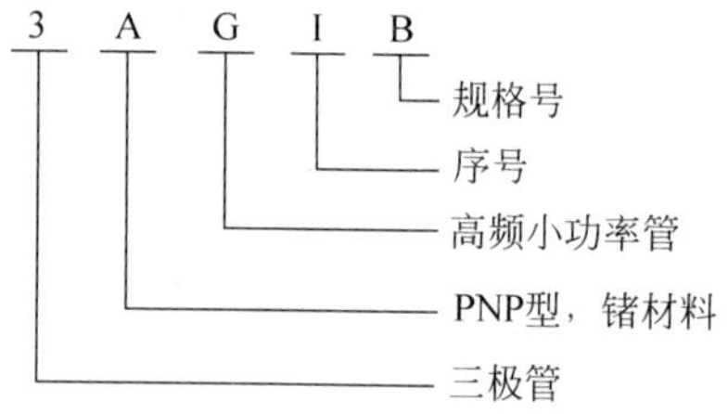

3 A G I B

- B — 规格号
- I — 序号
- G — 高频小功率管
- A — PNP型，锗材料
- 3 — 三极管

附录 B　常用半导体分立器件的参数

1. 二极管

参　数		最大整流电流	最大整流电流时的正向压降	反向工作峰值电压
符号		I_{OM}	U_F	U_{RWM}
单位		mA	V	V
型号	2AP1	16	≤1.2	20
	2AP2	16		30
	2AP3	25		30
	2AP4	16		50
	2AP5	16		75
	2AP6	12		100
	2AP7	12		100
	2CZ52A	100	≤1	25
	2CZ52B			50
	2CZ52C			100
	2CZ52D			200
	2CZ52E			300
	2CZ52F			400
	2CZ52G			500
	2CZ52H			600
	2CZ55A	1000	≤1	25
	2CZ55B			50
	2CZ55C			100
	2CZ55D			200
	2CZ55E			300
	2CZ55F			400
	2CZ55G			500
	2CZ55H			600
	2CZ56A	3000	≤0.8	25
	2CZ56B			50
	2CZ56C			100
	2CZ56D			200
	2CZ56E			300
	2CZ56F			400
	2CZ56G			500
	2CZ56H			600

2. 稳压二极管

参　数		稳定电压	稳定电流	耗散功率	最大稳定电流	动态电阻
符号		U_z	I_z	P_z	I_{zm}	r_z
单位		V	mA	mW	mA	Ω
测试条件		工作电流等于稳定电流	工作电压等于稳定电压	−60～50℃	−60～50℃	工作电流等于稳定电流
型号	2CW52	3.2～4.5	10	250	55	≤70
	2CW53	4～5.8	10	250	41	≤50
	2CW54	5.5～6.5	10	250	38	≤30
	2CW55	6.2～7.5	10	250	33	≤15
	2CW56	7～8.8	10	250	27	≤15
	2CW57	8.5～9.5	5	250	26	≤20
	2CW58	9.2～10.5	5	250	23	≤25
	2CW59	10～11.8	5	250	20	≤30
	2CW60	11.5～12.5	5	250	19	≤40
	2CW61	12.2～14	3	250	16	≤50
	2DW230	5.8～6.6	10	200	30	≤25
	2DW231	5.8～6.6	10	200	30	≤15
	2DW232	6～6.5	10	200	30	≤10

3. 晶体管

参数符号		单　位	测试条件	型　号			
				3DG100A	3DG100B	3DG100C	3DG100D
直流参数	I_{CBO}	μA	$U_{CB}=10V$	≤0.1	≤0.1	≤0.1	≤0.1
	I_{EBO}	μA	$U_{EB}=1.5V$	≤0.1	≤0.1	≤0.1	≤0.1
	I_{CEO}	μA	$U_{CE}=10V$	≤0.1	≤0.1	≤0.1	≤0.1
	$U_{BE(sat)}$	V	$I_B=1mA$ $I_C=10mA$	≤1.1	≤1.1	≤1.1	≤1.1
	$h_{FE}(\beta)$		$U_{CB}=10V$ $I_C=3mA$	≥30	≥30	≥30	≥30
交流参数	f_T	MHz	$U_{CE}=10V$ $I_C=3mA$ $f=30MHz$	≥150	≥150	≥300	≥300
	G_P	dB	$U_{CB}=10V$ $I_C=3mA$ $f=100MHz$	≥7	≥7	≥7	≥7
	C_{ob}	pF	$U_{CB}=10V$ $I_C=3mA$ $f=5MHz$	≤4	≤3	≤3	≤3

续表

参数符号		单　　位	测试条件	型　　号			
				3DG100A	3DG100B	3DG100C	3DG100D
极限参数	$U_{(BR)CBO}$	V	$I_C=100\mu A$	≥30	≥40	≥30	≥40
	$U_{(BR)CEO}$	V	$I_C=200\mu A$	≥20	≥30	≥20	≥30
	$U_{(BR)EBO}$	V	$I_E=100\mu A$	≥4	≥4	≥4	≥4
	I_{CM}	mA		20	20	20	20
	P_{CM}	mW		100	100	100	100
	T_{jM}	℃		150	150	150	150

4．绝缘栅场效晶体管

参　　数	符　　号	单　　位	型　　号			
			3DO4	3DO2（高频管）	3DO6（开关管）	3CO1（开关管）
饱和漏极电流	I_{DSS}	μA	$0.5\times10^3\sim15\times10^3$		≤1	≤1
栅源夹断电压	$U_{GS(off)}$	V	≤1～91			
开启电压	$U_{GS(th)}$	V			≤5	−2～−8
栅源绝缘电阻	R_{GS}	Ω	$\geqslant10^9$	$\geqslant10^9$	$\geqslant10^9$	$\geqslant10^9$
共源小信号低频跨导	g_m	μA/V	≥2000	≥4000	≥2000	≥500
最高振荡频率	f_M	MHz	≥300	≥1000		
最高漏源电压	$U_{DS(BR)}$	V	20	12	20	
最高栅源电压	$U_{GS(BR)}$	V	≥20	≥20	≥20	≥20
最大耗散功率	P_{DM}	mW	100	100	100	100

注：3CO1 为 P 沟道增强型，其他为 N 沟道管（增强型 $U_{GS(th)}$ 为正值；耗尽型 $U_{GS(off)}$ 为负值）。

附录C　半导体集成器件型号命名方法

（国家标准　GB 3430—1989）

第0部分		第一部分		第二部分	第三部分		第四部分	
用字母表示器件符合国家标准		用字母表示器件的类型		用阿拉伯数字表示器件的系列和品种代号	用字母表示器件的工作温度范围		用字母表示器件的封装	
符号	意义	符号	意义		符号	意义	符号	意义
C	符合国家标准	T	TTL		C	0～70℃	F	多层陶瓷扁平
		H	HTL		G	−25～70℃	B	塑料扁平
		E	ECL		L	−25～85℃	H	黑瓷扁平
		C	CMOS		E	−40～85℃	D	多层陶瓷双列直插
		M	存储器					
		F	线性放大器		R	−55～85℃	J	黑瓷双列直插
		W	稳压器		M	−55～125℃	P	塑料双列直插
		B	非线性电路				S	塑料单列直插
		J	接口电路				K	金属菱形
		AD	A/D转换器				T	金属圆形
		DA	D/A转换器				C	陶瓷片状载体
							E	塑料片状载体
							G	网格阵列

示例

```
C  F  741  C  T
│  │   │   │  └─ 金属圆形封装
│  │   │   └──── 工作温度为0~70°C
│  │   └──────── 通用型运算放大器
│  └──────────── 线性放大器
└─────────────── 符合国家标准
```

附录D　常用半导体集成电路的参数和符号

1. 运算放大器

参　　数	符号	单位	型　　号					
			F007	F101	8FC2	CF118	CF725	CF747M
最大电源电压	U_s	V	±22	±22	±22	±20	±22	±22
差模开环电压放大倍数	A_{uo}		≥80dB	≥80dB	3×10^4	2×10^5	3×10^6	2×10^5
输入失调电压	U_{IO}	mV	2～10	3～5	≤3	2	0.5	1
输入失调电流	I_{IO}	nA	100～300	20～200	≤100			
输入偏置电流	I_{IB}	nA	500	150～500		120	42	80
共模输入电压范围	U_{ICR}	V	±15			±11.5	±14	±13
共模抑制比	U_{KCMR}	dB	≥70	≥80	≥80	≥80	120	90
最大输出电压	U_{OPP}	V	±13	±14	±12		±13.5	
静态功耗	P_D	mW	≤120	≤60	150		80	

2. W7800系列和W7900系列集成稳压器

参 数 名 称	符号	单位	7805	7815	7820	7905	7915	7920
输出电压	U_o	V	5±5%	15±5%	20±5%	−5±5%	−15±5%	−20±5%
输入电压	U_i	V	10	23	28	−10	−23	−28
电压最大调整率	S_u	mV	50	150	200	50	150	200
静态工作电流	I_o	mA	6	6	6	6	6	6
输出电压温漂	S_T	mV/℃	0.6	1.8	2.5	−0.4	−0.9	−1
最小输入电压	U_{imin}	V	7.5	17.5	22.5	−7	−17	−22
最大输入电压	U_{imax}	V	35	35	35	−35	−35	−35
最大输出电流	I_{omax}	A	1.5	1.5	1.5	1.5	1.5	1.5

附录 E　电阻器标称阻值系列

E24 系列	E12 系列	E6 系列
允许偏差±5%	允许偏差±10%	允许偏差±20%
1.0	1.0	1.0
1.1		
1.2	1.2	
1.3		
1.5	1.5	1.5
1.6		
1.8	1.8	
2.0		
2.2	2.2	2.2
2.4		
2.7	2.7	
3.0		
3.3	3.3	3.3
3.6		
3.9	3.9	
4.3		
4.7	4.7	4.7
5.1		
5.6	5.6	
6.2		
6.8	6.8	6.8
7.5		
8.2	8.2	
9.1		

注：电阻器的标称阻值应符合上表所列数值之一，或表列数值再乘以 10^n，n 为整数。

附录 F　常见术语中英对照

一画

一阶电路　first-order circuit

二画

PN 结　PN junction

P 型半导体　P-type semiconductor

二极管　diode

三画

三相电路　three-phase circuit

三相功率　three-phase power

三相三线制　three-phase three-wire system

三相四线制　three-phase four-wire system

三相变压器　three-phase transformer

三角形连接　triangular connection

三相异步电动机　three-phase induction motor

RC 选频网络　RC selection frequency network

N 型半导体　N-type semiconductor

工作点　operating point

四画

支路　branch

支路电流法　branch current method

中性点　neutral point

中性线　neutral conductor

瓦特　Watt

无功功率　reactive power

韦伯　Weber

反电动势　counter emf

反相　opposite in phase

开路　open circuit

开关　switch

反向电阻　backward resistance

反向偏置　backward bias

反向击穿　reverse breakdown

反相器　inverter

反馈　feedback

反馈系数　feedback coefficient

少数载流子　minority carrier

分立电路　discrete circuit

开启电压　threshold voltage

互补对称功率放大器　complementary symmetry power amplifier

五画

功　work

功率　power

功率因数　power factor

功率三角形　power triangle

功率角　power angle

电能　electric energy

电荷　electric charge

电位　electric potential

电位差　electric potential difference

电位升　potential rise

电位降　potential drop

电位计　potentionmeter

电压　voltage

电动势　electromotive force (emf)

电源　source

电压源　voltage source

电流源　current source

电路　circuit

电路分析　circuit analysis

电路元件　circuit element

电路模型　circuit model

电流　current

电流密度　current density

电流互感器　current transformer

电阻　resistance

电阻性电路　resistive circuit

电导　conductance

电导率　conductivity
电容　capacitance
电容性电路　capacitive circuit
电感　inductance
电感性电路　inductive circuit
电桥　bridge
电机　electric machine
电磁转矩　electromagnetic torque
平均值　average value
平均功率　average power
正极　positive pole
正方向　positive direction
正弦量　sinusoid
正弦电流　sinusoidal current
结点　node
结点电压法　node voltage method
对称三相电路　symmetrical three-phase circuit
主磁通　main flux
外特性　external characteristic
电容滤波器　capacitor filter
电流放大系数　current amplification coefficient
电压放大倍数　voltage gain
电压比较器　voltage comparator
失真　distortion
正向电阻　forward resistance
正向偏置　forward bias
正反馈　positive feedback
正弦波振荡器　sinusoidal oscillator
击穿　breakdown
加法器　adder
发射极　emitter
发光二极管　light-emitting diode(LED)
本征半导体　intrinsic semiconductor
失调电压　offset voltage
失调电流　offset current

六画

安培　Ampere
电流表　ammeter
安匝　ampere-turns
伏特　Volt
电压表　Voltmeter
伏安特性曲线　volt-ampere characteristic
有效值　effective value
有功功率　active power
交流电路　alternating current circuit (a-current)
交流电机　alternating-current machine
自感　self-inductance
自感电动势　self-inductance emf
自锁　self-locking
负极　negative pole
负载　load
负载线　load line
负反馈　negative feedback
动态电阻　dynamic resistance
并联　parallel connection
并联谐振　parallel resonance
同步转速　synchronous speed
同相　in phase
机械特性　torque-speed characteristic
回路　loop
网络　network
全电流定律　law of total current
全响应　complete response
共模信号　common-mode signal
共模输入　common-mode input
共模抑制比　common-mode rejection ratio (CMRR)
共发射极接法　common-emitter configuration
共价键　covalent bond
动态　dynamics
杂质　impurity
伏安特性　volt-ampere characteristic
扩散　diffusion
负载电阻　load resistance
夹断电压　pinch-off voltage
多级放大器　multistage amplifier

多数载流子 majority carrier
自由电子 free electron
自偏压 self-bias
导通 on
导电沟道 conductive channel
场效晶体管 field-effect transistor(FED)
光电二极管 photodiode
光电晶体管 phototransistor
光电耦合器 photocoupler
传输特性 transmission characteristic

七画

基尔霍夫电流定律 Kirchhoff's current law(KCL)
基尔霍夫电压定律 Kirchhoff's voltage law(KVL)
库仑 Coulomb
亨利 Henry
角频率 angular frequency
串联 series connection
串联谐振 series resonance
阻抗 impedance
阻抗三角形 impedance triangle
阻转矩 counter torque
初相位 initial phase
时间常数 time constant
时域分析 time domain analysis
时间继电器 time-delay relay
运算放大器 operational amplifier
低频放大器 low-frequency amplifier
阻容耦合放大器 resistance-capacitance coupled amplifier
阻挡层 barrier
采样保持 sample and hold
串联型稳压电源 series voltage regulator

八画

直流电路 direct current circuit(d-c circuit)
法拉 Farad
空载 no-load
空气隙 air gap
受控电源 controlled source
变压器 transformer
变比 ratio of transformation
变阻器 rheostat
线电压 line voltage
线电流 line current
线圈 coil
线性电阻 linear resistance
周期 period
参考电位 reference potential
参数 parameter
视在功率 apparent power
定子 stator
转子 rotor
转差率 slip
转速 speed
转矩 torque
组合开关 switch group
单相异步电动机 single-phase induction motor
空穴 hole
空间电荷区 space-charge layer
固定偏置 fixed-bias
直接耦合放大器 direct-coupled amplifier
非线性失真 nonlinear distortion
饱和 saturation
参考电压 reference voltage

九画

相 phase
相电压 phase voltage
相电流 phase current
相位差 phase difference
相位角 phase angle
相序 phase sequence
相量 phasor
相量图 phasor diagram
响应 response

星形连接　star connection
复数　complex number
欧姆　Ohm
欧姆定律　Ohm's law
等效电路　equivalent circuit
品质因数　quality factor
绝缘　insulation
绕组　winding
启动　starting
启动电流　starting current
启动转矩　starting torque
启动按钮　start button
穿透电流　penetration current
栅极　gate,grid
复合　recombination
差分放大电路　differential amplifier
差模信号　differential-mode signal
差模输入　differential-mode input
恒流源　constant current source

十画

容抗　capacitive reactance
诺顿定理　Norton's theorem
原动机　prime mover
原绕组　primary winding
铁心　core
铁损　core loss
特征方程　characteristic equation
积分电路　integrating circuit
效率　efficiency
继电器　relay
热继电器　thermal overload relay(OLR)
调速　speed regulation
继电接触器控制　relay-contactor control
笼型转子　squirrel rotor
桥式整流器　bridge rectifier
旁路电容　bypass capacitor
射极输出器　emitter follower
振荡器　oscillator
振荡频率　oscillator frequency
耗尽层　depletion layer
耗尽型 MOS 场效晶体管　depletion mode MOSFET
硅稳压二极管　Zener diode
热敏电阻　thermistor

十一画

副绕组　secondary winding
铜损　copper loss
谐振频率　resonant frequency
理想电压源　ideal voltage source
理想电流源　ideal current source
常开触点　normally open contact
常闭触点　normally closed contact
停止按钮　stop button
接触器　contactor
旋转磁场　rotating magnetic field
基极　base
控制极　control grid
偏置电路　biasing circuit
接地　ground,grounding; earth,earthing
虚地　imaginary ground

十二画

焦耳　Joule
短路　short circuit
幅值　amplitude
最大值　maximum
最大转矩　maximum(breakdown) torque
滞后　lag
超前　lead
暂态　transient state
暂态分量　transient component
连锁　interlocking
晶体　crystal
晶体管　transistor
集电极　collector

十三画

感抗 inductive reactance
感应电动势 induced emf
楞次定律 Len's law
频率 frequency
频域分析 frequency domain analysis
输入 input
输出 output
微法 microfarad
微分电路 differentiating circuit
叠加定理 superposition theorem
零状态响应 zero-state response
零输入响应 zero-input response
源极 source
锗 germanium
输入电阻 input resistance
输出电阻 output resistance
零点漂移 zero drift
跨导 transconductance

十四画

磁场 magnetic field
磁场强度 magnetizing force
磁路 magnetic circuit
磁通 flux
磁感应强度 flux density
磁通势 magnetomotive force(mmf)
磁阻 reluctance
磁导率 permeability
磁化 magnetization
磁化曲线 magnetization curve
漏磁通 leakage flux
漏磁电感 leakage inductance
漏磁电动势 leakage emf
赫兹 Hertz
稳态 steady state
稳态分量 steady state component
静态电阻 static resistance
截止 cut-off
漂移 drift
静态 static
静态工作点 quiescent point
漏极 drain
模拟电路 analog circuit
稳压二极管 Zener diode

十五画以上

额定值 rated value
额定电压 rated voltage
额定功率 rated power
额定转矩 rated torque
瞬时值 instantaneous value
戴维宁定理 Thevenin's theorem
激励 excitation
满载 full load
熔断器 fuse
整流电路 rectifier circuit

附录 G　部分习题答案

第 1 章

1.1　③ 350Ω,1A

1.2　300W(发出),60W(消耗),120W(消耗),80W(消耗),40W(消耗)

1.3　(a) 30W(发出),10W(消耗),20W(消耗);(b) −15W(发出),30W(发出),45W(消耗)

1.4　$U_1=U_2$,$I_1=I_2$

1.5　0.6A,20V

1.6　5V

1.7　1A,2V

1.8　2.2V,0.89A

1.9　2.4A,−1.2A

1.10　(1) 2A,2V;(2) 1.67A, 21.67V

1.11　4.5A,2.5A

1.12　(1) 3.3A　0V　(2) 1A,6V

1.13　10A,−10A,10A

1.14　30V

第 2 章

2.1　20V,40V,20W(关联,消耗),80W(非关联,发出),R_1 消耗 20W,R_2 消耗 40W

2.2　−0.5A,1.5A,−72.5V,电源,电源

2.3　1A

2.4　1.09A

2.5　2.86V,3.85V,3.98V

2.6　−0.25A

2.7　12.8V,115.2W(发出)

2.8　6A

2.9　0.5A

2.10　2.6A

2.11　1A

2.12　$\frac{6}{11}$V

2.13　1.5A

2.14　2A

第 3 章

3.2　0.167A,0.33A,3.33V,1.67V

3.3　(a) 1.5A,3A,1s;(b) 0A,1.5A,10^{-6}s

3.4　只有 u_C 和 i_L 不跃变,其他都跃变

3.5　$u_C=60e^{-100t}V, i_1=12e^{-100t}mA$

3.6　$u_C=(18+36e^{-250t})V$

3.7　$i_L(t)=(1+2e^{-10t})A, -2e^{-10t}A$

3.8　$(1-0.25e^{-0.75t})A$

3.9　$0_+\leqslant t\leqslant 0.005_-S$　$u_C(t)=(5+7e^{-200t})V$；　$i_1(t)=(1+1.4e^{-200t})mA$

$0.005\leqslant t$　$u_C(t)=(12-4.42e^{-500(t-0.005)})V$

$i_1(t)=0$

3.10　$i_L=(1.2-2.4e^{-\frac{5}{9}t})A$

$i=(1.8-1.6e^{-\frac{5}{9}t})A$

3.11　$i_1=(2-e^{-2t})A, i_2=(3-2e^{-2t})A, i_L=(5-3e^{-2t})A$

3.12　$-5.33e^{-0.5t}A, 8e^{-0.5t}A$

3.13　$i_L=(1.25-0.5e^{-2.5t})A, i_2=0.19e^{-2.5t}A, i_3=(0.75-0.19e^{-2.5t})A$

第 4 章

4.1　$i_1=12\sin(314t+45°)A, i_2=12\sin(314t-45°)A$

$i_3=12\sin(314t-135°)A, i_4=12\sin(314t+135°)A$

4.2　$u_1=220\sqrt{2}\sin(\omega t+60°)V, u_2=220\sqrt{2}\sin(\omega t+30°)V$　u_1 超前 u_2 30°

4.3　0,0

4.4　$i_L=0.318\sqrt{2}\sin(6280t-20°)A$

4.5　40.16H

4.6　2V,6V,3V,3.61V

4.7　$1443.4\sqrt{2}\sin(314t-54°)A, 1435.5\sqrt{2}\sin(314t-60°)A$

4.8　$10\sqrt{2}A$,100V

4.9　10A,0,100V

4.10　2.24A,4.47A

4.11　(a) $1.386\angle 86.3°V, 4.385\angle 14.7°V$；(b) $1.178\angle -8.1°A, 1.178\angle 98.1°A$

4.12　$\sqrt{2}\angle 15°A, 16.67\angle 113.1°A, 66.67\angle 23.1°V$

4.13　$49.19\angle 56.57°A, 49.19\angle -33.43°A, 69.5\angle 11.57°A, 98.38\angle -33.43°V$

4.14　19.1A,11A,11A,220V,10Ω,159.2μF,0.055H

4.15　5A,5A,7.07A,5A,7.07A

4.16　2.45A,25W,±122.5Var,0.2

4.17　0.376A,105.3V,189.1V,42.4W,71.03Var,0.513,能,280Ω,20Ω,1.6H

4.18　300W,−100Var

4.19　5A,$10\sqrt{2}\Omega, 5\sqrt{2}\Omega, 10\sqrt{2}\Omega$

4.20　$10\sqrt{2}A$,16.42Ω,16.42Ω

4.21　3A,4A(或 1.4A,4.8A)

4.22　$110\sqrt{3}\angle -60°V$,2420W,0Var,1

4.23　523.9Ω,0.5,3.28μF

4.24　33A，0.5，275.8μF，19.05A

4.25　29.7A，2000W，0.67，4.02Ω，4490W，0.9

4.26　200μF，0.5V

4.27　$L=0.055$H，$11\angle-60°$A，11A，$11\sqrt{3}\angle-30°$A，3630W，2096Var，$\sqrt{3}/2$

4.28　能

4.29　$L=0.14$mH，$R=100\Omega$

4.30　0.055H　184μF

第 5 章

5.1　星形连接时，$U_P=220$V，$I_L=I_P=44$A；三角形连接时，$U_P=380$V，$I_P=44\sqrt{3}$A，$I_L=132$A

5.2

(1) $U_P=220$V，$I_1=20$A，$I_2=I_3=10$A，$I_N=2.68$A；(2) 相电压不变，$I_1=\infty$，$I_2=I_3=10$A，$I_N=\infty$；(3) L_1 和 L_2 单相串联，$I_1=I_2=15.5$A，$U_1=170$V，$U_2=340$V

5.3　$\dot{I}_N=0.273\angle60°$A，$\dot{I}_1=0.273\angle0°$A，$\dot{I}_2=0.273\angle-120°$A，$\dot{I}_3=0.47\angle90°$A

5.4　$I=39.3$A，$P=25.92$kW

5.5　(1) 对称相电流 0.47A、中相电流 0；(2) $I_1=I_2=0.55$A，$I_3=0.47$A，$I_N=0.47$A；(3) $I_1=0$，$I_2=0.27$A，$I_3=0.47$A，$I_N=0.55$A

5.6　(1) (36＋j66.9)Ω，(18＋j33.5)Ω，(18＋j33.5)Ω；(2) 10A，10A，17.3A，3.6kW；(3) 0，13.33A，13.33A，2.4kW

5.7　$U_{AB}=332.78$V，$\cos'\phi=0.992$

5.8　380V，11.58A，11.58A

5.9　(1) $Z=(15+j16)\Omega$；(2) 18.3A，10A，21.8A，5.2kW；3.2kVar；(3) 23A，23，0，4.45kW，2.4kVar

第 6 章

6.1　取 $H=120$A/m，$I=0.048$A

6.2　0.84A

6.3　(1) 接入 222 个，$I_2=45.4$A，$I_1=3.03$A

(2) 接入 125 个，$I_2=45.45$A，$I_1=3.03$A

(3) 接入 57 个，$I_2=44.9$A，$I_1=2.99$A

6.4　(1) 8.67W；(2) 0.31W

6.5　2∶1

6.6　0.04；8.77A；61.4A；26.53N·m；58.34N·m；4733.8W

6.7　(1) Y 接；(2) 1000r/min　(3) 0.02 29.23N·m　58.47N·m　46.8A　3614.4W

6.8　(1) 可启动，不可启动；(2) 可启动，不可启动

6.9　198.9N·m　0.9

6.10　2.0

6.11　13.22N·m　53.06N·m，额定转矩与功率成正比，与转速成反比

第 7 章

7.1 SB_2 连续运动,按 SB_3 点动

7.4 (a) M_1 起动后,M_2 自行起动;(b) M_1 起动后,M_2 才能起动;停止时,M_2 先停止,M_1 再停止

第 8 章

8.1 (1) $u_D=0V$;(2) $u_D=-15V$

8.2 D_2 导通、D_1 截止;$I=5mA$

8.3 (1) D_1 截止、D_2 截止,$U=3.25V$

8.5 (a) 图中,(1) $V_Y=0$,$I_R=3.08mA$,$I_{DA}=I_{DB}=1.54mA$;

(2) $V_Y=1.5V$、$I_{DB}=2.7mA$,$I_{DA}=0$;

(3) $V_Y=6V$、$I_{DB}=1.54mA$、$I_{DB}=0.77mA$

(b) 图中,(1) $V_Y=0$,$I_R=I_{DA}=I_{DB}=0$;

(2) $V_Y=2.7V$,$I_R=I_{DA}=0.3mA$,$I_{DB}=0$;

(3) $V_Y=5.68V$、$I_R=0.63mA$、$I_{DB}=0.315mA$

8.6 $u_D=0V$,$i_3=(3.33+0.94\sin 314t)mA$,$i_2=(-3.33+0.33\sqrt{2}\sin 314t)mA$

8.7 $i_L(t)=\frac{U_S}{R}e^{-\frac{t}{\tau}}$,$\tau=\frac{L}{R}$

8.8 (2)(a)图 $U_o=13V$,(b) 图 $U_o=4V$

8.9 (a) 放大;(b) 饱和;(c) 截止

第 9 章

9.5 (1) $I_B=50\mu A$,$I_C=2mA$,$U_{CE}=6V$;(3) 0.6V,6V

9.6 $R_B=160k\Omega$,$I_C=3mA$,$I_B=75\mu A$,$U_{CE}=3V$

$R_B=320k\Omega$,$I_C=1.5mA$,$I_B=37.5\mu A$,$U_{CE}=7.5V$

9.7 $R_C=2.5k\Omega$,$R_B=200k\Omega$

9.9 $R_C=3.6k\Omega$,$R_B=180k\Omega$,$U_{CE}=5.4V$

9.10 $U_{OL}=0.8V$

9.11 (1) $I_B=28.4\mu A$,$I_C=1.42mA$,$U_{CE}=6.32V$;

(2) $A_u=-0.97$,$r_i=76.7k\Omega$,$r_o=2k\Omega$

9.12 (1) $I_B=34.3\mu A$,$I_C=1.37mA$,$U_{CE}=9.83V$

(2) $A_u\approx 1$,$r_i=16k\Omega$,$r_o=21\Omega$

9.13 (1) $r_i=6.23k\Omega$,$r_o=3.9k\Omega$;(2) $U_o=202.64mV$;(3) $U_o=720.7mV$

9.14 (1) $I_{C1}\cong 1mA$,$I_{B1}=25\mu A$,$U_{CE1}=6.6V$;$I_{C2}\cong 1.8mA$,$I_{B2}=45\mu A$,$U_{CE2}=10.8V$

(2) $A_{u1}=-21$,$A_{u2}=0.99$,$A_u=-20.8$

第 10 章

10.1 (1) $I_{C1}=I_{C2}=0.13mA$,$I_{C3}=0.27mA$,$U_{C1}=U_{C2}=8.1V$;(2) -144;(3) -72

10.2 (1) $u_+-u_-=\pm 130\mu V$;(2) $I_+=I_-=6.5\times 10^{-6}\mu A$

10.3 (1) 33.3kΩ;(2) 100kΩ,250kΩ;(3) 5.5kΩ;(4) $R=5k\Omega$;(5) 100kΩ,200kΩ;(6) 10kΩ,10kΩ

10.4 $u_o=5.4V$

10.5　$u_o=-6\text{V}$

10.6　$u_o=5.5\text{V}$

10.7　$u_o=\dfrac{2R_F}{R_1}u_i$

10.9　$u_i=0.5\text{V}$

10.10　$u_{i1}=-0.9\text{mV}$

10.11　$u_o=(1+k)(u_{i2}-u_{i1})$

10.12　$u_o=4u_i$

10.13　$t=1\text{s}$

10.14　$u_o=-RC\dfrac{\mathrm{d}u_{i1}}{\mathrm{d}t}+u_{i2}$

10.15　$2RC\dfrac{\mathrm{d}u_o}{\mathrm{d}t}+3u_o+4u_i=0$

10.16　$R_F=500\text{k}\Omega$

10.17　$u_o=1.5u_{i1}-0.875u_{i2}$

第 11 章

11.1　(1) $U_o=90\text{V}$, $I_o=0.9\text{A}$；(2) $U_{RM}=155.6\text{V}$

11.2　(1) $U_{o1}=45\text{V}$, $U_{o2}=9\text{V}$

(2) $I_{D1}=4.5\text{mA}$, $I_{D2}=I_{D3}=45\text{mA}$, $U_{RM1}=141\text{V}$, $U_{RM2}=U_{RM3}=23.2\text{V}$

11.4　2CZ52B，$250\mu\text{F}$

11.5　$U_o=U_Z+U_{BE}$

11.6　(5.6～22.5)V

第 12 章

12.1　(1) $Y=C$；(2) $Y=\bar{A}\bar{B}+AB$；(3) $Y=B+C$；(4) $Y=A+CD$；
(5) $Y=AB+CD$；(6) $Y=\bar{C}$；(7) $Y=A+C+BD+\bar{B}EF$；(8) $Y=\bar{B}\bar{C}+\bar{A}C$；
(9) $Y=\bar{B}\bar{C}$；(10) $Y=x\bar{A}+B\bar{D}$

12.3　(1) $Y=B+C$；

逻辑状态表

B	C	Y
0	0	0
0	1	1
1	0	1
1	1	1

(2) $Y=\bar{A}\bar{B}C+\bar{A}B\bar{C}+A\bar{B}\bar{C}$ 的逻辑状态表略逻辑功能是只有一个 1 时，输出为 1；否则为零

12.5　$W=\bar{B}C+AB\bar{C}+\bar{A}\bar{C}D+\bar{A}C\bar{D}$

12.6　$Y=(A+B)(\bar{A}+\bar{B})=\bar{A}B+A\bar{B}=\overline{\overline{\bar{A}B+A\bar{B}}}=\overline{\overline{\bar{A}B}\,\overline{A\bar{B}}}$，异或关系，相同为 0、不同为 1

12.7　$Y=A\oplus B\oplus C$　为三变量异或　所以 $A=B=C=1$(或 0)$Y=0$

12.8 $F=Y=\bar{A}\bar{B}+AB=A\odot B=\overline{\bar{Y}_0\bar{Y}_3}$ 同或

74LS139 中 $S=1,A_1=A,A_0=B,Y=\overline{\bar{Y}_0\bar{Y}_3}$

12.9 $Y=\bar{A}+BC=\bar{A}\bar{B}\bar{C}+\bar{A}\bar{B}C+\bar{A}B\bar{C}+\bar{A}BC+ABC=\overline{\bar{Y}_0\bar{Y}_1\bar{Y}_2\bar{Y}_3\bar{Y}_7}$

$F=A+BC=A\bar{B}\bar{C}+A\bar{B}C+AB\bar{C}+\bar{A}BC+ABC=\overline{\bar{Y}_3\bar{Y}_4\bar{Y}_5\bar{Y}_6\bar{Y}_7}$

74LS138 中 $S_1=1$ $S_2=S_3=0$ $A_2=A$ $A_1=B$ $A_0=C$ 图略

12.10 (1) 4 选 1 数据选择器(多路输入一路输出)

(2) 数据分配器 $I_0\sim I_3$ 控制,$S_0\sim S_1$ 为数据输入

12.11 $Y_1=\overline{\bar{Y}_0\bar{Y}_2\bar{Y}_4\bar{Y}_6}$ $Y_2=\overline{\bar{Y}_1\bar{Y}_3\bar{Y}_5\bar{Y}_7}$

12.12 $Y=A\bar{B}+B\bar{C}=\overline{\overline{A\bar{B}}\,\overline{B\bar{C}}}$

12.13 $Y=AD+\bar{C}$ 图略

12.14

A	B	C	Y_A	Y_B	Y_C
0	0	0	0	0	0
0	0	1	0	0	1
0	1	0	0	1	0
0	1	1	0	1	0
1	0	0	1	0	0
1	0	1	1	0	0
1	1	0	1	0	0
1	1	1	1	0	0

$Y_C=\bar{A}\bar{B}C$

$Y_B=\bar{A}B\bar{C}+\bar{A}BC=\bar{A}B$

$Y_A=A\bar{B}\bar{C}+A\bar{B}C+AB\bar{C}+ABC=A$

第 13 章

13.7 (1) 二进制;(2) 八进制;(3) 十六进制

13.8 (1) 九进制;(2) 十二进制

13.9 十四进制

13.12 七进制

参考文献

[1] 秦曾煌.电工学.6版.北京：高等教育出版社，2004.

[2] 唐介.电工学(少学时).2版.北京：高等教育出版社，2005.

[3] 叶挺秀，张伯尧.电工电子学.3版.北京：高等教育出版社，2008.

[4] 康华光.电子技术基础.5版.北京：高等教育出版社，2002.

[5] 华成英，童诗白.模拟电子技术基础.4版.北京：高等教育出版社，2006.

[6] 阎石.数学电子技术基础.5版.北京：高等教育出版社，2006.

[7] 周守昌.电工原理(上、下册).2版.北京：高等教育出版社，2004.

[8] 李瀚荪.电路分析基础.3版.北京：高等教育出版社，1993.

[9] 邱关源，罗先觉.电路.5版.北京：高等教育出版社，2006.

[10] 汤天浩.电机与拖动基础.北京：机械工业出版社，2006.